本書の構成

◎本書は、令和5年から過去8年間に実施された甲種危険物取扱者試験の問題とその
テキスト及び解説をまとめたものです。

◎過去問題は、実際の試験科目と同様に大きく3つの章に分け、更に細かく項目を分
けました。具体的には次のとおりです。

   ①第1章　危険物に関する法令……………………………………… 45項目
   ②第2章　物理学・化学……………………………………………… 35項目
   ③第3章　危険物の性質・火災予防・消火の方法………… 17項目

◎各項目のはじめに、その項目に分類される過去問題を解くために知っておくべき必
要最低限の内容を**テキスト**としてまとめてあります。

◎また、過去問題の後に「**正解＆解説**」として、小社による正解と、その問題文がな
ぜ誤っている内容であるのか等をまとめました。

◎過去の問題を整理・分類していくと、ほぼ同じ問題が多数あります。
本書では、①新問、②「ほぼ同じ問題」を1つにまとめた問題、③今後出題される
可能性が高いと考えられる問題、をまとめて収録しています。この結果、本書の収
録問題は**749問**となっています。なお、甲種1回分の試験問題は、合計45問です。

◎問題の最後に付いている[★]マークは、出題頻度が高い問題であることを表して
います。また、[編]は、2つの類似問題を編集部で1つの問題にまとめたもので
あることを表しています。

◎甲種に限らず、危険物取扱者試験の問題は公表されていません。小社では、複数の
受験者に依頼して過去問題を組み立てました。従って、記述のしかたが実際の試験
と一部異なっている場合もあります。

◎項目ごとにまとまっているので頭の中で整理しやすく、「覚える」⇒「問題を解く」
⇒「正解・解説を確認する」⇒「覚える」を繰り返すことで、意識せずに覚え、解
くことができます。また、何度もチャレンジすることで、試験合格が可能となりま
す。

◎過去問題ごとに、チェックマーク（☑）をつけています。その問題を理解できて
いるか、記憶できているか、その確認にご利用ください。

令和6年1月　公論出版 編集部

1

受験の手引き

■甲種危険物取扱者

◎消防法により、一定数量以上の危険物を貯蔵し、または取り扱う化学工場、ガソリンスタンド、石油貯蔵タンク、タンクローリー等の施設には、危険物を取り扱うために必ず危険物取扱者を配置しなくてはなりません。

◎危険物取扱者の免状は、貯蔵し、または取り扱うことができる危険物の種類によって、甲種、乙種、丙種に分かれています。

◎このうち甲種は、全ての危険物を貯蔵し、または取り扱うことができます。

◎甲種の受験にあたり、いくつかの資格が必要となります。例えば、次の4種類以上の乙種危険物取扱者免状の交付を受けている者は、受験資格があります。

第1類 または 第6類	第2類 または 第4類	第3類	第5類

■試験科目と合格基準

◎試験は、次の3科目について一括して行われます。試験の制限時間は2時間30分です。

試　験　科　目	問題数
危険物に関する法令（法令）	15問
物理学及び化学（物化）	10問
危険物の性質並びにその火災予防及び消火の方法（性消）	20問

◎合格基準は、試験科目ごとの成績が、それぞれ60%以上としています。従って、「危険物に関する法令」は9問以上、「物理学及び化学」は6問以上、「危険物の性質並びにその火災予防及び消火の方法」は12問以上正解しなくてはなりません。従って、例えば法令の正解が8問である場合、その他の科目がたとえ満点であっても、不合格となります。

■受験の手続き

◎危険物取扱者試験は、一般財団法人　消防試験研究センターが実施します。ただし、受験願書の受付や試験会場の運営等は、各都道府県に設けられているセンターの支部が担当します。

◎受験の申請は書面によるほか、インターネットから行う電子申請が利用できます。

◎電子申請は、一般財団法人　消防試験研究センターのホームページにアクセスして行います。

第1章　危険物に関する法令

1 消防法の法体系

■法律と政令・規則の関係

◎法律は国会で制定されるものである。一方、政令はその法律を実施するための細かい規則や法律の委任に基づく規定をまとめたもので、内閣が制定する。省令は法律及び政令の更に細かい規則や委任事項をまとめたもので、各省の大臣が制定する。

◎消防法は昭和23年に制定された法律である。消防法の下に「危険物の規制に関する政令」と「危険物の規制に関する規則」が制定されている。

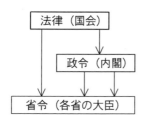 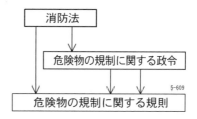

◎危険物の規制に関し「法令」といった場合、「消防法」、「危険物の規制に関する政令」及び「危険物の規制に関する規則」の全体を表す。また、単に「法」、「政令」、「規則」といった場合、それぞれ「消防法」、「危険物の規制に関する政令」、「危険物の規制に関する規則」を指す。

◎「危険物の規制に関する規則」は、総理府令として制定されたものであるが、現在は政令も含めて総務省がその事務を担当している。従って、規則そのもの及び改正は総務省令として制定されている。

〔法・政令・規則の例〕

法第13条の2第3項（免状の交付）
　　危険物取扱者免状は、危険物取扱者試験に合格した者に対し、都道府県知事が交付する。

政令第32条（免状の交付の申請）
　　法第13条の2第3項の危険物取扱者免状の交付を受けようとする者は、申請書に総務省令で定める書類を添えて、当該免状に係る危険物取扱者試験を行った都道府県知事に提出しなければならない。

規則第50条第2項（免状交付申請書の添付書類）
　　令第32条の総務省令で定める書類は、次のとおりとする。
　1．危険物取扱者試験に合格したことを証明する書類
　2．現に交付を受けている免状（「既得免状」という）

※上記は例であり、暗記する必要はない（編集部）。

2 法令で定める危険物

■危険物の分類

◎消防法で規定する「**危険物**」とは、火災や爆発の危険性がある物質のうち、**法別表第1**の品名欄に掲げる物品で、同表に定める区分に応じ同表の性質欄に掲げる性状を有するものをいう。

※従って、品名欄に掲げる物品であっても、性質欄に掲げる性状を有していないものは、危険物に該当しない。

◎法別表第1では、危険物を**第1類**から**第6類**に分類している。

◎危険物は全て固体または液体であり、**気体は含まない**。この場合の液体とは、1気圧・温度20℃において、液状であるものをいう（法令の原文では「液体」を更に細かく定義している）。従って、水素ガスやプロパンガスは1気圧・20℃で気体であるため、消防法で定める「危険物」には該当しない。

〔消防法 別表第1〕

類別	性 質	品 名
第1類	酸化性固体	1. 塩素酸塩類 2. **過塩素酸塩類** 3. **無機過酸化物** 4. 亜塩素酸塩類 5. 臭素酸塩類 6. **硝酸塩類** 7. ヨウ素酸塩類 8. 過マンガン酸塩類 9. 重クロム酸塩類 10. その他のもので**政令で定めるもの** 　　（過ヨウ素酸塩類、過ヨウ素酸など） 11. 前各号に掲げるもののいずれかを含有するもの
第2類	可燃性固体	1. 硫化りん 2. **赤りん** 3. 硫黄 4. 鉄粉 5. **金属粉**（アルミニウム粉、亜鉛粉） 6. **マグネシウム** 7. その他のもので**政令で定めるもの**（未制定） 8. 前各号に掲げるもののいずれかを含有するもの 9. **引火性固体**

類別	性　質	品　名
第3類	自然発火性物質及び禁水性物質（固体または液体）	1. カリウム 2. ナトリウム 3. **アルキルアルミニウム** 4. アルキルリチウム 5. 黄りん 6. アルカリ金属（カリウム及びナトリウムを除く）及びアルカリ土類金属 7. 有機金属化合物（アルキルアルミニウム及びアルキルリチウムを除く） 8. 金属の水素化物 9. 金属のりん化物 10. **カルシウム**またはアルミニウムの**炭化物** 11. その他のもので**政令で定めるもの**（塩素化ケイ素化合物） 12. 前各号に掲げるもののいずれかを含有するもの
第4類	引火性液体	1. **特殊引火物** 2. 第1石油類 3. アルコール類 4. 第2石油類 5. 第3石油類 6. 第4石油類 7. 動植物油類
第5類	自己反応性物質（固体または液体）	1. **有機過酸化物** 2. 硝酸エステル類（硝酸メチル・**ニトロセルロース**等） 3. **ニトロ化合物** 4. ニトロソ化合物 5. アゾ化合物 6. **ジアゾ化合物** 7. ヒドラジンの誘導体 8. ヒドロキシルアミン 9. **ヒドロキシルアミン塩類** 10. その他のもので**政令で定めるもの**（金属のアジ化物、硝酸グアニジンなど） 11. 前各号に掲げるもののいずれかを含有するもの
第6類	酸化性液体	1. **過塩素酸** 2. 過酸化水素 3. **硝酸** 4. その他のもので**政令で定めるもの**（ハロゲン間化合物） 5. 前各号に掲げるもののいずれかを含有するもの

備考

1. **酸化性固体**とは、固体であって、酸化力の潜在的な危険性を判断するための**政令で定める試験**において**政令で定める性状**を示すもの、又は衝撃に対する敏感性を判断するための政令で定める試験において政令で定める性状を示すものをいう。ただし、固体とは**液体**（１気圧において、温度20℃で液状であるもの又は温度20℃を超え40℃以下の間において液状となるものをいう。以下同じ。）又は**気体**（１気圧において、温度20℃で気体状であるものをいう。以下同じ。）以外のものをいう。

3. **鉄粉**とは、鉄の粉をいい、粒度等を勘案して総務省令で定めるものを除く。総務省令で定めるものは、目開きが53μmの網ふるいを通過するものが50％未満のものとする。

5. **金属粉**とは、アルカリ金属、アルカリ土類金属、鉄及びマグネシウム以外の金属の粉をいい、粒度等を勘案して総務省令で定めるものを除く。総務省令で定めるものは、**銅粉、ニッケル粉及び目開きが150μmの網ふるいを通過するものが50％未満**のものとする。

   ※アルカリ金属は、周期表１族に属する金属で、リチウム、ナトリウム、カリウムなど。また、アルカリ土類金属は、周期表２族のうち、カルシウムなどが該当。

7. **引火性固体**とは、固形アルコールその他１気圧において**引火点が40℃未満**のものをいう。

10. **引火性液体**とは、液体（第３石油類、第４石油類及び動植物油類にあっては、**１気圧において、温度20℃で液状であるものに限る。**）であって、引火の危険性を判断するための政令で定める試験において引火性を示すものをいう。

18. **自己反応性物質**とは、固体又は液体であって、爆発の危険性を判断するための政令で定める試験において政令で定める性状を示すもの又は**加熱分解**の激しさを判断するための政令で定める試験において政令で定める性状を示すものをいう。

21. この表の性質欄に掲げる性状の２以上を有する物品の品名は、**総務省令**（規則第１条の４）で定める。

■危険物の試験

◎危険物であるか否かは、危険物の類ごとに危険性を有しているかどうかの試験を行うことにより判定する。

〔政令で定める類ごとの性状と試験方法〕

類別	性状・危険性		試験方法
1	粉粒状	酸化力の潜在的な危険性	燃焼試験
		衝撃に対する敏感性	落球式打撃感度試験
	粉粒状以外	酸化力の潜在的な危険性	大量燃焼試験
		衝撃に対する敏感性	鉄管試験
2	火炎による着火の危険性		小ガス炎着火試験
	引火の危険性		引火点測定試験
3	空気中での発火の危険性		自然発火性試験
	水と接触して発火または可燃性ガスを発生する危険性		水との反応性試験
4	引火の危険性		引火点測定試験
5	爆発の危険性		熱分析試験
	加熱分解の激しさ		圧力容器試験
6	酸化力の潜在的な危険性		燃焼試験

■複数性状物品の属する品名

◎法別表第１の性質欄に掲げる性状の２以上を有する物品（複数性状物品）の属する品名は、次の各号に掲げる区分に応じ、当該各号に掲げる品名とする。

1. 複数性状物品が酸化性固体（**第１類**）の性状及び可燃性固体（**第２類**）の性状を有する場合…法別表第１**第２類**の項第８号に掲げる品名

2. 複数性状物品が酸化性固体（**第１類**）の性状及び自己反応性物質（**第５類**）の性状を有する場合…法別表第１**第５類**の項第11号に掲げる品名

3. 複数性状物品が可燃性固体（**第２類**）の性状並びに自然発火性物質及び禁水性物質（**第３類**）の性状を有する場合…法別表第１**第３類**の項第12号に掲げる品名

4. 複数性状物品が自然発火性物質及び禁水性物質（**第３類**）の性状並びに引火性液体（**第４類**）の性状を有する場合…法別表第１**第３類**の項第12号に掲げる品名

5. 複数性状物品が引火性液体（**第４類**）の性状及び自己反応性物質（**第５類**）の性状を有する場合…法別表第１**第５類**の項第11号に掲げる品名

【問1】 法令上、次の文の（　）内に当てはまる語句として、正しいものはどれか。

「法別表第1の性質欄に掲げる性状の2以上を有する物品（複数性状物品）の属する品名は、規則で定められている。複数性状物品が、酸化性固体の性状及び可燃性固体の性状を有する場合は、法別表第1（　）の項第8号に掲げる品名とされる。」

☑　1．第1類　　　2．第2類　　　3．第3類
　　4．第5類　　　5．第6類

【問2】 法令上、次の文の（　）内に当てはまる語句として、正しいものはどれか。

「法別表第1の性質欄に掲げる性状の2以上を有する物品（複数性状物品）の属する品名は、規則で定められている。複数性状物品が、酸化性固体の性状及び自己反応性物質の性状を有する場合は、法別表第1（　）の項第11号に掲げる品名とされる。」［★］

☑　1．第1類　　　2．第2類　　　3．第3類
　　4．第5類　　　5．第6類

【問3】 法令上、危険物に関する説明について、次のうち誤っているものはどれか。

☑　1．危険物の性質により第1類から第6類に区分されている。
　　2．法別表第1の性質欄に掲げる性状の2以上を有する物品の属する品名は、規則で定められている。
　　3．危険物についてその危険性を勘案して政令で定める数量を指定数量という。
　　4．危険物は、燃焼性状に加えて、人体に対する毒性も勘案して定められている。
　　5．危険物は、1気圧において、温度20℃で気体のものはない。

【問4】 法令上、危険物に関する記述について、次のうち誤っているものを2つ選びなさい。［編］

☑　1．危険物とは、法別表第1の品名欄に掲げる物品で、同表に定める区分に応じ同表の性質欄に掲げる性状を有するものをいう。
　　2．危険物の状態は、1気圧、20℃において固体又は液体である。
　　3．危険物を含有する物品であっても、政令で定める試験において政令で定める性状を示さなければ危険物に該当しない。
　　4．危険物の区分として、第1類から第6類まで6つの類に分けられている。
　　5．不燃性又は難燃性でない固体の合成樹脂製品は、危険物に該当する。

6．法別表第1の性質欄に掲げる性状の2以上を有する物品の属する品名は、総務省令で定められている。

7．危険物は、燃焼性状に加えて、人体に対する毒性を勘案して定められている。

【問5】法別表第1の備考には、危険物として規制される金属粉の範囲について明記されている。次のうち金属粉に該当するものはいくつあるか。ただし、いずれも目開きが150μmの網ふるいを通過するものが50％以上のものとする。

・ニッケル粉	・アルミニウム粉	・亜鉛粉	・銅粉

☑ 1．なし 　　　2．1つ 　　　3．2つ 　　　4．3つ 　　　5．4つ

【問6】法別表第1に掲げる危険物の品名と類別について、次のうち誤っているものはどれか。

☑ 1．硝酸塩類は第1類に該当する。

2．有機過酸化物は第6類に該当する。

3．動植物油類は第4類に該当する。

4．アルキルアルミニウムは第3類に該当する。

5．ヒドロキシルアミン塩類は第5類に該当する。

【問7】法別表第1に掲げる危険物の品名と類別について、次のうち誤っているものはどれか。

☑ 1．マグネシウムは第2類に該当する。

2．ジアゾ化合物は第5類に該当する。

3．過塩素酸は第6類に該当する。

4．無機過酸化物は第1類に該当する。

5．ヒドロキシルアミンは第3類に該当する。

【問8】法令上、次の文のA～Cに当てはまる語句の組み合わせとして、次のうち正しいものはどれか。

「引火性固体とは、（A）その他1気圧において引火点が（B）℃（C）のものをいう。」

	（A）	（B）	（C）
☑ 1．	黄りん	20	以上
2．	固形アルコール	30	未満
3．	ゴムのり	30	未満
4．	固形アルコール	40	未満
5．	ゴムのり	50	未満

11

【問9】 法令上、次の文のA～Cに当てはまる語句の組み合わせとして、次のうち正しいものはどれか。

「自己反応性物質とは、（A）であって、（B）の危険性を判断するための政令で定める試験において政令で定める性状を示すものまたは（C）分解の激しさを判断するための政令で定める試験において政令で定める性状を示すものをいう。」

	（A）	（B）	（C）
☑ 1.	固体	発火	発熱
2.	固体または液体	発火	加水
3.	固体	着火	加熱
4.	固体または液体	爆発	加熱
5.	固体	爆発	発熱

【問10】 法に定める第6類の危険物について、誤っているものはどれか。

☑ 1. 過塩素酸　　　　2. 過酸化水素　　　　3. 硝酸
4. 硝酸エステル類　　5. ハロゲン間化合物

【問11】 法別表第1備考で定めるものとして、次のうち誤っているものはどれか。

[★]

☑ 1. 液体とは、1気圧において、温度20℃で液状であるものまたは温度20℃を超え40℃以下の間において液状となるものをいう。
2. 引火性固体とは、ゴムのりその他1気圧において引火点が21℃未満のものをいう。
3. 固体とは、液体または気体以外のものをいう。
4. 第1石油類とは、アセトン、ガソリンその他1気圧において引火点が21℃未満のものをいう。
5. 気体とは、1気圧において、温度20℃で気体状であるものをいう。

【問12】 次に示す危険物のうち、政令別表第1に定める危険物はいくつあるか。

・硫黄 　　・硫酸 　　・硫化亜鉛 　　・硫酸ヒドラジン 　　・クロルスルホン酸

☑ 1. 1つ　　2. 2つ　　3. 3つ　　4. 4つ　　5. 5つ

■ 正解＆解説……………………………………………………………………………………

問1…正解2

問2…正解4

問3…正解4

    3．「4．危険物の指定数量」17P 参照。

    4．危険物は、人体に対する毒性は勘案されていない。

問4…正解5＆7

    3．法別表第1の備考では、「性質」で示されているそれぞれに対し、「〜の危険性を判断するための政令で定める試験において政令で定める性状を示すもの」と定めている。

    5．設問の製品は、法別表第1のいずれにも該当しない。

    7．危険物は、人体に対する毒性は勘案されていない。

問5…正解3（アルミニウム粉・亜鉛粉）

    備考5で金属粉が定義されている。銅粉とニッケル粉が除外されることから、危険物の金属粉に該当するのは、アルミニウム粉と亜鉛粉となる。

問6…正解2

    1．硝酸そのものも酸化力が強いが、硝酸塩類も一般に酸化力が強く、第1類の危険物に指定されている。

    2．有機過酸化物には、過酸化ベンゾイル$(C_6H_5CO)_2O_2$や過酢酸CH_3COOOHがあり、第5類の自己反応性物質に該当する。

問7…正解5

    5．ヒドロキシルアミンは、第5類に該当する。

問8…正解4

    法別表第1備考7。

問9…正解4

    法別表第1備考18。

問10…正解4

    4．硝酸エステル類には硝酸エチル、ニトログリセリン等があり、これは第5類の危険物に該当する。

問11…正解2

    1＆3＆5．備考1。

    2．備考7。引火性固体とは、固形アルコールその他1気圧において引火点が40℃未満のものをいう。

    4．備考12。備考11〜17は「3．第4類の危険物の品名」14P参照。

問12…正解2

    硫黄（第2類）と硫酸ヒドラジン（第5類）が危険物に該当する。

3 第4類の危険物の品名

■第4類の危険物の分類

◎消防法別表第1の備考11〜17では、第4類・引火性液体の品名をそれぞれ次のように定義している。

備考11. **特殊引火物**とは、ジエチルエーテル、二硫化炭素その他1気圧において、**発火点が100℃以下のもの**、または引火点が−20℃以下で沸点が40℃以下のものをいう。

備考12. **第1石油類**とは、アセトン、ガソリンその他1気圧において引火点が**21℃未満**のものをいう。

備考13. **アルコール類**とは、1分子を構成する炭素の原子の数が**1個から3個までの飽和1価アルコール**（変性アルコールを含む。）をいい、組成等を勘案して総務省令で定めるものを除く。

備考14. **第2石油類**とは、灯油、軽油その他1気圧において引火点が**21℃以上70℃未満**のものをいい、塗料類その他の物品であって、組成等を勘案して総務省令で定めるものを除く。

備考15. **第3石油類**とは、重油、クレオソート油その他1気圧において引火点が**70℃以上200℃未満**のものをいい、塗料類その他の物品であって、組成を勘案して総務省令で定めるものを除く。

備考16. **第4石油類**とは、ギヤー油、シリンダー油その他1気圧において引火点が**200℃以上250℃未満**のものをいい、塗料類その他の物品であって、組成を勘案して総務省令で定めるものを除く。

備考17. **動植物油類**とは、動物の脂肉等または植物の種子もしくは果肉から抽出したものであって、1気圧において引火点が**250℃未満**のものをいい、総務省令で定めるところにより貯蔵保管されているものを除く。

◎引火点に注目すると、「−20℃」「21℃」「70℃」「200℃」「250℃」は、暗記しておく必要がある。

▶▶▶ 過去問題 ◀◀◀

【問1】屋外貯蔵タンクに第4類の危険物が貯蔵されている。この危険物の性状は、非水溶性液体、1気圧において引火点24.5℃、沸点136.2℃、発火点432℃である。法令上、この危険物に該当する品名は、次のうちどれか。[★]

☑ 1. 特殊引火物　　2. 第1石油類　　3. アルコール類
　 4. 第2石油類　　5. 第3石油類

【問2】 第4類の危険物について、法別表第1に掲げる品名とそれに該当する物品の組合せとして、次のうち正しいものはどれか。

	法別表第1の品名	物品
☑ 1.	特殊引火物	二硫化炭素
2.	第1石油類	クレオソート油
3.	第2石油類	ガソリン
4.	第3石油類	軽油
5.	第4石油類	重油

【問3】 法令上、次の文の（　）内に当てはまる語句として、正しいものはどれか。

「アルコール類とは、1分子を構成する炭素の原子の数が（　）の飽和1価アルコール（変性アルコールを含む。）をいい、組成等を勘案して規則で定めるものを除く。」

☑ 1. 1個又は2個　　　2. 1個から3個まで　　　3. 1個から4個まで
4. 1個から5個まで　　　5. 1個から6個まで

【問4】 法別表第1に掲げる「アルコール類」に該当しないものは、次のうちどれか。

☑ 1. メタノール　　　2. 2-プロパノール　　　3. 変性アルコール
4. エタノール　　　5. 1-ヘキサノール

【問5】 法別表第1で定める引火性液体について、次の文の（　）内のA～Dに当てはまる語句の組み合わせとして、正しいものはどれか。

「引火性液体とは、液体（（A）、（B）及び（C）にあっては、1気圧において、温度（D）で液状であるものに限る。）であって、引火の危険性を判断するための政令で定める試験において引火性を示すものをいう。」

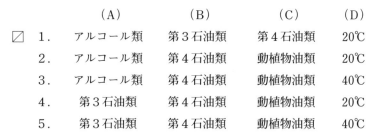

	（A）	（B）	（C）	（D）
☑ 1.	アルコール類	第3石油類	第4石油類	20℃
2.	アルコール類	第4石油類	動植物油類	20℃
3.	アルコール類	第4石油類	動植物油類	40℃
4.	第3石油類	第4石油類	動植物油類	20℃
5.	第3石油類	第4石油類	動植物油類	40℃

【問6】 法別表第1で定める動植物油類について、次の文の（　）内のＡ、Ｂに当てはまる語句の組み合わせとして、正しいものはどれか。

　「動植物油類とは、動物の脂肉等又は植物の種子若しくは果肉から抽出したものであって、1気圧において（Ａ）が（Ｂ）未満のものをいい、総務省令で定めるところにより貯蔵保管されているものを除く。」

	（Ａ）	（Ｂ）
☑ 1．	引火点	200℃
2．	引火点	250℃
3．	引火点	300℃
4．	発火点	250℃
5．	発火点	300℃

■ 正解＆解説┈┈

問1…正解4

　4．非水溶性液体で引火点が21℃以上70℃未満の範囲にあるため、この危険物は第2石油類である。

問2…正解1

　2＆5．クレオソート油、重油は第3石油類に該当する。

　3．ガソリンは第1石油類に該当する。

　4．軽油は第2石油類に該当する。

問3…正解2

問4…正解5

　2．2-プロパノール（C3H8O）はプロパン（C3H8）の水素が1つヒドロキシ基に置き換わった構造を持つアルコールである。炭素原子を3個持つため「アルコール類」に該当する。

　3．変性アルコールとは、飲食用への転用を防止する目的で、変性剤が添加されたエタノールをいう。

　5．ヘキサノール（C6H14O）は直鎖状のヘキサン（C6H14）の水素が1つヒドロキシ基に置き換わった構造を持つアルコールで、各種の異性体がある。炭素原子を6個持つため、消防法でいう「アルコール類」には該当せず、「第2石油類」に該当する。

問5…正解4

　法別表第1備考10。

問6…正解2

4 危険物の指定数量

◎指定数量とは、危険物についてその危険性を勘案して政令で定める数量をいう。

◎指定数量は、政令の別表第3の類別欄に掲げる類、同表の品名欄に掲げる品名及び同表の性質欄に掲げる性状に応じ、それぞれ同表の指定数量欄に定める数量とする。

〔危険物の指定数量〕（政令 別表第3）

類別	品　名	性　質	指定数量
第1類		第1種酸化性固体	50kg
		第2種酸化性固体	300kg
		第3種酸化性固体	1,000kg
第2類	硫化りん、赤りん、硫黄		100kg
		第1種可燃性固体	100kg
	鉄粉		500kg
		第2種可燃性固体	500kg
	引火性固体		1,000kg
第3類	カリウム、ナトリウム		10kg
	アルキルアルミニウム、アルキルリチウム		10kg
		第1種自然発火性物質及び禁水性物質	10kg
	黄りん		20kg
		第2種自然発火性物質及び禁水性物質	50kg
		第3種自然発火性物質及び禁水性物質	300kg
第4類	特殊引火物		50L
	第1石油類	非水溶性液体	200L
		水溶性液体	400L
	アルコール類		400L
	第2石油類	非水溶性液体	1,000L
		水溶性液体	2,000L
	第3石油類	非水溶性液体	2,000L
		水溶性液体	4,000L
	第4石油類		6,000L
	動植物油類		10,000L
第5類		第1種自己反応性物質	10kg
		第2種自己反応性物質	100kg
第6類			300kg

備考

1. **第1種酸化性固体**とは、粉粒状の物品にあっては次のイに掲げる性状を示すもの、その他の物品にあっては次のイ及びロに掲げる性状を示すものであることをいう（イ及びロはいずれも省略）。

2. 第2種酸化性固体とは、粉粒状の物品にあっては次のイに掲げる性状を示すもの、その他の物品にあっては次のイ及びロに掲げる性状を示すもので、第1種酸化性固体以外のものであることをいう（イ及びロはいずれも省略）。

3. 第3種酸化性固体とは、第1種酸化性固体又は第2種酸化性固体以外のものであることをいう。

4. **第1種可燃性固体**とは、小ガス炎着火試験において試験物品が3秒以内に着火し、かつ、燃焼を継続するものであることをいう。

5. 第2種可燃性固体とは、第1種可燃性固体以外のものであることをいう。

6. **第1種自然発火性物質及び禁水性物質**とは、自然発火性試験において試験物品が発火するもの又は水との反応性試験において発生するガスが発火するものであることをいう。

7. 第2種自然発火性物質及び禁水性物質とは、自然発火性試験において試験物品がろ紙を焦がすもの又は水との反応性試験において発生するガスが着火するもので、第1種自然発火性物質及び禁水性物質以外のものであることをいう。

8. 第3種自然発火性物質及び禁水性物質とは、第1種自然発火性物質及び禁水性物質又は第2種自然発火性物質及び禁水性物質以外のものであることをいう。

9. **非水溶性液体**とは、水溶性液体以外のものであることをいう。

10. **水溶性液体**とは、1気圧において、温度20℃で同容量の純水と緩やかにかき混ぜた場合に、流動がおさまった後も当該混合液が均一な外観を維持するものであることをいう。

11. **第1種自己反応性物質**とは、孔径が9mmのオリフィス板を用いて行う圧力容器試験において破裂板が破裂するものであることをいう。

12. 第2種自己反応性物質とは、第1種自己反応性物質以外のものであることをいう。

◎法別表第1に掲げる品名または指定数量を異にする2以上の危険物を同一の場所で貯蔵し、または取り扱う場合において、当該貯蔵または取り扱いに係るそれぞれの危険物の数量を当該危険物の指定数量で除し、その商の和が**1以上**となるときは、当該場所は、**指定数量以上の危険物を貯蔵し、または取り扱っている**ものとみなす。

〔第４類の危険物の指定数量と代表的な物品名〕

	品　名		指定数量	代表的な物品名		
第４類	特殊引火物		50L	・ジエチルエーテル　　・二硫化炭素 ・アセトアルデヒド　　・酸化プロピレン		
	第1 石油類	非水溶性	200L	・ガソリン　　　・ベンゼン　　　・トルエン ・酢酸エチル　・エチルメチルケトン		
		水溶性	400L	・アセトン　　・ピリジン		
	アルコール類		400L	・メタノール（メチルアルコール） ・エタノール（エチルアルコール）		
	第2 石油類	非水溶性	1,000L	・灯油　　　　・軽油　　　　・キシレン ・スチレン　　・クロロベンゼン		
		水溶性	2,000L	・酢酸　　　・プロピオン酸　　・アクリル酸		
	第3 石油類	非水溶性	2,000L	・重油　　　・クレオソート油 ・アニリン　・ニトロベンゼン		
		水溶性	4,000L	・グリセリン　・エチレングリコール		
	第4石油類		6,000L	・ギヤー油　　・シリンダー油　・タービン油 ・モーター油　・マシン油　　　・可塑剤 ・セバシン酸ジオクチル		
	動植物油類		10,000L	・アマニ油　　・イワシ油　　・ナタネ油 ・ヤシ油　　　・オリーブ油　・ニシン油		

■指定数量の倍数

◎指定数量の倍数とは、実際に貯蔵し、または取扱う危険物の数量をその危険物の指定数量で割って得た値をいう。

同一場所で危険物１種類を 貯蔵し、または取り扱う場合	同一場所で危険物Ａ・Ｂの２種類を 貯蔵し、または取り扱う場合
指定数量の倍数 ＝ $\dfrac{貯蔵量}{指定数量}$	指定数量の倍数 ＝ $\dfrac{A 貯蔵量}{A 指定数量} + \dfrac{B 貯蔵量}{B 指定数量}$

【問1】 法令上、指定数量に関する記述について、次のうち正しいものはどれか。

☑ 1．液体の危険物の指定数量は、すべてリットルで定められている。

2．特殊引火物の指定数量は、非水溶性液体と水溶性液体で異なる。

3．硫黄と引火性固体の指定数量は同一である。

4．黄りんと赤りんの指定数量は同一である。

5．品名及び性質が同じであれば、指定数量は同一である。

【問2】 屋外貯蔵タンクに第4類の危険物が 2,000L 貯蔵されている。この危険物は非水溶性で、比重が 1.26、引火点が－30℃、発火点が 90℃である。法令上、この屋外貯蔵タンクは、指定数量の何倍の危険物を貯蔵していることになるか。

☑ 1．2倍　　　2．4倍　　　3．10倍　　　4．20倍　　　5．40倍

【問3】 屋内貯蔵所にメタノール 400L とアセトアルデヒド 400L を貯蔵している。これらと同時に貯蔵したとき、指定数量の倍数が 10 となるものは、次のうちどれか。

☑ 1．アセトン…………　　400L

2．ガソリン…………　1,400L

3．トルエン…………　1,600L

4．軽油………………　2,000L

5．エタノール………　2,800L

【問4】 ある貯蔵所においてメタノール 200L を貯蔵している。以下の危険物を同時に貯蔵したとき、指定数量以上となるものは次のうちどれか。

☑ 1．酸化プロピレン………　10L

2．酢酸エチル……………　90L

3．ベンゼン………………　300L

4．キシレン………………　400L

5．ニトロベンゼン……　900L

【問5】法令上、次の品名・性質の危険物 6,000L と指定数量の倍数の組合せとして、正しいものはどれか。

	品名・性質	指定数量の倍数
☑ 1.	特殊引火物	30
2.	第1石油類 非水溶性	15
3.	第2石油類 非水溶性	3
4.	第3石油類 非水溶性	1.5
5.	第4石油類	1

【問6】法令上、同一の貯蔵所において以下の危険物を貯蔵する場合、この貯蔵所は指定数量の何倍の危険物を貯蔵していることになるか。

・アセトアルデヒド…200L　　・アセトン…2000L　　・アクリル酸…6000L

☑ 1. 12倍　　　　2. 14倍　　　　3. 17倍
4. 20倍　　　　5. 26倍

【問7】法令上、耐火構造の隔壁で完全に区分された3室を有する同一の屋内貯蔵所において、次に示す危険物をそれぞれの室に貯蔵する場合、この屋内貯蔵所は指定数量の何倍の危険物を貯蔵していることになるか。

・黄りん…… 40kg　　・過酸化水素…… 600kg　　・酢酸エチル…… 1,600L

☑ 1. 8倍　　　　2. 9倍　　　　3. 10倍
4. 11倍　　　　5. 12倍

【問8】法令上、耐火構造の隔壁で完全に区分された3室を有する同一の屋内貯蔵所において、次に示す危険物をそれぞれの室に貯蔵する場合、この屋内貯蔵所は指定数量の何倍の危険物を貯蔵していることになるか。[★]

・三硫化りん…100kg　　・軽油…4,000L　　・過酸化水素…1,500kg

☑ 1. 6倍　　　　2. 8倍　　　　3. 9倍
4. 10倍　　　　5. 11倍

【問9】 法令上、同一の貯蔵所において、耐火構造の隔壁で完全に区分されたそれぞれの室に、次に示す危険物を貯蔵する場合、この貯蔵所は指定数量の何倍の危険物を貯蔵していることになるか。[★]

| ・硫黄…1,000kg　　　・黄りん…200kg　　　・硝酸…900kg |

☑　1．5倍　　　　　2．10倍　　　　　3．15倍

　　4．23倍　　　　　5．33倍

【問10】 法令上、同一の屋内貯蔵所において、耐火構造の隔壁で完全に区分された3室にそれぞれ次の危険物を貯蔵する場合、指定数量の倍数として次のうち正しいものはどれか。

| ・第1種自己反応性物質……　100kg |
| ・第2種可燃性固体…………1,000kg |
| ・第3種酸化性固体…………2,000kg |

☑　1．12倍　　　　2．14倍　　　3．16倍　　　　4．18倍　　　　5．20倍

■正解＆解説……………………………………………………………………………

問1…正解5

　　1．第4類以外の危険物は、液体であっても指定数量がkgで定められている。

　　2．特殊引火物の指定数量は、非水溶性液体、水溶性液体ともに50Lである。

　　3．指定数量は、硫黄が100kgで、引火性固体が1,000kgである。

　　4．指定数量は、黄りんが20kgで、赤りんが100kgである。

　　5．「品名及び性質」は、政令別表第3による。

問2…正解5

　　発火点90℃、引火点－30℃の液体の危険物とは、第4類の特殊引火物である二硫化炭素が該当する。

　　指定数量が50Lのため、指定数量の倍数は2000L／50L＝40。

問3…正解1

　　メタノール（第4類・アルコール類）、アセトアルデヒド（第4類・特殊引火物）。

　　（400L／400L）＋（400L／50L）＝9。従って、指定数量の倍数が10－9＝1となる危険物を探す。

　　1．アセトン（第4類・第1石油類・水溶性）400L／400L＝1。

問4…正解3

メタノール（第4類・アルコール類）の指定数量の倍数を計算する。200L ／ 400L＝0.5。従って、選択肢から指定数量の倍数が0.5以上となるものを選ぶ。

1．酸化プロピレン（第4類・特殊引火物）10L ／ 50L＝0.2
2．酢酸エチル（第4類・第1石油類・非水溶性）90L ／ 200L＝0.45
3．ベンゼン（第4類・第1石油類・非水溶性）300L ／ 200L＝1.5
4．キシレン（第4類・第2石油類・非水溶性）400L ／ 1000L＝0.4
5．ニトロベンゼン（第4類・第3石油類・非水溶性）900L ／ 2000L＝0.45

問5…正解5

1．6000L ／ 50L ＝ 120
2．6000L ／ 200L ＝ 30
3．6000L ／ 1000L ＝ 6
4．6000L ／ 2000L ＝ 3
5．6000L ／ 6000L ＝ 1

問6…正解1

アセトアルデヒド（第4類・特殊引火物）、アセトン（第4類・第1石油類・水溶性）、アクリル酸（第4類・第2石油類・水溶性）。

（200L ／ 50L）＋（2,000L ／ 400L）＋（6,000L ／ 2,000L）＝12。

問7…正解5

黄りん（第3類）、過酸化水素（第6類）、酢酸エチル（第4類・第1石油類・非水溶性）。

（40kg ／ 20kg）＋（600kg ／ 300kg）＋（1,600L ／ 200L）＝12。

問8…正解4

三硫化りん（第2類・硫化りん）、軽油（第4類・第2石油類・非水溶性）、過酸化水素（第6類）。

（100kg ／ 100kg）＋（4,000L ／ 1,000L）＋（1,500kg ／ 300kg）＝10。

問9…正解4

硫黄（第2類）、黄りん（第3類）、硝酸（第6類）。

（1,000kg ／ 100kg）＋（200kg ／ 20kg）＋（900kg ／ 300kg）＝23。

問10…正解2

指定数量の倍数はそれぞれ、第1種自己反応性物質10kg、第2種可燃性固体 500kg、第3種酸化性固体1,000kgである。

（100kg ／ 10kg）＋（1,000kg ／ 500kg）＋（2,000kg ／ 1,000kg）＝14

5 製造所等の区分

◎指定数量以上の危険物を貯蔵し、または取り扱う施設は、製造所、貯蔵所、取扱所の3種類に区分される。法令では、これら3つの施設を「**製造所等**」という。

◎**製造所**…危険物を製造（合成・分解・貯蔵）する施設。

◎**貯蔵所**…危険物をタンクやドラム缶などに入れて貯蔵する施設。

屋内貯蔵所	屋内の場所において危険物をドラム缶等に貯蔵し、または取り扱う貯蔵所
屋外タンク貯蔵所	屋外にあるタンク（地下タンク貯蔵所、簡易タンク貯蔵所、移動タンク貯蔵所を除く）において危険物を貯蔵し、または取り扱う貯蔵所
屋内タンク貯蔵所	屋内にあるタンク（地下タンク貯蔵所、簡易タンク貯蔵所、移動タンク貯蔵所を除く）において危険物を貯蔵し、または取り扱う貯蔵所。タンク容量は、**指定数量の倍数の40倍以下**または**第4類の危険物**（第4石油類と動植物油類除く）**は20,000L以下**
地下タンク貯蔵所	地盤面下に埋没されているタンク（簡易タンク貯蔵所を除く）において危険物を貯蔵し、または取り扱う貯蔵所。ガソリンスタンドなどが該当
簡易タンク貯蔵所	簡易タンクにおいて危険物を貯蔵し、または取り扱う貯蔵所。**タンク1基の容量は600L以下**とし、3基まで設置できるが、同一品質の危険物を2基以上設置できない
移動タンク貯蔵所	**車両に固定されたタンク（30,000L以下）**において危険物を貯蔵し、または取り扱う施設。タンクローリーが該当
屋外貯蔵所	屋外の場所（タンクを除く）において第2類の危険物のうち**硫黄**もしくは引火性固体（**引火点が0℃以上のものに限る**）、または第4類の危険物のうち第1石油類（引火点が0℃以上のもの）、アルコール類、第2石油類、第3石油類、第4石油類、動植物油類を貯蔵し、または取り扱う貯蔵所

◎**取扱所**…製造目的以外で、危険物を取り扱う施設（給油、販売、移送など他の容器に移し替える）。

給油取扱所	固定した給油設備によって自動車等の燃料タンクに直接給油するため危険物を取り扱う取扱所（当該取扱所において、併せて灯油もしくは軽油を容器に詰め替え、または車両に固定された容量4,000L以下のタンクに注入するため、固定した注油設備によって危険物を取り扱う取扱所を含む）。ガソリンスタンドが該当。**地下の専用貯蔵タンクの容量に制限はない**が、廃油タンクは10,000L以下とされている

販売 取扱所	第1種	店舗において容器入りのままで販売するため危険物を取り扱う取扱所で、指定数量の倍数が**15以下**のもの。塗料やシンナーを取り扱う塗料店等が該当
	第2種	店舗において容器入りのままで販売するため危険物を取り扱う取扱所で、指定数量の倍数が**15を超え40以下のもの**
移送取扱所		配管およびパイプ並びにこれらに付属する設備によって危険物の移送の取り扱いを行う取扱所。地下に埋め込んであるパイプ、地上に配置してあるパイプ及びそのポンプなどが該当 ※移送…他の場所へ移し送ること（編集部）
一般取扱所		給油取扱所、販売取扱所、移送取扱所以外で危険物の取り扱いをする取扱所。燃料に大量の重油等を使用するボイラー施設などが該当（燃料として1日に消費される量が、指定数量の倍数以上の場合、一般取扱所の許可が必要となる） 例 重油1,800L／日⇒許可不要　　重油2,000L／日⇒許可要

〔製造所等における数量制限〕

	あり		なし
屋内タンク貯蔵所		指定数量の倍数が40以下、または第4類(一部除く)は20,000L以下	・製造所　・屋内貯蔵所 ・屋外タンク貯蔵所 ・地下タンク貯蔵所、 ・屋外貯蔵所（危険物の品名等には制限がある）、 ・給油取扱所（地下専用タンクは容量制限なし。地下廃油タンクは10,000L以下）、 ・移送取扱所　・一般取扱所
簡易タンク貯蔵所		600L以下を3基まで	
移動タンク貯蔵所		30,000L以下	
販売 取扱所	第1種	指定数量の倍数が15以下	
	第2種	指定数量の倍数が15超40以下	

▶▶▶ 過去問題 ◀◀◀

【問1】 法令上、製造所等の区分について、次のうち正しいものはどれか。[★]

☑　1．給油取扱所…………固定した給油設備によって自動車等の燃料タンクまたは金属製ドラム等の運搬容器に直接給油するため危険物を取り扱う取扱所

　　2．移動タンク貯蔵所…自動車または鉄道の車両に固定されたタンクにおいて危険物を貯蔵し、または取り扱う貯蔵所

　　3．第2種販売取扱所…店舗において容器入りのままで販売するため指定数量の15倍を超え40倍以下の危険物を取り扱う取扱所

　　4．屋外貯蔵所…………屋外の場所において硫化りん、第2石油類、第3石油類、第4石油類もしくは動植物油類を貯蔵し、または取り扱

う貯蔵所

　5．屋内貯蔵所…………屋内にあるタンクにおいて危険物を貯蔵し、または取り
　　　　　　　　　　　扱う貯蔵所

【問2】法令上、製造所等の区分について、次のうち誤っているものはどれか。[★]

☑　1．第1種販売取扱所は、店舗において容器入りのままで販売するため、指定数
　　　量の倍数が15以下の危険物を取り扱う取扱所をいう。

　2．簡易タンク貯蔵所は、簡易タンクにおいて危険物を貯蔵し、または取り扱う
　　　貯蔵所をいう。

　3．移動タンク貯蔵所は、鉄道及び車両に固定されたタンクにおいて危険物を貯
　　　蔵し、または取り扱う貯蔵所をいう。

　4．屋内貯蔵所は、屋内の場所において危険物を貯蔵し、または取り扱う貯蔵所
　　　をいう。

　5．地下タンク貯蔵所は、地盤面下に埋没されているタンクにおいて危険物を貯
　　　蔵し、または取り扱う貯蔵所をいう。

【問3】法令上、指定数量の倍数が50のガソリンを貯蔵し、または取り扱うことがで
　　　きる製造所等の組み合わせはどれか。[★]

| A．屋外貯蔵所 | B．屋外タンク貯蔵所 |
| C．販売取扱所 | D．給油取扱所 |

☑　1．AとB　　2．AとC　　3．BとC　　4．BとD　　5．CとD

【問4】法令上、貯蔵し、または取り扱う危険物の数量に上限が定められている製造
　　　所等は、次のA～Gのうちいくつあるか。

A．屋内タンク貯蔵所	B．屋外タンク貯蔵所	C．地下タンク貯蔵所
D．簡易タンク貯蔵所	E．製造所	F．屋外貯蔵所
G．積載式以外の移動タンク貯蔵所		

☑　1．2つ　　2．3つ　　3．4つ　　4．5つ　　5．6つ

【問5】法令上、危険物を貯蔵し、または取り扱うタンクの容量制限について、次の
　　　うち正しいものはどれか。

☑　1．屋内タンク貯蔵所に設置された屋内貯蔵タンクの容量は40,000L以下である
　　　こと。

　2．地下タンク貯蔵所に設置された地下貯蔵タンクの容量は50,000L以下であ
　　　ること。

3．移動タンク貯蔵所に設置された移動貯蔵タンクの容量は 30,000L 以下であること。

4．簡易タンク貯蔵所に設置された簡易貯蔵タンクの容量は 1,000L 以下であること。

5．給油取扱所の専用タンクの容量は 30,000L 以下であること。

■正解＆解説……………………………………………………………………………………

問1…正解3

1．給油取扱所における給油とはガソリンを指し、注油とは灯油・軽油を指す。原則として、金属製ドラム等への給油は×、注油は○である。給油取扱所は、金属製ドラム等の運搬容器に直接給油するため危険物を取り扱う取扱所ではない。

2．鉄道の車両に固定されたタンクは、移動タンク貯蔵所に該当しない。

4．屋外貯蔵所では、第2類の硫化りんを貯蔵し、または取り扱うことができない。硫化りんは、水と反応すると有毒な硫化水素 H_2S を発生する。第2類のうち貯蔵できるのは硫黄Sや引火点0℃以上の引火性固体である。

5．設問の内容は屋内タンク貯蔵所である。

問2…正解3

3．鉄道の車両に固定されたタンクは、移動タンク貯蔵所に該当しない。

問3…正解4

A．屋外貯蔵所は、第1石油類のうち引火点が0℃以上のものしか貯蔵・取り扱いができない。ガソリンは引火点が−40℃以下のため、指定数量の倍数にかかわらず貯蔵・取り扱いができない。

C．販売取扱所は、取り扱うことができる危険物の数量について制限がある。第1種は指定数量の倍数が15以下、第2種は指定数量の倍数が15超40以下となっている。従って、指定数量の倍数が50のガソリンは取り扱うことができない。

問4…正解2（A・D・G）

A．屋内タンク貯蔵所は、タンクの容量が指定数量の倍数の40倍以下（第4類は20,000L以下）に制限されている。

D．簡易タンク貯蔵所は、簡易タンクの数が3基（1基は600L以下）までに制限されている。

G．移動タンク貯蔵所は、タンクの容量が30,000L以下に制限されている。

問5…正解3

1．屋内貯蔵タンクの容量は、指定数量の40倍以下であること。ただし、第4類危険物（第4石油類及び動植物油類を除く）にあっては、20,000L以下であること。

2＆5．地下貯蔵タンクと給油取扱所の地盤面下に設けられた専用タンクには、容量制限が設けられていない。

4．簡易貯蔵タンク1基の容量は、600L以下であること。

❻ 製造所等の設置と変更の許可

■設置と変更の許可

◎製造所、貯蔵所または取扱所（以下「製造所等」という）を設置しようとする者は、製造所等ごとに、その区分に応じて、**市町村長等**に申請し、**許可**を受けなくてはならない。また、製造所等の**位置、構造**または**設備を変更**しようとする者も、同様の**許可**を受けなくてはならない。

◎**市町村長等**は、申請のあった製造所等の**位置、構造及び設備**が技術上の基準に適合し、かつ、当該製造所等においてする危険物の貯蔵または取扱いが公共の安全の維持または災害の発生の防止に支障を及ぼすおそれがないものであるときは、**許可**を与えなければならない。

◎申請先及び許可を受ける「市町村長等」とは、市町村長、都道府県知事、総務大臣のいずれかで、製造所等の設置場所により異なる。

〔製造所等の設置・変更の申請先〕

設置・変更場所		申請先
移送取扱所以外の製造所等	消防本部及び消防署を設置している市町村の区域	当該 **市町村長**
	消防本部及び消防署を設置していない市町村の区域	当該区域を管轄する **都道府県知事**
移送取扱所	消防本部及び消防署を設置している一の市町村の区域のみに設置される移送取扱所	当該 **市町村長**
	消防本部及び消防署を設置していない市町村の区域または**2以上の市町村**の区域にわたって設置される移送取扱所	当該区域を管轄する **都道府県知事**
	2以上の都道府県にわたって設置される移送取扱所	**総務大臣**

■変更の許可の申請

◎製造所等の位置、構造または設備の変更の許可を受けようとする者は、次の事項を記載した**申請書**を市町村長等に提出しなければならない。

> ①氏名または名称及び住所並びに法人にあっては、その代表者の氏名及び住所
> ②製造所等の別及び貯蔵所または取扱所にあっては、その区分
> ③製造所等の設置の場所（移動タンク貯蔵所にあっては、その常置する場所）
> ④変更の内容　　　　　　⑤変更の理由

◎変更の許可の**申請書**には、製造所等の位置、構造または設備の変更の内容に関する**図面**その他規則で定める**書類を添付**しなければならない。

※製造所等の設置と製造所等の位置・構造・設備の変更は、市町村長等の**許可を受けて**から工事に着手する。

28

■移送取扱所の設置場所

◎移送取扱所は、次の場所に設置してはならない。

①災害対策基本法に規定する都道府県地域防災計画又は同法に規定する市町村地域防災計画に定められている震災時のための避難空地
②鉄道及び道路の隧道内（隧道⇒トンネルと同意）
③高速自動車国道及び自動車専用道路の車道、路肩及び中央帯並びに狭あいな道路
④河川区域及び水路敷
⑤利水上の水源である湖沼、貯水池等
⑥法律により指定された急傾斜地崩壊危険区域
⑦地すべり等防止法により指定された地すべり防止区域及び、ぼた山崩壊防止区域
⑧海岸法に規定する海岸保全施設及びその敷地

◎防火地域及び準防火地域とは、都市計画法が定める「地域地区」の一つ。建物の密集度が高い地域や幹線道路沿いなどで火災被害を広げないための厳しい建築制限がある地域をいい、**建物の階数や延べ面積に応じて、建物の資材や構造を規制している**（「不燃材料を用いる」、「耐火構造とする」等）。

▶▶▶ 過去問題 ◀◀◀

【問1】法令上、製造所等の位置、構造又は設備を変更する場合の手続きとして、次のうち誤っているものはどれか。

☐　1．消防本部及び消防署を置く市町村の区域に設置される製造所等（移送取扱所を除く。）の位置を変更する場合、当該市町村長の許可を受けなければならない。

　　2．消防本部及び消防署を置かない市町村の区域に設置される製造所等（移送取扱所を除く。）の構造を変更する場合、当該市町村長の許可を受けなければならない。

　　3．消防本部及び消防署を置く一の市町村の区域のみに設置される移送取扱所の構造を変更する場合、当該市町村長の許可を受けなければならない。

　　4．同一の都道府県の二以上の市町村の区域に渡って設置される移送取扱所の設備を変更する場合、当該区域を管轄する都道府県知事の許可を受けなければならない。

　　5．二以上の都道府県の区域にわたって設置される移送取扱所の設備を変更する場合、総務大臣の許可を受けなければならない。

【問2】法令上、製造所等を設置する場合の設置場所と許可権者の組合せとして、次のうち誤っているものはどれか。

		製造所等と設置場所	許可権者
☑	1.	消防本部及び消防署を設置している市町村の区域に設置される製造所等（移送取扱所を除く。）	当該市町村長
	2.	消防本部及び消防署を設置していない市町村の区域に設置される製造所等（移送取扱所を除く。）	当該区域を管轄する都道府県知事
	3.	消防本部及び消防署を設置している一の市町村の区域内に設置される移送取扱所	当該市町村長
	4.	2以上の市町村の区域にわたって設置される移送取扱所	消防庁長官
	5.	2以上の都道府県の区域にわたって設置される移送取扱所	総務大臣

【問3】法令上、製造所等の位置、構造又は設備を変更する場合の手続きとして、次のうち正しいものはどれか。

- ☑ 1. 変更工事終了後、直ちに市町村長等の承認を得る。
- 2. 所轄消防長又は消防署長の変更の承認を受けてから、変更工事を開始する。
- 3. 市町村長等の変更許可を受けてから、変更工事を開始する。
- 4. 変更工事を開始しようとする日の10日前までに、市町村長等の許可を得る。
- 5. 市町村長等に変更の承認を受けてから、変更工事を開始する。

【問4】法令上、市町村長等の許可を受けなければならない事項として、次のうち正しいものはどれか。[★]

- ☑ 1. 製造所等の所有者等の氏名および住所並びに法人にあっては、その代表者の氏名を変更する場合
- 2. 危険物の運搬を他の会社に委託する場合
- 3. 移動タンク貯蔵所を常置する場所を他の都道府県に変更する場合
- 4. 第1種販売取扱所において、10日以上危険物の販売業務を行わない場合
- 5. 給油取扱所の名称を変更する場合

【問5】法令上、製造所等を設置し、または位置、構造若しくは設備を変更しようとする場合の手続きとして、次のうち正しいものはどれか。

- ☑ 1. 製造所等の位置を変更しようとする場合、市町村長等の許可を受けなければならない。
- 2. 製造所等の構造を変更しようとする場合、市町村長等に届け出をしなければならない。

3．製造所等の設備を変更しようとする場合、市町村長等の承認を受けなければ
　ならない。

4．製造所等を設置しようとする場合、所轄の消防長又は消防署長の許可を受け
　なければならない。

5．製造所等を設置した場合、所轄の消防長又は消防署長の行う完成検査を受け
　なければならない。

【問6】法令上、移送取扱所を設置してはならない場所として、次のうち誤っている
　ものはどれか。ただし、地形の状況その他特別の理由により、当該場所に設置
　することがやむを得ない場合であって、かつ、保安上適切な措置を講ずる場合
　を除くものとする。

☐　1．災害対策基本法に規定する市町村地域防災計画において定められた震災時の
　ための避難空地

2．都市計画法の規定により定められた防火地域

3．鉄道及び道路の隧道内

4．利水上の水源である湖沼、貯水池等

5．地すべり等防止法の規定により指定された地すべり防止区域

【問7】法令上、市町村長等の許可を受けなければならないものは、次のうちどれか。

☐　1．製造所等の所有者、管理者又は占有者の氏名及び住所並びに法人にあっては
　その代表者の氏名が変更したとき。

2．危険物の運搬を他の会社に委託したとき。

3．移動タンク貯蔵所の常置場所を他の都道府県に変更したとき。

4．第1種販売取扱所において、10日以上危険物の販売業務をしないとき。

5．給油取扱所の名称を変更したとき。

■正解＆解説……………………………………………………………………………………

問1…正解2

　　2．消防本部及び消防署を置かない市町村の区域に設置される製造所等（移送取扱所
　　を除く。）の構造を変更する場合、当該区域を管轄する都道府県知事の許可を受け
　　なければならない。

問2…正解4

　　4．2以上の市町村の区域にわたって設置される移送取扱所の場合、当該区域を管轄
　　する都道府県知事が許可権者となる。

問3…正解3

　　3．変更工事の場合も、設置と同様に市町村長等の許可を受けてから、変更工事を開
　　始する。

問4…正解3

3. 製造所等の位置を変更する場合、市町村長等の許可を受けなければならない。

1＆2＆4＆5. いずれも許可の必要がない。

問5…正解1

2＆3. 製造所等の構造や設備を変更しようとする場合、市町村長等の許可を受けなければならない。

4. 製造所等を設置しようとする場合、市町村長等の許可を受けなければならない。

5. 製造所等を設置した場合、市町村長等の行う完成検査を受けなければならない。

問6…正解2

問7…正解3

1＆5. 市町村長等に対して届出を行う。

2＆4. 市町村長等に対する許可や届出は必要ない。

7 完成検査と仮使用

■完成検査と仮使用承認

◎製造所等の設置または変更の許可を受けた者は、製造所等を設置したとき、または製造所等の位置、構造もしくは設備を変更したときは、**市町村長等が行う完成検査を受け**、これらが**技術上の基準に適合**していると認められた後でなければ、これを使用してはならない。

◎ただし、製造所等の位置、構造または設備を変更する場合において、当該変更の工事に係る部分以外の部分の全部または一部について、**市町村長等の承認を受けたときは、完成検査を受ける前においても、仮使用承認を受けた部分を使用**することができる。

※仮使用の承認を受けることによって、危険物施設の変更工事中であっても、工事部分以外で営業を続けることができる。

※変更工事と仮使用の申請は**同時に行うことができる**。

◎市町村長等は、完成検査を行った結果、製造所、貯蔵所及び取扱所がそれぞれ定める技術上の基準に適合していると認めたときは、当該完成検査の申請をした者に**完成検査済証を交付**するものとする。

【問1】法令上、製造所等の仮使用に関する次の文章の下線部分（A）〜（E）について、誤っているものはどれか。

「製造所、貯蔵所または取扱所の位置、構造または設備を変更する場合において、当該製造所、貯蔵所または取扱所のうち当該変更の (A) 工事に係る部分以外の部分の (B) 全部または一部について (C) 所轄消防長または消防署長の (D) 承認を受けたときは、(E) 完成検査を受ける前においても、仮に、当該 (D) 承認を受けた部分を使用することができる。」

☐　1．（A）　　　2．（B）　　　3．（C）　　　4．（D）　　　5．（E）

【問2】法令上、製造所等の仮使用に関する記述の次の（A）〜（E）の下線部分のうち、誤っているものの組合せはどれか。

「製造所等の位置、構造又は設備を (A) 変更する場合において、当該製造所等のうち当該変更の (B) 工事が終了した部分について (C) 所轄消防長又は消防署長の承認を受けたときは、(D) 完成検査を受ける前においても、仮に、当該承認を受けた部分を使用することができる。変更の許可と仮使用の承認の申請は (E) 同時に行うことができる。」

☐　1．AとD　　2．AとE　　3．BとC　　4．BとE　　5．CとD

【問3】法令上、製造所等の設置許可を受けた者が、当該製造所等を設置したときの手続きとして、次のうち正しいものはどれか。

☐　1．所轄消防長又は消防署長が行う完成検査を受け、火災予防上安全と認められた後でなければ、使用してはならない。

　　2．市町村長等が行う完成検査を受け、これらが製造所等の位置、構造及び設備の技術上の基準に適合していると認められた後でなければ使用してはならない。

　　3．市町村長等に完成した旨の届出をした後でなければ使用してはならない。

　　4．設置許可を受けた製造所等であるので、大きな変更がなければ使用することができる。

　　5．所有者等が自ら完成検査を行い、安全性を十分に確認した後でなければ使用してはならない。

【問4】 法令上、製造所等の仮使用について、次のうち正しいものはどれか。

☑ 1. 製造所等の設備等を変更する場合に、変更工事に係る部分以外の部分の全部または一部を、市町村長等の承認を得て、完成検査前に仮に使用することをいう。

2. 製造所等を全面的に変更する場合、工事が完了した部分から順に、完成検査前に仮に使用していくことをいう。

3. 製造所等の設置許可を受けてから完成検査を受けるまでの間に、仮に使用することをいう。

4. 指定数量以上の危険物を10日以内の期間、製造所等の空地で仮に取り扱うことをいう。

5. 製造所等の完成検査で不備欠陥箇所があり、完成検査済証の交付を受けられなかった場合に、基準に適合している部分のみを仮に使用することをいう。

【問5】 法令上、製造所等の位置、構造又は設備を変更する場合において、完成検査を受ける前に当該製造所等を仮に使用するときの手続きとして、次のうち正しいものはどれか。

☑ 1. 変更の工事に係る部分の全部又は一部の使用について、市町村長等に承認申請をする。

2. 変更の工事に係る部分の全部又は一部の使用について、所轄消防長又は消防署長に承認申請をする。

3. 変更の工事が完成した部分ごとの使用について、市町村長等に承認申請をする。

4. 変更の工事に係る部分以外の部分の全部又は一部の使用について、市町村長等に承認申請をする。

5. 変更の工事に係る部分以外の部分の全部又は一部の使用について、所轄消防長又は消防署長に承認申請をする。

■正解＆解説……………………………………………………………………………………

問1…正解3

問2…正解3

問3…正解2

問4…正解1

問5…正解4

　　1＆2. 変更の工事に係る部分は、全部または一部であっても仮使用することはできない。

　　3. 変更工事終了後は、市町村長等が行う完成検査を受け、完成検査済証の交付を受けてからでないと使用することはできない。

34

8 完成検査前検査

■完成検査前検査の対象と種類

◎液体の危険物を貯蔵し、または取り扱う**タンク**（液体危険物タンク）を設置または変更する場合、製造所等の全体の**完成検査を受ける**前に、市町村長等が行う**完成検査前検査**を受けなければならない。

　※完成検査前検査は、工事が完了してしまうと技術上の基準に適合しているかどうかについて、検査ができなくなるために行われる。

◎ただし、容量が指定数量以上の液体危険物タンクを有しない製造所及び一般取扱所は、この完成検査前検査の対象から除くものとする。

対象施設 （液体危険物 タンク）	▪製造所及び一般取扱所（共に指定数量未満の液体危険物タンクは対象外） ▪屋内タンク貯蔵所　　▪屋外タンク貯蔵所　　▪簡易タンク貯蔵所 ▪地下タンク貯蔵所　　▪移動タンク貯蔵所　　▪給油取扱所
検査の種類	▪液体危険物タンク ⇒ 水張検査または水圧検査 ▪液体危険物タンクのうち 1,000kL 以上の屋外タンク貯蔵所 　⇒ ①水張検査または水圧検査 　　　②基礎・地盤検査 　　　③タンク本体の溶接部の検査

◎市町村長等は、完成検査前検査を行った結果、技術上の基準に適合すると認めたときは、完成検査前検査の申請をした者に通知（水張検査又は水圧検査にあっては、タンク検査済証の交付）をするものとする。

◎完成検査前検査を受けなければならない者は、検査において技術上の基準に適合していると認められた後でなければ、製造所等の設置又はその位置、構造若しくは設備の変更の工事について、完成検査を受けることができない。

◎完成検査前検査において、技術上の基準に適合していると認められた事項については、完成検査を受けることを要しない。

【問1】法令上、製造所の設置等について、次のうち誤っているものはどれか。

☑　1．製造所の保有空地を変更するときは、市町村長等の変更の許可が必要である。

　2．製造所を設置するときは、工事期間の中間で、完成検査時に目視できない地下埋設配管の完成検査前検査を行った後でなければ、完成検査は実施できない。

　3．製造所の構造を変更するときは、市町村長等の変更の許可を受けなければ、工事に着手できない。

　4．設置工事が終了し、市町村長等から完成検査済証を交付された場合は、製造所を使用できる。

　5．市町村長等に変更の許可を申請する場合は、変更の内容に関する図面その他規則で定める書類を添付しなければならない。

【問2】法令上、完成検査前検査に関する記述として、次のうち誤っているものはどれか。

☑　1．完成検査前検査を受けなければならないのは、固体又は液体の危険物を貯蔵し、または取り扱うタンクを有する製造所等である。

　2．液体危険物タンクの基礎及び地盤に関する事項の完成検査前検査として、基礎・地盤検査がある。

　3．液体危険物タンクの漏れ及び変形に関する事項の完成検査前検査として、水張検査又は水圧検査がある。

　4．液体危険物タンクの溶接部に関する事項の完成検査前検査として、溶接部検査がある。

　5．完成検査前検査において、技術上の基準に適合していると認められた事項については、完成検査を受けることを要しない。

【問3】法令上、製造所等の位置、構造又は設備を変更する場合の手続きについて、次のうち誤っているものはどれか。

☑　1．製造所等の変更工事を行うためには、政令で定める事項を記載した申請書に図面等を添付し、市町村長等に提出しなければならない。

　2．変更許可を受けなければ、変更工事に着手してはならない。

　3．市町村長等の承認を受ければ、変更工事部分以外の部分を使用することができる。

　4．すべての製造所等は、完成検査を受ける前に市町村長等が行う完成検査前検査を受けなければならない。

　5．変更工事終了後、製造所等を使用する前に市町村長等が行う完成検査を受けなければならない。

問1…正解2

    1．保有空地の変更は、「製造所等の位置、構造または設備の変更」に該当する。

    2．完成検査前検査の項目にタンクの水張検査や水圧検査などがあるが、地下埋設配管の検査はない。

問2…正解1

    1．完成検査前検査を受けなければならないのは、液体の危険物を貯蔵し、または取り扱うタンクを有する製造所等である。

問3…正解4

    4．液体危険物タンクを設置または変更する場合、完成検査を受ける前に、市町村長等が行う完成検査前検査を受けなければならない。「すべての製造所等」は誤りである。

9 製造所等の変更の届出

■届出が必要な変更事項

◎危険物の製造所、貯蔵所及び取扱所（以下「製造所等」という）において、次の変更が生じた場合、**市町村長等**に届け出なければならない。

項　目	内　容	申請期限	申請先
危険物の品名・数量・指定数量の倍数の変更	貯蔵し、または取り扱う危険物の品名・数量・指定数量の倍数を変更する者は、変更しようとする日の **10日前までに、その旨を届け出る。**	**事前**（10日前）	市町村長等
製造所等の譲渡・引渡し	製造所等の譲渡・引渡しがあったときは、**譲受人または引渡しを受けた者**はその地位を承継し、遅滞なくその旨を届け出る。	**事後**（遅滞なく）	市町村長等
製造所等の廃止	製造所等を所有・管理・占有する者は、当該製造所等の用途を廃止したときは、**遅滞なくその旨を届け出る。**		
危険物保安統括管理者の選任・解任	同一事業所において特定の製造所等を所有・管理・占有する者は、危険物保安統括管理者を定めたときは、遅滞なくその旨を届け出る。解任した場合も同様とする。		
危険物保安監督者の選任・解任	製造所等を所有・管理・占有する者は、危険物保安監督者を定めたときは、遅滞なくその旨を届け出る。解任した場合も同様とする。		

※「譲渡」とは、権利・財産などをゆずり渡すこと。「引渡し」とは、動産の占有を移転すること。「遅滞」とは、とどこおること。

◎法別表第1で掲げられている危険物で、**同品名＋数量または指定数量が同数の場合**、取り扱う危険物の**物品名**を変更しても変更の届出は必要ない。

◎**危険物保安統括管理者の選任**が必要となるのは、**製造所と一般取扱所**（共に指定数量の倍数が **3,000 以上**）、**移送取扱所**（指定数量以上）の3施設。選任要件は規定されておらず(⇒危険物取扱者でなくてもよい)、一般に工場長などが選任される。危険物保安統括管理者は、製造所等における危険物の保安に関する業務を統括管理しなければならない。

◎危険物保安統括管理者を定めなければならない製造所等の所有者等は、当該事業所に**自衛消防組織**を置かなければならない。自衛消防組織は、事業所の規模の応じ、法令で定める数以上の人員及び化学消防自動車をもって編成しなければならない。

▶▶▶ 過去問題 ◀◀◀

【問1】法令上、製造所等の所有者等が市町村長等に届け出なければならない場合として、次のうち誤っているものはどれか。[★]

☐　1．製造所等の譲渡又は引渡しがあったとき。

　　2．製造所等の位置、構造又は設備を変更しないで、貯蔵し、又は取り扱う危険物の品名、数量または指定数量の倍数を変更するとき。

　　3．危険物保安監督者を解任したとき。

　　4．危険物施設保安員を定めたとき。

　　5．製造所等の用途を廃止したとき。

【問2】法令上、市町村長等にあらかじめ届け出なければならないものは、次のA～Eのうちいくつあるか。

　　A．危険物保安監督者を選任しなければならない製造所等において、危険物保安監督者を選任する場合

　　B．危険物保安監督者を選任しなければならない製造所等において、危険物保安監督者を解任する場合

　　C．製造所等の譲渡・引渡しを受ける場合

　　D．製造所等の位置、構造または設備を変更しないで、貯蔵し、または取り扱う危険物の品名、数量または指定数量の倍数を変更する場合

　　E．製造所等を廃止した場合

☐　1．1つ　　　2．2つ　　　3．3つ　　　4．4つ　　　5．5つ

【問3】 法令上、次の文の下線部分（A）〜（C）のうち、誤っているもののみをすべて掲げているものはどれか。

「製造所等の譲渡又は引渡があったときは、譲受人又は引渡を受けた者は、当該製造所等の設置又は変更の許可を受けた者の地位を承継する。この場合において、地位を承継した者は、(A) 10日以内にその旨を (B) 所轄消防長又は消防署長に (C) 届け出なければならない。」

☑ 1．A 　　　2．C 　　　3．A、B
　 4．B、C 　　5．A、B、C

【問4】 法令上、次の文の下線部分（A）〜（C）のうち、誤っているもののみをすべて掲げているものはどれか。

「製造所等の所有者等は、当該製造所等の用途を廃止したときは、(A) 10日以内にその旨を (B) 所轄消防長又は消防署長に (C) 届け出なければならない。」

☑ 1．A 　　　2．C 　　　3．A、B
　 4．B、C 　　5．A、B、C

■ 正解＆解説……………………………………………………………………………………

問1…正解4
　　1＆5．製造所等の廃止や譲渡・引渡しがあったときは、遅滞なくその旨を市町村長等に届け出る。
　　2．変更しようとする日の10日前までに、その旨を市町村長等に届け出る。
　　3．危険物保安監督者を選任又は解任したときは、遅滞なくその旨を市町村長等に届け出る。
　　4．危険物施設保安員の選任は届出の必要がない。

問2…正解1（D）
　　A＆B．危険物保安監督者の選任・解任は、市町村長等に遅滞なく届け出なければならない。
　　C＆E．製造所等の譲渡・引渡し、または廃止した場合、市町村長等に遅滞なく届け出なければならない。
　　D．貯蔵し、取り扱う危険物の品名、数量または指定数量の倍数を変更する場合、変更しようとする日の10日前に市町村長等に届け出なければならない。

問3…正解3
　　A．「10日以内に」⇒「遅滞なく」。
　　B．「所轄消防長又は消防署長」⇒「市町村長等」。

問4…正解3
　　A．「10日以内に」⇒「遅滞なく」。
　　B．「所轄消防長又は消防署長」⇒「市町村長等」。

10 危険物取扱者の制度

■危険物取扱者の責務

◎製造所等における危険物の取扱作業は、**危険物取扱者**が行う。

◎危険物取扱者は、危険物の取扱作業に従事するときは、法令で定める**貯蔵または取扱いの技術上の基準を遵守**するとともに、当該危険物の**保安の確保**について細心の注意を払わなければならない。

◎危険物取扱者以外の者は、**甲種危険物取扱者または乙種危険物取扱者が立ち会わな**ければ、危険物の取扱作業を行ってはならない。

◎甲種危険物取扱者または乙種危険物取扱者は、危険物の取扱作業の立会いをする場合は、取扱作業に従事する者が法令で定める**貯蔵または取扱いの技術上の基準を遵守**するように監督するとともに、**必要に応じてこれらの者に指示を与え**なければならない。

■免状の区分

◎**危険物取扱者**とは、危険物取扱者試験に合格し、**免状の交付を受けている者**をいう。危険物取扱者の免状は、次の3種類に区分される。

〔危険物取扱者の免状の区分〕

区分	取り扱いできる危険物	立会い
甲種	**全ての危険物**	全ての危険物取り扱い作業に立ち会える
乙種	指定された類（第1類～第6類）の危険物のみ	**指定された類**の危険物取り扱い作業に立ち会える
丙種	指定された危険物のみ	**立会いはできない**

※**丙種**の危険物取扱者が取り扱いできる危険物は、**ガソリン**、**灯油**、**軽油**、第3石油類（**重油**、**潤滑油及び引火点130℃以上のもの**に限る。）、第4石油類及び動植物油類とする。

◎**乙種**は取り扱うことができる危険物の種類により、更に第1類～第6類に細分化される。乙種第4類の免状を取得する場合、第4類の危険物に限り取扱い及び立会いができる。なお、乙種は取扱いができる危険物の種類が**免状に指定**される。

〔指定数量未満の危険物の取扱い〕

製造所等での取り扱い作業	①甲種・乙種（取り扱う危険物の類の乙種）・丙種の危険物取扱者 ②甲種・乙種（取り扱う危険物の類の乙種）危険物取扱者の立会いを受けた者
製造所等以外での取り扱い作業	危険物取扱者である必要はない。 （例：自宅のストーブに灯油を補充する等）

【問1】 法令上、危険物取扱者の責務に関する次の条文について、（　）内のA、Bに当てはまる語句の組み合わせとして、正しいものはどれか。

「危険物取扱者は、危険物の取扱作業に従事するときは、法第10条第3項の（A）の技術上の基準を遵守するとともに、当該危険物の（B）について細心の注意を払わなければならない。」

　　　　　　　　　（A）　　　　　　　　　　（B）
☑ 1．位置、構造または設備　　　保安の確保
　 2．点検及び検査　　　　　　　保安の確保
　 3．貯蔵または取扱い　　　　　保安の確保
　 4．位置、構造または設備　　　取扱い
　 5．貯蔵または取扱い　　　　　取扱い

【問2】 法令上、危険物取扱者の責務に関する次の条文について、（　）内のA、Bに当てはまる語句の組み合わせとして、正しいものはどれか。[★]

「甲種危険物取扱者または乙種危険物取扱者は、危険物の取扱作業の立会いをする場合は、取扱作業に従事する者が法第10条第3項の（A）の技術上の基準を遵守するように監督するとともに、（B）これらの者に指示を与えなければならない。」

　　　　　　　　　（A）　　　　　　　　　　　（B）
☑ 1．貯蔵または取扱い　　　　　必要に応じて
　 2．位置、構造または設備　　　保安の確保に支障を生ずる場合は、
　 3．貯蔵または取扱い　　　　　保安の確保に支障を生ずる場合は、
　 4．位置、構造または設備　　　必要に応じて
　 5．貯蔵または取扱い　　　　　災害の未然防止のため

【問3】 法令上、危険物取扱者以外の者の危険物の取扱いについて、次のうち誤っているものはどれか。[★]

☑ 1．製造所等では、甲種危険物取扱者の立会いがあれば、すべての危険物を取り扱うことができる。
　 2．製造所等では、第1類の免状を有する乙種危険物取扱者の立会いがあっても、第2類の危険物の取扱いはできない。
　 3．製造所等では、丙種危険物取扱者の立会いがあっても、危険物を取り扱うことはできない。

4．製造所等以外の場所では、危険物取扱者の立会いがなくても、指定数量未満の危険物を市町村条例に基づき取り扱うことができる。

5．製造所等では、危険物取扱者の立会いがなくても、指定数量未満であれば危険物を取り扱うことができる。

【問4】法令上、製造所等と危険物取扱者の関係について、次のうち正しいものはどれか。

☑ 1．給油取扱所（自家用を除く。）において、危険物保安監督者が急用のため給油取扱所を離れ危険物取扱者が不在となるが、業務内容については危険物保安監督者から教育を受けているので、従業員が給油業務を行った。

2．重油の屋外タンク貯蔵所において、危険物保安監督者が退職したので丙種危険物取扱者を危険物保安監督者として選任し、危険物の取扱いを継続した。

3．第4類の危険物であるアセトフェノン（引火点77℃、発火点570℃）の移送のために乗車している甲種危険物取扱者の代わりに内種危険物取扱者が移動タンク貯蔵所に乗車した。

4．指定数量の20倍を貯蔵する屋内貯蔵所で、貯蔵する危険物を軽油からクメン（引火点34℃）に変更したが、法別表第1の品名が同じなので、取扱者は丙種危険物取扱者のままとした。

5．指定数量の40倍の灯油を容器に詰め替える一般取扱所で、乙種第4類の危険物取扱者の代わりに丙種危険物取扱者が危険物の取扱いをした。

【問5】法令上、危険物取扱者について、次のA～Eのうち正しいものはいくつあるか。

A．乙種危険物取扱者が免状に指定されていない類の危険物を取り扱う場合は、甲種危険物取扱者または当該危険物を取り扱うことのできる乙種危険物取扱者が立会わなければならない。

B．丙種危険物取扱者が取り扱える危険物は、ガソリン、灯油、軽油、第三石油類（重油、潤滑油及び引火点が130℃以上のものに限る。）、第四石油類、動植物油類である。

C．危険物取扱者以外の者でも、甲種、乙種及び丙種の免状を有する危険物取扱者の立会いがあれば、危険物を取り扱うことができる。

D．製造所等の所有者の指示があれば、危険物取扱者以外の者でも、危険物取扱者の立会いなしに、危険物を取り扱うことができる。

E．危険物保安監督者に選任された者は、すべての類の危険物を取り扱うことができる。

☑ 1．1つ　　　2．2つ　　　3．3つ
　　4．4つ　　　5．5つ

【問6】 法令上、危険物取扱者について、次のうち誤っているものはどれか。

☑ 1. 丙種危険物取扱者は、引火点が21℃以上の第4類の危険物に限り自ら取り扱うことができる。

2. 甲種危険物取扱者は、製造所等における6か月以上の危険物取扱いの実務経験があれば、危険物保安監督者に選任される資格を有する。

3. 危険物取扱者以外の者は、製造所等において、甲種危険物取扱者又は当該危険物を取り扱うことができる乙種危険物取扱者が立ち会わなければ危険物を取り扱ってはならない。

4. 乙種危険物取扱者は、製造所等において、免状に指定されている種類の危険物を自ら取り扱うことができる。

5. 製造所等で危険物の取扱作業に従事している危険物取扱者は、一定の期間内に危険物の取扱作業の保安に関する講習を受けなければならない。

■ 正解&解説‥‥‥‥‥‥‥‥‥‥‥‥‥‥‥‥‥‥‥‥‥‥‥‥‥‥‥‥‥‥‥‥‥‥‥

問1…正解3　　問2…正解1

問3…正解5

3. 丙種危険物取扱者は、危険物の取扱作業の立会いができない。

5. 製造所等では、取り扱う危険物の数量にかかわらず、危険物を取り扱う際は、危険物取扱者の立会いが必要となる。

問4…正解5

1. 従業員が給油業務を行うためには、危険物取扱者の立会いが必要となる。

2. 丙種危険物取扱者は、危険物保安監督者に選任することができない。「13. 危険物保安監督者」53P参照。

3. アセトフェノン（$C_6H_5COCH_3$）は、第3石油類（引火点70℃以上200℃未満）の非水溶性の危険物である。丙種危険物取扱者が取り扱うことができる第3石油類は、①重油、②潤滑油、③引火点が130℃以上のもの、に限られる。

4. クメン（$(CH_3)_2CHC_6H_5$）は、第2石油類（引火点が21℃以上70℃未満）の非水溶性の危険物である。丙種危険物取扱者が取り扱うことができる第2石油類は、灯油と軽油に限られる。

5. 灯油は、丙種危険物取扱者が取り扱うことができる危険物である。

問5…正解2（A・B）

C. 丙種危険物取扱者は、危険物の取扱作業の立会いができない。

D. たとえ所有者の指示があっても、危険物取扱者の立会いが必要となる。

E. すべての類の危険物を取り扱うことができるのは、甲種危険物取扱者である。危険物保安監督者への選任の有無と、取り扱い可能な危険物の範囲とは、関連がない。

問6…正解1

1. 丙種危険物取扱者は、第4類のうち引火点が21℃未満のガソリンについても取り扱うことができる。

2.「13. 危険物保安監督者」53P参照。　　3.「12. 保安講習」47P参照。

11 免状

■免状の諸手続

◎危険物取扱者の免状の交付・書換え・再交付の手続きは、いずれも**都道府県知事**に申請し、**都道府県知事**が交付・書換え・再交付を行う。

◎これらの諸手続のうち書換え申請について、免状の**記載事項**に**変更**が生じたときは、**遅滞なく**、その申請を行わなければならない。

◎**免状**は、それを取得した都道府県の区域内だけでなく、**全国で有効**である。

◎免状の交付を受けている者は、既得免状と同一の種類の免状の交付を重ねて受けることはできない。

手続	申請事由	申請先	添付するもの
交付	試験に合格	試験を行った都道府県知事	合格を証明する書類等
書換え	氏名・本籍地の変更、**免状の写真が10年経過**	免状を**交付**した都道府県知事、または**居住地**もしくは**勤務地**の都道府県知事	戸籍謄本等・6か月以内に撮影した写真
再交付	亡失・滅失・汚損・破損	免状の**交付・書換え**をした都道府県知事	**汚損・破損の場合はその免状を添える**
	亡失した免状を発見	再交付を受けた都道府県知事	発見した免状を**10日以内に提出**

※「**亡失**」とは、失いなくすこと。
※「**滅失**」とは、滅びうせること、なくなること。
※ 免状に「**本籍地**」の記載はあるが、「**居住地・住所**」の記載はない。

■免状の記載事項

◎免状には、次に掲げる事項を記載するものとする。

- 免状の交付年月日及び交付番号
- 氏名及び生年月日
- **本籍地**の属する都道府県
- 過去10年以内に撮影した写真
- 免状の種類並びに取り扱うことができる危険物及び甲種危険物取扱者又は乙種危険物取扱者がその取扱作業に関して立ち会うことができる危険物の種類

■免状の不交付

◎都道府県知事は、危険物取扱者試験に合格した者でも、次のいずれかに該当する者に対しては、免状の交付を行わないことができる。

①都道府県知事から**免状の返納**を命じられ、その日から起算して**1年を経過しない者**。

②消防法または消防法に基づく命令の規定に違反して罰金以上の刑に処せられた者で、その執行が終わり、または執行を受けなくなった日から起算して**2年を経過しない者**。

■免状の返納

◎免状を交付した都道府県知事は、危険物取扱者が消防法または消防法に基づく命令の規定に**違反**しているときは、**免状の返納**を命ずることができる。

◎都道府県知事から免状の**返納**を命じられた者は、直ちに危険物取扱者の**資格を失う**。

▶▶▶ 過去問題 ◀◀◀

【問1】法令上、免状について、次のうち誤っているものはどれか。[★]

☐ 1．丙種危険物取扱者免状の交付を受けている者が取り扱うことのできる危険物は、第4類の危険物のうち一部である。

2．免状を亡失した者が再交付を受けようとするときは、亡失した日から10日以内に、亡失した区域を管轄する都道府県知事に届け出なければならない。

3．免状の記載事項に変更を生じたときは、当該免状を交付した都道府県知事または居住地もしくは勤務地を管轄する都道府県知事に、その書換えを申請しなければならない。

4．免状を汚損した場合は、その免状の交付または書換えをした都道府県知事にその再交付を申請することができる。

5．免状は、それを取得した都道府県の区域内だけでなく、全国で有効である。

【問2】法令上、免状の書換えを申請しなければならない場合として、次のA〜Eのうち、誤っているものの組合せはどれか。

A．取扱作業に従事する製造所等の所在地が変わったとき

B．現住所に変更があったとき

C．氏名に変更があったとき

D．本籍地の属する都道府県に変更があったとき

E．免状の写真が、撮影後10年を経過したとき

☐ 1．AとB　　2．AとE　　3．BとC
　4．CとD　　5．DとE

【問3】法令上、免状に関する記述として、次のうち正しいものはどれか。

- ☑ 1．危険物取扱者が法令に違反した場合、所轄消防長又は消防署長から免状の返納を命ぜられることがある。
  2．免状を汚損した場合、その再交付を申請することができる。
  3．居住地に変更があったときは、免状の書換えを申請しなければならない。
  4．法令に違反して免状の返納を命ぜられ、その日から起算して2年を経過しない者は、免状の交付を受けることができない。
  5．免状の再交付の申請先は、居住地又は勤務地を管轄する都道府県知事である。

【問4】法令上、免状の記載事項として定められていないものは、次のうちどれか。

- ☑ 1．氏名及び生年月日
  2．過去10年以内に撮影した写真
  3．居住地の属する都道府県
  4．免状の交付年月日及び交付番号
  5．免状の種類

■ 正解＆解説……………………………………………………………………………………

問1…正解2

　2．再交付を受けようとするときは、免状の交付または書換えをした都道府県知事に再交付の申請をする。ただし、再交付の申請に期限はない。

問2…正解1

　A＆B．勤務している製造所等の所在地及び居住地（現住所）は免状の記載事項ではないため、書換え申請は不要。

問3…正解2

　1．免状の返納を命ずるのは、都道府県知事である。

　3．居住地は免状の記載事項ではないため、変更があっても書換えは必要ない。

　4．「2年を経過しない者」⇒「1年を経過しない者」。

　5．免状の再交付の申請先は、免状の交付・書換えをした都道府県知事である。「居住地又は勤務地」を管轄する都道府県知事は、免状に関する情報を有していないため、免状の再交付はできない。

問4…正解3

　3．「居住地の属する都道府県」⇒「本籍地の属する都道府県」。従って、居住地を変更しても、免状の書換えは必要ない。

12 保安講習

■講習の受講義務

◎製造所等で危険物の取扱作業に従事する**危険物取扱者**（甲種・乙種・丙種のいずれかの免状を有している者）は、**都道府県知事が行う保安に関する講習（保安講習）**を定期的に受講しなければならない。

◎ただし、免状の交付は受けていても危険物の取扱作業に従事していない危険物取扱者及び指定数量未満の危険物を貯蔵し、または取り扱う施設の危険物取扱者は、**受講の義務がない。**

◎保安講習は、**全国どこの都道府県であっても受講できる。**

◎危険物取扱者がこの法律またはこの法律に基づく命令の規定に違反しているとき（期間内に保安講習を受講しない場合など）は、危険物取扱者免状を交付した**都道府県知事**は、当該危険物取扱者に**免状の返納を命ずる**ことができる。

■講習の受講期限

◎危険物取扱者の**免状を有している者**は、次の区分に応じて保安講習を受講しなければならない。

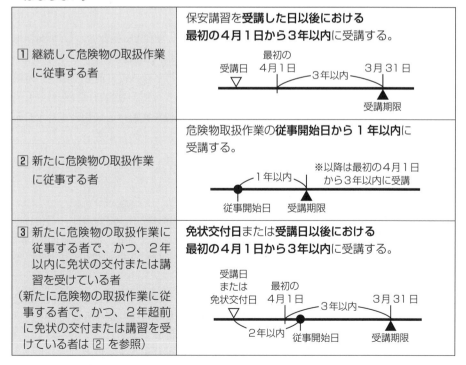

1 継続して危険物の取扱作業に従事する者	保安講習を**受講した日以後における****最初の4月1日から3年以内**に受講する。
2 新たに危険物の取扱作業に従事する者	危険物取扱作業の**従事開始日から1年以内**に受講する。
3 新たに危険物の取扱作業に従事する者で、かつ、2年以内に免状の交付または講習を受けている者（新たに危険物の取扱作業に従事する者で、かつ、2年超前に免状の交付または講習を受けている者は 2 を参照）	**免状交付日**または**受講日以後における****最初の4月1日から3年以内**に受講する。

④ 免状の交付を受けているが、製造所等で取扱作業に従事していない者。または指定数量未満の危険物を貯蔵・取り扱う施設で取扱作業を行う危険物取扱者	保安講習の受講義務なし。

■講習の受講期限（法令原文）

◎製造所等において危険物の取扱作業に従事する危険物取扱者は、当該取扱作業に従事することとなった日から1年以内に講習を受けなければならない。ただし、当該取扱作業に従事することとなった日前2年以内に危険物取扱者免状の交付を受けている場合または講習を受けている場合は、それぞれ当該免状の交付を受けた日または当該講習を受けた日以後における最初の4月1日から3年以内に講習を受けることをもって足りるものとする。

◎製造所等において危険物の取扱作業に従事する危険物取扱者は、講習を受けた日以後における最初の4月1日から3年以内に講習を受けなければならない。当該講習を受けた日以降においても、同様とする。

▶▶▶ 過去問題 ◀◀◀

【問1】法令上、次の文の下線部分（A）～（C）のうち、誤っているもののみをすべて掲げているものはどれか。

「製造所等において危険物の取扱作業に従事する危険物取扱者は、(A) 当該取扱作業に従事することとなった日から (B) 1年以内に講習を受けなければならない。ただし、(A) 当該取扱作業に従事することとなった日前2年以内に危険物取扱者免状の交付を受けている場合又は講習を受けている場合は、それぞれ当該免状の交付を受けた日又は当該講習を受けた日以後における最初の4月1日から (C) 5年以内に講習を受けることをもって足りるものとする。」

☑ 1．A 　　　　2．C 　　　　3．A、B
　 4．B、C 　　5．A、B、C

【問2】法令上、危険物の取扱作業の保安に関する講習（以下「保安講習」という。）について、次の文の（　）内に当てはまる語句として、正しいものはどれか。ただし、5年前に免状の交付を受け、これまでに保安講習は1度も受けていない危険物取扱者とする。

「製造所等において危険物の取扱作業に従事する危険物取扱者は、当該取扱作業に従事することとなった日（　）に保安講習を受けなければならない。」

☑ 1．より前 　　　　　　2．以後の最初の誕生日まで
　 3．から1年以内 　　　4．以後の最初の4月1日から1年以内
　 5．以後の最初の1月1日から1年以内

【問3】法令上、危険物の取扱作業の保安に関する講習について、次のうち正しいものはどれか。[★]

 1．危険物保安監督者として所有者等から選任されたときに、受講しなければならない。

 2．危険物保安統括管理者として所有者等から選任されたときに、受講しなければならない。

 3．指定数量未満の危険物を貯蔵し、または取り扱う施設において危険物を取り扱う危険物取扱者は、一定の期間内に受講しなければならない。

 4．販売取扱所で危険物の取扱いに従事する危険物取扱者は、一定の期間内に受講しなければならない。

 5．指定数量以上の危険物を車両で運搬する危険物取扱者は、一定の期間内に受講しなければならない。

【問4】法令上、危険物の取扱作業の保安に関する講習（以下「講習」という。）の受講義務について、次のうち正しいものはどれか。

 1．危険物施設保安員は、講習を受けなければならない。

 2．製造所等で危険物の取扱作業に従事しているすべての者は、講習を受けなければならない。

 3．丙種危険物取扱者は、講習を受けなくてもよい。

 4．危険物取扱者のうち、製造所等で危険物の取扱作業に従事している者は、講習を受けなければならない。

 5．すべての危険物取扱者は、講習を受けなければならない。

【問5】法令上、危険物の取扱作業の保安に関する講習（以下「講習」という。）について、次のA～Dのうち、正しいもののみを組み合せたものはどれか。

 A．製造所等のすべての所有者は、講習を受けなければならない。

 B．講習を受けようとする者は、いずれの都道府県でも講習を受けることができる。

 C．講習を受けなければならない危険物取扱者が受講しなかった場合、製造所等の使用の停止を命ぜられることがある。

 D．製造所等で危険物の取扱作業に従事している丙種危険物取扱者は、講習を受けなければならない。

 1．AとB　　2．AとC　　3．BとC　　4．BとD　　5．CとD

【問6】 法令上、製造所等において危険物の取扱作業に従事する危険物取扱者が受けなければならない危険物の取扱作業の保安に関する講習（以下「講習」という。）について、次のうち正しいものはどれか。

☑ 1．すべての危険物取扱者は、保安講習を受講しなければならない。

2．免状を取得して3年以上経過する者は、製造所等において危険物の取扱作業に新たに従事することとなった日から1年以内に受講しなければならない。

3．危険物の取扱作業に現に従事している者のうち、法令に違反した者は6か月以内に受講しなければならない。

4．危険物施設保安員に選任された者は、免状の取得の有無にかかわらず3年以内に受講しなければならない。

5．危険物保安監督者に選任された者は、選任後遅滞なく受講しなければならない。

【問7】 法令上、危険物の取扱作業の保安に関する講習（以下「講習」という。）について、次の文の（　）内のA及びBに当てはまる語句の組み合わせとして、正しいものはどれか。[★]

「製造所等において危険物の取扱作業に従事する危険物取扱者は、講習を受けた日以後における最初の（A）から（B）以内に講習を受けなければならない。」

　　　　　（A）　　　　　（B）

☑ 1．1月1日　　　　1年

2．1月1日　　　　3年

3．1月1日　　　　5年

4．4月1日　　　　3年

5．4月1日　　　　5年

【問8】 法令上、危険物の取扱作業の保安に関する講習（以下「講習」という。）を受けなければならない期限が過ぎている危険物取扱者は、次のうちどれか。[★]

☑ 1．5年前から製造所において危険物保安監督者に選任されている者

2．1年6か月前に免状の交付を受け、1年前から製造所等において危険物の取扱作業に従事している者

3．5年前から製造所等において危険物の取扱作業に従事しているが、2年6か月前に免状の交付を受けた者

4．5年前に免状の交付を受けたが、製造所等において危険物の取扱作業に従事していない者

5．1年6か月前に講習を受け、1年前から製造所等において危険物の取扱作業に従事している者

【問9】法令上、危険物の取扱作業の保安に関する講習を受けなければならない期限が過ぎている危険物取扱者は、次のうちどれか。[★]

☐　1．4年前に免状の交付を受け、2年前から製造所等において危険物の取扱作業に従事している者

　　2．2年前に講習を受け、その1年後製造所等における危険物の取扱作業から離れ、現在再び同作業に従事している者

　　3．2年前に講習を受け、継続して製造所等において危険物の取扱作業に従事している者

　　4．5年前から製造所等において危険物の取扱作業に従事しているが、2年前に免状の交付を受けた者

　　5．5年前に免状の交付を受けたが、製造所等における危険物の取扱作業に従事していない者

■ 正解＆解説‥‥‥‥‥‥‥‥‥‥‥‥‥‥‥‥‥‥‥‥‥‥‥‥‥‥‥‥‥‥‥‥‥‥‥‥

問1…正解2

　　C．「5年以内」⇒「3年以内」。

問2…正解3

問3…正解4

　　1．危険物保安監督者は必ず免状を有しており、現に製造所等で危険物取作業に従事しているので、原則として3年以内ごとに保安講習を受けなければならない。

　　2．危険物保安統括管理者で免状を有していない者は、受講義務がない。

　　3．指定数量未満の危険物を貯蔵し、または取り扱う施設は「製造所等」に該当しないため、当該施設の危険物取扱者は保安講習の受講義務がない。

　　5．危険物を運搬する車両は「製造所等」に該当しないため、運搬を行う危険物取扱者は、保安講習の受講義務がない。「製造所等」は指定数量以上の危険物を貯蔵し、または取り扱う製造所、貯蔵所及び取扱所である。

問4…正解4

　　1．危険物施設保安員は、特に資格の必要がない。従って、危険物取扱者でない場合は受講義務がない。「14．危険物施設保安員」57P 参照。

　　2．危険物の取扱作業に従事していても、危険物取扱者でない者は受講義務がない。

　　3．製造所等において危険物の取扱作業に従事している危険物取扱者（甲種・乙種・丙種）は、すべて講習を受けなければならない。

　　5．危険物の取扱作業に従事していない場合は、受講義務がない。

問5…正解4

　　A．製造所等において危険物の取扱作業に従事している危険物取扱者が、講習の対象となる。

　　C．講習を受けなければならない危険物取扱者が受講しなかった場合、都道府県知事から免状の返納を命じられることがある。

1. 危険物取扱者であっても、製造所等において、現に危険物の取扱作業に従事していない者には受講義務がない。

3. 保安に関する講習（保安講習）は、法令違反者が受講するものではない。

4. 危険物取扱者の免状を有していない危険物施設保安員は、受講義務がない。

5. 保安講習は、製造所等で危険物の取扱作業に従事しているすべての危険物取扱者に受講が義務づけられている。危険物保安監督者のみの義務ではない。

問7…正解4

問8…正解1

1. 危険物保安監督者は必ず免状を有しており、現に製造所等で危険物取作業に従事しているので、原則として3年以内ごとに保安講習を受けなければならない。

2＆5. 受講期限の③に該当する。

3. 免状交付日以降、最初の4月1日から3年以内に受講する。

4. 危険物の取扱作業に従事していない危険物取扱者は、保安講習の受講義務がない。

問9…正解1

1. 受講期限の③に該当する。免状交付日から最初の4月1日を起点とすると、既に3年が経過している。例えば、現在を2024年1月1日とすると、免状交付日は4年前の2020年1月1日となる。この日以降の最初の4月1日は、2020年4月1日であり、保安講習はこの日以降3年以内の2023年3月31日までに受けなければならない。

2. 2年前に講習を受けた時点では、受講期限の①に該当する。現在は、受講期限の③に該当する。

3. 受講期限の①に該当する。

4. 受講期限の③に該当する。この場合、従事開始日を免状交付日と同一と考える。法令では保安講習の受講期限について、危険物取扱者であることを前提としている。従って、免状を有していない者が立会いを受けて、危険物の取扱作業に従事していても受講対象者とはならない。

5. 危険物の取扱作業に従事していない危険物取扱者は、保安講習の受講義務がない。

13 危険物保安監督者

■概　要

◎法令で定める製造所、貯蔵所または取扱所（「製造所等」という。）の所有者等は、**危険物保安監督者**を定め、その者が取り扱うことができる危険物の取扱作業に関し、**保安の監督**をさせなくてはならない。

◎製造所等の**所有者等**は、危険物保安監督者を**選任**したとき、または**解任**したときは、遅滞なくその旨を**市町村長等**に届け出なければならない。

◎危険物保安監督者になるためには、**甲種**または**乙種危険物取扱者**で、製造所等において**6か月以上の実務経験**を有するものでなければならない。ただし、乙種危険物取扱者について、保安を監督できるのは免状で指定された類の危険物のみとする。

◎危険物保安監督者は、危険物の取扱作業に関して保安の監督をする場合は、**誠実に**その職務を行わなければならない。

■危険物保安監督者の選任を必要とする製造所等 （○：必要　　×：不要）

危険物の種類	第4類の危険物				第4類以外の危険物	
危険物の数量	指定数量の倍数が30以下		指定数量の倍数が**30超**		指定数量の倍数が30以下	指定数量の倍数が**30超**
危険物の引火点	40℃以上	40℃未満	40℃以上	40℃未満		
製造所	すべて必要					
屋内貯蔵所	×	○	○	○	○	○
屋外タンク貯蔵所	すべて必要					
屋内タンク貯蔵所	×	○	×	○	○	○
地下タンク貯蔵所	×	○	○	○	○	○
簡易タンク貯蔵所	×	○	×	○	○	○
移動タンク貯蔵所	不　要					
屋外貯蔵所	×	×	○	○	×	○
給油取扱所	すべて必要					
第一種販売取扱所	×	○	／	／	○	／
第二種販売取扱所	×	○	×	○	○	○
移送取扱所	すべて必要					
一般取扱所 ボイラー等消費・容器詰替	×	○	○	○	○	○
一般取扱所 **上記以外**	すべて必要					

※**移動タンク貯蔵所**は、危険物保安監督者を定める必要がない。

■危険物保安監督者の業務

◎危険物の取扱作業の実施に際し、その作業が貯蔵または取扱いに関する技術上の基準、及び予防規程等の保安に関する規定に適合するように、**作業者に対し必要な指示を与えること。**

◎火災等の災害が発生した場合は、作業者を指揮して**応急の措置を講ずる**とともに、直ちに消防機関その他関係ある者に連絡すること。

◎危険物施設保安員を置く製造所等にあっては、**危険物施設保安員へ必要な指示を与えること。**危険物施設保安員を置いていない製造所等にあっては、法令で定める**危険物施設保安員の業務を代わりに行うこと。**

◎火災等の災害の防止に関し、隣接する製造所等その他の関連する施設の関係者との間に**連絡を保つこと。**

```
▶▶▶ 過去問題 ◀◀◀
```

【問1】法令上、危険物保安監督者について、次の文の（　）内のA〜Cに当てはまる語句の組み合わせとして、正しいものはどれか。

「政令で定める製造所等の所有者等は、（A）で、（B）以上危険物の取扱いの実務経験を有するもののうちから危険物保安監督者を定め、（C）に届け出なければならない。」

	（A）	（B）	（C）
☑ 1.	危険物取扱者	3月	所轄消防長又は消防署長
2.	危険物取扱者	6月	市町村長等
3.	甲種又は乙種危険物取扱者	3月	所轄消防長又は消防署長
4.	甲種又は乙種危険物取扱者	3月	都道府県知事
5.	甲種又は乙種危険物取扱者	6月	市町村長等

【問2】法令上、危険物保安監督者に関する記述について、次のA〜Dのうち、正しいものの組み合わせはどれか。

A．製造所等において、危険物取扱者以外の者は、危険物保安監督者が立ち会えば、危険物を取り扱うことができる。

B．危険物の取扱作業に関して保安の監督をする場合は、誠実にその職務を行わなければならない。

C．危険物保安監督者の選任の要件である6か月以上の実務経験は、製造所等に限定されない。

D．危険物施設保安員を置かなくてもよい製造所等の危険物保安監督者は、規則で定める危険物施設保安員の業務を行わなければならない。

☑ 1．AとB　　2．AとC　　3．AとD　　4．BとC　　5．BとD

【問3】法令上、危険物保安監督者の業務について、次のうち誤っているものはどれか。

1. 危険物の取扱作業の実施に際し、危険物の貯蔵及び取扱いの技術上の基準に適合するよう、危険物取扱者を除く作業者に対して、必要な指示を与えること。
2. 火災等の災害の防止に関し、当該製造所等に隣接する製造所等その他関連する施設の関係者との間に連絡を保つこと。
3. 危険物施設保安員を置く必要のない製造所等にあっては、構造及び設備に異常を発見した場合は、関係ある者に連絡するとともに、状況を判断して適切な措置を講ずること。
4. 危険物施設保安員を置く必要のない製造所等にあっては、構造、設備の技術上の基準に適合するよう維持するため、施設の定期及び臨時の点検を行い、点検を行った場所の状況及び保安のために行った措置を記録し、保存すること。
5. 危険物施設保安員を置く必要のある製造所等にあっては、危険物施設保安員へ必要な指示を与えること。

【問4】法令上、危険物保安監督者を定めなくてもよい所有者等は、次のうちどれか。

[★]

1. 第6類の危険物を貯蔵し、または取り扱う地下タンク貯蔵所の所有者等
2. 移動タンク貯蔵所の保有台数が20を超える事業所の所有者等
3. 配管の長さが100mを超える移送取扱所の所有者等
4. 引火点40℃未満の第4類の危険物を取り扱う販売取扱所の所有者等
5. 指定数量の倍数が30を超える危険物を貯蔵し、または取り扱う屋外貯蔵所の所有者等

【問5】法令上、次のA〜Dのうち危険物保安監督者を定めなければならないものの組み合わせとして、正しいものは次のうちどれか。
A. 指定数量の倍数が40の第4類の危険物（引火点40℃）を貯蔵し、または取り扱う屋内タンク貯蔵所
B. 指定数量の倍数が40の第4類の危険物（引火点40℃）を貯蔵し、または取り扱う地下タンク貯蔵所
C. 指定数量の倍数が100の第4類の危険物を取り扱う給油取扱所
D. 指定数量の倍数が50の第4類の危険物を移送する移動タンク貯蔵所

1. AとB　　　2. AとD　　　3. BとC
4. BとD　　　5. CとD

【問6】 法令上、ガソリンを貯蔵し又は取り扱う以下の製造所等において、危険物保安監督者を定めなければならないものは次のうちいくつあるか。

・移動タンク貯蔵所	・屋内貯蔵所	・第一種販売取扱所
・地下タンク貯蔵所	・一般取扱所	・屋内タンク貯蔵所
・簡易タンク貯蔵所		

1．2つ　　2．3つ　　3．4つ　　4．5つ　　5．6つ

■**正解＆解説**…………………………………………………………………………………

問1…正解5

問2…正解5

　Ａ．製造所等において、危険物取扱者以外の者は、甲種または乙種危険物取扱者が立ち会えば、危険物を取り扱うことができる。

　Ｃ．6か月以上の実務経験は、製造所等に限定される。

問3…正解1

　1．危険物保安監督者は、危険物取扱者も含む作業者に対して必要な指示を与えなければならない。

問4…正解2

　2．移動タンク貯蔵所は、取り扱う危険物の性状・数量に関係なく、危険物保安監督者を定める必要がない。

　3．移送取扱所は、その規模や取り扱う危険物の性状・数量に関係なく、危険物保安監督者を必ず定めなければならない。

問5…正解3

　Ａ．屋内タンク貯蔵所で引火点40℃以上の第4類の危険物を貯蔵・取り扱う場合、指定数量に関係なく危険物保安監督者の選任は必要ない。

　Ｂ．地下タンク貯蔵所は、指定数量の30倍以下、かつ、引火点40℃以上の第4類の危険物のみを貯蔵・取り扱う場合を除き、危険物保安監督者の選任が必要となる。

　Ｃ．給油取扱所は、その規模や取り扱う危険物の性状・数量に関係なく、危険物保安監督者を必ず定めなければならない。

　Ｄ．移動タンク貯蔵所は、取り扱う危険物の性状・数量に関係なく、危険物保安監督者を定める必要がない。Ｃが含まれている組み合わせは、3．と5．であるが、Ｄを含む5．は除外できる。

問6…正解5（移動タンク貯蔵所以外のすべて）

　ガソリンは引火点－40℃以下であり、貯蔵・取り扱う危険物が第4類で引火点が40℃未満の製造所等の場合、選任が必要となる製造所等が多い。上記では移動タンク貯蔵所以外は選任が必要となる。

14 危険物施設保安員

■概　要

◎法令で定める製造所、貯蔵所または取扱所（「製造所等」という。）の所有者等は、**危険物施設保安員**を定め、製造所等の施設の**構造及び設備**に係る保安のための業務を行わせなければならない。

◎危険物施設保安員は、**危険物保安監督者の下**で保安のための業務を行う。

■危険物施設保安員の選任を必要とする製造所等

◎危険物施設保安員を定めなければならない製造所等は、次のとおりとする。

対象となる製造所等	貯蔵し、または取り扱う危険物の数量等
製造所	指定数量の倍数が 100 以上
一般取扱所	
移送取扱所	**すべて**

※鉱山保安法（鉱山労働者に対する危害の防止と鉱害を防止することなどを目的とした法律）などの適用を受ける製造所、移送取扱所または一般取扱所は除く。

◎危険物施設保安員になるための資格は、規定されていない。従って、**危険物取扱者以外の者及び実務経験のない者**を定めることができる。

◎危険物施設保安員を定めたとき、または解任したときの届け出は、規定されていない。従って、**届け出の必要はない。**

※危険物保安統括管理者、危険物保安監督者及び危険物施設保安員について、工場に当てはめると、危険物保安統括管理者：工場長、危険物保安監督者：課長、危険物施設保安員：主任、と例えることができる（編集部）。

■危険物施設保安員の業務

◎製造所等の構造及び設備を技術上の基準に適合するように維持するため、**定期及び臨時の点検**を行うこと。

◎定期及び臨時の点検を実施したときは、**点検を行った場所の状況及び保安のために行った措置を記録し、保存**すること。

◎製造所等の構造及び設備に異常を発見した場合は、危険物保安監督者その他関係のある者に連絡するとともに、状況を判断して適当な措置を講ずること。

◎**火災が発生したとき**、または火災発生の危険性が著しいときは、危険物保安監督者と協力して、**応急の措置**を講ずること。

◎製造所等の計測装置、制御装置、**安全装置等の機能**が適正に保持されるように、これを保安管理すること。

◎その他、製造所等の**構造・設備の保安**に関し、必要な業務を行う。

【問1】法令上、危険物施設保安員の業務として規定されていないものは、次のうちどれか。

☑ 1．火災が発生したとき又は火災発生の危険性が著しいときは、危険物保安監督者と協力して、応急の措置を講ずること。

2．危険物の取扱作業に従事する者に対して、貯蔵または取扱いの技術上の基準を遵守するよう監督するとともに、必要に応じて指示をすること。

3．製造所等の構造及び設備に異常を発見した場合は、危険物保安監督者その他関係のある者に連絡するとともに、状況を判断して適当な措置を講ずること。

4．製造所等の計測装置、制御装置、安全装置等の機能が適正に保持されるようにこれを保安管理すること。

5．製造所等の構造及び設備を技術上の基準に適合するように維持するため、定期及び臨時の点検を行うこと。

【問2】法令上、一定数量以上の危険物を貯蔵し、または取り扱うようになると危険物施設保安員を選任しなければならない旨の規定が設けられている製造所等として、次のうち正しいものはどれか。

☑ 1．製造所

2．給油取扱所

3．屋外貯蔵所

4．第2種販売取扱所

5．屋内タンク貯蔵所

【問3】法令上、危険物施設保安員を定めなくてもよい製造所等の組み合わせとして、次のA～Fのうち正しいものはどれか。

☑ 1．A、B、E

2．A、E

3．B、C、D

4．B、F

5．C、D、F

| A．製造所 |
| B．屋内貯蔵所 |
| C．屋外タンク貯蔵所 |
| D．地下タンク貯蔵所 |
| E．移送取扱所 |
| F．一般取扱所 |

【問4】法令上、危険物の規則について、次のうち誤っているものはどれか。

☐ 1. 指定数量未満の危険物の貯蔵及び取扱いの技術上の基準については、市町村条例で定める。

2. 危険物保安監督者をおかなければならない製造所等は、危険物施設保安員もおかなければならない。

3. 製造所等の所有者等は、危険物保安監督者を定めたとき又は解任したときは、市町村長等に届け出なければならない。

4. 製造所等を廃止した者は、遅滞なく、その旨を市町村長等に届け出なければならない。

5. 消防吏員又は警察官は、火災の予防のため特に必要があると認める場合、走行中の移動タンク貯蔵所を停止させることができる。

■ 正解＆解説……………………………………………………………………………………

問1…正解2

2. 危険物の取扱作業に従事する者に対し、危険物の貯蔵または取扱いの技術上の基準を遵守するよう監督するとともに、必要に応じて指示をするのは、危険物保安監督者の業務である。

問2…正解1

1. 製造所と一般取扱所は、指定数量の倍数が100以上になると、危険物施設保安員を選任しなければならない。また、移送取扱所は指定数量の倍数にかかわらず、危険物施設保安員を選任しなければならない。

問3…正解3

Ｂ＆Ｃ＆Ｄ. 貯蔵し、取扱う危険物の品名、数量等に関わらず、危険物施設保安員の選任は必要ない。

問4…正解2

2. 製造所等における危険物保安監督者と危険物施設保安員の選任要件は同じではない（例：製造所においては、必ず危険物保安監督者を定めなければならないが、危険物施設保安員は、指定数量の倍数が100以上の場合に定めなければならない）。

5. 「35. 移動タンク貯蔵所における取扱い」125P参照。

15 予防規程

■予防規程とは

◎法令で定める製造所、貯蔵所または取扱所（「製造所等」という）の**所有者等**は、当該製造所等の火災を予防するため、**予防規程**を定めなければならない。

　※施設の「所有者、管理者、占有者で権原を有する者」を「所有者等」という。

◎予防規程は、製造所等のそれぞれの実情に沿った**自主的な保安基準**としての意義を有する規程である。

◎製造所等の所有者等及びその**従業員**は、この予防規程を守らなければならない。

■認可と変更命令

◎製造所等の**所有者等**は、予防規程を定めたときは**市町村長等の認可**を受けなければならない。これを**変更**するときも、同様とする。

　※「認可」とは、ある人の法律上の行為が公の機関（行政庁）の同意を得なければ有効に成立しない場合、これに同意を与えてその効果を完成させる行政行為。

　※「許可」とは、一般に禁止されている行為について、特定人に対し、または特定の事件に関して禁止を解除する行政行為（以上、広辞苑より）。

◎予防規程を定めなければならない製造所等において、市町村長等の認可を受けずに危険物を貯蔵し、または取り扱った場合は、6月以下の懲役または50万円以下の罰金に処する。

◎市町村長等は、予防規程が危険物の貯蔵及び取扱いの技術上の基準に適合していないときは、予防規程の認可をしてはならない。

◎市町村長等は、火災の予防のため必要があるときは、予防規程の**変更を命ずる**ことができる。

■予防規程を定めなければならない製造所等

対象となる製造所等	貯蔵し、または取り扱う危険物の数量
製造所	指定数量の倍数が**10**以上のもの
屋内貯蔵所	指定数量の倍数が**150**以上のもの
屋外タンク貯蔵所	指定数量の倍数が**200**以上のもの
屋外貯蔵所	指定数量の倍数が**100**以上のもの
給油取扱所	**すべて**（屋外の自家用給油取扱所を除く）
移送取扱所	**すべて**
一般取扱所	指定数量の倍数が**10**以上のもの（＊）

※**鉱山保安法**の規定による保安規程を定めている製造所等及び**火薬類取締法**の規定による危害予防規程を定めている製造所等は、**対象から除く。**

（＊）指定数量の倍数が30以下、かつ、引火点40℃以上の第4類の危険物のみを容器に詰め替えるものを除く。

【問1】法令上、次の文の下線部分（A）～（C）のうち、誤っているもののみをすべて掲げているものはどれか。

「法令で定める製造所等の <u>（A）危険物保安監督者</u> は、当該製造所等の火災を予防するため、規則で定める事項について予防規程を定め、<u>（B）所轄消防長又は消防署長</u>の <u>（C）認可</u> を受けなければならない。」

☑　1．A　　　2．C　　　3．A、B　　　4．B、C　　　5．A、B、C

【問2】法令上、予防規程に関する次の文の下線部分（A）～（D）のうち、誤っている箇所はどれか。

「<u>（A）すべて</u>の製造所等の <u>（B）所有者等</u> は、当該製造所等の火災を予防するため、規則で定める事項について予防規程を定め、<u>（C）市町村長等</u> に <u>（D）届け出</u> なければならない。」

☑　1．AとB　　　2．BとC　　　3．CとD　　　4．AとD　　　5．AとC

【問3】法令上、特定の製造所等において定めなければならない予防規程について、次のうち誤っているものはどれか。［★］

☑　1．危険物保安統括管理者又は危険物保安監督者は、予防規程を定め、市町村等の認可を受けなければならない。

　　2．予防規程は、危険物の貯蔵及び取扱いの技術上の基準に適合していなければならない。

　　3．製造所等の所有者等及びその従業員は、危険物取扱者以外の者であっても予防規程を守らなければならない。

　　4．予防規程を定めなければならない製造所等について、それを定めずに危険物を貯蔵し、または取り扱った場合は処罰の対象となる。

　　5．予防規程を変更したときは、市町村長等の認可を受けなければならない。

【問4】法令上、予防規程に関する記述として、次のうち誤っているものはどれか。

☑　1．すべての製造所等において、危険物による災害の防止のため予防規程を定めなければならない。

　　2．予防規程は、所有者等が定めなければならない。

　　3．予防規程を定めたときは、市町村長等の認可を受けなければならない。

　　4．予防規程は、所有者等及び従業員が守らなければならない事項を定めたものである。

　　5．予防規程には、地震発生時における施設及び設備に対する点検、応急措置等について定めなければならない。

【問5】法令上、予防規程を定めなければならない製造所等の組合せは次のうちどれか。

☑ 1．AとB
2．BとC
3．CとD
4．DとE
5．AとE

| A．製造所 |
| B．地下タンク貯蔵所 |
| C．移動タンク貯蔵所 |
| D．販売取扱所 |
| E．屋外タンク貯蔵所 |

【問6】法令上、予防規程を定めなければならない製造所等として、次のうち誤っているものはどれか。ただし、鉱山保安法による保安規程または火薬類取締法による危害予防規程を定めているものを除く。[★]

☑ 1．指定数量の倍数が200以上の屋外タンク貯蔵所
2．指定数量の倍数が100以上の屋外貯蔵所
3．すべての製造所
4．すべての移送取扱所
5．すべての営業用の給油取扱所

【問7】法令上、予防規程を定めなければならない製造所等について、次のA〜Eのうち、誤っているものの組み合わせはどれか。[★]
A．指定数量の倍数が10以上の製造所
B．指定数量の倍数が150以上の屋内貯蔵所
C．指定数量の倍数が10以上の屋外タンク貯蔵所
D．すべての移送取扱所
E．すべての一般取扱所
☑ 1．AとB　　2．AとD　　3．BとC　　4．CとE　　5．DとE

【問8】法令上、指定数量の倍数にかかわらず、予防規程を定めなければならないものは、次のうちどれか。

☑ 1．製造所
2．屋内貯蔵所
3．給油取扱所（屋外の自家用給油取扱所を除く）
4．地下タンク貯蔵所
5．一般取扱所

問1…正解3

A．「危険物保安監督者」⇒「所有者等」。

B．「所轄消防長又は消防署長」⇒「市町村長等」。

問2…正解4

A．「すべての（製造所等）」⇒「法令で定める（製造所等）」。

D．「届け出（なければならない）」⇒「認可を受け（なければならない）」。

問3…正解1

1．予防規程を定め、市町村長等の認可を受けなければならないのは、製造所等の所有者等である。

問4…正解1

1．予防規程を定めなければならないのは、指定数量の倍数により定めなければならない5施設（製造所・一般取扱所・屋内貯蔵所・屋外貯蔵所・屋外タンク貯蔵所）と、指定数量の倍数にかかわらず定めなければならない2施設（給油取扱所・移送取扱所）である。

5．「16．予防規程に定める事項」64P参照。

問5…正解5

5．指定数量の倍数により予防規程を定めなければならないのは、製造所・屋外タンク貯蔵所・屋外貯蔵所・屋内貯蔵所・一般取扱所の5施設。指定数量の倍数に関係なく必ず予防規程を定めなければならないのは、給油取扱所・移送取扱所の2施設。

問6…正解3

3．製造所は、指定数量の倍数が10以上の場合に予防規程を定めなければならない。

問7…正解4

C．屋外タンク貯蔵所は、指定数量の倍数が200以上の場合に予防規程を定める。

E．一般取扱所は、指定数量の倍数が10以上の場合に予防規程を定める。

問8…正解3

1＆5．製造所及び一般取扱所（一部例外を除く）は、指定数量の倍数が10以上の場合に予防規程を定める。

2．屋内貯蔵所は、指定数量の倍数が150以上の場合に予防規程を定めなければならない。

3．屋外の自家用給油取扱所以外の給油取扱所はすべて予防規程を定めなければならない。

4．地下タンク貯蔵所は対象外である。

16 予防規程に定める事項

■予防規程の内容（危険物の規制に関する規則）

◎予防規程に定めなければならない事項は、次のとおりとする。

①危険物の保安に関する業務を**管理する者の職務及び組織**に関すること。
②危険物保安監督者が、旅行、疾病その他の事故によってその職務を行うことができない場合にその**職務を代行する者**に関すること。
③化学消防自動車の設置、その他自衛の消防組織に関すること。
④危険物の保安に係る作業に従事する者に対する保安教育に関すること。
⑤危険物の保安のための**巡視**、**点検**及び**検査**に関すること。
⑥危険物施設の**運転**または**操作**に関すること。
⑦危険物の取扱作業の基準に関すること。
⑧**補修等の方法**に関すること。
⑨施設の工事における火気の使用もしくは取り扱いの管理、または危険物等の管理等安全管理に関すること。
⑩顧客に自ら給油等をさせる給油取扱所（セルフスタンド）にあっては、顧客に対する監視、その他保安のための措置に関すること。
⑪災害その他の非常の場合に取るべき措置に関すること。
⑫**地震発生時**における施設及び設備に対する点検、応急措置等に関すること。
⑬危険物の**保安に関する記録**に関すること。
⑭製造所等の位置、構造及び設備を明示した**書類及び図面の整備**に関すること。

▶▶▶ 過去問題 ◀◀◀

【問1】法令上、予防規程に定めなければならない事項に該当しないものは、次のうちどれか。[★]

- ☐ 1．危険物の保安に関する業務を管理する者の職務および組織に関すること。
- 2．危険物施設の運転または操作に関すること。
- 3．火災時の給水維持のため公共用水道の制水弁の開閉に関すること。
- 4．補修等の方法に関すること及び危険物の保安に関する記録に関すること。
- 5．製造所等の位置、構造及び設備を明示した書類及び図面の整備に関すること。

【問2】法令上、予防規程に定めなければならない事項に該当しないものは、次のうちどれか。

☑ 1．製造所等の位置、構造及び設備を明示した書類及び図面の整備に関すること。

2．危険物保安監督者が旅行、疾病その他の事故によってその職務を行うことができない場合にその職務を代行する者に関すること。

3．危険物施設の運転又は操作に関すること。

4．危険物の保安のための巡視、点検及び検査に関すること。

5．製造所等において発生した火災及び消火のために受けた損害調査に関すること。

【問3】法令上、製造所等の予防規程に定めなければならない事項として、次のうち誤っているものはどれか。

☑ 1．危険物の保安に関する業務を管理する者の職務および組織に関すること。

2．危険物保安監督者が旅行、疾病その他の事故によってその職務を行うことができない場合にその職務を代行する者に関すること。

3．危険物施設の運転または操作に関すること。

4．危険物の取扱い作業の基準に関すること。

5．顧客に対する営業時間の掲示に関すること。

▋正解＆解説……………………………………………………………………………………………

問1…正解3

3．公共用水道の制水弁の開閉は、水道を管理する自治体等が行うことであるため、予防規程に定めなければならない事項に該当しない。

問2…正解5

5．災害が発生した後の損害調査に関することは、予防規程に定めなければならない事項に該当しない。

問3…正解5

17 定期点検

■定期点検とは

◎政令で定める製造所等の所有者等は、これらの製造所等について定期に点検し、その点検記録を作成し、これを保存しなくてはならない。

◎定期点検は、**製造所等の位置、構造及び設備**が**技術上の基準に適合**しているかどうかについて行う。また、**地下貯蔵タンク**本体等及び地下埋設配管の**漏えいの有無**については、「危険物の規制に関する技術上の基準の細目を定める告示」（告示）で定める方法により実施する。

■定期点検の実施者

◎定期点検は、**危険物取扱者**（甲種・乙種・丙種）または**危険物施設保安員**が行わなければならない。ただし、危険物取扱者（甲種・乙種・丙種）の立会いを受けた場合は、危険物取扱者以外の者でも点検を行うことができる。

※「**定期点検の立会い**」と「**危険物の取扱作業の立会い**」を混同しない。危険物の取扱作業の立会いができるのは甲種・乙種の危険物取扱者。

◎地下貯蔵タンク・地下埋設配管・移動貯蔵タンクの漏れの点検は、点検の方法に関し知識及び技能を有する者に限る。また、**固定式の泡消火設備に関する点検**は、泡の発泡機構、泡消火剤の性状及び性能の確認等に関する知識及び技能を有する者に限る。

■定期点検の対象施設

◎定期に点検をしなければならない製造所等は、次に掲げるものとする。

対象施設	貯蔵し、または取り扱う危険物の数量
製造所	指定数量の倍数が **10 以上**、又は**地下タンクを有するもの**
屋内貯蔵所	指定数量の倍数が 150 以上のもの
屋外タンク貯蔵所	指定数量の倍数が 200 以上のもの
屋外貯蔵所	指定数量の倍数が 100 以上のもの
地下タンク貯蔵所	すべて
移動タンク貯蔵所	すべて
給油取扱所	**地下タンクを有するもの**
移送取扱所	すべて（配管の延長が15km超のもの等を除く）
一般取扱所	指定数量の倍数が **10 以上**、又は**地下タンクを有するもの**

※**鉱山保安法**の規定による保安規程を定めている製造所等及び**火薬類取締法**の規定による危害予防規程を定めている製造所等は、**定期点検の対象から除く**。

※地下タンクは目視しにくいため、全てのタンクが定期点検の対象となっている。また、移動タンクは走行中に絶えず振動と負荷が加わっているため、やはり定期点検の対象となっている（編集部）。

◎定期に点検をしなくてもよい製造所等は、次に掲げるものとする。

①屋内タンク貯蔵所	②簡易タンク貯蔵所	③販売取扱所

■定期点検の時期と記録の保存

◎定期点検は、1年に1回以上行わなければならない。

◎定期点検のうち、**タンクや配管の漏れの有無を確認する点検**については、次のとおり点検の期間が別に定められている。

・**地下貯蔵タンク**の漏れの点検	・**地下埋設配管**の漏れの点検
設置の完成検査済証（または変更の許可）の交付を受けた日、または前回の漏れの点検を行った日から、**1年**を経過する日の属する月の末日までの間に1回以上	
・**移動貯蔵タンク**の漏れの点検	
設置の完成検査済証（または変更の許可）の交付を受けた日、または前回の漏れの点検を行った日から、**5年**を経過する日の属する月の末日までの間に1回以上	

◎定期点検の記録は、**3年間保存**しなければならない。ただし、移動タンク貯蔵所の漏れの点検の記録は10年間保存すること。

◎定期点検の記録は、市町村長等や消防機関へ**届け出る義務はない**が、資料の提出を求められることがある。

〔定期点検の実施者等のまとめ〕

	定 期 点 検	
	一般の点検	漏れの点検（地下貯蔵タンク・地下埋設配管・移動貯蔵タンク）
点検の実施者	① 危険物取扱者（甲乙丙） ② 危険物施設保安員 ③ ①の立会いのある者	① [＊1]で危険物取扱者（甲乙丙）の者 ② [＊1]で危険物施設保安員の者 ③ [＊1]で危険物取扱者の立会いのある者
実施回数	1年に1回以上	1年に1回以上（5年に1回以上 [＊2]）
記録保存	3年間	3年間（10年間 [＊2]）

[＊1]漏れの点検の方法に関し、知識及び技能を有する者　　　[＊2]移動貯蔵タンク

■点検記録の記載事項

◎点検記録には、次に掲げる事項を記載しなければならない。

①点検をした製造所等の名称	②点検の方法及び結果	③点検年月日
④点検を行った危険物取扱者もしくは危険物施設保安員、または点検に立ち会った危険物取扱者の氏名		

〔地下貯蔵タンク等の定期点検（漏れの点検）〕

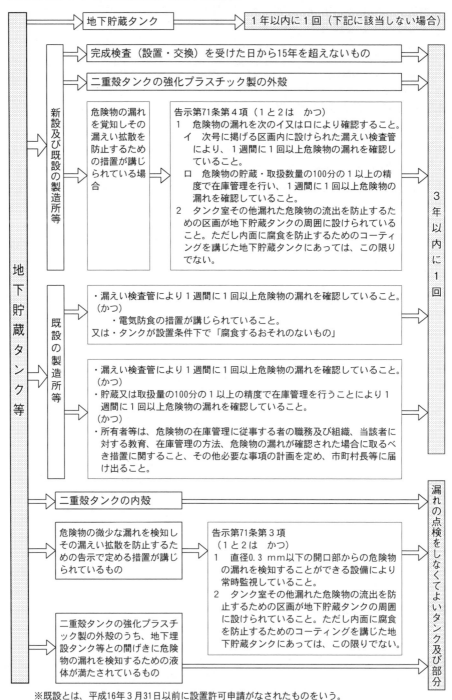

※既設とは、平成16年3月31日以前に設置許可申請がなされたものをいう。

68

注意：前ページの〔地下貯蔵タンク等の定期点検〕において、「１年以内に１回」及び「３年以内に１回」は、正しくは「前回の漏れの点検を行った日から、１年を経過する日の属する月の末日までの間に１回」及び「前回の漏れの点検を行った日から、３年を経過する日の属する月の末日までの間に１回」である。

▶▶▶ 過去問題 ◀◀◀

【問１】法令上、次のＡ〜Ｅの製造所等のうち、定期点検を行わなければならないものはいくつあるか。

A．指定数量の倍数が 100 の危険物を貯蔵する屋内貯蔵所
B．指定数量の倍数が 100 の危険物を貯蔵する屋外タンク貯蔵所
C．指定数量の倍数が 100 の危険物を貯蔵する地下タンク貯蔵所
D．アルコール類を移送する移動タンク貯蔵所
E．指定数量の倍数が 100 の危険物を貯蔵する屋外貯蔵所

☑　1．1つ　　　2．2つ　　　3．3つ　　　4．4つ　　　5．5つ

【問２】法令上、次の製造所等のうち、定期点検を実施しなければならないものはいくつあるか。

・簡易タンク貯蔵所	・地下タンクを有する一般取扱所
・地下タンク貯蔵所	・地下タンクを有する製造所
・移動タンク貯蔵所	・地下タンクを有する給油取扱所
・屋内タンク貯蔵所	

☑　1．3つ　　　2．4つ　　　3．5つ　　　4．6つ　　　5．7つ

【問３】法令上、次のＡ〜Ｆの製造所等のうち、定期点検を行わなければならないもののみをすべて掲げているものはどれか。ただし、鉱山保安法による保安規程又は火薬類取締法による危害予防規程を定めている製造所等を除く。

A．地下タンクを有する製造所	B．移動タンク貯蔵所
C．地下タンク貯蔵所	D．指定数量の倍数が 10 の製造所
E．地下タンクを有する給油取扱所	F．第１種販売取扱所

☑　1．D、F　　　　　　　2．A、C、E
3．B、D、F　　　　　　4．A、B、C、E
5．A、B、C、D、E

【問4】法令上、定期点検が義務づけられていない製造所等は、次のうちどれか。

☑ 1．移動タンク貯蔵所　　　2．地下タンクを有する給油取扱所
　　3．屋内タンク貯蔵所　　　4．地下タンクを有する製造所
　　5．地下タンク貯蔵所

【問5】法令上、製造所等の定期点検について、次のうち誤っているものはどれか。

[★]

☑ 1．定期点検は、製造所等の位置、構造及び設備が技術上の基準に適合している
　　かどうかについて行う。
　　2．地下貯蔵タンク、地下埋設配管及び移動貯蔵タンクの漏れの点検は、危険物
　　取扱者の立会いを受ければ、誰でも行うことができる。
　　3．危険物取扱者が点検に立ち会った場合は、点検記録にその氏名を記載しなけ
　　ればならない。
　　4．定期点検を行った場合は、点検記録を作成し、一定の期間、保存しなければ
　　ならない。
　　5．定期点検は、1年に1回以上行わなければならない。

【問6】法令上、製造所等の定期点検について、次のうち正しいものはどれか。[★]

☑ 1．点検記録に記載する事項として、点検をした製造所等の名称、点検の方法及
　　び結果、点検年月日がある。
　　2．危険物施設保安員は、定期点検を行うことができない。
　　3．定期点検は、原則として3年に1回以上行わなければならない。
　　4．屋内タンク貯蔵所は、定期点検を行わなければならない。
　　5．簡易タンク貯蔵所は、定期点検を行わなければならない。

【問7】法令上、製造所等の定期点検について、次のうち正しいものはどれか。

☑ 1．地下タンクを有する給油取扱所は、定期点検の実施対象である。
　　2．定期点検は、危険物取扱者が行わなければならない。
　　3．定期点検の実施を義務付けられているのは、危険物保安統括管理者である。
　　4．定期点検を実施したときは、遅滞なく、その点検記録を市町村長等に届け出
　　なければならない。
　　5．定期点検は、危険物の貯蔵または取扱いが技術上の基準に適合しているかど
　　うかについて行う。

【問8】法令上、製造所等の定期点検の実施者として、次のうち適切でないものはどれか。ただし、規則で定める漏れに関する点検及び固定式泡消火設備に関する点検を除く。

☐ 1. 免状の交付を受けていない危険物保安統括管理者

2. 甲種危険物取扱者の立会いを受けた、免状の交付を受けていない者

3. 乙種危険物取扱者

4. 丙種危険物取扱者

5. 免状の交付を受けていない危険物施設保安員

【問9】法令上、移動タンク貯蔵所の定期点検について、次のうち誤っているものはどれか。[★]

☐ 1. 点検は、位置、構造及び設備が技術上の基準に適合しているかどうかについて行う。

2. 点検は、すべての移動タンク貯蔵所について行わなければならない。

3. 移動貯蔵タンクの漏れの点検は、完成検査済証の交付を受けた日または直近の漏れの点検を行った日から5年を経過する日の属する月の末日までの間に1回以上実施しなければならない。

4. 移動貯蔵タンクの漏れの点検に係る点検記録は、10年間保存しなければならない。

5. 移動貯蔵タンクの漏れの点検は、危険物取扱者の免状を有していれば、行うことができる。

【問10】法令上、地下貯蔵タンク等で定期点検（漏れの点検）の実施を免除されるものは、次のA～Eのうちいくつあるか。

A. 地下貯蔵タンク（二重殻タンクを除く。）のうち、完成検査を受けた日から15年を超えないもの

B. 二重殻タンクの強化プラスチック製の外殻

C. 地下貯蔵タンク（二重殻タンクを除く。）のうち、危険物の微少な漏れを検知しその漏えい拡散を防止するための措置が講じられているもの

D. 二重殻タンクの内殻

E. 二重殻タンクの強化プラスチック製の外殻のうち、当該外殻と地下埋設タンクとの間げきに危険物の漏れを検知するための液体が満たされているもの

☐ 1. 1つ　　　2. 2つ　　　3. 3つ

4. 4つ　　　5. 5つ

【問11】 法令上、製造所等における地下埋設タンク等及び地下埋設配管の規則に定める漏れの点検について、次のうち正しいものはどれか。

☑ 1. 点検は、完成検査済証の交付を受けた日または直近の漏れの点検を行った日から、5年を経過する日の属する月の末日までの間に1回以上行わなければならない。

2. 点検の記録の保存期間は、1年間である。

3. 点検は、危険物取扱者又は危険物施設保安員で漏れの点検方法に関する知識及び技能を有する者が行うことができる。

4. 点検は、タンク容量3,000L以上のものについて行わなければならない。

5. 点検を実施した場合は、その結果を所轄消防長又は消防署長に報告しなければならない。

■ 正解＆解説‥‥‥‥‥‥‥‥‥‥‥‥‥‥‥‥‥‥‥‥‥‥‥‥‥‥‥‥‥‥‥‥‥‥‥

問1…正解3（C・D・E）

　A. 屋内貯蔵所‥‥‥‥‥指定数量の倍数が150以上の場合、定期点検を行う。

　B. 屋外タンク貯蔵所…指定数量の倍数が200以上の場合、定期点検を行う。

　C. 地下タンク貯蔵所…指定数量の倍数に関係なく、定期点検を行う。

　D. 移動タンク貯蔵所…指定数量の倍数に関係なく、定期点検を行う。

　E. 屋外貯蔵所‥‥‥‥‥指定数量の倍数が100以上の場合、定期点検を行う。

問2…正解3

　簡易タンク貯蔵所及び屋内タンク貯蔵所は、定期点検を行わなくてもよい。

問3…正解5

　F. 販売取扱所（第1種及び第2種）は、定期点検を行わなくてもよい。

問4…正解3

　定期点検が義務づけられていないのは、①屋内タンク貯蔵所、②簡易タンク貯蔵所、③販売取扱所の3施設である。

問5…正解2

　2. 地下貯蔵タンク、地下埋設配管及び移動貯蔵タンクの漏れの点検は、①危険物取扱者で「点検の方法に関し知識及び技能を有する者」、②危険物施設保安員で「点検の方法に関し知識及び技能を有する者」、③危険物取扱者の立会いのある者で「点検の方法に関し知識及び技能を有する者」が実施しなければならない。

問6…正解1

　1. 法令では更に、点検を行った危険物取扱者もしくは危険物施設保安員、または点検に立ち会った危険物取扱者の氏名についても、記載するよう定めている。

　2. 危険物施設保安員は、定期点検を行うことができる。

　3. 定期点検は、原則として1年に1回以上行わなければならない。

　4＆5. 屋内タンク貯蔵所、簡易タンク貯蔵所及び販売取扱所は、定期点検を行わなくてもよい。

問7…正解1

2．定期点検は、危険物取扱者の他、危険物施設保安員又は危険物取扱者の立会いのある者が実施できる。

3．定期点検の実施を義務付けられているのは、製造所等の所有者等である。

4．定期点検の実施後、その点検記録を市町村長等に届け出る必要はない。

5．定期点検は、製造所等の位置、構造及び設備が技術上の基準に適合しているかどうかについて行う。

問8…正解1

1．定期点検は、危険物取扱者（甲種・乙種・丙種）または危険物施設保安員が行わなければならない。また、危険物取扱者（甲種・乙種・丙種）の立会いを受けた場合は、危険物取扱者以外の者でも点検を行うことができる。

問9…正解5

5．地下貯蔵タンク、地下埋設配管及び移動貯蔵タンクの漏れの点検は、①危険物取扱者で「点検の方法に関し知識及び技能を有する者」、②危険物施設保安員で「点検の方法に関し知識及び技能を有する者」、③危険物取扱者の立会いのある者で「点検の方法に関し知識及び技能を有する者」が実施しなければならない。

問10…正解3（C・D・E）

A．地下貯蔵タンク（二重殻タンクを除く。）のうち、完成検査を受けた日から15年を超えないものは、3年以内（※）に1回、タンクの漏れの点検を行う。

B．二重殻タンクの強化プラスチック製の外殻は、3年以内（※）に1回、漏れの点検を行う。

※正確には「3年を経過する日の属する月の末日までの間」。

C．地下貯蔵タンク（二重殻タンクを除く。）のうち、危険物の微少な漏れを検知しその漏えい拡散を防止するための措置が講じられているものは、漏れの点検の実施を免除される。ただし、微少な漏れの検知及び漏えいを防止するための措置については、告示で更に細かく基準が規定されている。

D．二重殻タンクの内殻は、漏れの点検の実施を免除される。

E．二重殻タンクの強化プラスチック製の外殻のうち、当該外殻と地下埋設タンクとの間げきに危険物の漏れを検知するための液体が満たされているものは、漏れの点検の実施を免除される。

問11…正解3

1．点検は、完成検査済証の交付日または直近の漏れの点検日から、1年（一定の条件を満たすものは3年）を経過する日の属する月の末日までの間に1回以上行わなければならない。

2．点検の記録の保存期間は、3年間である。

4．点検は、タンク容量にかかわらず行わなければならない。

5．漏れの点検を実施しても、その結果を所轄消防長または消防署長に報告する必要はない。

18 保安検査

■保安検査の対象

◎政令で定める**屋外タンク貯蔵所**または**移送取扱所**の所有者等は、政令で定める**時期**ごとに、当該屋外タンク貯蔵所または移送取扱所に係る構造及び設備に関する事項で政令で定めるものが技術上の基準に従って維持されているかどうかについて、**市町村長等**が行う**保安に関する検査**を受けなければならない。

特にこの検査を**定期保安検査**という。

◎政令で定める**屋外タンク貯蔵所**の所有者等は、当該屋外タンク貯蔵所について、**不等沈下**その他の政令で定める**事由が生じた場合**には、当該屋外タンク貯蔵所に係る構造及び設備に関する事項で政令で定めるものが技術上の基準に従って維持されているかどうかについて、市町村長等が行う保安に関する検査を受けなければならない。特にこの検査を**臨時保安検査**という。

■保安検査の概要

◎保安検査の対象、検査時期及び検査事項は次のとおりとする。

	定期保安検査（※1）		臨時保安検査
	屋外タンク貯蔵所	移送取扱所	屋外タンク貯蔵所
保安検査の対象	**特定屋外タンク貯蔵所**（容量 10,000kL 以上のもの）	**特定移送取扱所**（配管の延長が 15km 超のもの）（配管の最大常用圧力が 0.95MPa 以上で延長が 7～15km 以下のもの）	**特定屋外タンク貯蔵所**（容量 1,000kL 以上のもの）
検査時期／事由	原則として8年に1回（※2）	原則として1年に1回	不等沈下の数値がタンクの直径の1%以上
検査事項	液体危険物タンクの底部の**板の厚さ**及び液体危険物タンクの**溶接部**	移送取扱所の構造及び設備	液体危険物タンクの底部の**板の厚さ**及び液体危険物タンクの**溶接部**

※1：定期保安検査の検査時期については、危険物の貯蔵及び取扱いが休止されたことにより、市町村長等が検査期間が適当でないと認められるときは、所有者等の申請に基づき、市町村長等が別に定める時期とすることができる。

※2：特定屋外タンク貯蔵所のうち、総務省令で定める保安のための措置を講じているものは、当該措置に応じ総務省令で定めるところにより市町村長等が定める 10 年または 13 年のいずれかの期間とすることができる。

【問1】 法令上、保安に関する検査について、次のうち誤っているものはどれか。[★]

☑ 1．一定の時期ごとに行われる検査（定期保安検査）と一定の事由が生じた場合に行われる検査（臨時保安検査）がある。

2．検査の時期は、一定の期間が定められているが、屋外タンク貯蔵所のうち、総務省令で定める保安のための措置を講じているものは、当該措置に応じた期間に延長できる。

3．製造所等の所有者、管理者または占有者が自ら行う検査である。

4．検査項目には、液体危険物タンクの底部の板の厚さ、溶接部に関する事項がある。

5．検査対象は、特定屋外タンク貯蔵所及び特定の移送取扱所である。

【問2】 法令上、製造所等における保安検査について、次のうち誤っているものはどれか。

☑ 1．配管の延長が15kmを超える移送取扱所は、保安検査を受けなければならない。

2．検査時期は、3年に1回である。

3．給油取扱所は、保安検査の対象ではない。

4．検査を実施するのは、市町村長等である。

5．一般取扱所は、保安検査の対象ではない。

【問3】 法令上、市町村長等が行う保安に関する検査の対象となる製造所等として、次のうち正しいものはどれか。

☑ 1．指定数量の倍数が150以上の屋内貯蔵所

2．指定数量の倍数が3,000以上の一般取扱所

3．危険物を移送するための配管の延長が15kmを超える移送取扱所

4．すべての地下タンク貯蔵所

5．すべての屋外タンク貯蔵所

【問4】 法令上、製造所等で政令で定める一定の規模以上になると、市町村長等が行う保安に関する検査の対象となるものは、次のうちどれか。[★]

☑ 1．屋外タンク貯蔵所　　　2．一般取扱所　　　　　3．給油取扱所

4．製造所　　　　　　　　5．地下タンク貯蔵所

■ 正解＆解説⋯⋯⋯⋯⋯⋯⋯⋯⋯⋯⋯⋯⋯⋯⋯⋯⋯⋯⋯⋯⋯⋯⋯⋯⋯⋯⋯⋯⋯⋯⋯⋯⋯⋯

問1⋯正解3

3．保安検査は、市町村長等が行う。

問2…正解2

2．検査時期は、特定屋外タンク貯蔵所が原則として8年に1回、移送取扱所（配管の延長が15km超のもの等）が1年に1回である。

問3…正解3

3．保安検査の対象となるのは、特定屋外タンク貯蔵所（容量10,000kL以上）と移送取扱所（配管の延長が15km超のもの等）である。

問4…正解1

容量10,000kL以上の屋外タンク貯蔵所（特定屋外タンク貯蔵所）と移送取扱所（配管の延長が15km超のもの等）は定期保安検査の対象となる。

19 保安距離

■建築物等からの保安距離

◎製造所等は、次に掲げる建築物等から**製造所等の外壁**またはこれに相当する工作物の外側までの間に、それぞれについて定める距離（**保安距離**）を保つこと。保安距離は、製造所等に火災や爆発等の災害が発生したとき、周囲の建築物等に影響を及ぼさないようにするとともに、延焼防止、避難等のために確保する距離である。

建築物等	保安距離
特別高圧架空電線（**7,000超～35,000V以下**）	**3m以上**（水平距離）
特別高圧架空電線（35,000Vを超えるもの）	5m以上（水平距離）
製造所等の敷地外にある**住居**	**10m以上**
高圧ガス・液化石油ガスの施設	**20m以上**
学校 ※ ・**社会福祉施設** ※ ・病院	**30m以上**
劇場・映画館・**演芸場**・公会堂等**300人以上**を収容する施設	
重要文化財・重要有形民俗文化財等の建造物	**50m以上**

※対象となる学校は、幼稚園・保育園から高校まで。また、社会福祉施設（老人ホーム、老人福祉施設、障がい者支援施設、児童福祉施設など）も対象となる。

■保安距離が必要な製造所等

◎保安距離が必要な製造所等は、次のとおりとする。

製造所	屋内貯蔵所	屋外貯蔵所	屋外タンク貯蔵所	一般取扱所

※給油取扱所と販売取扱所は、市街地に設置される場合が多い。また、屋外タンク貯蔵所以外のタンク貯蔵所は、貯蔵する危険物の数量が少ない場合が多い。従って、屋外タンク貯蔵所**以外のタンク貯蔵所**、**給油取扱所**、**販売取扱所**は保安距離が必要ないことになる（編集部）。

【問1】法令上、学校、病院等指定された建築物等から、外壁またはこれに相当する
工作物の外側までの間に、それぞれ定められた距離を保たなければならない製
造所等として、次のA～Eのうち、該当しないものの組み合わせはどれか。た
だし、防火上有効な塀等はないものとし、特例基準が適用されるものを除く。

> A．屋外タンク貯蔵所 　　B．販売取扱所 　　C．屋外貯蔵所
> D．一般取扱所 　　　　　E．給油取扱所

☑ 　1．AとC 　　2．AとD 　　3．BとD 　　4．BとE 　　5．CとE

【問2】法令上、次に掲げる製造所等のうち、学校、病院等の建築物等から一定の距
離（保安距離）を保たねばならない旨の規定が設けられている施設はいくつあ
るか。[★]

> ・製造所 　　　　　　　・給油取扱所 　　　　　　・屋内貯蔵所
> ・屋外タンク貯蔵所 　　・屋内タンク貯蔵所

☑ 　1．1つ 　　2．2つ 　　3．3つ 　　4．4つ 　　5．5つ

【問3】法令上、製造所等の中には特定の建築物等から一定の距離（保安距離）を保
たなければならないものがあるが、次の組み合わせのうち誤っているものはど
れか。ただし、基準の特例が適用されるものを除く。

	建築物等	保安距離
☑ 1.	重要文化財	50m以上
2.	幼稚園	30m以上
3.	病院	30m以上
4.	高圧ガスの施設	20m以上
5.	一般住宅	20m以上

【問4】法令上、製造所の外壁又はこれに相当する工作物の外側までの間に定められ
た距離（保安距離）を保たなければならない建築物等と製造所等の組合せとし
て、次のうち正しいものはどれか。ただし、防火上有効な塀はないものとする。

☑ 　1．屋外タンク貯蔵所………小学校
　　2．屋内タンク貯蔵所………重要文化財に指定された建築物
　　3．給油取扱所　　………高圧ガス保安法により都道府県知事の許可を受けた
　　　　　　　　　　　　　　貯蔵所
　　4．販売取扱所　　………使用電圧66,000Vの特別高圧架空電線
　　5．屋内貯蔵所　　………屋内貯蔵所の敷地内にある住居

【問5】 法令上、特定の建築物等から一定の距離（以下「保安距離」という。）を保たなければならない製造所等がある。製造所等の区分、建築物等、保安距離の組み合わせとして、次のうち正しいものはどれか。ただし、製造所等と建築物等の間に防火上有効な塀はないものとし、基準の特例が適用されるものを除く。

	製造所等の区分	建築物等	保安距離
☑ 1.	地下タンク貯蔵所	収容人員300人の劇場	30m以上
2.	屋内タンク貯蔵所	小学校	30m以上
3.	屋外貯蔵所	重要文化財として指定された建造物	50m以上
4.	一般取扱所	大学	10m以上
5.	給油取扱所	同一敷地外にある住居	10m以上

【問6】 法令上、特定の建築物等から一定の距離（以下「保安距離」という。）を保たなければならない製造所等がある。製造所等の区分、建築物等、保安距離の組み合わせとして、次のうち正しいものはどれか。ただし、製造所等と建築物等の間に防火上有効な塀はないものとし、基準の特例が適用されるものを除く。

	製造所等の区分	建築物等	保安距離
☑ 1.	屋外タンク貯蔵所	小学校	30m以上
2.	地下タンク貯蔵所	病院	30m以上
3.	屋内貯蔵所	収容人員200人の劇場	10m以上
4.	販売取扱所	同一敷地外にある住居	10m以上
5.	給油取扱所	重要文化財として指定された建造物	50m以上

【問7】 製造所の位置は、学校、病院等の建築物等から、当該製造所の外壁又はこれに相当する工作物の外側までの間に、それぞれ定められた距離を保たなければならないが、その距離として、次のうち法令に適合していないものはどれか。ただし、当該建築物等との間に防火上有効な塀はないものとする。

☑ 1. 製造所の存する敷地の外にある住居から……………………………………… 10m

2. 中学校から………………………………………………………………………… 20m

3. 重要文化財として指定された建造物から……………………………………… 60m

4. 高圧ガス保安法により都道府県知事の許可を受けた貯蔵所から…… 30m

5. 病院から…………………………………………………………………………… 40m

【問8】 法令上、製造所等の外壁又はこれに相当する工作物の外側から一定の距離（保安距離）を保たなければならない旨の規定が設けられてる建築物等に該当しないものは、次のうちどれか。

☑ 1．製造所等の存する敷地の外にある住居
2．病院　　　3．重要文化財　　　4．公会堂
5．使用電圧が 5,000V を超える高圧架空電線

【問9】 法令上、製造所から一定の距離（保安距離）を保たなければならない旨の規定が設けられている建築物として、次のうち誤っているものはどれか。

☑ 1．小学校（学校教育法に規定するもの）
2．使用電圧 6,600V の高圧架空電線
3．30 人の人員を収容する有料老人ホーム（老人福祉法に規定するもの）
4．400 人の人員を収容する演芸場
5　住居（製造所の存する敷地と同一の敷地内に存する住居を除く）

▌正解＆解説···

問1…正解4
　　保安距離が必要となるのは、製造所、屋内貯蔵所、屋外貯蔵所、屋外タンク貯蔵所、一般取扱所の5施設。

問2…正解3（製造所・屋内貯蔵所・屋外タンク貯蔵所）
　　製造所、屋内貯蔵所、屋外タンク貯蔵所は保安距離を保たなければならない。

問3…正解5
　　5．一般住宅（製造所等の敷地外にある住居）は、10m以上の保安距離が必要となる。

問4…正解1
　　保安距離が必要な製造所等は、1．屋外タンク貯蔵所と5．屋内貯蔵所である。このうち、「敷地内にある住居」は、保安距離の対象外となる。

問5…正解3
　　4．大学は対象となる「学校」に含まれない。

問6…正解1
　　3．屋内貯蔵所は、劇場と30m以上の保安距離を保たなければならない。

問7…正解2
　　2＆5．中学校や病院からは30m以上。　　3．重要文化財の建築物からは50m以上。
　　4．高圧ガスの貯蔵所からは20m以上。

問8…正解5
　　5．使用電圧が 7,000V 超の特別高圧架空電線の場合に対象となる。

問9…正解2

20 保有空地

■保有空地が必要な製造所等

◎保有空地を必要とする製造所等は、次のとおりとする。ただし、保有空地の幅は、危険物施設の種類、貯蔵し、または取り扱う危険物の指定数量の倍数により異なって規定されている。

製造所	屋内貯蔵所	屋外貯蔵所	屋外に設ける簡易タンク貯蔵所
屋外タンク貯蔵所		一般取扱所	

※保安距離が必要な施設 ＋「屋外に設ける簡易タンク貯蔵所」である。

■保有空地の幅

◎危険物を取り扱う製造所等の周囲には、次の表に掲げる区分に応じ、それぞれに定める幅の空地（保有空地）を保有すること。ただし、規則で定めるところにより、防火上有効な隔壁を設けたときは、この限りでない。

◎保有空地は、消防活動及び延焼防止のため、製造所等の周囲に保有する空地である。

◎保有空地には、物品等を置いてはならない。

製造所／一般取扱所	指定数量の倍数 **10 以下**	保有空地の幅：**3m 以上**
	指定数量の倍数 **10 を超える**	保有空地の幅：**5m 以上**
屋内貯蔵所	**指定数量の倍数、建築構造**（耐火構造 or 不燃材料）に応じて保有空地の幅は異なる 　例）指定数量の倍数 5 以下 ⇒ 0.5m 以上 　例）指定数量の倍数 5 超 10 以下で耐火構造 ⇒ 1m 以上 　例）指定数量の倍数 5 超 10 以下で不燃材料 ⇒ 1.5m 以上	
屋外タンク貯蔵所	指定数量の倍数 4,000 以下 　：**指定数量の倍数**に応じて保有空地の幅は異なる 　例）指定数量の倍数 500 以下 ⇒ 3m 以上 　例）指定数量の倍数 500 を超え 1,000 以下 ⇒ 5m 以上	
	指定数量の倍数 4,000 超 　：タンク最大直径またはタンク高さのうち大きい方に等しい距離を保有空地とする。ただし、15m 以上であること	
屋外貯蔵所	柵の周囲に**指定数量の倍数**に応じた幅の空地 　例）指定数量の倍数 **10 以下** ⇒ 柵等の周囲に**3m 以上**	
屋外に設ける簡易タンク貯蔵所	指定数量の倍数に関係なく、タンク周囲に 1m 以上	

【問1】 法令上、次に掲げる製造所等のうち、危険物を取り扱う建築物の周囲に、一定の幅の空地を保有しなければならない旨の規定が設けられていないものはどれか。

☑ 1．屋内貯蔵所　　　　2．屋内タンク貯蔵所

　　3．屋外貯蔵所　　　　4．屋外タンク貯蔵所

　　5．簡易タンク貯蔵所（屋外に設けるもの）

【問2】 次のA〜Eの製造所等のうち、当該製造所等の建築物その他の工作物の周囲に、法令上、一定の空地を保有しなくてもよいもののみの組み合わせは、いくつあるか。ただし、特例基準が適用されるものを除く。[★]

A.	屋外タンク貯蔵所	移動タンク貯蔵所	屋外貯蔵所
B.	製造所	屋内タンク貯蔵所	屋外貯蔵所
C.	給油取扱所	屋内タンク貯蔵所	地下タンク貯蔵所
D.	製造所	給油取扱所	屋外タンク貯蔵所
E.	一般取扱所	第2種販売取扱所	屋外貯蔵所

☑ 1．1つ　　　2．2つ　　　3．3つ　　　4．4つ　　　5．5つ

【問3】 法令上、次に掲げる製造所等のうち、危険物を貯蔵し、または取り扱う建築物等の周囲に空地を保有しなければならないものはいくつあるか。

・製造所	・第一種販売取扱所
・給油取扱所	・一般取扱所
・屋外タンク貯蔵所	・簡易タンク貯蔵所（屋外に設置するもの）

☑ 1．1つ　　　2．2つ　　　3．3つ　　　4．4つ　　　5．5つ

【問4】 法令上、危険物を貯蔵し、または取り扱う建築物等の周囲に空地を保有しなければならない製造所等として、次のA〜Eのうち、正しいものはいくつあるか。

☑ 1．1つ　　　　A．屋内タンク貯蔵所

　　2．2つ　　　　B．簡易タンク貯蔵所（屋外に設置したもの）

　　3．3つ　　　　C．屋内貯蔵所

　　4．4つ　　　　D．給油取扱所

　　5．5つ　　　　E．一般取扱所

【問5】法令上、製造所等の区分とその周囲に設けなければならない空地の幅として、次のうち誤っているものはどれか。ただし、防火上有効な隔壁の設置、規則で定める特例及び同じ区分の製造所等を隣接して設置する場合を除くものとする。

- ☑ 1．取り扱う危険物の指定数量の倍数が10以下の製造所は3m以上
- 2．建築物の壁、柱及び床が耐火構造である貯蔵倉庫で、貯蔵する危険物の指定数量の倍数が5を超え10以下の屋内貯蔵所は、1m以上
- 3．貯蔵する危険物の指定数量の倍数が500以下の屋外タンク貯蔵所は、3m以上
- 4．貯蔵する危険物の指定数量の倍数が10以下の屋外貯蔵所は、3m以上
- 5．貯蔵する危険物の指定数量の倍数が10を超える一般取扱所は、3m以上

【問6】法令上、製造所等において、危険物を貯蔵し、または取り扱う建築物等の周囲に保有しなければならない空地（以下「保有空地」という。）について、次のうち正しいものはどれか。ただし、特例基準が適用されるものを除く。

- ☑ 1．貯蔵し、または取り扱う危険物の指定数量の倍数に応じて保有空地の幅が定められている。
- 2．製造所と屋外タンク貯蔵所は、保有空地の幅が同じである。
- 3．学校、病院、高圧ガス施設等から一定の距離（保安距離）を保たなければならない危険物施設は、保有空地を設けなくてもよい。
- 4．屋内タンク貯蔵所は、保有空地を必要としない。
- 5．保有空地を設けなければならない建築物等の外周には、当該建築物等を火災から守るための消火設備を設けなければならない。

【問7】法令上、製造所等において、危険物を貯蔵し、又は取り扱う建築物等の周囲に保有しなければならない空地（以下「保有空地」という。）について、次のうち誤っているものはどれか。ただし、基準の特例が適用されるものを除く。

- ☑ 1．屋外タンク貯蔵所は、指定数量の倍数に応じた保有空地が必要である。
- 2．給油取扱所は、保有空地を必要としない。
- 3．簡易タンク貯蔵所は、簡易貯蔵タンクを屋内に設置する場合、保有空地を必要としない。
- 4．移動タンク貯蔵所は、保有空地を必要としない。
- 5．屋内貯蔵所は、床面積に応じた保有空地が必要となる。

▌正解＆解説・・・

問1…正解2

　　保有空地が必要なのは、製造所、屋内貯蔵所、屋外貯蔵所、屋外タンク貯蔵所、一般取扱所及び屋外に設ける簡易タンク貯蔵所の6施設。

問2…正解1（C）

　　保有空地が必要なのは、屋外タンク貯蔵所、屋外貯蔵所、製造所、一般取扱所。

　　保有空地が必要ないのは、移動タンク貯蔵所、給油取扱所、屋内タンク貯蔵所、地下タンク貯蔵所、販売取扱所。Cのみ保有空地が必要ない。

問3…正解4（製造所、一般取扱所、屋外タンク貯蔵所、簡易タンク貯蔵所（屋外設置））

問4…正解3（B、C、E）

問5…正解5

　　1＆5．この問題は、製造所と一般取扱所の保有空地の幅を覚えておけば解くことができる。指定数量の倍数が10を超える製造所・一般取扱所は、5m以上の保有空地が必要である。

問6…正解4

　　1．保有空地の幅は、危険物施設の区分、危険物の指定数量の倍数、建築構造等に応じて定められている。

　　2．製造所と一般取扱所の場合、保有空地の幅は同じになる。

　　3．保安距離を保たなければならない危険物施設であっても、それとは別で保有空地は必要となる。

　　5．設問のような規定はない。

問7…正解5

　　5．屋内貯蔵所は、指定数量の倍数及び建築構造に応じた保有空地が必要である。

21 製造所の基準

■構　造

◎製造所には、規則で定めるところにより、見やすい箇所に製造所である旨を表示した**標識**及び防火に関し必要な事項を掲示した**掲示板**を設けること。

◎危険物を取り扱う建築物は、**地階を有しない**ものであること。

◎危険物を取り扱う建築物は、壁、柱、床、はり及び階段を不燃材料で造るとともに、延焼のおそれのある外壁を、出入口以外の開口部を有しない耐火構造の壁とすること。

※**不燃材料**とは、建築物の材料のうち不燃性を持つ材料で、一般に鉄鋼やコンクリートなどが含まれる。

※**耐火構造**とは、柱、はり、壁、床、屋根、階段など建築物の主要構造部が、隣接火災や内部火災にあった場合でも、そのあとで補修すると再使用できるような構造をいう。鉄筋に対する被覆が十分な鉄筋コンクリート造がその代表的な例である。

◎危険物を取り扱う建築物は、**屋根を不燃材料**で造るとともに、金属板その他の軽量な不燃材料でふくこと。

◎危険物を取り扱う建築物の窓及び出入口には、防火設備を設けるとともに、延焼のおそれのある**外壁**に設ける出入口には、随時開けることができる自動閉鎖の**特定防火設備**を設けること。

※**防火設備**は、防火性能を備えた戸（防火戸）をいう。また、**特定防火設備**は、防火設備より更に高い防火性能を備えた防火戸をいう。

◎危険物を取り扱う建築物の窓または出入口にガラスを用いる場合は、**網入りガラス**とすること。

◎液状の危険物を取り扱う建築物の床は、危険物が浸透しない構造とするとともに、適当な**傾斜**を付け、かつ、漏れた危険物を一時的に貯留する設備（貯留設備）を設けること。

■設　備

◎危険物を取り扱う建築物には、危険物を取り扱うために必要な採光、照明及び換気の設備を設けること。

◎可燃性の蒸気または可燃性の微粉が滞留するおそれのある建築物には、その蒸気または微粉を**屋外の高所に排出する設備**を設けること。

◎危険物を加熱し、若しくは冷却する設備又は危険物の取り扱いに伴って温度の変化が起こる設備には、温度測定装置を設けること。

◎危険物を加熱し、または乾燥する設備は、原則として**直火を用いない構造**とすること。ただし、当該設備が防火上安全な場所に設けられているとき、又は当該設備に火災を防止するための附帯設備を設けたときは、この限りでない。

◎危険物を加圧する設備、またはその取り扱う危険物の圧力が上昇するおそれのある設備には、圧力計及び安全装置を設けること。

◎危険物を取り扱うにあたって静電気が発生するおそれのある設備には、当該設備に蓄積される静電気を有効に除去する装置を設けること。

◎指定数量の倍数が**10以上の製造所**には、原則として**避雷設備**を設けること。

◎電動機及び危険物を取り扱う設備の**ポンプ、弁、接手**等は、火災の予防上**支障のない位置**に取り付けること。

■配　管

◎危険物を取り扱う配管の位置、構造及び設備は、次によること。

配管は、その設置される条件及び使用される状況に照らして十分な強度を有するものとし、かつ、当該配管に係る最大常用圧力の **1.5 倍以上の圧力**で水圧試験を行ったとき、漏えいその他の異常がないものであること。
配管は、取り扱う危険物により**容易に劣化するおそれのないもの**であること。
配管は、火災等による熱によって容易に変形するおそれのないものであること。
配管には、外面の腐食を防止するための措置を講ずること。 ・地上設置：地盤面に接しないようにし、外面の腐食を防止する塗装を行う。 ・地下設置：電気腐食のおそれのある場所では、塗覆装またはコーティング及び電気防食を行う。その他は、塗覆装またはコーティングを行う。
配管を**地上に設置**する場合には、地震、風圧、地盤沈下、温度変化による伸縮等に対し安全な構造の支持物により支持すること。
配管を**地下に設置**する場合には、配管の接合部分について当該接合部分からの危険物の漏えいを点検することができる措置を講ずること。また、地下配管の上部の**地盤面にかかる重量が当該配管にかからないように保護**すること。
配管に加熱または保温のための設備を設ける場合には、**火災予防上安全な構造**とすること。

▶▶▶ 過去問題 ◀◀◀

【問1】法令上、第1石油類の危険物を取り扱う場合、製造所の構造及び設備の技術上の基準について、次のうち正しいものはどれか。

☑　1．危険物を加熱し、又は乾燥する設備は、いかなる場合でも直火を用いない構造としなければならない。

2．建築物は屋根を耐火構造としなければならない。

3．建築物の床は傾斜及び貯留設備を設けてはならない。

4．可燃性の蒸気が滞留するおそれのある建築物には、その蒸気を屋外の低所に排出する設備を設けなければならない。

5．建築物は地階を有してはならない。

【問2】 法令上、製造所の位置、構造及び設備の技術上の基準について、次のうち誤っているものはどれか。ただし、特例基準が適用される製造所を除く。[★]

☐ 1．製造所の位置は、住居、学校、病院等定められた建築物から、一定の距離を保たなければならない。

2．製造所の周囲には、取り扱う危険物の指定数量の倍数に応じた幅の空地または防火上有効な隔壁を保有しなければならない。

3．見やすい箇所に製造所である旨を表示した標識及び防火に関し、必要な事項を掲示した掲示板を設けなければならない。

4．危険物を取り扱う建築物の地階は、耐火構造とし換気設備を設けなければならない。

5．延焼のおそれのある外壁に設ける出入口には、随時開けることができる自動閉鎖の特定防火設備を設けなければならない。

【問3】 法令上、危険物を取り扱う配管の位置、構造及び設備の技術上の基準について、次のうち正しいものはどれか。

☐ 1．配管は、十分な強度を有するものとし、かつ、当該配管に係る最大常用圧力の5.5倍以上の圧力で水圧試験を行ったとき、漏えいその他の異常がないものでなければならない。

2．配管は、鋼鉄製又は鋳鉄製のものでなければならない。

3．配管を地下に設置する場合には、その上部の地盤面を車両等が通行しない位置としなければならない。

4．配管に加熱又は保温のための設備を設ける場合には、火災予防上安全な構造としなければならない。

5．配管を屋外の地上に設置する場合には、当該配管を直射日光から保護するための設備を設けなければならない。

■正解＆解説‥‥‥‥‥‥‥‥‥‥‥‥‥‥‥‥‥‥‥‥‥‥‥‥‥‥‥‥‥‥‥‥‥‥‥‥‥‥‥

問1…正解5

1．危険物を加熱し、又は乾燥する設備は、直火を用いない構造とすること。ただし、当該設備が防火上安全な場所に設けられているとき、又は当該設備に火災を防止するための附帯設備を設けたときは、この限りでない。

2．屋根は不燃材料で造るとともに、金属板等の軽量な不燃材料でふく。

3．液体の危険物を取り扱う建築物の床は、危険物が浸透しない構造とするとともに、適当な傾斜をつけ、かつ貯留設備を設けなければならない。

4．可燃性蒸気等が滞留するおそれのある建築物には、その蒸気等を屋外の高所に排出する設備を設けなければならない。

問2…正解4

    4．危険物を取り扱う建築物は、地階を設けてはならない。

問3…正解4

    1．「5.5倍以上の圧力」⇒「1.5倍以上の圧力」。

    2．配管は、取り扱う危険物により、容易に劣化するおそれのないものであること。材質に関する規定はない。

    3．配管を地下に設置する場合には、地下配管の上部の地盤面にかかる重量が当該配管にかからないように保護すること。

    5．配管を地上に設置する場合には、温度変化による伸縮等に対し、安全な構造の支持物により支持すること。

22 屋内貯蔵所の基準

■構造・設備

◎貯蔵倉庫は、独立した**専用の建築物**とすること。

◎貯蔵倉庫は、地盤面から軒までの高さ（軒高）が**6m未満の平家建**とし、かつ、その**床を地盤面以上**に設けること。

   ※**軒高**は、柱の上部と連結して屋根を支える部材（敷げた）の上までの高さをいう（編集部）。

◎貯蔵倉庫の床面積は、1,000m² を超えないこと。

◎貯蔵倉庫は、**壁、柱、及び床を耐火構造**とし、かつ、**はりを不燃材料**で造ること。

◎貯蔵倉庫は、**屋根を不燃材料**で造るとともに、金属板その他の軽量な不燃材料でふき、かつ、**天井を設けないこと**。

◎貯蔵倉庫の窓及び出入口には、**防火設備**を設けること。

◎貯蔵倉庫の窓または出入口にガラスを用いる場合は、**網入りガラス**とすること。

◎液状の危険物の貯蔵倉庫の床は、危険物が浸透しない構造とするとともに、適当な傾斜をつけ、かつ、貯留設備を設けること。

◎貯蔵倉庫に架台を設ける場合には、不燃材料で造るとともに、堅固な基礎に固定すること。また、危険物を収納した容器が容易に**落下しない**措置を講ずること。

   ※**架台**は、危険物を収納した容器を収納するための強固な台をいう（編集部）。

◎貯蔵倉庫には、採光、照明及び換気の設備を設けるとともに、引火点70℃未満の危険物の貯蔵倉庫にあっては、内部に滞留した**可燃性の蒸気を屋根上に排出する設備**を設けること。

◎指定数量の倍数が10以上の屋内貯蔵所には、原則として**避雷針**を設けること。

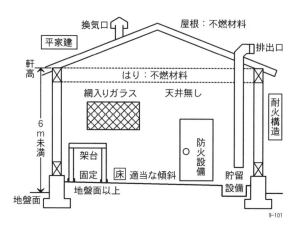

9-101

【問1】法令上、第4類の危険物を貯蔵する屋内貯蔵所（独立した専用の平家建）の構造及び設備について、技術上の基準に適合していないものは次のうちどれか。ただし、特例基準が適用される屋内貯蔵所を除く。

☑ 1．屋内貯蔵所の見やすい箇所に、地を白色、文字を黒色で「屋内貯蔵所」と書かれた標識及び地を赤色、文字を白色で「火気厳禁」と書かれた掲示板が設けられている。

2．延焼のおそれのない外壁の窓には、網入りガラスを用いた防火設備が設けられている。

3．屋根は耐火構造で造られ、かつ、天井が設けられている。

4．架台には、危険物を収納した容器が容易に落下しない措置が講じられている。

5．可燃性の蒸気を屋根上に排出する設備が設けられている。

■ 正解&解説……………………………………………………………………………………………

問1…正解3

1．「34. 標識・掲示板」123P参照。

3．屋根は不燃材料で造り、天井を設けないこと。

２３ 屋外タンク貯蔵所の基準

■構造・設備

◎屋外貯蔵タンクのうち、その貯蔵し、または取り扱う液体の危険物の最大数量が 1,000kL以上のものを「**特定屋外貯蔵タンク**」という。また、その貯蔵し、または取り扱う液体の危険物の最大数量が500kL以上1,000kL未満のものを「**準特定屋外貯蔵タンク**」という。これらの屋外貯蔵タンクは、基礎及び地盤、更に各種試験において特に厳しい基準が適用される。

◎屋外貯蔵タンクのうち、圧力タンク以外のタンクにあっては規則で定めるところにより**通気管**を、圧力タンクにあっては規則で定める**安全装置**をそれぞれ設けること。

※規則で定める通気管は、無弁通気管または大気弁付通気管とする。無弁通気管は、管内に弁（バルブ）が設けられていない。一方、大気弁付通気管は、管内にタンク内と大気間の圧力差で作動する弁を内蔵している。

※規則で定める安全装置は、タンク内の圧力が上昇した際、自動的に圧力上昇を停止させる装置などをいう。

◎通気管の先端は、水平より下に45°以上曲げ、雨水の浸入を防ぐ構造とすること。

◎液体の危険物の屋外貯蔵タンクの周囲には、危険物が漏れた場合にその流出を防止するための**防油堤**を設けること。

◎防油堤の容量は、タンク容量の110％以上とし、2以上のタンクがある場合は、最大であるタンクの容量の**110%以上**とすること。

◎防油堤の高さは、**0.5m以上**であること。

◎防油堤は、**鉄筋コンクリート**または**土で造り**、その中に収納された危険物が防油堤の外に流出しない構造であること。

◎防油堤には、その内部の滞水を外部に排水するための**水抜口を設ける**とともに、これを**開閉する弁**等を防油堤の外部に設けること。

◎高さが１mを超える防油堤には、おおむね30mごとに堤内に出入りするための**階段**を設置し、または土砂の盛上げ等を行うこと。

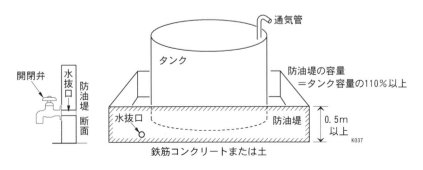

◎指定数量の倍数が10以上の屋外タンク貯蔵所には、原則として避雷設備を設けること。

▶▶▶ 過去問題 ◀◀◀

【問1】法令上、引火性液体（二硫化炭素を除く。）を貯蔵する屋外タンク貯蔵所の防油堤の基準について、次のうち誤っているものはどれか。ただし、特例基準が適用される屋外タンク貯蔵所を除く。[★]

☑ 1．2つ以上の屋外貯蔵タンクの周辺に設ける防油堤の容量は、当該タンクのうち、その容量が最大であるタンクの容量の110％以上としなければならない。

2．防油堤には、その内部に滞水することがないように、開閉弁のない水抜口を設けなければならない。

3．防油堤の高さは、0.5m以上としなければならない。

4．高さが1mを超える防油堤には、おおむね30mごとに堤内に出入りするための階段を設置し、または土砂の盛上げ等を行わなければならない。

5．防油堤は鉄筋コンクリートまたは土で造らなければならない。

■ 正解＆解説‥‥‥

問1…正解2

2．防油堤には、その内部の滞水を外部に排水するための水抜口を設けるとともに、これを開閉する弁等を防油堤の外部に設けること。

24 屋内タンク貯蔵所の基準

■構造・設備

◎屋内貯蔵タンクは、平家建の建築物に設けられたタンク専用室に設置すること。

◎屋内貯蔵タンクの外面には、**さびどめのための塗装**をすること。

◎屋内貯蔵タンクの容量は、指定数量の**40倍以下**であること。ただし、第4類の危険物（第4石油類及び動植物油類を除く）にあっては、**20,000L以下**であること。

◎屋内貯蔵タンクのうち、圧力タンク以外のタンクにあっては規則で定めるところにより**通気管**を、圧力タンクにあっては規則で定める**安全装置**をそれぞれ設けること。
※規則で定める通気管は、無弁通気管とする。

◎**通気管**の先端は、屋外にあって**地上4m以上**の高さとし、かつ、建築物の窓、出入口等の開口部から**1m以上**離すものとする。また、引火点が40℃未満の危険物を貯蔵するタンクの通気管にあっては、敷地境界線から1.5m以上離すこと。

◎液体の危険物の屋内貯蔵タンクには、危険物の量を自動的に**表示する装置**を設けること。

◎タンク専用室は、**壁、柱及び床を耐火構造**とし、かつ、**はりを不燃材料**で造るとともに、延焼のおそれのある外壁を出入口以外の**開口部を有しない壁**とすること。ただし、引火点70℃以上の第4類の危険物のみを貯蔵する場合は、延焼のおそれのない壁、柱、床を不燃材料で造ることができる。

◎タンク専用室は、**屋根を不燃材料**で造り、かつ、**天井を設けない**こと。

◎タンク専用室の窓または出入口にガラスを用いる場合は、**網入りガラス**とすること。

◎液体の危険物の屋内貯蔵タンクを設置するタンク専用室の床は、危険物が**浸透しない構造**とするとともに、**適当な傾斜**をつけ、かつ、**貯留設備**を設けること。

◎タンク専用室の出入口のしきいの高さは、床面から**0.2m以上**とすること。

▶▶▶ 過去問題 ◀◀◀

【問1】法令上、第4類第1石油類を貯蔵する屋内タンク貯蔵所のタンク専用室の構造及び設備の技術上の基準について、次のうち誤っているものはどれか。

☐ 1．壁、柱及び床を耐火構造とし、かつ、はりを不燃材料で造らなければならない。

2．床は、危険物が浸透しない構造とするとともに、適当な傾斜を付け、かつ、貯留設備を設けなければならない。

3．延焼のおそれのある外壁には、窓を設けてはならない。

4．屋根を不燃材料で造り、かつ、天井を設けてはならない。

5．出入口のしきいの高さは、床面から 0.15m 以下としなければならない。

【問2】 法令上、タンク専用室が平家建の建築物に設けられた屋内タンク貯蔵所の位置、構造及び設備の技術上の基準について、次のうち誤っているものはどれか。ただし、特例基準が適用されるものを除く。[★]

☑ 1. 屋内貯蔵タンクの容量は、指定数量の30倍以下とし、第4石油類及び動植物油類以外の第4類の危険物については30,000L以下としなければならない。

2. タンク専用室の窓または出入口にガラスを用いる場合は、網入りガラスとしなければならない。

3. 出入口のしきいの高さは、床面から0.2m以上としなければならない。

4. 液体の危険物の屋内貯蔵タンクには、危険物の量を自動的に表示する装置を設けなければならない。

5. 引火点70℃以上の第4類の危険物のみを貯蔵する場合を除き、タンク専用室は、壁、柱及び床を耐火構造とし、かつ、はりを不燃材料で造らなければならない。

【問3】 法令上、屋内タンク貯蔵所の基準について、次の文の（　）内のA及びBに当てはまる語句の組み合わせとして、正しいものはどれか。

「屋内貯蔵タンクの容量は、指定数量の（A）以下としなければならない。ただし、第4石油類及び動植物油類以外の第4類の危険物を貯蔵するときは、当該数量が（B）を超えるときは、（B）以下としなければならない。」

	（A）	（B）
☑ 1.	30倍	10,000L
2.	30倍	20,000L
3.	40倍	20,000L
4.	50倍	40,000L
5.	100倍	50,000L

■ 正解&解説……………………………………………………………………………………

問1…正解5

5. 出入口のしきいの高さは、床面から0.2m以上としなければならない。しきい（敷居）は、家の玄関入口の横木（横に倒した木）のことで、高くするほど出入りの際はまたぐことになる。しきいを高くすることで、万が一、漏れの事故が起きても、危険物をタンク専用室内に留めておくことができる。

問2…正解1

1.「指定数量の30倍以下」⇒「指定数量の40倍以下」、
　「30,000L以下」⇒「20,000L以下」。

問3…正解3

25 地下タンク貯蔵所の基準

■構造・設備

◎地下貯蔵タンクは、地盤面下に設けられたタンク室に設置すること。

　※地下貯蔵タンクは、地下のタンク室に設置する方法の他、直接地盤面下に埋没する方
　　法がある。直接地盤面下に埋没する方法では、二重殻タンクが使われる。

◎地下貯蔵タンクとタンク室の内側との間は、0.1m以上の間隔を保つものとし、かつ、
　タンクの周囲に乾燥砂を詰めること。

◎地下貯蔵タンクの頂部は、**0.6m以上地盤面から下**にあること。

◎地下貯蔵タンクを2以上隣接して設置する場合は、その相互間に1m（容量の総和
　が指定数量の100倍以下であるときは0.5m）以上の間隔を保つこと。

◎地下タンク貯蔵所には、規則で定めるところにより、見やすい箇所に地下タンク貯
　蔵所である旨を表示した**標識**及び防火に関し**必要な事項**を掲示した**掲示板**を設ける
　こと。

◎地下貯蔵タンクには、規則で定めるところにより、**通気管または安全装置**を設ける
　こと。

　※規則で定める通気管は、無弁通気管または大気弁付通気管とする。

◎**通気管**の先端は、屋外にあって**地上4m以上**の高さとし、かつ、建築物の窓、出入
　口等の開口部から**1m以上離す**ものとする。また、引火点が40℃未満の危険物を貯
　蔵するタンクの通気管にあっては、敷地境界線から1.5m以上離すこと。

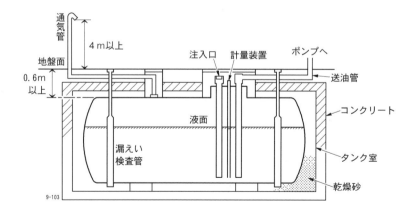

◎地下貯蔵タンクの周囲には、液体の危険物の漏れを検知する**漏えい検査管を４カ所以上**設けなければならない。

◎液体の危険物の地下貯蔵タンクには、危険物の量を**自動的に表示する装置**（計量装置）を設けること。

◎液体の危険物の地下貯蔵タンクの注入口は、**屋外**に設けること。

◎地下貯蔵タンクの配管は、**当該タンクの頂部**に取り付けること。

◎地下貯蔵タンクには、**第５種消火設備を２個以上**設置すること。

▶▶▶ 過去問題 ◀◀◀

【問１】 法令上、地下タンク貯蔵所の位置、構造及び設備の技術上の基準について、次のうち誤っているものはどれか。ただし、二重殻タンク及び危険物の漏れを防止することができる構造のタンクを除く。[★]

☐　1．液体の危険物の地下貯蔵タンクには、危険物の量を自動的に表示する装置を設けなければならない。

　　2．地下貯蔵タンクの頂部は、0.6m以上地盤面から下に設けなければならない。

　　3．１つのタンク室に２以上の地下貯蔵タンクを設ける場合は、その相互間に0.3m以上の間隔を保たなければならない。

　　4．液体の危険物の地下貯蔵タンクの注入口は、屋外に設けなければならない。

　　5．地下貯蔵タンクの配管は、当該タンクの頂部に取り付けなければならない。

【問２】 法令上、地下タンク貯蔵所の位置、構造及び設備の技術上の基準について、次のうち誤っているものはどれか。

☐　1．地下タンク貯蔵所には、規則で定めるところにより、見やすい箇所に地下タンク貯蔵所である旨を表示した標識及び防火に関し必要な事項を掲示した掲示板を設けなければならない。

　　2．地下貯蔵タンクには、規則で定めるところにより、通気管または安全装置を設けなければならない。

　　3．液体の危険物の地下貯蔵タンクには、危険物の量を自動的に表示する装置を設けなければならない。

　　4．地下貯蔵タンクの配管は、当該タンクの頂部以外の部分に取り付けなければならない。

　　5．液体の危険物の地下貯蔵タンクの注入口は、屋外に設けなければならない。

【問3】 法令上、地下タンク貯蔵所の位置、構造及び設備の技術上の基準について、次のうち正しいものはどれか。

☑ 1．地下貯蔵タンクは、容量を30,000L以下としなければならない。

2．地下貯蔵タンクには、規則で定めるところにより通気管または安全装置を設けなければならない。

3．引火点が100℃以上の第4類の危険物を貯蔵し、または取り扱う地下貯蔵タンクには、危険物の量を自動的に表示する装置を設けないことができる。

4．引火点が70℃以上の第4類の危険物を貯蔵し、または取り扱う地下貯蔵タンクの注入口は、屋内に設けることができる。

5．地下貯蔵タンクの配管は、危険物の種類により当該タンクの頂部以外の部分に取り付けなければならない。

■ 正解＆解説‥‥‥‥‥‥‥‥‥‥‥‥‥‥‥‥‥‥‥‥‥‥‥‥‥‥‥‥‥‥‥‥‥

問1…正解3

3．2以上のタンクを設ける場合は、その相互間に1m以上（容量の総和が指定数量の100倍以下のときは0.5m以上）の間隔を保たなければならない。

問2…正解4

4．配管は、当該タンクの頂部に取り付けなければならない。

問3…正解2

1．地下貯蔵タンクと屋外貯蔵タンクには、容量制限が設けられていない。

3．貯蔵し、または取り扱う危険物の引火点にかかわらず、危険物の量を自動的に表示する装置（計量装置）を設けなければならない。

4．貯蔵し、または取り扱う危険物の引火点にかかわらず、注入口は屋外に設けなければならない。

5．危険物の種類にかかわらず、地下貯蔵タンクの配管は、当該タンクの頂部に取り付けること。

26 簡易タンク貯蔵所の基準

■構造・設備

◎1つの簡易タンク貯蔵所に設置する簡易貯蔵タンクは、その数を**3以内**とし、かつ、**同一品質の危険物の簡易貯蔵タンクは2以上設置しない**こと。

◎簡易貯蔵タンクを**屋外**に設置する場合は、タンクの周囲に**1m以上**の幅の空地を保有すること。

◎簡易貯蔵タンクをタンク専用室に設置する場合にあっては、タンクと専用室の壁との間に**0.5m以上**の間隔を保つこと。

◎簡易貯蔵タンクの容量は、**600L以下**であること。

◎簡易貯蔵タンクは、**厚さ3.2mm以上の鋼板で気密に造る**とともに、**70kPaの圧力で10分間行う水圧試験**において、**漏れまたは変形しない**ものであること。

3基以内

容量600
リットル以下

9-103

※ **Pa**（パスカル）は圧力の単位で、乗用車用タイヤの空気圧は200kPa～250kPaである（編集部）。

◎簡易貯蔵タンクの外面には、**さびどめのための塗装**をすること。

◎簡易貯蔵タンクには、規則で定めるところにより**通気管**を設けること。

※規則で定める通気管は、無弁通気管とする。

▶▶▶ 過去問題 ◀◀◀

【問1】法令上、簡易タンク貯蔵所の位置、構造及び設備の技術上の基準について、次のうち正しいものはどれか。

☐ 1．1つの簡易タンク貯蔵所に設置する簡易貯蔵タンクの数は、4以内でなければならない。

2．専用室内に設置する場合は、簡易貯蔵タンクと専用室の壁との間に0.3m以上の間隔を保たなければならない。

3．簡易貯蔵タンクには通気管を設けなくてもよい。

4．簡易貯蔵タンクは、容量が600L以上1,500L未満のものでなければならない。

5．簡易貯蔵タンクは、厚さ3.2mm以上の鋼板で気密に造るとともに、70kPaの圧力で10分間行う水圧試験において、漏れや変形がないものでなければならない。

【問2】 法令上、簡易タンク貯蔵所の位置、構造及び設備の技術上の基準について、次のうち誤っているものはどれか。

☑ 1. 1つの簡易タンク貯蔵所には、同一品質の危険物の簡易貯蔵タンクを3つまで設けることができる。

2. 屋外に簡易貯蔵タンクを設ける場合は、当該タンクの周囲に1m以上の幅の空地を保有しなければならない。

3. 簡易貯蔵タンクの容量は、600L以下としなければならない。

4. 簡易貯蔵タンクは、厚さ3.2mm以上の鋼板で気密に造るとともに、70kPaの圧力で10分間行う水圧試験において、漏れや変形がないものでなければならない。

5. 簡易貯蔵タンクには、外側にさびどめの塗装をし、通気管を設けなければならない。

▌正解&解説‥‥‥‥‥‥‥‥‥‥‥‥‥‥‥‥‥‥‥‥‥‥‥‥‥‥‥‥‥‥‥‥‥‥‥‥‥‥‥

問1…正解5

1. 簡易貯蔵タンクの数は、3以内でなければならない。

2. 簡易貯蔵タンクと専用室の壁との間には、0.5m以上の間隔を保たなければならない。

3. 簡易貯蔵タンクには、無弁の通気管を設けなければならない。

4. 簡易貯蔵タンクは、容量が600L以下のものでなければならない。

問2…正解1

1. 同一品質の危険物の簡易貯蔵タンクは、2以上設置しないこと。

27 移動タンク貯蔵所の基準

■位置・構造・設備

◎移動貯蔵タンクは、屋外の防火上安全な場所、または壁、床、はり及び屋根を耐火構造とし、もしくは不燃材料で造った**建築物の１階に常置**すること。

　※**常置**とは、常に設けおくこと（編集部）。

◎移動貯蔵タンクは、**厚さ 3.2mm 以上の鋼板**またはこれと同等以上の機械的性質を有する材料で気密に造ること。

◎移動貯蔵タンクのマンホール及び注入口のふたは、**厚さ 3.2mm 以上の鋼板**又はこれと同等以上の機械的性質を有する材料で造ること。

◎移動貯蔵タンクは、圧力タンク以外のタンクにあっては 70kPa の圧力で、圧力タンクにあっては最大常用圧力の 1.5 倍の圧力で、それぞれ 10 分間行う**水圧試験**において、**漏れ**、または**変形しない**ものであること。

◎移動貯蔵タンクの容量は **30,000L 以下**とし、かつ、その内部に **4,000L 以下**ごとに完全な**間仕切**を設けること。

　※ガソリンの比重を 0.75 とすると、30,000L のガソリンの重量は 22.5 トンということになる。

◎間仕切により仕切られた部分には、それぞれマンホール及び安全装置を設けるとともに、容量が **2,000L 以上**のタンク室には**防波板**を設けること。

　※**防波板**とは、タンク内の液体が片寄るのを防ぐための板。通常、間仕切板はタンクを輪切りにするように設置し、防波板は縦方向に取り付ける。

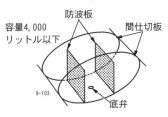

【タンク内の１区間】

容量4,000 リットル以下　防波板　間仕切板　底弁　9-103

◎移動貯蔵タンクの下部に排出口を設ける場合は、**排出口に底弁**を設けるとともに、非常の場合に直ちに底弁を閉鎖することができる**手動閉鎖装置及び自動閉鎖装置**を設けること。

◎手動閉鎖装置には、レバーを設け、かつ、その直近にその旨を表示すること。また、**手動閉鎖装置のレバー**は、手前に引き倒すことにより閉鎖装置を作動させるものであること。

◎底弁を設ける移動貯蔵タンクには、外部からの衝撃による底弁の損傷を防止するための措置を講じること。

◎移動貯蔵タンクの配管は、**先端部に弁等**を設けること。

◎移動貯蔵タンク及び付属装置の電気設備で、可燃性蒸気が滞留するおそれのある場所に設けるものは、**可燃性蒸気に引火しない構造**とすること。

◎ガソリン、ベンゼン等静電気による災害が発生するおそれのある液体の危険物の移動貯蔵タンクには、**接地導線を設けること**。

◎移動貯蔵タンクには、そのタンクが貯蔵し、または取り扱う危険物の類、品名及び**最大数量を表示する設備**を見やすい箇所に設けるとともに、法令で定めるところにより標識を掲げること。

◎移動タンク貯蔵所の標識は、地が黒色の板に反射塗料等で「危」と表示し、車両の前後の見やすい箇所に掲げなければならない。

◎移動貯蔵タンクには、**自動車用消火器を2個以上設置すること**。

◎移動貯蔵タンクに可燃性の蒸気を回収するための設備を設ける場合にあっては、可燃性の蒸気が漏れるおそれのない構造とすること。

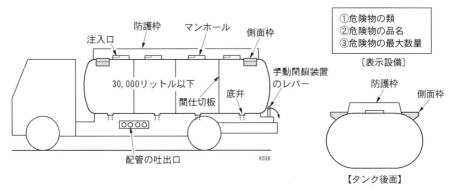

◎マンホール、注入口等（附属装置）がタンクの上部に突出している移動貯蔵タンクには、当該装置の損傷を防止するため、当該タンクの両側面の上部に**側面枠を設け**なければならない。

◎マンホール、注入口等（附属装置）がタンクの上部に突出している移動貯蔵タンクには、当該装置の損傷を防止するため、当該装置の周囲に**防護枠**を設けなければならない。

◎移動貯蔵タンクの外面には、**さびどめのための塗装をすること**。

【問1】法令上、移動タンク貯蔵所の位置、構造及び設備の技術上の基準について、次のうち誤っているものはどれか。ただし、特例基準が適用されるものを除く。

☑ 1．移動貯蔵タンクの容量は、30,000L 以下としなければならない。

2．移動タンク貯蔵所を常置する場所は、病院、学校等から一定の距離（保安距離）を保有しなければならない。

3．移動貯蔵タンクは、圧力タンク以外のものであっても、定められた水圧試験において、漏れ、又は変形しないものでなければならない。

4．静電気による災害が発生するおそれのある液体の危険物の移動貯蔵タンクには、接地導線を設けなければならない。

5．移動貯蔵タンクの配管は、先端部に弁等を設けなければならない。

【問2】法令上、移動タンク貯蔵所の位置、構造及び設備の技術上の基準について、次のうち誤っているものはどれか。ただし、特例基準が適用されるものを除く。

☑ 1．屋外の防火上安全な場所または壁、床、はり及び屋根を耐火構造とし、もしくは不燃材料で造った建築物の1階に常置しなければならない。

2．移動貯蔵タンクの配管は、先端部に弁等を設けなければならない。

3．静電気による災害が発生するおそれのある液体の危険物の移動貯蔵タンクには、接地導線を設けなければならない。

4．移動貯蔵タンクの底弁手動閉鎖装置のレバーは、手前に引き倒すことにより閉鎖装置を作動させるものでなければならない。

5．移動貯蔵タンクの容量は、10,000L 以下としなければならない。

【問3】法令上、移動タンク貯蔵所の位置、構造及び設備の技術上の基準について、次のうち誤っているものはどれか。ただし、基準の特例を適用するものを除く。

☑ 1．移動貯蔵タンクの外面には、さびどめのための塗装をしなければならない。

2．マンホール、注入口等の附属装置が移動貯蔵タンクの上部に突出している場合には、当該装置の損傷を防止するために当該タンクの両側面の上部に側面枠を設置しなければならない。

3．移動貯蔵タンクの間仕切りされたタンク室の容量が、1,000L以上である場合は、防波板を設置しなければならない。

4．マンホール、注入口等の附属装置が移動貯蔵タンクの上部に突出している場合には、当該装置の損傷を防止するために当該装置の周囲に防護枠を設置しなければならない。

5．移動貯蔵タンクの下部に排出口を設ける場合は、当該排出口に底弁を設置しなければならない。

【問4】法令上、移動タンク貯蔵所の位置、構造及び設備の技術上の基準について、次のうち誤っているものはどれか。ただし、基準の特例が適用されているものを除く。

☑ 1．ガソリン、ベンゼンその他静電気による災害が発生するおそれのある液体の危険物の移動貯蔵タンクには、接地導線を設けなければならない。

2．移動貯蔵タンクのマンホール及び注入口のふたは、厚さ 3.2mm 以上の鋼板又はこれと同等以上の機械的性質を有する材料で造らなければならない。

3．移動貯蔵タンクは、その内部に 4,000L 以下ごとに完全に仕切られた防波板を設けなければならない。

4．移動貯蔵タンクは、厚さ 3.2mm 以上の鋼板又はこれと同等以上の機械的性質を有する材料で気密に造らなければならない。

5．移動貯蔵タンク及び附属装置の電気設備で、可燃性の蒸気が滞留するおそれのある場所に設けるものは、可燃性の蒸気に引火しない構造としなければならない。

■ 正解＆解説・・・

問1…正解2

2．移動タンク貯蔵所を常置する場所は、屋外の場合は防火上安全な場所、屋内の場合は耐火構造または不燃材料で造った建物の1階でなければならない。ただし、保安距離の規定はない。

問2…正解5

5．移動貯蔵タンクの容量は、30,000L以下としなければならない。

問3…正解3

3．防波板は、間仕切りされたタンク室の容量が2,000L以上である場合に設置しなければならない。

問4…正解3

3．移動貯蔵タンクの内部には、4,000L 以下ごとに完全な間仕切を設けなければならない。防波板は、間仕切により仕切られた部分の容量が 2,000L 以上の場合に設置しなければならない。移動貯蔵タンクの容量が 30,000L の場合、間仕切により8個以上の室に区切らなければならない。

室の区分例：「4,000L × 7室」＋「2,000L × 1室」⇒ 8室。

28 屋外貯蔵所の基準

■構造・設備

◎屋外貯蔵所は、**湿潤でなく**、かつ、**排水のよい場所**に設置すること。

◎危険物を貯蔵し、または取り扱う場所の周囲には、**さくや排水溝**を設けて**明確に区画**すること。

◎さく等の周囲には、次の表に定める幅の**空地（保有空地）**を保有すること。

屋外貯蔵所の区分	空地の幅
指定数量の倍数が10以下	3m以上
指定数量の倍数が10を超え20以下	6m以上
指定数量の倍数が20を超え50以下	10m以上
指定数量の倍数が50を超え200以下	20m以上
指定数量の倍数が200超	30m以上

◎架台（危険物を収納した容器を貯蔵する台）を設ける場合は、**不燃材料**で造るとともに、堅固な地盤面に**固定**すること。また、架台の高さは、**6m未満**とすること。

◎見やすい箇所に屋外貯蔵所である旨を表示した標識及び防火に関し必要な事項を掲示した**掲示板**を設けなければならない。

■貯蔵できる危険物

◎屋外貯蔵所に貯蔵できる危険物は次のとおりとする。

第2類の危険物	**硫黄**または硫黄のみを含有するもの	
	引火性固体（引火点が0℃以上のもの）	
第4類の危険物	第1石油類（**引火点が0℃以上**のもの）	
	アルコール類	
	第2石油類	第3石油類
	第4石油類	動植物油類

◎第4類の危険物のうち、**特殊引火物は貯蔵できない**。

◎第1石油類の**ガソリン**は引火点が－40℃以下であるため、**貯蔵できない**。

【問1】 法令上、屋外貯蔵所の位置、構造及び設備の技術上の基準について、次のうち誤っているものはどれか。[★]

☑ 1．危険物を貯蔵し、または取り扱う場所の上部には、不燃材料で造った屋根を設けなければならない。

2．危険物を貯蔵し、または取り扱う場所の周囲には、さく等を設けて、明確に区画しなければならない。

3．危険物を貯蔵し、または取り扱う場所は、湿潤でなく、かつ、排水のよい場所に設置しなければならない。

4．危険物を貯蔵し、または取り扱う場所の周囲には、指定数量の倍数に応じ一定以上の幅の空地を保有しなければならない。

5．架台を設ける場合は、不燃材料で造るとともに、堅固な地盤面に固定しなければならない。

【問2】 法令上、軽油を貯蔵し、または取り扱う屋外貯蔵所の位置、構造及び設備の技術上の基準について、次のうち誤っているものはどれか。[★]

☑ 1．危険物を貯蔵し、または取り扱う場所の周囲には、指定数量の倍数に応じ一定以上の幅の空地を保有しなければならない。

2．湿潤でなく、かつ、排水のよい場所に設置しなければならない。

3．見やすい箇所に屋外貯蔵所である旨を表示した標識及び防火に関し、必要な事項を掲示した掲示板を設けなければならない。

4．架台を設ける場合には、不燃材料で造るとともに、可動式の架台としなければならない。

5．危険物を貯蔵し、または取り扱う場所の周囲には、さく等を設けて明確に区画しなければならない。

【問3】 法令上、屋外貯蔵所において貯蔵し、または取り扱うことができる危険物は、次のうちいくつあるか。

| ・二硫化炭素　　・アセトン　　・硫黄　　・ベンゼン　　・ギヤー油 |
| ・硝酸　　・軽油　　・引火性固体（引火点が0℃以上のもの） |

☑ 1．2つ　　　2．3つ　　　3．4つ
　 4．5つ　　5．6つ

【問4】 法令上、屋外貯蔵所において貯蔵、または取り扱うことができない危険物は、次に示すうちいくつあるか。

・酸化プロピレン	・灯油	・シリンダー油	・クレオソート油
・硫黄	・赤リン	・炭化カルシウム	・硝酸

☑ 1．2つ 　 2．3つ 　 3．4つ 　 4．5つ 　 5．6つ

【問5】 法令上、屋外貯蔵所で貯蔵することができる危険物のみの組合せとして、次のうち正しいものはどれか。

☑	1.	トルエン	重油	アルコール類
	2.	硫黄	軽油	ジエチルエーテル
	3.	動植物油類	ギヤー油	ジエチルエーテル
	4.	二硫化炭素	シリンダー油	クレオソート油
	5.	アセトン	灯油	引火性固体（引火点 0 ℃以上のもの）

▌正解＆解説……………………………………………………………………………

問1…正解1

　　1．屋根を設ける＝建築物内となり、屋外貯蔵所の定義から外れる。

問2…正解4

　　4．架台は、堅固な地盤面に固定しなければならない。可動式としてはならない。

問3…正解3（硫黄、ギヤー油、軽油、引火性固体（引火点 0 ℃以上のもの））

　　屋外貯蔵所で貯蔵できるのは、ギヤー油（第4石油類）、軽油（第2石油類）、硫黄（第2類）、引火点が 0 ℃以上の引火性固体（第2類）の4つである。二硫化炭素、アセトン及びベンゼンは引火点が 0 ℃未満であるため貯蔵できない。また、硝酸（第6類）も貯蔵できない。

問4…正解3（酸化プロピレン、赤リン、炭化カルシウム、硝酸）

　　屋外貯蔵所で貯蔵できないのは、酸化プロピレン（引火点 −37 ℃）、赤リン（第2類）、炭化カルシウム（第3類）、硝酸（第6類）の4つである。

問5…正解1

　　屋外貯蔵所で貯蔵できるのは、①硫黄と引火点が 0 ℃以上の引火性固体（ともに第2類）と②第4類の危険物（特殊引火物と引火点が 0 ℃未満の第1石油類を除く）。表中のアセトンとトルエンは、共に第4類第1石油類に該当するが、引火点はアセトン −20 ℃、トルエン 4 ℃となるため、アセトンは貯蔵できない。

　　　・貯蔵できるもの…硫黄、引火性固体、トルエン、アルコール類、重油、軽油、灯油、
　　　　　　　　　　　　クレオソート油、ギヤー油、シリンダー油、動植物油類

　　　・貯蔵できないもの…ジエチルエーテル、二硫化炭素、アセトン

29 給油取扱所の基準

■構造・設備

◎給油取扱所の固定給油設備は、自動車等に直接給油するための固定された給油設備とし、ポンプ機器及びホース機器から構成される。地上部分に設置された固定式と、天井から吊り下げる懸垂式がある。

◎固定給油設備のうちホース機器の周囲（懸垂式の固定給油設備にあってはホース機器の下方）には、自動車等に直接給油し、及び給油を受ける自動車等が出入りするための、**間口10m以上、奥行6m以上**で、次に掲げる要件に適合する空地（給油空地）を保有すること。

> ①自動車等が安全かつ円滑に出入りすることができる幅で、道路に面していること。
> ②自動車等が当該空地からはみ出さずに、安全かつ円滑に通行することができる広さを有すること。
> ③自動車等が当該空地からはみ出さずに、安全かつ円滑に給油を受けることができる広さを有すること。

◎固定注油設備は、灯油もしくは軽油を容器に詰め替え、または車両に固定された容量4,000L以下のタンクに注入するための固定された注油設備とし、ポンプ機器及びホース機器から構成される。地上部分に設置された固定式と、天井から吊り下げる懸垂式がある。

◎固定注油設備のホース機器の周囲（懸垂式の固定注油設備にあってはホース機器の下方）には、灯油もしくは軽油を容器に詰め替え、または車両に固定されたタンクに注入するための空地（注油空地）を給油空地以外の場所に保有すること。

◎給油空地及び注油空地は、漏れた危険物が浸透しないようにするため、次に掲げる要件に適合する**舗装**をすること。

> ①**漏れた危険物が浸透**し、または当該危険物によって劣化し、もしくは変形するおそれがないものであること。
> ②給油取扱所において想定される自動車等の荷重により**損傷するおそれがないもの**であること。
> ③**耐火性を有するもの**であること。
> ⇒漏えいした危険物が浸透し難く、排水が容易で、かつ、容易に燃え広がることがない等を目的として、**コンクリート等で舗装**しなければならない。

◎給油空地及び注油空地には、漏れた危険物及び可燃性の蒸気が滞留せず、かつ、当該危険物その他の液体が当該給油空地及び注油空地以外の部分に流出しないような措置（**排水溝及び油分離装置**等）を講ずること。

◎給油取扱所には、固定給油設備もしくは固定注油設備に接続する**専用タンク**、または**容量10,000L以下の廃油タンク**その他の総務省令で定めるタンク（以下、「廃油タンク等」という。）を地盤面下に埋没して設けることができる。

※地盤面下に埋没して設ける固定給油設備もしくは固定注油設備に接続する専用タンクの場合、**容量の制限はない。**

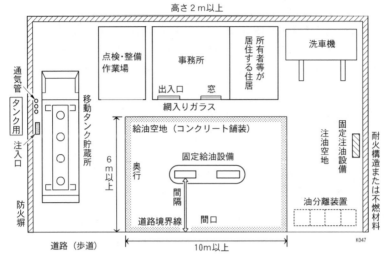

◎防火地域及び準防火地域以外の地域では、地盤面上に固定給油設備に接続する容量600L以下の**簡易タンク**を、その取り扱う同一品質の危険物ごとに**1個ずつ3個まで**で設けることができる。

◎固定給油設備及び固定注油設備には、先端に弁を設けた**全長5m以下の給油ホース**または注油ホース、及びこれらの先端に蓄積される静電気を有効に除去する装置を設けること。

◎給油取扱所の建築物（事務所を含む）は、**壁、柱、床、はり及び屋根を耐火構造**または**不燃材料で造り、窓や出入口に防火設備を設けること。

◎固定給油設備は、**道路境界線**等から法令で定める**間隔**を保つこと。

※間隔は、懸垂式の固定給油設備が**4m以上**、その他の固定給油設備はホースの長さに応じて**4m〜6m以上**に規定されている。

◎給油取扱所の周囲には、自動車等の出入りする側を除き、火災による被害の拡大を防止するための**高さ2m以上の塀**または壁であって、耐火構造のものまたは不燃材料で造られたものを設けること。この場合において、塀または壁は、開口部を有していないものであること。

◎ポンプ室その他の危険物を取り扱う室（**ポンプ室等**）を設ける場合にあっては、ポンプ室等は、床を危険物が**浸透しない構造**とするとともに、漏れた危険物及び可燃性蒸気が滞留しないように適当な**傾斜**を付け、かつ、**貯留設備**を設けること。

◎専用タンク及び廃油タンク等には、規則で定めるところにより、**通気管または安全装置を設けること。**

※規則で定める通気管は、無弁通気管または大気弁付通気管とする。

◎**通気管の先端**は、屋外にあって**地上4m以上**の高さとし、かつ、建築物の窓、出入口等の開口部から**1m以上離す**ものとする。また、引火点が40℃未満の危険物を貯蔵するタンクの通気管にあっては、敷地境界線から1.5m以上離すこと。

■給油取扱所に設置できる建築物

◎給油取扱所には、給油またはこれに附帯する業務のため、次に定める用途に供する建築物を設けることができる。

設置できる建築物
①給油または灯油もしくは軽油の詰め替えのための作業場
②給油取扱所の業務を行うための事務所
③給油、灯油もしくは軽油の詰め替え、または自動車等の点検・整備もしくは洗浄のために給油取扱所に出入りする者を対象とした**店舗（コンビニ）**、**飲食店（喫茶店）または展示場**
④自動車等の点検・整備を行う作業場
⑤自動車等の洗浄を行う作業場
⑥給油取扱所の**所有者等が居住する住居**、またはこれらの者に係る**他の給油取扱所**の業務を行うための事務所
⑦屋外での物品販売場等（火災予防上の支障がない場合、建築物の周囲の空地において、物品販売、車の実車展示・販売、宅配ボックスの設置などの業務を行うことができる）

◎給油取扱所には、次に定める建築物その他の工作物を設けないこと。

設置できない建築物
①**ガソリンの詰め替え**のための作業場（規制が一部緩和）
②自動車の**吹付塗装**を行うための設備
③給油取扱所に出入りする者を対象とした以下の施設 … **カラオケボックス／ゲームセンター／立体駐車場／診療所／宿泊施設**

■給油取扱所の付随設備

◎給油取扱所の業務を行うことについて必要な付随設備は、次に掲げるものとする。

必要な付随設備	
①自動車等の洗浄を行う設備（**蒸気洗浄機及び洗車機**）	
②自動車等の点検・整備を行う設備	③**混合燃料油調合器**

■ガソリンの容器詰替え販売時における本人確認等

◎ガソリンを販売するため容器に詰替えるときは、①顧客の本人確認、②使用目的の確認、及び③当該販売に関する記録の作成、をしなければならない。

①顧客の本人確認
▪ 運転免許証、マイナンバーカードなど公的機関が発行する写真付きの証明書（以下「身分証等」という。）によって行う。 ▪ ただし、身分証等で本人確認が行われている顧客の場合や、顧客と継続的な取引があり、当該事業所において氏名や住所を把握している等の場合、身分証等の提示を省略することができる。

②使用目的の確認
▪ 「農業機械器具用の燃料」、「発電機用の燃料」等、具体的な内容を確認する。

③販売記録の作成
▪ 販売記録には、販売日、顧客の氏名、住所及び本人確認の方法、使用目的、販売数量を記入し、1年を目安としてこれを保存すること。

※給油取扱所（セルフ含む）において、自動車の燃料タンク以外の容器（携行缶等）にガソリンまたは軽油の詰め替え作業を行う場合、**必ず従業員が行わなければならない**（自主保安基準によりガソリンまたは軽油の詰め替え販売に対応していない事業所等もある）。

▶▶▶ 過去問題 ◀◀◀

【問1】法令上、給油取扱所の位置、構造及び設備の技術上の基準について、次のうち正しいものはどれか。ただし、特例基準を適用するものを除く。

☐ 1．建築物の窓及び出入り口は、原則として防火設備を設けること。

2．給油空地は、その地盤面を周囲の地盤面より低くするとともに、その表面に適当な傾斜を付け、かつ、アスファルト等で舗装すること。

3．給油取扱所の周囲には、自動車等の出入りする側を除き、高さ1m以上の耐火構造、または不燃材料で造った塀または壁を設けること。

4．固定給油設備のホース機器は、道路境界線から2m以上、敷地境界線及び建築物の壁から3m以上の間隔を保つこと。

5．固定給油設備に接続する簡易貯蔵タンクを設ける場合は、その取り扱う同一品質の危険物ごとに2個ずつ6個まで設けることができる。

【問2】 法令上、危険物を貯蔵し、または取り扱うタンクの容量制限について、次のうち正しいものはどれか。

☐ 1．地下タンク貯蔵所の地下貯蔵タンクで5,000Lのもの。

2．屋内タンク貯蔵所の屋内貯蔵タンクで30,000Lのもの。

3．簡易タンク貯蔵所の簡易貯蔵タンクで1,000Lのもの。

4．給油取扱所の地盤面下に設けられた専用タンクに容量の制限は特にない。

5．移動タンク貯蔵所の移動貯蔵タンクで40,000Lのもの。

【問3】 法令上、給油取扱所においての危険物の取扱いについて、次のうち正しいものはどれか。

☐ 1．18Lのポリタンクにガソリンを詰め替えて販売する場合、防火上安全な場所でないときは、消火器を配置しなければならない。

2．顧客が自らガソリンを容器に詰め替えるセルフスタンドにおいては、顧客用固定給油設備を使用すること。

3．灯油を容器に詰め替えて販売する場合、販売記録を作成すること。

4．ガソリンを容器に詰め替えて販売する場合、使用目的を確認すること。

5．軽油を容器に詰め替えて販売する場合、個人情報を確認すること。

【問4】 法令上、給油取扱所に附帯する業務のための用途として設けることができないものは、次のうちどれか。[★]

☐ 1．自動車に給油するために出入りする者を対象とした展示場

2．自動車の点検・整備のために出入りする者を対象とした立体駐車場

3．自動車の洗浄のために出入りする者を対象としたコンビニエンスストア

4．給油取扱所の管理者が居住する住居

5．灯油または軽油の詰め替えのために出入りする者を対象とした飲食店

【問5】 法令上、製造所等の位置、構造及び設備の技術上の基準について、次のうち誤っているものはどれか。[★]

☐ 1．1つの簡易タンク貯蔵所に設置する簡易貯蔵タンクは、3基以内でなければならない。

2．屋内貯蔵タンクの外面には、さびどめのための塗装をしなければならない。

3．小学校の付近に製造所を設置する場合は、製造所の外壁等と小学校の建築物等との間に、原則として30m以上の距離を保たなければならない。

4．給油取扱所の専用タンクに設ける通気管の高さは、地上5m以上とし、かつ、建築物の窓、出入口等の開口部から2m以上離さなければならない。

5．平家建の建築物に屋内タンク貯蔵所を設けた場合、タンク専用室の出入口のしきいの高さは、床面から0.2m以上としなければならない。

【問6】法令上、給油取扱所の「給油空地」に関する説明として、次のうち正しいものはどれか。

☐ 1．給油取扱所の専用タンクに移動貯蔵タンクから危険物を注入するとき、移動タンク貯蔵所が停車するために設けられた空地のこと。

2．懸垂式の固定給油設備と道路境界線との間に設けられた幅4m以上の空地のこと。

3．固定給油設備のうちホース機器の周囲に設けられた、自動車等に直接給油し、及び給油を受ける自動車等が出入りするための、間口10m以上、奥行6m以上の空地のこと。

4．消防活動及び延焼防止のため、給油取扱所の敷地の周囲に設けられた幅3m以上の空地のこと。

5．固定注油設備のうちホース機器の周囲に設けられた、4m²以上の空地のこと。

【問7】法令上、給油取扱所における危険物の取り扱いについて、次のうち誤っているものはどれか。

☐ 1．最大容積18Lのプラスチック容器に、ガソリンを詰め替えて販売することはできない。

2．顧客に自ら給油等をさせる給油取扱所（セルフスタンド）において、顧客自らガソリンを詰め替えるときは、法令に適合する容器であることを確認する。

3．ガソリンを販売するために容器に詰め替えるときは、顧客の本人情報を確認しなければならない。

4．ガソリンを販売するために容器に詰め替えるときは、使用目的を確認しなければならない。

5．ガソリンを販売するために容器に詰め替えるときは、当該販売に関する記録を作成しなければならない。

■ 正解＆解説・・

問1…正解1

2．給油空地は、その地盤面を周囲の地盤面より低くすると、漏れた危険物が滞留しやすくなる。また、アスファルト舗装では漏れた危険物が浸透するため、コンクリート等で舗装しなければならない。

3．「高さ1m以上」⇒「高さ2m以上」。

4．固定給油設備は、道路境界線から最低でも4m以上の間隔が必要である。

5．簡易貯蔵タンクは、その取り扱う同一品質の危険物ごとに、1個ずつ3個まで設けることができる。

問2…正解4

1＆4. 地下貯蔵タンクと給油取扱所の地盤面下に設けられた専用タンクには、容量制限が設けられていない。

2. 屋内貯蔵タンクの容量は、指定数量の40倍以下であること。ただし、第4類危険物（第4石油類及び動植物油類を除く）にあっては、20,000L以下であること。

3. 簡易貯蔵タンク1基の容量は、600L以下であること。

5. 移動貯蔵タンクの容量は30,000L以下であること。

問3…正解4

1. 防火上安全な場所でなければ、危険物の詰替作業をしてはならない。また、灯油用ポリタンクは石油系の樹脂でできているため、ガソリンにより変形するおそれや密閉性に問題があるため使用できない（ガソリンの携行容器は一般に金属製のものが多いが、ガソリンに対応したプラスチック（高密度ポリエチレン）製のものも市販されている。ただし、プラスチック製のものは最大容量10Lまで）。

2. 給油取扱所（セルフ含む）において、自動車の燃料タンク以外の容器にガソリンまたは軽油の詰め替え作業を行う場合、必ず従業員が行わなければならない。

3＆5. ガソリンを容器に詰め替えて販売する場合には、販売記録の作成及び個人情報の確認が必要となる。

問4…正解2

2. 立体駐車場は併設できないが、他の展示場、コンビニ、管理者用の住居、飲食店は併設できる。

問5…正解4

1. 「26. 簡易タンク貯蔵所の基準」96P参照。

2＆5. 「24. 屋内タンク貯蔵所の基準」91P参照。

3. 「19. 保安距離」76P参照。

4. 通気管の高さは、地上4m以上とし、かつ、建築物の窓、出入口等の開口部から1m以上離さなければならない。

問6…正解3

問7…正解2

2. 給油取扱所（セルフ含む）においてガソリンを容器に詰め替えて販売する場合、詰替作業は必ず従業員が行わなければならない。顧客自らの詰替作業は違反となる。

30 屋内給油取扱所の基準

■構造・設備

◎屋内給油取扱所は、消防法施行令別表第1（6）項に掲げる用途に供する部分を有しない建築物に設置すること。

◎消防法施行令　別表第1（防火対象物の用途区分表）

項　別		防火対象物の用途等
（6）	イ	**病院**、診療所または助産所
	ロ	老人短期入所施設、養護老人ホーム、特別養護老人ホーム等
	ハ	老人デイサービスセンター、軽費老人ホーム、老人福祉センター等
	ニ	**幼稚園**または特別支援学校

◎専用タンクには、危険物の過剰な注入を**自動的に防止**する設備を設けること。

◎建築物の屋内給油取扱所の用に供する部分は、壁、柱、床、はり及び屋根を**耐火構造**とすること。

◎事務所等の窓または出入口にガラスを用いる場合は、**網入りガラス**とすること。

◎建築物の屋内給油取扱所の用に供する部分は、当該部分の上部に**上階**がある場合にあっては、危険物の漏えいの拡大及び上階への延焼を防止するための規則で定める措置を講ずること。

■一方のみが開放されている屋内給油取扱所

◎建築物の屋内給油取扱所の用に供する部分の1階の二方については、自動車等の出入りする側または通風及び避難のための空地に面するとともに、壁を設けないこと。ただし、次に定める措置を講じた屋内給油取扱所にあっては、建築物の屋内給油取扱所の用に供する部分の1階の一方について、自動車等の出入りする側に面するとともに、壁を設けないことをもって足りる。

> ①給油または灯油もしくは軽油の詰め替えのための作業場から、屋外の空地のうち避難上安全な場所等までの距離が10m以内であること。
>
> ②専用タンクの**注入口**は、事務所等の出入口の付近、その他避難上支障のある場所に設けないこと。
>
> ③通気管の先端が建築物の屋内給油取扱所の用に供する部分に設けられる専用タンクで、引火点が40℃未満の危険物を取り扱うものには、移動貯蔵タンクから危険物を注入するときに放出される可燃性の**蒸気を回収する設備**を設けること。
>
> ④自動車の点検・整備を行う作業場に供する部分で床または壁で区画されたものの内部には、可燃性の蒸気を検知する**警報設備**を設けること。
>
> ⑤固定給油設備及び固定注油設備には、**自動車等の衝突を防止**するための措置を講ずること。

【問1】屋内給油取扱所の位置、構造及び設備の技術上の基準について、次のA～E のうち誤っているものはいくつあるか。

A．住宅、学校、病院等の建築物等から当該屋内給油取扱所までの間に、防火の ため10m以上の距離を保たなければならない。

B．建築物の屋内給油取扱所の用に供する部分のうち、壁、柱、床及びはりは耐 火構造としなければならない。

C．専用タンクには、危険物の過剰な注入を自動的に防止する設備を設けなけれ ばならない。

D．建築物の屋内給油取扱所の上部に上階がある場合は、危険物の流出の拡大及 び上階への延焼を防止するための措置を講じなければならない。

E．事務所等の窓や出入口にガラスを用いる場合は、網入りガラスとしなければ ならない。

☑　1．1つ　　　2．2つ　　　3．3つ　　　4．4つ　　　5．5つ

【問2】次に掲げる用途を有する建築物のうち、屋内給油取扱所の設置が認められな いものはどれか。

☑　1．映画館　　2．百貨店　　3．ホテル
　　4．幼稚園　　5．図書館

【問3】法令上、自動車等の出入りする側一方のみが開放されている屋内給油取扱所 の位置、構造及び設備の技術上の基準について、次のうち誤っているものはど れか。[★]

☑　1．有効な避難経路を確保するための措置を講じなければならない。

　　2．専用タンクの注入口は、事務所などの出入口付近の位置に設けなければなら ない。

　　3．通気管の先端が建築物の屋内給油取扱所の用に供する部分に設けられる専用 タンクで、引火点が40℃未満の危険物を取り扱うものには、移動貯蔵タンク から危険物を注入するときに放出される可燃性の蒸気を回収する設備を設けな ければならない。

　　4．固定給油設備等に自動車の衝突を防止するための措置を講じなければならな い。

　　5．自動車の点検・整備を行う作業場などで床または壁で区画されたものの内部 には、可燃性の蒸気を検知する警報設備を設けなければならない。

問1…正解1（A）

    A．屋内給油取扱所は、保安距離及び保有空地が必要ない。

問2…正解4

    4．幼稚園や病院のある建築物には、屋内給油取扱所の設置が認められていない。

問3…正解2

    1．危則第25条の9（一方のみが開放されている屋内給油取扱所において講ずる措置）。

    2．専用タンクの注入口は、事務所などの出入口付近、その他避難上支障のある場所に設けてはならない。

31 セルフスタンドの基準

■構造・設備

◎顧客に自ら給油等をさせる給油取扱所（セルフ型スタンド）には、給油取扱所へ進入する際見やすい箇所に、**顧客が自ら給油等を行うことができる給油取扱所である**旨を表示すること。

◎顧客用固定給油設備の給油ホースの先端部に**手動開閉装置を備えた給油ノズル**を設けること。

◎**顧客用固定給油設備は、顧客に自ら自動車等に給油させるための固定給油設備**をいう。

◎顧客用固定給油設備の給油ノズルは、自動車等の**燃料タンクが満量**となったときに給油を**自動的に停止**する構造のものとすること。

◎顧客用固定給油設備の給油ホースは、**著しい引張力が加わったときに安全に分離**するとともに、分離した部分からの**危険物の漏えいを防止**することができる構造のものとすること。

◎顧客用固定給油設備は、ガソリン及び軽油相互の**誤給油を有効に防止**することができる構造のものとすること。

◎顧客用固定給油設備は、1回の連続した給油量及び給油時間の**上限をあらかじめ設定**できる構造のものとすること。

◎地震時にホース機器への危険物の供給を自動的に停止する構造のものとすること。

◎固定給油設備及び固定注油設備並びに簡易タンクには、自動車等の**衝突を防止**するための措置を講ずること。

◎**顧客用固定注油設備は、顧客に自ら灯油または軽油を容器に詰め替えさせるための**固定注油設備をいう。

◎顧客用固定給油設備及び顧客用固定注油設備には、それぞれ**顧客が自ら自動車等に給油する**ことができる固定給油設備、または顧客が自ら危険物を容器に詰め替えることができる固定注油設備である旨を**見やすい箇所に表示する**とともに、その周囲の地盤面等に**自動車等の停止位置**または容器の置き場所等を**表示する**こと。

◎顧客用固定給油設備及び顧客用固定注油設備にあっては、その給油ホース等の直近その他の見やすい箇所に、**ホース機器等の使用方法及び危険物の品目**を表示すること。この場合、危険物の品目の表示は、次の表に定める文字及び彩色とすること。

「ハイオクガソリン」または「ハイオク」　…黄	「軽油」…緑
「レギュラーガソリン」または「レギュラー」…赤	「灯油」…青

◎顧客用固定給油設備及び顧客用固定注油設備**以外**の固定給油設備及び固定注油設備を設置する場合にあっては、**顧客が自ら用いることができない旨**を見やすい箇所に**表示する**こと。

◎顧客自らによる給油作業または容器への詰め替え作業を監視し、及び制御し、並びに顧客に対し必要な指示を行うための制御卓（コントロールブース）その他の設備を設けること。ただし、制御卓はすべての顧客用固定給油設備及び顧客用固定注油設備における使用状況を、直接視認できる位置に設置すること。

◎顧客に自ら自動車等に給油させるための給油取扱所には、第3種泡消火設備を設置しなければならない。

▶▶▶ 過去問題 ◀◀◀

【問1】 法令上、顧客に自ら自動車等に給油させるための顧客用固定給油設備の構造及び技術上の基準について、次のうち誤っているものはどれか。

☑　1．給油ノズルは、燃料タンクが満量となったときにブザー等で自動的に警報を発する構造としなければならない。

　　2．給油ホースは、著しい引張力が加わったときに安全に分離するとともに、分離した部分からの危険物の漏えいを防止することができる構造としなければならない。

　　3．ガソリン及び軽油相互の誤給油を有効に防止することができる構造としなければならない。

　　4．1回の連続した給油量及び給油時間の上限をあらかじめ設定できる構造としなければならない。

　　5．地震時にホース機器への危険物の供給を自動的に停止する構造としなければならない。

【問2】法令上、顧客に自ら自動車等に給油させる給油取扱所の構造及び設備の技術上の基準について、次のうち誤っているものはどれか。[★]

☑ 1．当該給油取扱所へ進入する際、見やすい箇所に顧客が自ら給油等を行うことができる旨の表示をしなければならない。

2．顧客用固定給油設備は、ガソリン及び軽油相互の誤給油を有効に防止することができる構造としなければならない。

3．顧客用固定給油設備の給油ノズルは、自動車等の燃料タンクが満量となったときに給油を自動的に停止する構造としなければならない。

4．固定給油設備には、顧客の運転する自動車等が衝突することを防止するための対策を施さねばならない。

5．当該給油取扱所は、建築物内に設置してはならない。

【問3】給油取扱所の用語の説明で、次のうち正しいものはどれか。[★]

☑ 1．顧客用固定給油設備…顧客に自ら自動車等に給油させるための固定給油設備をいう。

2．顧客用固定注油設備…顧客に自ら灯油のみを容器に詰め替えさせるための固定注油設備をいう。

3．注油空地……ホース機器の周囲に設けられた、自動車等に直接給油し、及び給油を受ける自動車等が出入りするための、間口10m以上の空地をいう。

4．廃油タンク等……容量30,000L以下の廃油タンクその他の総務省令で定めるタンクをいう。

5．ポンプ室等………ポンプ室その他危険物を取り扱わない室をいう。

【問4】法令上、顧客に自ら自動車等に給油をさせる給油取扱所に表示しなければならない事項として、次のうち該当しないものを2つ選びなさい。[編]

☑ 1．自動車等の停止位置の表示

2．危険物の品目の表示

3．顧客用固定給油設備以外の給油設備には、顧客が自ら用いることができない旨の表示

4．営業時間の表示

5．ホース機器等の使用方法の表示

6．顧客が自ら給油等を行うことができる給油取扱所である旨の表示

7．自動車等の進入路の表示

問1…正解1

1．給油ノズルは、燃料タンクが満量となったときに給油を自動的に停止する構造と
しなければならない。

問2…正解5

5．顧客に自ら自動車に給油させる給油取扱所（セルフスタンド）は、建築物内に設
置しても良い。

問3…正解1

2．顧客に自ら灯油または軽油を容器に詰め替えさせるための固定注油設備をいう。

3．設問は、給油空地についての説明である。「29．給油取扱所の基準」105P参照。

4．廃油タンク等は、容量10,000L以下の廃油タンクその他の総務省令で定めるタン
クをいう。

5．ポンプ室等は、ポンプ室その他危険物を取り扱う室をいう。

問4…正解4＆7

4．営業時間は表示しなくてもよい。

7．自動車等の進入路は表示しなくてもよい。

32 販売取扱所の基準

■構造・設備

◎販売取扱所は、指定数量の倍数が**15以下**のものを**第1種**とし、指定数量の倍数が
15を超え40以下のものは**第2種**と区分する。

◎販売取扱所は、**建築物の1階**に設置すること。

※**販売取扱所**＝店舗。店舗部分は必ず1階に設置しなければならない。

◎第1種販売取扱所には、見やすい箇所に第1種販売取扱所である旨を表示した標識
と防火に関し必要な事項を掲示した掲示板を設けること。

◎建築物の第1種販売取扱所の用に供する部分は、壁を**準耐火構造**とすること。ただ
し、第1種販売取扱所の用に供する部分とその他の部分との**隔壁**は、**耐火構造**とし
なければならない。

◎建築物の第1種販売取扱所の用に供する部分は、**はりを不燃材料**で造るとともに、
天井を設ける場合にあっては、これを**不燃材料**で造ること。

◎建築物の第1種販売取扱所の用に供する部分は、上階がある場合にあっては、**上階
の床を耐火構造**とし、上階がない場合にあっては屋根を耐火構造または不燃材料で
造ること。

◎建築物の第1種販売取扱所の用に供する部分の窓及び出入口には、**防火設備**を設け
ること。

◎建築物の第1種販売取扱所の用に供する部分の窓及び出入口にガラスを用いる場合は、**網入りガラス**とすること。

※**第2種販売取扱所**については、構造及び設備に更に厳しい基準が設けられている。

◎建築物の**第2種販売取扱所**の用に供する部分には、当該部分のうち延焼のおそれのない部分に限り、窓を設けることができるものとし、当該窓には防火設備を設けること。

■配合室の構造・設備

◎床面積は、6㎡以上10㎡以下であること。

◎床は、危険物が**浸透しない構造**とするとともに適当な傾斜を付け、かつ、貯留設備を設けること。

◎出入口には、随時開けることができる自動閉鎖の**特定防火設備**を設けること。

※**特定防火設備**は、防火設備より更に高い防火性能を備えた防火戸をいう。

◎出入口のしきいの高さは、床面から**0.1m以上**とすること。

◎室内に滞留した可燃性の**蒸気**または**微粉**を屋根上に排出する設備を設けること。

■取扱い

◎危険物は、容器に収納し、かつ、**容器入りのままで販売**すること。

◎販売取扱所においては、**塗料類**、**第1類の塩素酸塩類**、または**硫黄等**を配合室で配合する場合を除き、危険物の配合または詰め替えを行わないこと。

▶▶▶ 過去問題 ◀◀◀

【問1】 法令上、第1種販売取扱所の位置、構造及び設備の技術上の基準について、次のうち誤っているものを2つ選びなさい。[編][★]

☑ 1．建築物の第1種販売取扱所の用に供する部分は、はりを不燃材料で造るとともに、天井を設ける場合にあっては、これを不燃材料で造らなければならない。

2．建築物の第1種販売取扱所の用に供する部分の窓及び出入口には、防火設備を設けなければならない。

3．建築物の第1種販売取扱所の用に供する部分とその他の部分との隔壁は、耐火構造としなければならない。

4．建築物の第1種販売取扱所の用に供する部分を1階以外の階に設置する場合は、床及び上階の床を耐火構造としなければならない。

5．建築物の第1種販売取扱所の用に供する部分の窓または出入口にガラスを用いる場合は、網入りガラスとしなければならない。

6．第1種販売取扱所は、建築物の1階に設置しなければならない。

7．建築物の第1種販売取扱所の用に供する部分は、上階がある場合にあっては、上階の床を不燃材料で造らなければならない。

【問2】法令上、販売取扱所の区分並びに、位置、構造及び設備の技術上の基準について、次のうち誤っているものはどれか。

☑ 1．販売取扱所は、指定数量の倍数が15以下の第1種販売取扱所と、指定数量の倍数が15を超え40以下の第2種販売取扱所とに区分される。

2．第1種販売取扱所は、建築物の2階に設置できる。

3．第1種販売取扱所には、見やすい箇所に第1種販売取扱所である旨を表示した標識と防火に関し、必要な事項を掲示した掲示板を設けなければならない。

4．危険物を配合する室の床は、危険物が浸透しない構造とするとともに、適切な傾斜を付け、かつ、貯留設備を設けなければならない。

5．建築物の第2種販売取扱所の用に供する部分には、当該部分のうち延焼のおそれのない部分に限り、窓を設けることができる。

【問3】法令上、第1種販売取扱所の位置、構造及び設備の技術上の基準について、次のうち誤っているものはどれか。[★]

☑ 1．上階のある建築物には、第1種販売取扱所を設けてはならない。

2．見やすい箇所に、第1種販売取扱所である旨を表示した標識及び防火に関し必要な事項を掲示した掲示板を設けなければならない。

3．はりを不燃材料で造るとともに、天井を設ける場合にあっては、これを不燃材料で造らなければならない。

4．危険物を配合する室には、室内に滞留した可燃性の蒸気または可燃性の微粉を屋根上に排出する設備を設けなければならない。

5．窓及び出入口にガラスを用いる場合は、網入りガラスとしなければならない。

【問4】法令上、販売取扱所における危険物の取扱いの基準について、次のA～Dのうち、正しいもののみを組み合わせたものはどれか。

A．危険物を配合する室以外の場所で配合又は詰め替えを行うことはできない。

B．危険物は容器入りのまま販売しなければならない。

C．配合することができるのは第1類と第6類の危険物である。

D．第1種販売取扱所では、危険物の配合を行うことはできない。

☑ 1．AとB　　2．AとD　　3．BとC
4．BとD　　5．CとD

問1…正解4＆7

　　4．第1種販売取扱所は、建築物の1階以外の階に設置してはならない。

　　7．建築物の第1種販売取扱所の用に供する部分は、上階がある場合にあっては、上階の床を「耐火構造」としなければならない。

問2…正解2

　　2．第1種販売取扱所は、建築物の1階以外の階に設置してはならない。

問3…正解1

　　1．上階のある建築物であっても、第1種販売取扱所を設けることができる。ただし、上階の床を耐火構造とするなどの条件がある。

問4…正解1

　　C＆D．第1種及び第2種販売取扱所では、配合室で塗料類などを配合できる。また、配合することができるのは、塗料類、第1類の塩素酸塩類、硫黄等である。

33 一般取扱所の基準

■構　造

◎危険物を取り扱う建築物は、**地階を有しない**ものであること。

◎危険物を取り扱う建築物は、**壁、柱、床、はり及び階段を不燃材料**で造るとともに、延焼のおそれのある外壁を、出入口以外の開口部を有しない**耐火構造**の壁とすること。

　※**不燃材料**とは、建築物の材料のうち不燃性を持つ材料で、一般に鉄鋼やコンクリートなどが含まれる。

　※**耐火構造**とは、柱、はり、壁、床、屋根、階段など建築物の主要構造部が、隣接火災や内部火災にあった場合でも、そのあとで補修すると再使用できるような構造をいう。鉄筋に対する被覆が十分な鉄筋コンクリート造がその代表的な例である。

◎危険物を取り扱う建築物は、**屋根を不燃材料**で造るとともに、金属板その他の軽量な不燃材料でふくこと。

◎危険物を取り扱う建築物の窓及び出入口には、防火設備を設けるとともに、延焼のおそれのある外壁に設ける出入口には、随時開けることができる自動閉鎖の特定防火設備を設けること。

　※**防火設備**は、防火性能を備えた戸（防火戸）をいう。また、特定防火設備は、防火設備より更に高い防火性能を備えた防火戸をいう。

◎危険物を取り扱う建築物の窓または出入口にガラスを用いる場合は、**網入りガラス**とすること。

◎液状の危険物を取り扱う建築物の床は、危険物が**浸透しない**構造とするとともに、適当な**傾斜**を付け、かつ、漏れた危険物を一時的に貯留する設備（**貯留設備**）を設けること。

◎可燃性の**蒸気**または可燃性の**微粉**が滞留するおそれのある建築物には、その蒸気または微粉を屋外の高所に排出する設備を設けること。

◎指定数量の倍数が 10 以上の一部の製造所等には、日本産業規格に基づき、避雷設備を設けなければならない。

〔避雷設備を設ける施設〕

指定数量の倍数が10以上の場合、避雷設備を設ける
　⇒ **製造所、屋内貯蔵所、屋外タンク貯蔵所、一般取扱所**の４施設
....
原則、避雷設備を設ける ⇒ 移送取扱所（配管部分を除く）

▶▶▶ 過去問題 ◀◀◀

【問1】法令上、一般取扱所の位置、構造または設備の技術上の基準について、次のうち誤っているものはどれか。ただし、特例基準が適用される一般取扱所を除く。[★]

　☐　1．原則として、文化財保護法の規定によって重要文化財として指定された建造物から一般取扱所の外壁等までの間に、50m以上の距離を保つこと。

　　　2．指定数量の20倍を取り扱う一般取扱所の建築物等の周囲には、原則として5m以上の空地を保有しなければならない。

　　　3．液状の危険物を取り扱う建築物の床は、危険物が浸透しない構造とするとともに、適当な傾斜を付け、かつ、貯留設備を設けること。

　　　4．固体の危険物を取り扱う建築物は、地階を有することができる。

　　　5．灯油を取り扱う建築物は、屋根を不燃材料で造るとともに、金属板その他の軽量な不燃材料でふくこと。

【問2】法令上、一般取扱所の位置、構造及び設備の技術上の基準について、次のうち誤っているものはどれか。ただし、基準の特例を適用する一般取扱所を除く。

　☐　1．一般取扱所は、使用電圧が35,000Vをこえる特別高圧架空電線から、水平距離で5m以上の距離を保有すること。

　　　2．指定数量の5倍を取り扱う一般取扱所の建築物等の周囲には3m以上の空地を保有しなければならない。

　　　3．灯油を取り扱う建築物は、壁、柱、床及び屋根を必ず耐火構造としなければならない。

　　　4．可燃性の蒸気が滞留するおそれのある建築物には、その蒸気を屋外の高所に排出する設備を設けること。

　　　5．灯油10,000Lを取り扱う一般取扱所には、原則として避雷設備が必要である。

【問3】 法令上、第4類第1石油類を医薬品の原料として取り扱う一般取扱所の位置、構造及び設備の技術上の基準について、次のうち誤っているものはどれか。[★]

☑ 1．危険物を取り扱う建築物は、地階を有しないものでなければならない。

2．危険物を取り扱う建築物は、壁、柱、床、はり及び階段を不燃材料で造るとともに、延焼のおそれのある外壁を出入口以外の開口部を有しない耐火構造の壁としなければならない。

3．危険物を取り扱う建築物は、屋根を不燃材料で造るとともに、金属板その他の軽量な不燃材料でふかなければならない。

4．可燃性の蒸気が滞留するおそれのある建築物には、その蒸気を屋外の高所に排出する設備を設けなければならない。

5．液状の危険物を取り扱う建築物の床は、危険物が浸透しない構造とするとともに、傾斜のないものとしなければならない。

■ **正解&解説**……………………………………………………………………………………

問1…正解4

1&2．一般取扱所には、保安距離及び保有空地が必要である。

「19．保安距離」76P参照、「20．保有空地」80P参照。

4．危険物を取り扱う建築物は、地階を有しないものであること。

問2…正解3

1．7,000V超～35,000V以下は3m以上、35,000V超は5m以上の保安距離を保有すること。

2．製造所・一般取扱所は、指定数量の倍数が10以下の場合は3m以上、指定数量の倍数が10超の場合は5m以上の保有空地を有すること。

3．壁、柱、床及び屋根は不燃材料で造ること。

5．灯油の指定数量は1,000Lであるため、指定数量の倍数は10,000L／1,000L＝10となる。指定数量の倍数が10以上の製造所・一般取扱所等には、原則として避雷設備が必要である。

問3…正解5

5．床は、危険物が浸透しない構造とするとともに、適当な傾斜を付け、かつ、漏れた危険物を一時的に貯留する設備を設けなければならない。

34 標識・掲示板

■掲示板の設置

◎製造所等では、見やすい箇所に危険物の製造所・貯蔵所・取扱所である旨を表示した標識、及び防火に関して必要な事項を掲示した掲示板を設けること。

■標　識

◎製造所等(移動タンク貯蔵所を除く)の標識は、幅 0.3m 以上、長さ 0.6m 以上、色は地を白色、文字を黒色とし、製造所等の名称(「危険物給油取扱所」等)を記載すること。

◎移動タンク貯蔵所の標識は、0.3m 平方以上 0.4m 平方以下で、地を黒色とし文字を黄色の反射塗料で「危」と表示したものとする。また、この標識は車両の前後の見やすい箇所に掲げなければならない。

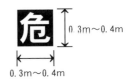

■掲示板（移動タンク貯蔵所除く）

◎掲示板は、幅 0.3m 以上、長さ 0.6m 以上の、地を白色、文字を黒色とすること。
◎掲示板には、貯蔵し、または取扱う危険物について、次の事項を表示すること。

①危険物の類別
②危険物の品名
③貯蔵最大数量または取扱最大数量
④指定数量の倍数
⑤危険物保安監督者の氏名または職名

危険物の類別：第四類
危険物の品名：第一石油類（ガソリン）
貯蔵最大数量：10,000リットル（50倍）
危険物保安監督者：公論　太郎

◎危険物の類別等を記載した掲示板の他に、危険物の性状に応じ、次に掲げる注意事項を表示した掲示板を設けること。

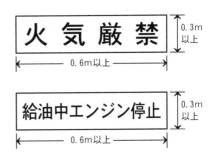

①第1類（アルカリ金属の過酸化物）、第3類（禁水性物品、アルキルアルミニウム、アルキルリチウム）…「禁水」
②第2類（引火性固体以外）…「火気注意」
③第2類（引火性固体）、第3類（自然発火性物品、アルキルアルミニウム、アルキルリチウム、黄りん）、第4類と第5類はすべて…「火気厳禁」

※「禁水」は地を青色、文字を白色、「火気注意」及び「火気厳禁」は地を赤色、文字を白色とすること。

◎給油取扱所にあっては、地を黄赤色、文字を黒色として「給油中エンジン停止」と表示した掲示板を設けること。

▶▶▶ 過去問題 ◀◀◀

【問1】 法令上、次のA～Gに掲げるもののうち、製造所等の掲示板に表示しなければならないものはいくつあるか。

    A．所有者、管理者又は占有者の氏名　　B．危険物の類別、品名

    C．製造所等の所在地　　　　　　　　　D．危険物の取扱最大数量

    E．危険物の指定数量の倍数　　　　　　F．許可行政庁の名称及び許可番号

    G．危険物保安監督者の氏名または職名

☑　1．3つ　　　　2．4つ　　　　3．5つ

    4．6つ　　　　5．7つ

【問2】 法令上、製造所等に設置する標識及び掲示板について、次のうち誤っているものはどれか。[編]

☑　1．アルカリ金属の過酸化物を除く第1類の危険物を貯蔵する屋内貯蔵所には、青地に白文字で「禁水」と記した掲示板を設置する。

    2．引火性固体を除く第2類の危険物を貯蔵する屋内貯蔵所には、赤地に白文字で「火気注意」と記した掲示板を設置する。

    3．給油取扱所には、黄赤地に黒文字で「給油中エンジン停止」と記した掲示板を設置する。

    4．製造所には、白地に黒文字で製造所である旨を表示した標識を見やすい箇所に設置する。

    5．移動タンク貯蔵所には、黒地の板に黄色の反射塗料で「危」と記した標識を車両の前後の見やすい箇所に掲げる。

    6．製造所の標識は、幅0.3m以上、長さ0.6m以上とする。

■ 正解＆解説……………………………………………………………………………………

問1…正解2（B・D・E・G）

    Aの所有者、管理者または占有者の氏名、Cの製造所等の所在地、Fの許可行政庁の名称及び許可番号は、掲示板に表示する必要がない。

問2…正解1

    1．第1類の危険物は、酸化性固体である。このうち、アルカリ金属の過酸化物は禁水性があり、水と激しく反応して熱と酸素を発生する。「禁水」の表示板は、地を青色、文字を白色とし、幅0.3m以上、長さ0.6m以上とする。

35 移動タンク貯蔵所における取扱い

■貯蔵の基準

◎移動貯蔵タンク及びその安全装置、配管は、さけめ、結合不良、極端な変形、注入ホースの切損等による漏れが起こらないようにするとともに、タンクの**底弁**は、使用時以外は**完全に閉鎖**しておくこと。

◎移動タンク貯蔵所には、次の書類を備え付けること。

①完成検査済証	②定期点検記録	③譲渡・引渡の届出書
④品名・数量または指定数量の倍数の変更の届出書		

■取扱いの基準

◎移動貯蔵タンクから危険物を貯蔵し、または取り扱うタンクに危険物を注入する際は、注入ホースを注入口に緊結すること。
※**緊結**とは、留め具などでしっかりと結合すること。

◎移動貯蔵タンクから液体の危険物を**容器に詰め替えない**こと。ただし、安全な注油に支障がない範囲の注油速度で、注入ホースの先端部に**手動開閉装置**を備えた注入ノズル（手動開閉装置を開放の状態で固定する装置を備えたものを除く）により、技術上の基準に定める運搬容器に引火点が **40℃以上**の第4類の危険物を注入するときは、この限りでない。

▶「上記の法令」をまとめると次のとおり

移動貯蔵タンクから液体の危険物を容器へ詰め替えてはならないが、次に掲げるそれぞれの**条件**に適合していれば、**詰め替えることができる**。

> **条件**①…安全な注油に支障がない範囲の注油速度であること。
> **条件**②…注入ホース先端部に手動開閉装置を備えた注入ノズル（手動開閉装置を開放の状態で固定する装置を備えたものを除く）により詰め替えること。
> **条件**③…詰め替える容器は、技術上の基準に定める運搬容器であること。
> **条件**④…詰め替える危険物は、第4類で引火点が 40℃以上であること。

◎ガソリン、ベンゼン、その他静電気による災害が発生するおそれのある液体の危険物を移動貯蔵タンクに入れ、または移動貯蔵タンクから出すときは、規則で定めるところにより当該**移動貯蔵タンクを接地**すること。

※規則で定める接地は、導線により移動貯蔵タンクと接地電極等との間を緊結して行わなければならない。

◎移動貯蔵タンクから**引火点 40℃未満**の危険物を他のタンクに注入するときは、移動タンク貯蔵所の**エンジンを停止**させること。

◎ガソリン、ベンゼン、その他静電気による災害が発生するおそれのある液体の危険物を移動貯蔵タンクにその上部から注入するときは、注入管を用いるとともに、**注入管の先端を移動貯蔵タンクの底部に着けること**。

◎ガソリンを貯蔵していた移動貯蔵タンクに灯油または軽油を注入するとき、灯油または軽油を貯蔵していた移動貯蔵タンクにガソリンを注入するときは、**静電気等による災害を防止するための措置**（当該タンク内の可燃性蒸気を完全に除去してから作業をする等）を講ずること。

■静電気等による災害の防止措置

◎移動貯蔵タンクの上部から危険物を注入するときは、その注入速度を、当該危険物の液表面が注入管の先端を超える高さとなるまで、**1 m/s 以下**とすること。… Ⓐ

◎移動貯蔵タンクの底部から危険物を注入するときは、その注入速度を、当該危険物の液表面が底弁の頂部をこえる高さとなるまで、**1 m/s 以下**とすること。…… Ⓑ

※**1 m/s**（1メートル毎秒）とは、「1秒間に1メートルの速さ」をいう。

◎Ⓐ及びⒷ以外の方法による危険物の注入は、移動貯蔵タンクに可燃性の蒸気が残留しないように措置し、安全な状態であることを確認した後にすること。

■移送の基準

◎**移送**とは、移動タンク貯蔵所（タンクローリー）により危険物を運ぶ行為をいう。移送に対し、ドラム缶等の容器に入れて危険物を自動車で運ぶ行為を運搬という。

◎危険物を移送する移動タンク貯蔵所には、移送する危険物を取り扱うことができる**危険物取扱者を乗車**させなくてはならない。

◎危険物取扱者は、危険物の移送をする移動タンク貯蔵所に乗車しているときは、危険物取扱者**免状を携帯**していなければならない。

◎危険物を移送する者は、**移送の開始前**に、移動貯蔵タンクの底弁その他の弁、マンホール及び注入口のふた、消火器等の点検を十分に行うこと。

◎危険物を移送する者は、長時間にわたるおそれがある移送であるときは、**2名以上の運転要員を確保**すること。長時間にわたるおそれがある移送とは、連続運転時間が**4時間**を超える移送、または1日当たりの運転時間が**9時間**を超える移送をいう。

◎危険物を移送する者は、移動タンク貯蔵所を休憩、故障等のため一時停止させるときは、**安全な場所を選ぶ**こと。

◎危険物を移送する者は、移動タンク貯蔵所から危険物が著しく漏れる等災害が発生するおそれのある場合には、災害を防止するための応急措置を講じるとともに、**消防機関等に通報**すること。

◎危険物を移送する者は、法令で定める危険物（アルキルアルミニウム等）を移送する場合には、**移送の経路等を記載した書面**を関係消防機関に送付するとともに、書面の**写しを携帯**し、書面に記載された内容に従うこと。

◎**消防吏員**または**警察官**は、危険物の移送に伴う火災の防止のため特に必要があると認める場合には、走行中の**移動タンク貯蔵所を停止**させ、乗車している危険物取扱者に対し、危険物取扱者免状の提示を求めることができる。

※**吏員**とは、公共団体の職員。地方公務員。

▶▶▶ **過去問題** ◀◀◀

【問1】 移動タンク貯蔵所に備え付ける書類について、次のA～Eのうち、法令に定められているものはいくつあるか。[★]

A．設置及び変更の許可書

B．完成検査済証

C．定期点検の記録

D．譲渡または引渡の届出書

E．品名、数量または指定数量の倍数の変更の届出書

☐ 　1．1つ　　　2．2つ　　　3．3つ　　　4．4つ　　　5．5つ

【問2】 法令上、移動タンク貯蔵所の移送、貯蔵及び取扱いの基準について、次のうち誤っているものはどれか。

☐ 　1．移動タンク貯蔵所には、完成検査済証、定期点検の点検記録その他規則で定める書類を備え付けなければならない。

2．移動貯蔵タンクから危険物を貯蔵し、または取り扱うタンクに引火点が40℃未満の危険物を注入するときは、移動タンク貯蔵所の原動機を停止させなければならない。

3．ガソリン、ベンゼンその他静電気による災害が発生するおそれのある液体の危険物の移動貯蔵タンクには、接地導線を設けること。

4．ガソリン、ベンゼンその他静電気による災害が発生するおそれのある液体の危険物を移動貯蔵タンクにその上部から注入するときは、注入管を用いるとともに注入管の先端を移動貯蔵タンクの底部に着けなければならない。

5．危険物取扱者は、危険物の移送をする移動タンク貯蔵所に乗車しているときは、免状または免状の写しを携帯していなければならない。

【問3】法令上、次のA～Dのうち、移動タンク貯蔵所によりガソリンを移送する場合の記述として、正しいもののみをすべて掲げているものはどれか。

A．運転要員が免状を保有していなかったため、免状を携帯している丙種危険物取扱者を同乗させて移送した。

B．危険物取扱者は、移送中における免状の紛失防止のため、当該免状を事務所に保管し、その写しを携帯して乗車した。

C．1日あたりの運転時間が8時間を超えると予想される場合は、2人以上の運転要員を確保しなければならない。

D．移送の経路その他必要な事項を記載した書面を、あらかじめ、関係消防機関に送付しなければならない。

☑ 1．A   2．B   3．A、C
4．B、D   5．B、C、D

【問4】法令上、移動タンク貯蔵所における取扱いの技術上の基準について、次のうち誤っているものを2つ選びなさい。[編]

☑ 1．移動貯蔵タンクから危険物を貯蔵し、または取り扱うタンクに第1石油類の危険物を注入するときは、注入ホースの先端部を手でしっかりおさえていなければならない。

2．ガソリン、ベンゼン等の引火性の危険物を移動貯蔵タンクにその上部から注入するときは、注入管を用いるとともに、注入管の先端を底部に着けること。

3．ガソリンが入っていた移動貯蔵タンクに灯油を詰め替える場合、またはその逆の場合など、当該タンク内の可燃性蒸気を完全に除去してから行う。

4．一般に、作業者は合成繊維より木綿などの作業着を着用する。

5．ガソリン、ベンゼン等の引火性の危険物を移動貯蔵タンクから他へ移すとき、時間短縮のため流速を大きくして行う。

【問5】法令上、移動タンク貯蔵所における取扱いの技術上の基準について、次の文の（ ）内に当てはまるものはどれか。[★]

「移動貯蔵タンクから液体の危険物を容器に詰め替えないこと。ただし、安全な注油に支障がない範囲の注油速度で、規則で定めるノズルにより、政令に規定する運搬容器に引火点が（ ）以上の第4類の危険物を詰め替えるときは、この限りでない。」

☑ 1．20℃   2．21℃   3．40℃
4．70℃   5．100℃

【問6】法令上、移動貯蔵タンクから容器への危険物の詰め替えは原則として認められないが、注入ホースの先端部に手動開閉装置を備えたノズルならば詰め替えが行える危険物は、次のうちどれか。

☑ 1．ガソリン　　　2．過酸化水素　　　3．重油
　　4．硝酸　　　　　5．硝酸メチル

【問7】法令上、移動貯蔵タンクから第4類の危険物を容器へ詰め替えることができる場合の要件として、次のうち誤っているものはどれか。

☑ 1．移動貯蔵タンクの容量は、4,000L以下のものに限られる。
　　2．詰め替える容器は、技術上の基準で定める運搬容器でなければならない。
　　3．詰め替える危険物は、引火点が40℃以上のものに限られる。
　　4．容器への詰め替えは、注入ホースの先端部に手動開閉装置を備えた注入ノズル（手動開閉装置を開放の状態で固定する装置を備えたものを除く。）により行わなければならない。
　　5．安全な注油に支障がない範囲の注油速度で行わなければならない。

【問8】法令上、移動タンク貯蔵所により、特定の危険物を移送する場合、移送の経路その他必要な事項を記載した書面を関係消防機関に送付しなければならないが、次のうちその必要があるものはどれか。

☑ 1．二硫化炭素　　　　　　2．アセトアルデヒド
　　3．アルキルアルミニウム　4．酸化プロピレン
　　5．黄りん

【問9】危険物の取り扱いの技術上の基準に係る次の記述について、（　）に当てはまる法令に定められているものはどれか。

　　「ガソリンを貯蔵していた移動貯蔵タンクに灯油若しくは軽油を移動貯蔵タンクの上部から注入するときは、注入管を用いるとともに当該注入管の先端を移動貯蔵タンクの底部に着け、その注入速度を、当該危険物の液表面が注入管の先端を超える高さとなるまで（　）とすること。また、総務省令で定めるところにより、静電気等による災害を防止するための措置を講ずること。」

☑ 1．1.0m/s 以下　　2．1.5m/s 以下　　3．2.0m/s 以下
　　4．2.5m/s 以下　　5．3.0m/s 以下

▍正解＆解説……………………………………………………………

問1…正解4（B、C、D、E）

移動タンク貯蔵所に備え付ける書類は、完成検査済証、定期点検記録、譲渡・引渡の届出書、品名・数量または指定数量の倍数の変更の届出書の4つである。

問2…正解5

5．移送中は免状を携帯しなければならない。写しは不可。

問3…正解1

A．丙種危険物取扱者は、ガソリンなどを取り扱うことができる。このため、ガソリンの移送に同乗させることができる。

B．移送中は免状を携帯しなければならない。写しは不可。

C．「運転時間が8時間を超える」⇒「運転時間が9時間を超える」。

D．経路等の書面をあらかじめ関係消防機関に送付しなければならないのは、アルキルアルミニウム等を移送する場合に限られる。ガソリンの移送では不要である。

問4…正解1＆5

1．移動貯蔵タンクから危険物を貯蔵し、または取り扱うタンクに危険物を注入するときは、注入ホースを注入口に緊結すること。

4．木綿は合成繊維より静電気が発生しにくい。

5．流速を大きくすると、静電気が発生しやすくなり危険である。

問5…正解3

問6…正解3

移動タンク貯蔵所から直接容器に詰め替えることができるのは、引火点が40℃以上の第4類の危険物である。重油は第3石油類。

1．ガソリンの引火点は－40℃以下のため、容器に直接詰め替えることはできない。

2＆4．過酸化水素H_2O_2及び硝酸HNO_3は、第6類の酸化性液体である。

5．硝酸メチルCH_3NO_3は、第5類の自己反応性物質である。

問7…正解1

1．容器に詰め替えることができる移動貯蔵タンクについて、容量の制限はない。ただし、移動貯蔵タンク自体の容量は30,000L以下に制限されている。

問8…正解3

3．アルキルアルミニウムはアルキル基（C_2H_5など）とアルミニウムの化合物で、第3類の自然発火性物質及び禁水性物質である。

問9…正解1

36 貯蔵・取扱いの基準

■全てに共通する基準

◎製造所等において、許可もしくは届出に係る品名以外の危険物を貯蔵し、または取り扱わないこと。

◎製造所等において、許可もしくは届出に係る**数量（指定数量）を超える**危険物を貯蔵し、または取り扱わないこと。

◎製造所等においては、**みだりに火気を使用**しないこと。

  ※「**みだりに**」とは、「正当な理由もなく」という意味。

◎製造所等には、**係員以外の者をみだりに出入り**させないこと。

◎製造所等においては、**常に整理及び清掃**を行うとともに、みだりに空箱その他の不必要な物件を置かないこと。

◎**貯留設備**または油分離装置にたまった危険物は、あふれないように**随時くみ上げる**こと。

◎危険物のくず、**かす等**は、**1日1回以上**危険物の性質に応じて安全な場所で**廃棄**その他適当な処置をすること。

◎危険物を貯蔵し、または取扱う建築物その他の工作物または設備は、危険物の性質に応じ、**遮光**または**換気**を行うこと。

◎危険物は、温度計、湿度計、圧力計その他の**計器を監視**して、当該危険物の性質に応じた**適正な温度、湿度または圧力を保つ**ように貯蔵し、または取り扱うこと。

◎危険物を貯蔵し、または取り扱う場合においては、危険物が**漏れ**、**あふれ**、または**飛散しないように必要な措置**を講じること。

◎危険物を貯蔵し、または取り扱う場合においては、危険物の変質、異物の混入等により、危険物の危険性が増大しないように必要な措置を講じること。

◎危険物が**残存**し、または**残存しているおそれ**がある設備、機械器具、容器等を修理する場合は、安全な場所において、**危険物を完全に除去した後**に行うこと。

◎危険物を容器に収納して貯蔵し、または取り扱うときは、その**容器**は、当該危険物の**性質に適応**し、かつ、破損、腐食、さけめ等がないものであること。

◎危険物を収納した容器を貯蔵し、または取り扱う場合は、みだりに転倒させ、落下させ、衝撃を加え、または引きずる等、粗暴な行為をしないこと。

◎可燃性の液体、蒸気もしくはガスが漏れ、もしくは滞留するおそれのある場所では、電線と電気器具とを完全に接続し、かつ、**火花を発する機械器具**、工具、履物等を**使用しない**こと。

◎危険物を保護液中に保存する場合は、危険物が**保護液から露出**しないようにすること。

■類ごとの共通基準

◎第1類の危険物は、**過熱、衝撃もしくは摩擦**を避けること。また、**アルカリ金属の過酸化物及びこれを含有するもの**にあっては、**水との接触**を避けること。

◎第2類の危険物は、過熱を避けること。また、鉄粉、金属粉及びマグネシウム並びにこれらのいずれかを含有するものにあっては水または**酸との接触**を避けること。

◎第3類の危険物の**自然発火性物質**（第3類の危険物のうちアルキルアルミニウム、アルキルリチウム及び黄りんなど）にあっては**過熱**または**空気との接触**を避けること。また、**禁水性物品**にあっては**水との接触**を避けること。

◎第4類の危険物は、過熱を避けるとともに、みだりに蒸気を発生させないこと。

◎第5類の危険物は、**過熱、衝撃**または**摩擦**を避けること。

◎第6類の危険物は、可燃物との接触もしくは混合、または過熱を避けること。

■貯蔵の基準

◎貯蔵所においては、**危険物以外の物品**を貯蔵しないこと。ただし、屋内貯蔵所または屋外貯蔵所において次に掲げる危険物と危険物以外の物品とを貯蔵する場合で、それぞれを取りまとめて貯蔵し、かつ、相互に**1m以上の間隔**を置く場合は、この限りでない。

> 例… ▪ 第4類の危険物と合成樹脂類等
> ▪ 危険物と危険物に該当しない不燃性の物品　他は省略

◎法別表第1に掲げる類を異にする危険物は、原則として**同一の貯蔵所**（耐火構造の隔壁で完全に区分された室が2以上ある貯蔵所においては、同一の室）において**貯蔵しない**こと。ただし、屋内貯蔵所または屋外貯蔵所において次に掲げる危険物を貯蔵する場合で、危険物の類ごとに取りまとめて貯蔵し、かつ、相互に**1m以上の間隔**を置く場合、この限りでない。

> 例… ▪ 第1類の危険物（アルカリ金属の過酸化物とその含有品を除く）と第5類の危険物
> ▪ 第1類の危険物と第6類の危険物
> ▪ 第2類の危険物のうち引火性固体と第4類の危険物　他は省略

◎第3類の危険物のうち**黄りん**その他水中に貯蔵する物品と**禁水性物品**とは、同一の貯蔵所において貯蔵しないこと。

◎屋内貯蔵所及び屋外貯蔵所において、危険物は、原則として**容器に収納して貯蔵する**こと。ただし、**塊状の硫黄**については、この限りでない。

◎屋内貯蔵所において、同一品名の**自然発火**するおそれのある危険物、または災害が著しく増大するおそれのある危険物を多量に貯蔵するときは、指定数量の**10倍以下**ごとに区分し、かつ、**0.3m以上**の間隔を置いて貯蔵すること。ただし、規則で定める危険物（塩素酸塩類等）については、この限りでない。

◎屋内貯蔵所及び屋外貯蔵所で危険物を貯蔵する場合において、**高さ3m**（第4類の危険物のうち**第3石油類、第4石油類及び動植物油類**を収納する容器のみを積み重ねる場合にあっては**4m**、機械により荷役する構造を有する容器のみを積み重ねる場合にあっては**6m**）を超えて**容器を積み重ねない**こと。

◎屋外貯蔵所において危険物を収納した容器を**架台で貯蔵**する場合には、**高さ6m**を超えて容器を貯蔵しないこと。

◎屋内貯蔵所においては、容器に収納して貯蔵する危険物の温度が**55℃を超えない**ように必要な措置を講ずること。

◎屋外貯蔵タンク、屋内貯蔵タンク、地下貯蔵タンクまたは簡易貯蔵タンクの**計量口**は、計量するとき以外は**閉鎖**しておくこと。

◎屋外貯蔵タンク、屋内貯蔵タンクまたは地下貯蔵タンクの**元弁**（液体の危険物を移送するための配管に設けられた弁のうちタンクの直近にあるものをいう）及び注入口の弁またはふたは、危険物を入れ、または出すとき以外は、**閉鎖**しておくこと。

◎屋外貯蔵タンクの周囲に**防油堤**がある場合は、その**水抜口**を通常は閉鎖しておくとともに、当該防油堤の内部に滞油し、または滞水した場合は、遅滞なくこれを排出すること。

◎**移動貯蔵タンク**には、当該タンクが貯蔵し、または取り扱う危険物の**類**、**品名**及び**最大数量**を表示すること。

◎移動貯蔵タンク及びその安全装置並びにその他の附属の配管は、さけめ、結合不良、極端な変形、注入ホースの切損等による漏れが起こらないようにするとともに、当該タンクの**底弁**は、使用時以外は完全に**閉鎖**しておくこと。

◎被けん引自動車に固定された移動貯蔵タンクに危険物を貯蔵するときは、原則として当該被けん引自動車にけん引自動車を結合しておくこと。

◎**アルキルアルミニウム**、アルキルリチウム等を貯蔵し、または取り扱う**移動タンク貯蔵所**には、緊急時における連絡先、その他応急措置に関し必要な事項を記載した書類並びに防護服、ゴム手袋、弁等の締付け工具及び携帯用拡声器を備え付けておくこと。

■アルキルアルミニウム等の貯蔵・取扱い

※アルキルアルミニウム若しくはアルキルリチウム又はこれらのいずれかを含有するものを以下「**アルキルアルミニウム等**」という。

◎屋外貯蔵タンク、屋内貯蔵タンク又は移動貯蔵タンクに、新たにアルキルアルミニウム等を注入するときは、あらかじめ**当該タンク内の空気を不活性の気体と置換し**ておくこと。

◎屋外貯蔵タンク又は屋内貯蔵タンクのうち、圧力タンクにあってはアルキルアルミニウム等の取出しにより当該タンク内の圧力が常用圧力以下に低下しないように、圧力タンク以外のタンクにあってはアルキルアルミニウム等の取出し又は温度の低下による空気の混入の防止ができるように不活性の気体を封入すること。

◎移動貯蔵タンクにアルキルアルミニウム等を貯蔵する場合は、20kPa以下の圧力で不活性の気体を封入しておくこと。

◎製造所又は一般取扱所のアルキルアルミニウム等を取り扱う設備には、不活性の気体を封入しなければならない。

◎移動タンク貯蔵所において、移動貯蔵タンクからアルキルアルミニウム等を取り出すときは、同時に0.2MPa以下の圧力で不活性の気体を封入しなければならない。

■アセトアルデヒド等の貯蔵・取扱い

※アセトアルデヒド若しくは酸化プロピレン又はこれらのいずれかを含有するものを以下「**アセトアルデヒド等**」という。

※ジエチルエーテル及びこれを含有するものを以下「**ジエチルエーテル等**」という。

◎屋外貯蔵タンク、屋内貯蔵タンク、地下貯蔵タンク又は移動貯蔵タンクに新たにアセトアルデヒド等を注入するときは、あらかじめ**当該タンク内の空気を不活性の気体と置換し**ておくこと。

◎屋外貯蔵タンク、屋内貯蔵タンク又は地下貯蔵タンクのうち、圧力タンクにあってはアセトアルデヒド等の取出しにより当該タンク内の圧力が常用圧力以下に低下しないように、圧力タンク以外のタンクにあってはアセトアルデヒド等の取出し又は温度の低下による空気の混入の防止ができるように不活性の気体を封入すること。

◎移動貯蔵タンクにアセトアルデヒド等を貯蔵する場合は、**常時不活性の気体を封入し**ておくこと。

◎屋外貯蔵タンク、屋内貯蔵タンク又は地下貯蔵タンクのうち、圧力タンク以外のものに貯蔵するアセトアルデヒド等又はジエチルエーテル等の温度は、アセトアルデヒド又はこれを含有するものにあっては15℃以下に、酸化プロピレン若しくはこれを含有するもの又はジエチルエーテル等にあっては30℃以下に、それぞれ保つこと。

◎屋外貯蔵タンク、屋内貯蔵タンク又は地下貯蔵タンクのうち、圧力タンクに貯蔵するアセトアルデヒド等又はジエチルエーテル等の温度は、40℃以下に保つこと。

◎保冷装置を有する移動貯蔵タンクに貯蔵するアセトアルデヒド等又はジエチルエーテル等の温度は、当該危険物の**沸点以下**の温度に保つこと。

◎保冷装置のない移動貯蔵タンクに貯蔵するアセトアルデヒド等又はジエチルエーテル等の温度は、**40℃以下**に保つこと。

◎製造所等又は一般取扱所のアセトアルデヒド等を取り扱う設備には、燃焼性混合気体の生成による爆発の危険が生じた場合に、不活性の気体又は水蒸気（アセトアルデヒド等を取り扱うタンク（屋外にあるタンク又は屋内にあるタンクであって、その容量が指定数量の5分の1未満のものを除く。）にあっては、不活性の気体）を封入しなければならない。

◎移動タンク貯蔵所において、移動貯蔵タンクからアセトアルデヒド等を取り出すときは、同時に**0.1MPa以下**の圧力で不活性の気体を封入しなければならない。

▶▶▶ 過去問題 ◀◀◀

【問1】法令上、製造所等における危険物の貯蔵及び取扱いの技術上の基準として、次のうち誤っているものはどれか。

☐　1．屋内貯蔵所においては、容器に収納して貯蔵する危険物の温度が55℃を超えないように必要な措置を講じなければならない。

2．自動車等に給油するときは、自動車等の原動機を停止させなければならない。

3．自動車の一部又は全部が給油空地からはみ出たままで給油してはならない。

4．危険物のくず、かす等は、1日に1回以上、当該危険物の性質に応じて安全な場所で廃棄その他適当な処置をしなければならない。

5．危険物を保護液中に保存する場合は、当該危険物の一部を保護液から露出させる等危険物の確認に必要な措置を講じなければならない。

【問2】法令上、製造所等における危険物の貯蔵及び取扱いの技術上の基準について、次のうち正しいものはどれか。

☐　1．製造所等においては、常に整理及び清掃を行うとともに不燃性物質以外のものを置かない。

2．貯留設備または油分離装置にたまった危険物は、あふれないよう随時乳化剤で処理し、下水道等に排水処理する。

3．製造所等においては、火気を使用してはならない。

4．危険物を貯蔵し、または取り扱う場合、当該危険物が床等に漏れ、あふれる場所にあっては、洗浄設備を設ける。

5．危険物を貯蔵し、または取り扱う建築物その他の工作物または設備は、当該危険物の性質に応じ、遮光または換気を行う。

【問3】 法令上、危険物の貯蔵及び取扱いの技術上の基準について、次のうち誤っているものはどれか。[★]

☑ 1. 屋外貯蔵タンクの周囲に防油堤がある場合は、その水抜穴を通常は閉鎖しておく。

2. 屋内貯蔵タンクの元弁は、危険物を入れ、または出すとき以外は、閉鎖しておく。

3. 地下貯蔵タンクの計量口は、計量するとき以外は閉鎖しておく。

4. 簡易貯蔵タンクの通気管は、危険物を入れ、または出すとき以外は、閉鎖しておく。

5. 移動貯蔵タンクの底弁は、使用時以外は完全に閉鎖しておく。

【問4】 法令上、危険物を収納した容器を貯蔵し、または運搬する場合の容器の積み重ねる高さについて、次のうち誤っているものはどれか。ただし、機械により荷役する構造を有する容器のみを積み重ねる場合を除く。

☑ 1. 屋内貯蔵所において、危険物（第3石油類、第4石油類及び動植物油類を除く。）を収納した容器は、3mを超えて積み重ねないこと。

2. 屋内貯蔵所において、第3石油類、第4石油類及び動植物油類を収納する容器のみを積み重ねる場合は、4mを超えて積み重ねないこと。

3. 屋外貯蔵所において、第3石油類、第4石油類及び動植物油類を収納する容器のみを積み重ねる場合は、5mを超えて積み重ねないこと。

4. 屋外貯蔵所において、危険物を収納した容器を架台で貯蔵する場合は、6mを超えて容器を積み重ねないこと。

5. 危険物の運搬において、危険物を収納した運搬容器を積み重ねて積載する場合は、3m以下とすること。

【問5】 危険物の貯蔵及び取扱いについて、危険物の類ごとに共通する技術上の基準が法令で定められている。その基準において「水との接触を避けること」と定められているものは、次のA〜Eのうちいくつあるか。

A. 第1類のアルカリ金属の過酸化物

B. 第2類の鉄粉、金属粉およびマグネシウム

C. 第3類の黄りん

D. 第4類の危険物

E. 第5類の危険物

☑ 1. 1つ　　　 2. 2つ　　　 3. 3つ

4. 4つ　　　 5. 5つ

【問6】危険物の貯蔵の技術上の基準に係る次の文の（　）内のA及びBに当てはまる数値の組合せとして、正しいものはどれか。

「屋内貯蔵所において、同一品名の自然発火するおそれのある危険物又は災害が著しく増大するおそれのある危険物を多量に貯蔵するときは、指定数量の（A）倍以下ごとに区分し、かつ、（B）m以上の間隔を置いて貯蔵すること。」

	（A）	（B）
1．	10	0.3
2．	15	0.4
3．	10	0.2
4．	5	0.1
5．	20	0.5

【問7】法令上、屋内貯蔵所において、類を異にする危険物を類ごとにとりまとめて、相互に1m以上の間隔を置けば、同時に貯蔵することができる場合として、次のうち正しいものはどれか。[★]

1．第1類と第4類の危険物の貯蔵　　2．第1類と第6類の危険物の貯蔵
3．第2類と第5類の危険物の貯蔵　　4．第2類と第6類の危険物の貯蔵
5．第3類と第5類の危険物の貯蔵

【問8】法令上、同一の屋内貯蔵所（耐火構造の隔壁で完全に区分された室が2以上ある貯蔵所においては、同一の室）において、黄りんその他水中に貯蔵する物品と相互に1m以上の間隔を置いても貯蔵できないものは、次のうちどれか。

1．マグネシウム　　2．鉄粉　　3．硫黄
4．カリウム　　　　5．硫化りん

【問9】法令上、危険物の貯蔵の基準について、屋内貯蔵所に容器に収納しないで貯蔵することができる危険物は、次のうちどれか。[★]

1．重クロム酸カリウム　　2．硫化りん　　　　3．塊状の硫黄
4．ニトロ化合物　　　　　5．カルシウムの炭化物

【問10】法令上、危険物の貯蔵の技術上の基準について、（　）内にあてはまるものは、次のうちどれか。[★]

「屋内貯蔵所において、容器に収納して貯蔵する危険物の温度が（　）を超えないように必要な措置を講ずること。」

1．40℃　　2．45℃　　3．50℃
4．55℃　　5．60℃

【問11】 法令上、屋外貯蔵タンクに危険物を注入するとき、あらかじめタンク内の空気を不活性の気体と置換しておかなければならないものは、次のうちいくつあるか。[編]

A．アルキルアルミニウム　　B．アルキルリチウム　　C．二硫化炭素
D．メタノール　　　　　　　E．アセトアルデヒド　　F．ベンゼン
G．ジエチルエーテル　　　　H．シリンダー油　　　　I．アセトン
J．エチルメチルケトン　　　K．酸化プロピレン　　　L．トルエン
M．エタノール　　　　　　　N．ガソリン

☑　1．1つ　　　2．2つ　　　3．3つ
　　4．4つ　　　5．5つ

【問12】 法令上、アセトアルデヒドを積載する移動タンク貯蔵所における貯蔵及び取扱いの基準について、次のうち誤っているものはどれか。

☑　1．移動貯蔵タンクに新たにアセトアルデヒド等を注入するときは、あらかじめ当該タンク内の空気を不活性の気体と置換しておかなければならない。

2．保冷装置を有する移動貯蔵タンクに貯蔵するアセトアルデヒドは、常時40℃以下の温度に保たなければならない。

3．移動貯蔵タンクから危険物を貯蔵し又は取り扱うタンクにアセトアルデヒドを注入するときは、当該タンクの注入口に注入ホースを緊結しなければならない。

4．移動貯蔵タンクにアセトアルデヒドを貯蔵するとき、常時不活性な気体を封入しておかなければならない。

5．移動貯蔵タンクからアセトアルデヒドを取り出すときは、同時に0.1MPa以下の圧力で不活性な気体を封入しなければならない。

■ 正解＆解説……………………………………………………………………………………

問1…正解5

　　5．危険物を保護液中に保存する場合、危険物が保護液から露出しないようにする。一部であっても露出させてはならない。

問2…正解5

　　1．製造所等においては、常に整理及び清掃を行うとともに、みだりに空箱その他の不必要な物件を置かないこと。

　　2．貯留設備または油分離装置にたまった危険物はあふれないように随時くみ上げる。

　　3．製造所等においては、みだりに火気を使用してはならない。火気の使用を全面的に禁止しているわけではない。

　　4．危険物を貯蔵し、または取り扱う場合は、当該危険物が漏れ、あふれないように必要な措置を講じる。

問3…正解4

4．そもそも通気管は、タンク内と外気を「通気」させるためのもので、「閉鎖」できる構造にはなっていない。従って、法令ではあえて「開けておく」という規定はない。通気管は、常に外気と「通気」できる状態にしておく。

問4…正解3

1～3．屋内貯蔵所及び屋外貯蔵所で容器を積み重ねる場合の高さは次のとおり。

①高さ3m以下（②を除く）。

②第4類の危険物のうち第3石油類、第4石油類及び動植物油類を収納する容器のみの場合は、高さ4m以下。

③機械により荷役する構造を有する容器のみの場合は、高さ6m以下。

5．「37．運搬の基準　■積載方法」142P参照。

問5…正解2（A・B）

水との接触を避けるものは、第1類のアルカリ金属の過酸化物、第2類の鉄粉、金属粉およびマグネシウムである。第3類の黄りんは、自然発火性物質なので空気と触れないように水中（保護液）で貯蔵する。

問6…正解1

問7…正解2

この場合、類を異にする危険物を貯蔵できる組み合わせは、数パターンある。その中で、互いに類のすべての危険物どうしを貯蔵できる組み合わせは、第1類の酸化性固体と第6類の酸化性液体のみである。

問8…正解4

1～3＆5．第2類（可燃性固体）の危険物。

4．黄りんその他水中に貯蔵する物品とカリウムなどの禁水性物品とは、同一の貯蔵所において貯蔵しないこと。

問9…正解3

塊状の硫黄は、屋内貯蔵所及び屋外貯蔵所において、容器に収納しないでそのまま貯蔵することができる。硫黄Sは第2類の可燃性固体。

重クロム酸カリウム$K_2Cr_2O_7$は第1類の酸化性固体。硫化りん（P_4S_3など）は第2類の可燃性固体。ニトロ化合物（ピクリン酸$C_6H_2(NO_2)_3OH$など）は第5類の自己反応性物質。カルシウムの炭化物（CaC_2）は第3類の自然発火性物質及び禁水性物質。

問10…正解4

問11…正解4（A・B・E・K）

C．二硫化炭素をタンクに注入する場合は、温度変化による液体の膨張を考慮しタンク内に空間を残すようにして、十分な水を張り、注入管を当該水中に入れ静かに注入する。

問12…正解2

2．保冷装置を有する移動貯蔵タンクに貯蔵するアセトアルデヒドの温度は、当該危険物の沸点以下の温度に保つこと。アセトアルデヒドの沸点は約21℃である。

37 運搬の基準

■運搬の基準の適用

◎危険物の運搬とは、トラックなどの車両によって危険物を運ぶことをいう。この運搬に関する技術上の基準は、**指定数量未満の危険物にも適用**される。危険物の運搬は、**政令及び規則**で定められた運搬容器・積載方法・運搬方法に従って行う。

■運搬容器

◎運搬容器の**材質**は、鋼板、アルミニウム板、ブリキ板、ガラス、金属板、紙、プラスチック、ファイバー板、ゴム類、合成繊維、麻、木または陶磁器であること。

◎運搬容器の**構造**は、堅固で容易に破損するおそれがなく、かつ、その口から収納された危険物が漏れるおそれがないものでなければならない。

※運搬容器の**構造及び最大容積**は、容器の区分に応じ細かく定められている。

◎危険物は、危険性に応じて、危険等級Ⅰ、危険等級Ⅱ及び危険等級Ⅲに区分される。

〔危険等級の例〕

危険等級	類別	品　名　等
Ⅰ	第1類	第一種酸化性固体の性状を有するもの
	第3類	カリウム・ナトリウム・アルキルアルミニウム・アルキルリチウム・黄りん・第一種自然発火性物質及び禁水性物質の性状を有するもの
	第4類	**特殊引火物**
	第5類	第一種自己反応性物質の性状を有するもの
	第6類	**すべて**
Ⅱ	第1類	第二種酸化性固体の性状を有するもの
	第2類	硫化りん・赤りん・硫黄・第一種可燃性固体の性状を有するもの
	第3類	危険等級Ⅰに掲げる危険物以外のもの
	第4類	**第1石油類・アルコール類**
	第5類	危険等級Ⅰに掲げる危険物以外のもの
Ⅲ		第1類・第2類・第4類において、上記以外の危険物

■運搬容器への収納

◎危険物は、原則として**運搬容器に収納**して積載すること。ただし、**塊状の硫黄等**を運搬するため積載する場合、または危険物を一の製造所等から当該製造所等の存する敷地と同一の敷地内に存する他の製造所等へ運搬するため積載する場合は、この限りでない。

140

◎危険物は、温度変化等により危険物が漏れないように運搬容器を**密封して収納**すること。ただし、温度変化等により危険物からのガスの発生によって運搬容器内の圧力が上昇するおそれがある場合は、発生するガスが**毒性または引火性を有する**等の**危険性があるとき**を除き、ガス抜き口を設けた運搬容器に収納することができる。

◎危険物は、収納する危険物と**危険な反応を起こさない**等、当該危険物の性質に適応した**材質**の運搬容器に収納すること。

◎**固体**の危険物は、原則として運搬容器の内容積の**95%以下**の収納率で運搬容器に収納すること。

◎**液体**の危険物は、運搬容器の内容積の**98%以下**の収納率であって、かつ、**55℃**の温度において漏れないように十分な空間容積を有して運搬容器に収納すること。

◎一つの外装容器には、原則として**類を異にする危険物**を収納してはならない。

■運搬容器への表示

◎危険物は，原則として**運搬容器の外部**に、危険物の品名、数量等、次に掲げる事項を**表示して積載**すること。

①**危険物の品名**	②危険等級	③化学名
④第4類の危険物のうち水溶性のものは「水溶性」		
⑤**危険物の数量**	⑥収納する危険物に応じた**注意事項**	

◎収納する危険物に応じた**注意事項**は、次のとおりとする。

類別等		品名	注意事項
第1類		アルカリ金属の過酸化物、この含有品	「火気・衝撃注意」**「禁水」****「可燃物接触注意」**
		その他	「火気・衝撃注意」**「可燃物接触注意」**
第2類		鉄粉、金属粉、マグネシウム	「火気注意」「禁水」
		引火性固体	「火気厳禁」
		その他	「火気注意」
第3類	自然発火性物品	すべて	「空気接触厳禁」「火気厳禁」
	禁水性物品	すべて	「禁水」
第4類		すべて	**「火気厳禁」**
第5類		すべて	**「火気厳禁」「衝撃注意」**
第6類		すべて	**「可燃物接触注意」**

※第1類・アルカリ金属の過酸化物（過酸化カリウム、過酸化ナトリウム）は水と反応して酸素と熱を発生する。

■積載方法

◎危険物は、当該危険物が転落し、または危険物を収納した運搬容器が落下し、転倒し、もしくは破損しないように積載すること。

◎運搬容器は、収納口を上方に向けて積載すること。

◎第1類の危険物、第3類の自然発火性物品、第4類の危険物のうち特殊引火物、第5類の危険物または第6類の危険物は、日光の直射を避けるため遮光性の被覆で覆わなければならない。

◎第1類の危険物のうちアルカリ金属の過酸化物、もしくはこれを含有するもの、第2類の危険物のうち鉄粉、金属粉もしくはマグネシウムもしくはこれらのいずれかを含有するもの、または禁水性物品は、雨水の浸透を防ぐため防水性の被覆で覆わなければならない。

◎第5類の危険物のうち55℃以下の温度で分解するおそれのあるものは、保冷コンテナに収納する等、適正な温度管理をしなければならない。

◎危険物と高圧ガスとは、混載してはならない。ただし、内容量が120L未満の容器に充填された高圧ガスについては、この限りでない。

◎危険物は、同一車両において災害を発生させるおそれのある物品と混載しないこと。

◎自然発火性物品にあっては、不活性の気体を封入して密封する等、空気と接しないようにすること。

◎運搬車両において、危険物を収納した運搬容器を積み重ねる場合は、高さ3m以下で積載すること。

◎同一車両において類を異にする危険物を運搬するとき、混載してはならない危険物は次のとおりとする（○混載可、×混載不可）。

〔混載を禁止されている危険物〕（規則 別表第4）

	第1類	第2類	第3類	第4類	第5類	第6類
第1類		×	×	×	×	○
第2類	×		×	○	○	×
第3類	×	×		○	×	×
第4類	×	○	○		○	×
第5類	×	○	×	○		×
第6類	○	×	×	×	×	

◎上の表の混載不可は、指定数量の1/10以下の危険物については、適用しない。

■運搬方法

◎危険物または危険物を収納した運搬容器が**著しく摩擦**または**動揺**を起さないように運搬すること。

◎指定数量以上の危険物を車両で運搬する場合には、車両の前後の見やすい箇所に**標識を掲げる**こと。この標識は、0.3m平方の黒色の板に黄色の反射塗料その他反射性を有する材料で「**危**」と表示したものとする。

◎指定数量以上の危険物を車両で運搬する場合において、積替え、休憩、故障等のため車両を**一時停止**させるときは、安全な場所を選び、かつ、運搬する危険物の保安に注意すること。

◎指定数量以上の危険物を車両で運搬する場合には、**危険物に適応する消火設備を備える**こと。

◎危険物の運搬中、危険物が著しく漏れる等**災害が発生する**おそれのある場合は、災害を防止するため応急の措置を講ずるとともに、もよりの消防機関その他の関係機関に**通報**すること。

◎品名または指定数量を異にする2以上の危険物を運搬する場合において、当該運搬に係るそれぞれの危険物の数量を当該危険物の指定数量で除し、その商の和が1以上となるときは、指定数量以上の危険物を運搬しているものとみなす。

※ 指定数量以上の危険物を車両で**運搬する場合**であっても、**危険物取扱者の同乗は必要としない。**また、運搬時は**指定数量未満でも消防法が適用**される。

※「移送」と「運搬」を混同しないこと。「移送」とは、**タンクローリー（移動タンク貯蔵所）**で危険物を運ぶことで、**危険物取扱者の同乗が必要**となる。「運搬」とは、ドラム缶や一斗缶等に詰められた危険物をトラック等に積んで運ぶことで、危険物取扱者の同乗は不要。

▶▶▶ 過去問題 ◀◀◀

【問1】 法令上、危険物を車両で運搬する場合の基準について、次のA～Eのうち正しいものはいくつあるか。

A．指定数量以上を運搬する場合、その危険物に適応する消火設備を備えること。

B．指定数量の10分の1を超える第1石油類と第4石油類とは、混載してはならない。

C．運搬容器は収納口を上方に向けて積載すること。

D．運搬容器の外部には、原則として危険物の品名、数量等を表示すること。

E．指定数量以上を車両で運搬する場合、「危」の標識を掲げること。

☐　1．1つ　　　2．2つ　　　3．3つ
　　4．4つ　　　5．5つ

【問2】 法令上、危険物を容器で運搬する場合の積載方法として、次のうち誤っているものを3つ選びなさい。[編]

☑ 1. 災害を発生させるおそれのある物品とは混載しない。

2. 定められた運搬容器に収納して積載する。ただし、塊状硫黄等の積載及び同一敷地内での運搬を除く。

3. 運搬容器の収納口を上方に向けて積載する。

4. 密栓した運搬容器は収納口を横方向に向けて積載する。

5. 運搬容器の外部には、定められた表示をする。

6. すべての内装容器へ定められた表示を行う場合は、外装容器への表示は品名のみとする。

7. 当該危険物が転落し、又は危険物を収納した運搬容器が落下し、転倒し、若しくは破損しないように積載する。

8. 運搬容器の外部には、黒地の板に黄色の反射塗料で「危」と記した標識を表示しなければならない。

9. 運搬容器を積み重ねる高さは、3m以下にする。

【問3】 法令上、危険物を運搬容器へ収納する場合の方法として、次のうち誤っているものを2つ選びなさい。[編]

☑ 1. 液体の危険物は、運搬容器の内容積の98％以下の収納率であって、かつ、55℃の温度において漏れないように十分な空間容積を有して運搬容器に収納しなければならない。

2. 危険物は、収納する危険物と危険な反応を起こさない等、当該危険物の性質に適応した材質の運搬容器に収納しなければならない。

3. 原則として、固体の危険物は、運搬容器の内容積の95％以下の収納率で運搬容器に収納しなければならない。

4. 危険物は、毒性又は引火性ガスの発生によって運搬容器内の圧力が上昇するおそれがある場合は、ガス抜き口を設けた運搬容器に収納しなければならない。

5. 原則として、同一の外装容器には、類を異にする危険物を収納してはならない。

6. 危険物は、温度変化等により危険物が漏れないようにすべて運搬容器を密封して収納しなければならない。

7. 自然発火性物品は、不活性の気体を封入して密封する等、空気と接しないようにしなければならない。

【問4】 法令上、危険物の運搬について次のうち誤っているものはどれか。

☑ 1．危険物を車両で運搬する場合、積載方法、運搬方法、運搬容器の技術上の基準に適合するように行わなければならない。

2．指定数量以上の危険物を車両で運搬する場合には、当該危険物に適応する消火設備を備え付けなければならない。

3．運搬容器の外部には、危険物の品名、数量等を表示しなければならない。

4．指定数量以上の危険物を車両で運搬する場合には、危険物取扱者が乗車しなければならない。

5．指定数量以上の危険物を車両で運搬する場合には、当該車両に「危」の標識を掲げなければならない。

【問5】 危険物の運搬について、次のうち正しいものはどれか。

☑ 1．指定数量以上の危険物を車両で運搬する場合は、危険物取扱者が乗車しなければならない。

2．運搬容器は、すべて収納口を上方に向けて積載しなければならない。

3．高圧ガスとは、いかなる場合も混載できない。

4．類を異にする危険物を混載して運搬することは一切禁じられている。

5．指定数量を超える危険物を車両で運搬する場合には、所轄消防長又は消防署長に届け出なければならない。

【問6】 法令上、危険物の運搬に関する技術上の基準について、次のうち誤っているものはどれか。[★]

☑ 1．危険物は、政令及び規則で定める運搬容器に収納して積載する。

2．第1類の危険物、自然発火性物質、第4類の危険物のうち特殊引火物、第5類の危険物または第6類の危険物は、日光の直射を避けるため遮光性の被覆で覆わなければならない。

3．第1類の危険物のうちアルカリ金属の過酸化物、第2類の危険物のうち鉄粉、金属粉もしくはマグネシウムまたは禁水性物品は、雨水の浸透を防ぐため防水性の被覆で覆わなければならない。

4．第5類の危険物のうち55℃以下の温度で分解するおそれのあるものは、保冷コンテナに収納する等、適正な温度管理をしなければならない。

5．危険物との混載を禁止されている物品には、高圧ガスは含まれない。

【問7】法令上、指定数量以上の危険物を車両で運搬する場合の技術上の基準として、次のA〜Dのうち、正しいもののみをすべて掲げているものはどれか。

A．高速自動車国道を通行してはならない。

B．運搬する危険物に適応する消火設備を備えなければならない。

C．第2類の危険物と第4類の危険物を混載して、運搬してはならない。

D．0.3メートル平方の地が黒色の板に黄色の反射塗料その他反射性を有する材料で「危」と表示した標識を、車両の前後の見やすい箇所に掲げなければならない。

☑ 1．A、C　　　　　2．B、D　　　　　3．A、B、C
　 4．B、C、D　　　5．A、B、C、D

【問8】次の文の（　）内のA及びBに当てはまる語句の組み合わせとして、正しいものはどれか。

　「液体の危険物を運搬容器に収納し、車両に積載して運搬する場合、容器内部の温度上昇に伴う圧力を緩和するため、法に基づく技術上の基準においては、運搬容器の内容積の（A）以下の収納率であって、かつ、（B）の温度において漏れないように十分な空間容積を有して収納することと定められている。」

　　　　（A）　　　（B）
☑ 1．95％　　　65℃
　 2．98％　　　60℃
　 3．95％　　　55℃
　 4．98％　　　55℃
　 5．95％　　　60℃

【問9】法令上、危険物を運搬する場合、日光の直射を避けるため遮光性の被覆で覆わなければならないものは、次のうちどれか。[★]

☑ 1．ジエチルエーテル　　2．アセトン　　　　3．ベンゼン
　 4．ガソリン　　　　　　5．エタノール

【問10】液体の危険物が入った未開封容器の表示が汚れてしまい、「危険等級Ⅲ」「水溶性」「火気厳禁」という表示だけが読み取れた。この危険物の類は、次のうちどれか。[★]

☑ 1．第2類　　2．第3類　　3．第4類　　4．第5類　　5．第6類

【問11】法令上、危険物を収納する運搬容器の外部に表示しなければならない事項に危険等級があり、次に示す危険物の品名と危険等級の組み合わせとして正しいものは次のうちどれか。

	危険物	危険等級
1.	ガソリン	I
2.	赤りん	II
3.	黄りん	II
4.	ニトロセルロース	III
5.	硝酸	III

【問12】法令上、危険物を収納する運搬容器の外部に表示しなければならない事項として、次のうち誤っているものはどれか。ただし、容器の容積は 18L のものとする。

1. 危険物の品名、危険等級及び化学名
2. 第4類の危険物で水溶性の性状を有するものにあっては「水溶性」
3. 危険物の数量
4. 運搬容器の構造及び最大容積
5. 収納する危険物に応じた注意事項

【問13】法令上、危険物を運搬する容器の外部に行う表示について、次のうち正しいものはどれか。

1. 第1類の危険物にあっては、「火気厳禁」
2. 第2類の危険物にあっては、「可燃物接触注意」
3. 第3類の危険物にあっては、「衝撃注意」
4. 第4類の危険物にあっては、「火気注意」
5. 第6類の危険物にあっては、「可燃物接触注意」

【問14】法令上、同一車両において異なった類の危険物を積載し、運搬する場合において、混載が禁止されているものの組み合わせは、次のうちどれか。ただし、それぞれの危険物は指定数量の 10 分の 1 を超えているものとする。[★]

1. 第2類の危険物と第3類の危険物
2. 第3類の危険物と第4類の危険物
3. 第1類の危険物と第6類の危険物
4. 第2類の危険物と第5類の危険物
5. 第4類の危険物と第5類の危険物

【問15】 法令上、指定数量未満の危険物について、次のうち正しいものはどれか。

☑ 1. 貯蔵及び取扱いの技術上の基準は、政令で定められている。

　 2. 貯蔵し、又は取り扱う場所の消防用設備等の技術上の基準は、政令で定められている。

　 3. 運搬するための容器の技術上の基準は、政令で定められている。

　 4. 車両で運搬する場合は、当該車両に標識を掲げるよう政令で定められている。

　 5. 車両で運搬する場合は、消火設備を設置するよう政令で定められている。

【問16】 危険物の運搬基準を定める規則別表第4について、それぞれ指定数量の10分の1を超える危険物を同一車両において運搬する場合、混載できる危険物の組み合わせとして、次のうち正しいものはどれか。

☑ 1. 塩素酸塩類と赤リン　　　 2. 硫化リンと特殊引火物

　 3. 硫化リンとナトリウム　　 4. アルコール類と過塩素酸

　 5. 硝酸エステル類と硝酸

【問17】 法令上、指定数量の10分の1を超える危険物を運搬する場合、混載することができない組み合わせは次のうちどれか。

☑	1.	硝酸エステル類	ギヤー油
	2.	重油	硫黄
	3.	ナトリウム	軽油
	4.	灯油	塩素酸塩類
	5.	ニトロ化合物	赤リン

▎正解＆解説‥‥‥‥‥‥‥‥‥‥‥‥‥‥‥‥‥‥‥‥‥‥‥‥‥‥‥‥‥‥‥‥‥‥‥‥

問1…正解4（A・C・D・E）

　　B. 第1石油類と第4石油類は共に第4類の危険物のため混載できる。

問2…正解4＆6＆8

　　4. 運搬容器の収納口は、上方に向けて積載する。

　　6. 品名、数量等は運搬容器の外部に表示すること。

　　8. 「危」と記した標識は、指定数量以上の危険物を車両で運搬する場合に、車両の前後に掲げる。

問3…正解4＆6

　　4＆6. 運搬容器については、次のようにまとめることができる。

　　　①運搬容器は、原則として密封すること。

　　　②ただし、温度変化等により、容器内の圧力が上昇するおそれがある場合で、発生するガスが毒性または引火性を有する等の危険性がないときに限り、ガス抜き口を設けた運搬容器に収納することができる。

③発生するガスが毒性または引火性を有する等の危険性があるときは、ガス抜き口を設けた運搬容器に収納してはならない。

問4…正解4

4．運搬する危険物の指定数量に関係なく、運搬するだけであれば危険物取扱者の乗車は必要ない。しかし、指定数量以上の危険物を運搬車両に積み卸しする際は、危険物取扱者が自ら行うか、危険物取扱者の立会いが必要となる。

問5…正解2

1．指定数量以上の危険物を車両で運搬する場合でも、危険物取扱者の乗車は不要。

3．危険物と高圧ガスとは、混載してはならないが、内容量が120L未満の容器に充てんされた高圧ガスについては、この限りでない。

4．類を異にしている危険物の混載は、類の組み合わせによって可・不可がある。また、指定数量の1/10以下の危険物を運搬する場合は混載可である。

5．車両による危険物の運搬は、指定数量の倍数に関係なく市町村長等や所轄消防長又は消防署長に届け出る必要はない。

問6…正解5

5．危険物と高圧ガスは、原則として混載してはならない。

問7…正解2

A．高速道路を通行してはならないという規定はない。

C．第2類（可燃性固体）の危険物と第4類（引火性液体）の危険物は、混載が可能である。

問8…正解4

問9…正解1

第4類の特殊引火物は、運搬する場合、遮光性の被覆で覆わなければならない。

ジエチルエーテル…特殊引火物、アセトン…第1石油類（水溶性）、ガソリン及びベンゼン…第1石油類（非水溶性）、エタノール…アルコール類。

問10…正解3

液体であることから、第2類は除外できる。また、「危険等級Ⅲ」であることから、第3類・第5類・第6類も除外できる。第3類・第5類の危険物は、危険等級がⅠまたはⅡである。また、第6類の危険物はすべて危険等級がⅠである。

問11…正解2

1．第4類の危険物で第1石油類であるガソリンは、危険等級Ⅱに該当する。

3．第3類の危険物である黄りんは、危険等級Ⅰに該当する。

4．第5類の危険物であるニトロセルロースは窒素含有量で性質が変化し、危険等級は第1種自己反応性物質の場合はⅠ、第2種自己反応性物質の場合はⅡに該当する。

5．第6類の危険物である硝酸は、危険等級Ⅰに該当する。

問12…正解4

問13…正解5

 1．第1類……「火気・衝撃注意」「可燃物接触注意」「禁水」など。品名で異なる。

 2．第2類……「火気注意」「火気厳禁」「禁水」など。品名で異なる。

 3．第3類……「空気接触厳禁」「火気厳禁」「禁水」など。性質で異なる。

 4．第4類……「火気厳禁」。

問14…正解1

 第1類・第6類は、互いの類以外の危険物と混載してはならない。また、第4類は第1類・第6類を除く危険物との混載が可能である。第3類は、第4類とのみ混載が可能である。以上を覚えておくと、答えを絞り込むことができる。

問15…正解3

 1＆2．「指定数量未満の危険物の貯蔵及び取扱いの技術上の基準」、「指定数量未満の危険物を貯蔵し、又は取り扱う場所の消防用設備等の技術上の基準」は市町村条例により定められている。

 3．政令により「運搬容器」について定められており、指定数量の倍数に関係なく遵守しなければならない。

 4＆5．指定数量未満の危険物の場合どちらも必要としない。指定数量以上の危険物を車両で運搬する場合、「危」と表示した標識を、当該車両の前後の見やすい箇所に掲げ、当該危険物に適応する消火設備を備え付けなければならない。ともに「運搬方法」として政令で定められている。

問16…正解2

 1．塩素酸塩類（第1類）と赤リン（第2類）……………………………×

 2．硫化リン（第2類）と特殊引火物（第4類）…………………………○

 3．硫化リン（第2類）とナトリウム（第3類）…………………………×

 4．アルコール類（第4類）と過塩素酸（第6類）………………………×

 5．硝酸エステル類（第5類）と硝酸（第6類）…………………………×

問17…正解4

 1．硝酸エステル類（第5類）とギヤー油（第4類）……………………○

 2．重油（第4類）と硫黄（第2類）………………………………………○

 3．ナトリウム（第3類）と軽油（第4類）………………………………○

 4．灯油（第4類）と塩素酸塩類（第1類）………………………………×

 5．ニトロ化合物（第5類）と赤リン（第2類）…………………………○

38 製造・詰替・消費及び廃棄の基準

■取扱いの技術上の基準

取 扱	技術上の基準
製 造	[1] 蒸留工程においては、圧力変動等により**液体・蒸気・ガスが漏れない**ようにすること。 [2] 抽出工程においては、抽出罐（かん）の**内圧が異常に上昇しない**ようにすること。 [3] 乾燥工程においては、危険物の温度が**局部的に上昇しない方法**で加熱し、または乾燥すること。 [4] 粉砕工程においては、危険物の粉末が著しく浮遊し、または危険物の粉末が著しく機械器具等に付着している状態で当該機械器具等を取り扱わないこと。
詰 替	[1] 危険物を容器に詰め替える場合は、総務省令で定めるところにより収納すること。 [2] 危険物を詰め替える場合は、**防火上安全な場所**で行うこと。
消 費	[1] 吹付塗装作業は、**防火上有効な隔壁等で区画された安全な場所**で行うこと。 [2] 焼入れ作業は、危険物が**危険な温度に達しない**ようにして行うこと。 [3] 染色または洗浄の作業は、可燃性蒸気の換気をよくして行うとともに、廃液を**みだりに放置しないで安全に処置**すること。 [4] **バーナー**を使用する場合においては、バーナーの**逆火を防ぎ**、かつ、危険物があふれないようにすること。 ※逆火（ぎゃっか、さかび）とは、ガスの噴出速度よりも燃焼速度が速い、または燃焼速度は一定でも噴出速度が遅いなどで、炎がバーナーに戻る現象。
廃 棄	[1] 焼却する場合は、安全な場所で、かつ、燃焼または爆発によって他に危害または損害を及ぼすおそれのない方法で行うとともに、**見張人をつける**こと。 [2] 埋没する場合は、危険物の性質に応じ、安全な場所で行うこと。 [3] 危険物は、**海中または水中に流出**させたり、または**投下**しないこと。

【問1】法令上、危険物を取り扱う場合の詰替、消費及び廃棄の技術上の基準について、次のうち誤っているものを2つ選びなさい。［編］

☑ 1．危険物を詰め替える場合は、防火上安全な場所で行うこと。

2．染色または洗浄の作業は、可燃性蒸気が拡散しないよう換気をしないで行うこと。

3．染色または洗浄の作業は、可燃性の蒸気の換気をよくして行い、廃液をみだりに放置しないで安全に処理しなければならない。

4．焼入れ作業は、危険物が危険な温度に達しないようにして行うこと。

5．吹付塗装作業は、防火上有効な隔壁等で区画されていない場合は、安全な方法で行わなければならない。

6．バーナーを使用する場合においては、バーナーの逆火を防ぎ、かつ、危険物があふれないように行うこと。

7．埋没する場合は、危険物の性質に応じ、安全な場所で行わなければならない。

8．焼却する場合は、安全な場所で、かつ、燃焼又は爆発によって他に危害又は損害を及ぼすおそれのない方法で行うとともに、見張人をつけなければならない。

【問2】法令上、危険物の貯蔵および取扱いにおいて、次のうち誤っているものはどれか。

☑ 1．第3類の危険物のうち黄りんその他水中に貯蔵する物品と禁水性物品とは、同一の貯蔵所において貯蔵しないこと。

2．抽出工程においては、抽出罐（かん）の内圧が異常に上昇しないようになければならない。

3．焼入れ作業は、危険物が危険な温度に達する場合、消火器を準備して行わなければならない。

4．焼却する場合は、安全な場所で、かつ、燃焼又は爆発によって他に危害又は損害を及ぼすおそれのない方法で行うとともに、見張人をつけなければならない。

5．埋没する場合は、危険物の性質に応じ、安全な場所で行わなければならない。

■正解＆解説‥‥‥‥‥‥‥‥‥‥‥‥‥‥‥‥‥‥‥‥‥‥‥‥‥‥‥‥‥‥‥‥‥‥‥

問1…正解2＆5

2．染色または洗浄の作業は、可燃性蒸気の換気をよくして行うこと。

5．吹付塗装作業は、防火上有効な隔壁等で区画された安全な場所で行うこと。

問2…正解3

1．「36．貯蔵・取扱いの基準」131P参照。

3．焼入れ作業は、危険物が危険な温度に達しないようにして行うこと。

39 消火設備

■種　類
◎消火設備は、消火能力の大きさなどにより、第1種から第5種までの5つに区分するものとする。

区　分	消火設備の種類	
第1種	◎屋内消火栓設備	◎屋外消火栓設備
第2種	◎スプリンクラー設備	
第3種	◎水蒸気消火設備 ◎泡消火設備 ◎ハロゲン化物消火設備	◎水噴霧消火設備 ◎不活性ガス消火設備 ◎粉末消火設備
第4種	◎大型消火器	
第5種	◎小型消火器 ◎膨張ひる石 ◎水バケツ	◎乾燥砂 ◎膨張真珠岩 ◎水槽

◎「エアゾール式簡易消火具」は消火設備に含まれない。消火器とは別の技術上の規格が定められている。

■消火設備の設置
◎消火設備は、製造所等の火災を有効に消火するために設けるものであり、製造所等の区分、規模、危険物の品名、最大数量等に応じて適応する消火設備の設置義務が規定されている。

◎地下タンク貯蔵所及び移動タンク貯蔵所にあっては、貯蔵所の面積、指定数量の倍数にかかわらず、必要な消火設備は次のとおりとする。

地下タンク貯蔵所	**第5種の消火設備2個以上**を設置する
移動タンク貯蔵所	**自動車用消火器**のうち**2個以上**を設置する（消火粉末なら3.5kg以上、二酸化炭素なら3.2kg以上の充填量のもの等） ※アルキルアルミニウム等の場合は、乾燥砂等が追加になる

※第5種の消火設備のみの設置が義務付けられているのは、地下タンク貯蔵所、移動タンク貯蔵所、簡易タンク貯蔵所、第一種販売取扱所である。

◎電気設備に対する消火設備は、電気設備のある場所の**面積100m²**ごとに**1個以上**設けるものとする。

◎**所要単位**とは、製造所等に対して、どのくらいの消火能力を有する消火設備が必要なのかを定める単位をいう。建築物その他の工作物の規模または危険物の量により、以下の表で算出する。また、**能力単位**とは、所要単位に対応する消火設備の消火能力の基準の単位をいう。

製造所等の構造及び危険物		1所要単位当たりの数値
製造所 取扱所	外壁が耐火構造	床の延べ面積 100m²
	外壁が耐火構造でない	床の延べ面積 50m²
貯蔵所	外壁が耐火構造	床の延べ面積 150m²
	外壁が耐火構造でない	床の延べ面積 75m²
屋外の製造所等		外壁を耐火構造とし、水平最大面積を建坪とする建物とみなして算定する。
危険物		**指定数量の10倍**

■設備基準

◎製造所等に消火設備を設置する場合において、その設備基準は次のとおりとする。

区 分	消火設備の種類	設備基準
第1種	屋内消火栓設備	各階ごと、階の各部分からホース接続口までの水平距離が **25m 以下**
	屋外消火栓設備	防護対象物の各部分からホース接続口までの水平距離が **40m 以下**
第2種	スプリンクラー設備	防護対象物の各部分から一のスプリンクラーヘッドまでの水平距離が **1.7m 以下**
第3種	水蒸気消火設備 水噴霧消火設備 泡消火設備 不活性ガス消火設備 ハロゲン化物消火設備 粉末消火設備	**放射能力範囲**に応じて有効に消火設備を設ける。
第4種	大型消火器	防護対象物の各部分から一の消火設備に至る歩行距離が **30m 以下**となるように設ける。
第5種	小型消火器 乾燥砂 膨張ひる石 膨張真珠岩 水バケツ 水槽	**地下タンク貯蔵所** 簡易タンク貯蔵所 **移動タンク貯蔵所** **給油取扱所**、販売取扱所 ┐ **有効に消火すること**ができる**位置**に設けること。
		上記以外の製造所等にあっては、防護対象物の各部分から一の消火設備に至る歩行距離が **20m 以下**となるように設ける。

※**防護対象物**とは、当該消火設備によって消火すべき製造所等の建築物、その他の工作物及び危険物をいう。

▶▶▶ **過去問題** ◀◀◀

【問1】法令上、製造所等に消火設備を設置する場合の所要単位を計算する方法として、次のうち正しいものはどれか。ただし、製造所等は他の用に供する部分を有しない建築物に設けるものとする。

☑ 1．外壁が耐火構造の製造所の建築物にあっては、延べ面積50m² を1所要単位とする。

2．外壁が耐火構造となっていない取扱所の建築物にあっては、延べ面積100m² を1所要単位とする。

3．外壁が耐火構造の貯蔵所の建築物にあっては、延べ面積75m² を1所要単位とする。

4．外壁が耐火構造となっていない貯蔵所の建築物にあっては、延べ面積150m² を1所要単位とする。

5．危険物は指定数量の10倍を1所要単位とする。

【問2】法令上、消火設備の基準に関する説明として、次のうち誤っているものを2つ選びなさい。[編]

☑ 1．危険物については、指定数量の10倍を1所要単位とする。

2．屋内消火栓設備は、製造所等の建築物の階ごとに、その階の各部分からホース接続口までの水平距離が25m以下となるように設ける。

3．第4類の危険物を貯蔵する屋内タンク貯蔵所にあっては、スプリンクラー設備を設ける。

4．一般取扱所に設ける第5種の消火設備は、原則として防護対象物の各部分から歩行距離が20m以下となるように設ける。

5．地下タンク貯蔵所には第5種の消火設備を2個以上設ける。

6．移動タンク貯蔵所には、第4種の消火設備と第5種の消火設備をそれぞれ1個以上設けること。

7．電気設備に対する消火設備は、電気設備を設置する場所の面積100m² ごとに、1個以上設けること。

【問3】法令上、第4種の消火設備の基準について、防護対象物の各部分から一の消火設備に至る歩行距離として、次のうち正しいものはどれか。ただし、第1種、第2種又は第3種の消火設備と併置する場合を除く。

☑ 1．15m以下　　2．20m以下　　3．25m以下

4．30m以下　　5．40m以下

【問4】法令上、製造所等に設置する消火設備の技術上の基準について、次のうち誤っているものはどれか。

☑ 1．消火設備の種類は、第1種の消火設備から第6種の消火設備に区分されている。

2．危険物は、指定数量の10倍が1所要単位である。

3．給油取扱所に設ける第5種の消火設備（小型の消火器等）は、有効に消火できる位置に設けなければならない。

4．地下タンク貯蔵所には、危険物の数量に関係なく第5種の消火設備（小型の消火器等）を2個以上設けなければならない。

5．移動タンク貯蔵所に、消火粉末を放射する消火器を設ける場合は、自動車用消火器で充てん量が3.5kg以上のものを2個以上設けなければならない。

【問5】法令上、製造所等に設置する消火設備について、次のうち誤っているものはどれか。

☑ 1．第4種の消火設備は、原則として防護対象物の各部分から一の消火設備に至る歩行距離が30m以下となるように設けなければならない。

2．第3種の消火設備は、放射能力範囲に応じて有効に設けなければならない。

3．乾燥砂は、第5種の消火設備である。

4．屋外消火栓設備は、第1種の消火設備である。

5．泡を放射する小型消火器は、第2種の消火設備である。

【問6】法令上、第5種の消火設備を、防護対象物の各部分から一の消火設備に至る歩行距離が20m以下となるように設けなければならない製造所等に該当するものは、次のうちどれか。ただし、第1種から第4種までの消火設備と併置する場合を除く。

☑ 1．簡易タンク貯蔵所　　　2．給油取扱所　　　　3．屋内貯蔵所
4．移動タンク貯蔵所　　　5．地下タンク貯蔵所

【問7】法令上、次に掲げる製造所等において、その規模、貯蔵し又は取り扱う危険物の最大数量等にかかわらず、第5種の消火設備を2個以上設けなければならないものは、次のうちどれか。[★]

☑ 1．屋内貯蔵所　　　　　　2．屋内タンク貯蔵所　　　3．地下タンク貯蔵所
4．一般取扱所　　　　　　5．第二種販売取扱所

【問8】法令上、製造所等に設置する消火設備の区分として、次のA～Eのうち、第2種と第5種の消火設備の組み合わせはどれか。

A．スプリンクラー設備　　　　B．消火粉末を放射する大型消火器
C．屋内消火栓設備　　　　　　D．ハロゲン化物消火設備

E．二酸化炭素を放射する小型消火器

【問9】法令上、第5種の消火設備のほかに、それ以外の消火設備を設置しなければ
ならない製造所等として、次のうち正しいものはどれか。

✓ 1．床面積が 100m² の第一種販売取扱所
2．指定数量の倍数が 50 の地下タンク貯蔵所
3．延べ面積が 800m² の一般取扱所
4．指定数量の倍数が 3 の簡易タンク貯蔵所
5．指定数量の倍数が 50 の移動タンク貯蔵所

■ 正解＆解説……………………………………………………………………………………

問1…正解5

1．延べ面積100m²を1所要単位とする。
2．延べ面積50m²を1所要単位とする。
3．延べ面積150m²を1所要単位とする。
4．延べ面積75m²を1所要単位とする。

問2…正解3＆6

3．第4類の危険物に対してスプリンクラー設備は適応しない。「41．消火設備の火
災ごとの適応」〔消火設備と適応する危険物の火災（政令別表第5）〕162P参照。
6．移動タンク貯蔵所には、自動車用消火器のうち、粉末（充填量が3.5kg以上のも
の）などの消火器を2個以上設けること。

問3…正解4

4．第4種消火設備（大型消火器）は、歩行距離が30m以下となるように設置する。

問4…正解1

1．消火設備は、第1種から第5種に区分されている。

問5…正解5

5．小型の泡消火器は、第5種の消火設備である。

問6…正解3

地下タンク貯蔵所、簡易タンク貯蔵所、移動タンク貯蔵所、給油取扱所、販売取扱
所を除き、第5種の消火設備を、防護対象物の各部分から一の消火設備に至る歩行距
離が20m以下となるように設けなければならない。

問7…正解3

3．地下タンク貯蔵所には、第5種の消火設備を2個以上設けなければならない。

問8…正解2

第2種の消火設備はA．スプリンクラー設備、第5種の消火設備はE．小型消火器。

問9…正解3

第5種の消火設備のみを設置しなければならないのは、地下タンク貯蔵所、簡易タ
ンク貯蔵所、移動タンク貯蔵所、第一種販売取扱所である。

40 消火設備の設置基準

■消火の困難性による区分

◎消火設備は、製造所等の規模、形態、危険物の種類、指定数量の倍数等から、製造所等の消火の困難性に応じて、政令第20条第1項1号・2号・3号で次のように設置するよう定めている（一部省略）。

1 製造所等で、火災が発生したとき**著しく消火が困難**と認められるもので総務省令で定めるものは、総務省令で定めるところにより、消火設備のうち、**第1種、第2種又は第3種**の消火設備並びに**第4種及び第5種**の消火設備を設置すること。

2 製造所等で、火災が発生したとき**消火が困難**と認められるもので総務省令で定めるものは、総務省令で定めるところにより、消火設備のうち、**第4種及び第5種**の消火設備を設置すること。

3 前2号の総務省令で定める製造所等以外の製造所等にあっては、総務省令で定めるところにより、消火設備のうち、**第5種の消火設備**を設置すること。

区　　分	消火設備				
	第1種	第2種	第3種	第4種	第5種
1 著しく消火が困難	どれか1つ設置			必ず設置	必ず設置
2 消火が困難	－	－	－	必ず設置	必ず設置
3 その他の製造所等 （1・2以外のもの）	－	－	－	－	必ず設置

■① 著しく消火が困難な製造所等（ポイント）

製造所等の別	危険物の別	規模・数量
製造所 一般取扱所	－	延べ面積1,000m²以上
	高引火点危険物のみを100℃未満の温度で取り扱うものを除く	指定数量の100倍以上
		〔省略〕
屋内貯蔵所	高引火点危険物のみを貯蔵・取り扱うものを除く	指定数量の150倍以上
	〔省略〕	〔省略〕
屋外タンク貯蔵所 屋内タンク貯蔵所	第6類、高引火点危険物のみを100℃未満の温度で貯蔵・取り扱うものを除く	液表面積が40m²以上
		〔省略〕
	〔省略〕	〔省略〕
屋外貯蔵所	第2類の引火性固体または第1石油類もしくはアルコール類を貯蔵・取り扱うもの	指定数量の100倍以上
	〔省略〕	〔省略〕
給油取扱所	－	**顧客に自ら給油等をさせるもの**
		〔省略〕
移送取扱所	すべてのもの	すべてのもの

◎省令（危険物規則第33条）では、危険物の施設ごとに消火設備の設置基準を定めている。例えば、製造所及び一般取扱所では、第1種、第2種または第3種消火設備をその放射能力範囲が当該製造所を包含するように設けなければならない（製造所では更に細かい設置基準が規定されている。詳細は省略）。

◎また、**顧客に自ら給油等をさせる給油取扱所**では、**第3種の固定式の泡消火設備を**その放射能力範囲が危険物を包含するように設けなければならない。更にセルフ式では、第4種の消火設備をその放射能力範囲が建築物その他の工作物及び危険物（第3種の消火設備により包含されるものを除く）を包含するように設け、並びに第5種の消火設備を、その能力単位の数値が危険物の所要単位の数値の5分の1以上になるように設けなくてはならない。

■ ② 消火が困難な製造所等（ポイント）

製造所等の別	危険物の別	規模・数量
製造所 一般取扱所	－	延べ面積600m²以上 1,000m²未満
	高引火点危険物のみを100℃未満の温度で取り扱うものを除く	指定数量の10倍以上 100倍未満
		〔省略〕
屋内貯蔵所	高引火点危険物のみを貯蔵・取り扱うものを除く	指定数量の10倍以上 150倍未満
	〔省略〕	〔省略〕
屋外タンク貯蔵所 屋内タンク貯蔵所	第6類、高引火点危険物のみを100℃未満の温度で貯蔵・取り扱うものを除く	著しく消火困難なもの以外
屋外貯蔵所	第2類の引火性固体または第1石油類もしくはアルコール類を貯蔵・取り扱うもの	指定数量の10倍以上 100倍未満
	〔省略〕	〔省略〕
給油取扱所	－	**屋内給油取扱所**
販売取扱所	－	第2種販売取扱所

◎省令（危険物規則第34条）では、危険物の施設ごとに消火設備の設置基準を定めている。例えば、製造所、屋内貯蔵所、屋外貯蔵所、給油取扱所、第二種販売取扱所及び一般取扱所にあっては、**第4種**の消火設備をその放射能力範囲が建築物その他の工作物及び危険物を包含するように設け、並びに**第5種**の消火設備をその能力単位の数値が危険物の所要単位の数値の5分の1以上になるように設けなくてはならない。

■ ③ その他の製造所等

製造所等の別	危険物の別	規模・数量
製造所 一般取扱所 屋内貯蔵所	規則第72条第1項の危険物 （火薬類に該当するもの）	全部
	上記以外	①、②に掲げる以外のもの
屋外タンク貯蔵所 屋内タンク貯蔵所	第6類、高引火点危険物のみを100℃未満の温度で貯蔵・取り扱うもの	①、②に掲げる以外のもの
	〔省略〕	〔省略〕
地下タンク貯蔵所 簡易タンク貯蔵所 移動タンク貯蔵所	－	全部

屋外貯蔵所	塊状の硫黄等		囲い内部面積5m²未満
	〔省略〕		〔省略〕
給油取扱所	−		①、②に掲げる以外のもの
販売取扱所	−		第1種販売取扱所

※第5種の消火設備のみの設置が義務付けられているのは、地下タンク貯蔵所、移動タンク貯蔵所、簡易タンク貯蔵所、第一種販売取扱所である。

▶▶▶ 過去問題 ◀◀◀

【問1】 法令上、貯蔵し、又は取り扱う危険物の指定数量の倍数にかかわらず、第5種の消火設備のほか、他の消火設備を設置しなければならないものを、次のうちから2つ選びなさい。ただし、第4類第1石油類及び第2石油類のみを貯蔵・取り扱うものとする。[編]

☑ 1．第2種販売取扱所

2．移動タンク貯蔵所

3．簡易タンク貯蔵所

4．屋外に設けられた給油取扱所（顧客に自ら給油等をさせるものを除く）

5．地下タンク貯蔵所

6．第1種販売取扱所

7．延べ面積が800m²の一般取扱所

■ 正解＆解説

問1…正解1＆7

第5種の消火設備に加えて、それ以外の消火設備も設置しなければならない製造所等は、「①著しく消火が困難な製造所等」及び「②消火が困難な製造所等」である。

1．第2種販売取扱所は、指定数量の倍数にかかわらず、第5種の消火設備に加え第4種の消火設備も備えなければならない。

2～6．いずれも第5種の消火設備のみを備えればよい。

7．延べ面積600m²以上1,000m²未満の一般取扱所であるため、「消火が困難な製造所等」に該当する。第5種の消火設備に加え第4種の消火設備も備えなければならない。

41 消火設備の火災ごとの適応

■消火設備と適応する危険物の火災（ポイント）

◎消火設備ごとの、適応する危険物の火災は次のとおりである（政令別表第5）。

◎例えば、水消火器（棒状）は第5類及び第6類の危険物の火災には適応するが、第4類の危険物の火災には適応しない。また、第1類から第3類の危険物の火災には、危険物の種類に応じて適応するものと適応しないものがある。

〔消火設備と適応する危険物の火災（政令別表第5）〕

消火設備の区分		建築物その他の工作物	電気設備	第1類		第2類			第3類		第4類	第5類	第6類
				アルカリ金属の過酸化物	その他	鉄粉・金属粉・マグネシウム	引火性固体	その他	禁水性物品	その他			
第1種	屋内または屋外消火栓設備	○	－	－	○	－	○	○	－	○	－	○	○
第2種	スプリンクラー設備	○	－	－	○	－	○	○	－	○	－	○	○
第3種（消火設備）	水蒸気または水噴霧消火設備	○	○	－	○	－	○	○	－	○	○	○	○
	泡消火設備	○	－	－	○	－	○	○	－	○	○	○	○
	不活性ガス消火設備	－	○	－	－	－	○	－	－	－	○	－	－
	ハロゲン化物消火設備	－	○	－	－	－	○	－	－	－	○	－	－
	粉末消火設備（りん酸塩類等）	○	○	－	○	－	○	○	－	－	○	－	○
	粉末消火設備（炭酸水素塩類等）	－	○	○	－	○	○	－	○	－	○	－	－
	粉末消火設備（その他のもの）	－	－	○	－	○	－	－	○	－	－	－	－
第4種（大型消火器）または第5種（小型消火器）	水消火器（棒状）	○	－	－	○	－	○	○	－	○	－	○	○
	水消火器（霧状）	○	○	－	○	－	○	○	－	○	－	○	○
	強化液消火器（棒状）	○	－	－	○	－	○	○	－	○	－	○	○
	強化液消火器（霧状）	○	○	－	○	－	○	○	－	○	○	○	○
	泡消火器	○	－	－	○	－	○	○	－	○	○	○	○
	二酸化炭素消火器	－	○	－	－	－	○	－	－	－	○	－	－
	ハロゲン化物消火器	－	○	－	－	－	○	－	－	－	○	－	－
	粉末消火器（りん酸塩類等）	○	○	－	○	－	○	○	－	－	○	－	○
	粉末消火器（炭酸水素塩類等）	－	○	○	－	○	○	－	○	－	○	－	－
	粉末消火器（その他のもの）	－	－	○	－	○	－	－	○	－	－	－	－
第5種	水バケツまたは水槽	○	－	－	○	－	○	○	－	○	－	○	○
	乾燥砂	－	－	○	○	○	○	○	○	○	○	○	○
	膨張ひる石または膨張真珠岩	－	－	○	○	○	○	○	○	○	○	○	○

※乾燥砂、膨張ひる石等は、第1類～第6類までのすべての危険物の火災に適応する。

162

【問1】 法令上、次のA～Fに掲げる第5種の消火設備のうち、すべての危険物の消火に適応するものはいくつあるか。

A．霧状の強化液を噴射する消火器　　B．泡を放射する消火器

C．乾燥砂　　　　　　　　　　　　D．二酸化炭素を放射する消火器

E．りん酸塩類等の消火粉末を放射する消火器　　F．膨張真珠岩

☑　1．1つ　　　2．2つ　　　3．3つ　　　4．4つ　　　5．5つ

【問2】 法令上、製造所等における消火設備の基準として、建築物その他の工作物、第4類の危険物、電気設備すべてに適応する消火設備は、次のうちどれか。

[★]

☑　1．りん酸塩類等を使用する粉末消火設備

2．棒状の強化液を放射する消火器

3．不活性ガス消火設備

4．泡消火設備

5．ハロゲン化物を放射する消火器

【問3】 危険物とその火災に適応する消火器の組合せとして、次のうち正しいものはどれか。

		危険物	消火器
☑	1．	第1類	霧状の強化液を放射する消火器
	2．	第2類	粉末（リン酸塩類）を放射する消火器
	3．	第3類	霧状の水を放射する消火器
	4．	第4類	泡を放射する消火器
	5．	第5類	ハロゲン化物を放射する消火器

▌正解＆解説……………………………………………………………………………………

問1…正解2（C・F）

　　第1類～第6類全ての危険物の火災には適応するのは、「乾燥砂」と「膨張ひる石または膨張真珠岩」である。

問2…正解1

　　棒状の強化液と泡消火剤は、感電の危険性があるため電気設備の火災には適応しない。また、不活性ガスとハロゲン化物は、広く拡散するため、建築物その他の工作物の火災には適応しない。消去法で考えていくと、りん酸塩類等の粉末消火設備が残る。

問3…正解4

　　1．第1類危険物の「アルカリ金属の過酸化物」に対しては、水系（水・強化液・泡）の消火器は適応しない。

2．第2類危険物の「鉄粉・金属粉・マグネシウム」に対しては、リン酸塩類を主成分とした粉末消火器は適応しない。

3．第3類危険物の多くは、自然発火性と禁水性の両方の性質をもつため、水系（水・強化液・泡）消火器は適応しない。

5．第5類危険物にハロゲン化物や二酸化炭素消火器は適応しない。

42 警報設備

■警報設備の設置

◎指定数量の倍数が10以上の危険物を貯蔵し、または取り扱う製造所等（**移動タンク貯蔵所を除く**）は、火災が発生した場合に自動的に作動する火災報知設備その他の警報設備を設けなければならない。

◎警報設備は、次のとおり区分する。

①自動火災報知設備		②消防機関に報知ができる電話
③拡声装置	④警鐘	⑤非常ベル装置

※**警鐘**とは、危険の予告、警戒のために鳴らす鐘。

〔設置すべき警報設備が ①自動火災報知設備の製造所等〕

製造所		一般取扱所
屋内貯蔵所	屋外タンク貯蔵所	屋内タンク貯蔵所
一方開放の屋内給油取扱所 または 上部に上階を有する屋内給油取扱所		

※自動火災報知設備の設置の要・不要を決める詳細な基準（延べ面積・指定数量等）については省略。

◎〔設置すべき警報設備が①自動火災報知設備の製造所等〕以外の製造所等（移動タンク貯蔵所と移送取扱所を除く）で、指定数量の倍数が10以上のものにあっては、警報設備の②～⑤のうち1種類以上を設ける。

▶▶▶ 過去問題 ◀◀◀

【問1】法令上、一定数量以上の危険物を貯蔵し、または取り扱う場合、警報設備のうち自動火災報知設備を設けなければならない旨の規定が設けられている製造所等は、次のうちどれか。[★]

☐ 1．屋内貯蔵所　　　2．第1種販売取扱所　　　3．地下タンク貯蔵所
　　4．屋外貯蔵所　　　5．第2種販売取扱所

【問2】 警報設備に関する次の文の（ ）内に当てはまる法令で定められている数値はどれか。

「指定数量の（ ）倍以上の危険物を貯蔵し、または取り扱う製造所等（移動タンク貯蔵所を除く。）に火災が発生した場合、自動的に作動する火災報知設備その他の警報設備を設けなければならない。」

☑ 1．5　　　　2．10　　　　3．50　　　　4．100　　　　5．150

【問3】 法令上、指定数量の倍数が 10 の製造所等で、警報設備のうち自動火災報知設備を設置しなければならないものとして、次のA〜Dのうち、正しいものの組合せはどれか。

A．延べ面積が 500m² 以上の製造所

B．移動タンク貯蔵所

C．タンク専用室を平家建以外の建物に設ける屋内タンク貯蔵所で、著しく消火が困難と認められるもの

D．屋内給油取扱所以外の給油取扱所

☑ 1．AとB　　2．AとC　　3．AとD　　4．BとD　　5．CとD

【問4】 法令上、警報設備を設置しなくてもよい製造所等は、次のうちどれか。

☑ 1．指定数量の倍数が 10 の危険物を貯蔵する屋外貯蔵所

2．指定数量の倍数が 10 の危険物を製造する製造所

3．指定数量の倍数が 20 の危険物を貯蔵する屋内貯蔵所

4．指定数量の倍数が 100 の危険物を移送する移動タンク貯蔵所

5．指定数量の倍数が 100 の危険物を貯蔵する屋外タンク貯蔵所

【問5】 法令上、警報設備に関する記述として、次のA〜Dのうち正しいもののみをすべて掲げているものはどれか。

A．指定数量の倍数が 5 の一般取扱所は、警報設備を設置しなければならない。

B．警報設備は、自動火災報知設備、ガス漏れ火災警報装置、非常ベル装置、拡声装置、警鐘に区分されている。

C．上部に上階を有する屋内給油取扱所に設置する警報設備は、自動火災報知設備としなければならない。

D．指定数量の倍数が 10 の移動タンク貯蔵所は、警報設備を設置しなければならない。

☑ 1．A　　　2．C　　　3．A、B　　　4．B、D　　　5．C、D

【問6】 法令上、製造所等に設置しなければならない警報設備として、規則で定められていないものを2つ選びなさい。［編］

☑ 1．消防機関に報知ができる電話　　　2．手動式サイレン　　　3．警鐘
　　 4．ガス漏れ火災警報装置　　　　　5．非常ベル装置　　　　6．拡声装置

【問7】 法令上、製造所等に設置しなければならない警報設備に該当するものは、次のうちどれか。

☑ 1．ガス漏れ火災警報設備　　　2．拡声装置　　　3．発煙筒
　　 4．警笛　　　　　　　　　　5．赤色回転灯

■ 正解＆解説………………………………………………………………………………………

問1…正解1

　　1．屋内貯蔵所は、自動火災報知設備を設けなければならない。

問2…正解2

　　2．警報設備を設けなければならないのは、指定数量の10倍以上の危険物を貯蔵し、または取り扱う製造所等である。

問3…正解2

　　B．移動タンク貯蔵所は対象外である。

　　D．給油取扱所のうち、「一方開放の屋内給油取扱所」、「上部に上階を有する屋内給油取扱所」が対象となる。そのため、屋内給油取扱所以外の給油取扱所＝屋外給油取扱所は、対象外となる。

問4…正解4

　　4．移動タンク貯蔵所は警報設備を設置しなくてもよい。

問5…正解2

　　A＆D．指定数量の倍数が10以上の危険物を貯蔵し、又は取り扱う製造所等（移動タンク貯蔵所を除く）には、警報設備を設けることとされている。

　　B．警報設備は、自動火災報知設備、消防機関に報知ができる電話、非常ベル装置、拡声装置、警鐘に区分されている。

問6…正解2＆4

　　2＆4．サイレン（自動式及び手動式）及びガス漏れ火災警報装置は、警報設備に定められていない。

問7…正解2

　　2．拡声装置は、警報設備に定められている。

43 措置命令等

■措置命令

◎市町村長等は、次に該当する事項が発生した場合、製造所等の所有者、管理者または占有者（所有者等）に対し、該当する**措置を命ずる**ことができる。

〔措置命令の種類〕

措置命令	該当事項
危険物の貯蔵・取扱基準遵守命令	製造所等での危険物の貯蔵・取り扱いが技術上の基準に違反しているとき。
危険物施設の基準適合命令**（修理、改造または移転の命令）**	製造所等の位置・構造・設備が技術上の基準に違反しているとき（製造所等の所有者等で権原を有するものに対して行う）。
危険物保安統括管理者もしくは**危険物保安監督者の解任命令**	危険物保安統括管理者もしくは危険物保安監督者が消防法もしくは消防法に基づく命令の規定に違反したとき、または、これらの者にその業務を行わせることが**公共の安全の維持**もしくは**災害の発生の防止**に支障を及ぼすおそれがあると認めるとき。
予防規程変更命令	火災予防のため必要があるとき。
危険物施設の応急措置命令	危険物の流出、その他の事故が発生したときに応急の措置を講じていないとき。
移動タンク貯蔵所の応急措置命令	管轄する区域にある移動タンク貯蔵所について、危険物の流出その他の事故が発生したとき。

■無許可貯蔵等の危険物に対する措置命令

◎市町村長等は、指定数量以上の危険物について、仮貯蔵・仮取扱いの承認や製造所等の許可を受けないで貯蔵し、または取り扱っている者に対し、**危険物の除去、災害防止のための必要な措置**について命ずることができる。

■一時使用停止・使用制限命令

◎市町村長等は、公共の安全の維持または災害の発生の防止のため**緊急の必要**があると認めるときは、製造所等の所有者、管理者または占有者（所有者等）に対し、施設の使用を**一時停止**すべきことを命じ、または**その使用を制限する**ことができる。

■危険物取扱者免状の返納命令

◎危険物取扱者が消防法の規定に違反しているとき（※）は、危険物取扱者免状を交付した**都道府県知事**は、危険物取扱者に対し**免状の返納**を命ずることができる。

※保安講習を受講していない場合等が該当する。

▶▶▶ **過去問題** ◀◀◀

【問1】法で定める危険物保安統括管理者または危険物保安監督者の解任命令に関する条文について、次の文の（　）内のA、Bに当てはまる語句の組み合わせとして、正しいものはどれか。

　「市町村長等は、危険物保安統括管理者もしくは危険物保安監督者がこの法律もしくはこの法律に基づく命令の規定に違反したとき、またはこれらの者にその業務を行わせることが（A）もしくは（B）に支障を及ぼすおそれがあると認めるときは、第12条の7第1項または第13条第1項に規定する製造所、貯蔵所または取扱所の所有者、管理者または占有者に対し、危険物保安統括管理者または危険物保安監督者の解任を命ずることができる。」

	（A）	（B）
☑ 1.	公共の安全の維持	災害の発生の防止
2.	公共の安全の維持	危険物の保安
3.	施設の安全の維持	災害の発生の防止
4.	施設の安全の維持	危険物の保安
5.	地域の安全の維持	危険物の保安

【問2】法令上、市町村長等が発令することのできる命令として、次のうち誤っているものはどれか。[★]

☑ 1. 危険物の貯蔵・取扱基準遵守命令

2. 製造所等の使用停止命令

3. 危険物施設保安員の解任命令

4. 予防規程の変更命令

5. 無許可貯蔵等の危険物に対する措置命令

【問3】 法令上、市町村長等が発令することのできる命令として、次のうち誤っているものはどれか。

☑ 1．製造所等において危険物の流出その他の事故が発生したときに、所有者等が応急措置を講じていないとき。……応急措置実施命令

2．製造所等の位置、構造及び設備が技術上の基準に適合していないとき。
……製造所等の修理、改造または移転命令

3．公共の安全の維持または災害発生の防止のため、緊急の必要があるとき。
……製造所等の一時使用停止または使用制限命令

4．製造所等における危険物の貯蔵または取扱いの方法が、危険物の貯蔵・取扱いの技術上の基準に違反しているとき。……危険物の貯蔵・取扱い基準遵守命令

5．危険物保安監督者が、その責務を怠っているとき。
……危険物の取扱作業の保安に関する講習の受講命令

▌正解＆解説…………………………………………………………………………………

問1…正解1

　「危険物保安統括管理者もしくは危険物保安監督者の解任命令」（法第13条の24）についての条文である。

問2…正解3

　3．危険物施設保安員に対する解任命令は、法令で規定されていない。

問3…正解5

　1．「45. 事故時の措置」175P参照。

　5．この場合、危険物保安監督者の解任命令がなされる。また、保安講習の受講命令は、法令で規定されていない。

44 許可の取消し・使用停止命令

■許可の取消し、または使用停止命令

◎市町村長等は、製造所等の所有者、管理者または占有者（所有者等）が次のいずれかに該当するときは、その製造所等について設置許可の取消し、または期間を定めて施設の使用停止を命ずることができる。

該当事項（製造所等の施設・ハード面における違反）	
無許可変更	位置・構造・設備を無許可で変更したとき。
完成検査前使用	完成検査済証の交付前に使用したとき。 または仮使用の承認を受けないで使用したとき。
措置命令違反	位置・構造・設備に係る措置命令に違反したとき。 （修理、改造または移転命令違反）
保安検査未実施	政令で定める屋外タンク貯蔵所、または移送取扱所の保安の検査を受けないとき。
定期点検未実施	定期点検の実施、記録の作成・保存がなされないとき。

■使用停止命令

◎市町村長等は、製造所等の所有者、管理者または占有者（所有者等）が次のいずれかに該当するときは、その製造所等について期間を定めて施設の使用停止を命ずることができる。

該当事項（製造所等の運営・ソフト面における違反）	
遵守命令違反	危険物の貯蔵・取扱い基準の遵守命令に違反したとき。ただし、移動タンク貯蔵所については、市町村長の管轄区域において、その命令に違反したとき。
未選任等	危険物保安統括管理者を定めていないとき、または、その者に危険物の保安に関する業務を統括管理させていないとき。
	危険物保安監督者を定めていないとき、または、その者に危険物の取扱作業に関して保安の監督をさせていないとき。
解任命令違反	危険物保安統括管理者または危険物保安監督者の解任命令に違反したとき。

■立入検査

◎**市町村長等**は、危険物の貯蔵または取扱いに伴う火災の防止のため必要があると認めるときは、指定数量以上の危険物を貯蔵し、または取り扱っていると認められるすべての場所（貯蔵所等）の所有者等に対し、資料の提出を命じ、もしくは報告を求め、または当該消防事務に従事する職員を立ち入らせ、**検査**、質問、もしくは危険物を収去させることができる。

※**収去**とは、あるものを一定の場所から取り去ること。

※立入検査の拒否または資料提出命令等違反の場合、30万円以下の罰金または拘留。

◎**消防長**または**消防署長**は、火災予防のために必要があるときは、関係者に対して資料の提出を命じ、もしくは報告を求め、または当該消防職員にあらゆる仕事場、工場もしくは公衆の出入する場所等に立ち入って、消防対象物の位置、構造、設備及び管理の状況を検査させ、もしくは関係のある者に質問させることができる。ただし、消防職員は、関係のある場所に立ち入る場合においては、市町村長の定める証票を携帯しなければならない。

▶▶▶ 過去問題 ◀◀◀

【問1】法令上、次のA〜Dのうち、危険物保安監督者を定めなければならない製造所等において、市町村長等から製造所等の使用停止を命ぜられることがあるものを組み合わせたものはどれか。

A．危険物保安監督者が定められてないとき。

B．危険物保安監督者が危険物の取扱作業の保安に関する講習を受講していないとき。

C．危険物保安監督者の解任命令の規定に違反したとき。

D．危険物保安監督者を定めたときの届け出を怠ったとき。

☑　1．AとB　　　2．AとC　　　3．BとC
　　4．BとD　　　5．CとD

【問2】法令上、市町村長等が所有者等に対して製造所等の使用停止命令を発令できる事由として、次のうち誤っているものはどれか。[★]

☑　1．給油取扱所において、危険物保安監督者を定めていないとき。

　　2．製造所で危険物の取扱作業に従事している危険物取扱者が、免状の返納命令を受けたとき。

　　3．屋外タンク貯蔵所において、危険物保安監督者に対する解任命令に応じなかったとき。

　　4．移動タンク貯蔵所において、定期点検を怠っているとき。

　　5．新設した一般取扱所において、完成検査前に危険物を取り扱ったとき。

【問3】法令上、市町村長等が製造所等の所有者等に対し、期間を定めてその使用の停止を命ずることができる事由に該当しないものは、次のうちどれか。

☑ 1．危険物の貯蔵または取扱いの法令基準の遵守命令に違反しているとき。

2．危険物保安統括管理者を定めているが、当該危険物保安統括管理者に危険物の保安に関する業務を統括管理させていないとき。

3．危険物保安監督者を定めているが、当該危険物保安監督者に危険物の取扱作業に関して保安の監督をさせていないとき。

4．危険物保安統括管理者又は危険物保安監督者の解任命令に違反しているとき。

5．危険物施設保安員を定めなければならない施設において、危険物施設保安員を定めていないとき。

【問4】法令上、危険物保安監督者を定めなければならない製造所等において、市町村長等から製造所等の使用停止を命ぜられる事由として、次のA～Eのうち正しい組合せのものはどれか。

A．危険物保安監督者が定められてないとき。

B．危険物保安監督者の業務を遂行することが公共の安全の維持若しくは、災害の発生の防止に支障があると認められるとき。

C．危険物保安監督者が危険物の取扱作業の保安に関する講習を受講していないとき。

D．危険物保安監督者を定めたときの届け出を怠ったとき。

E．危険物保安監督者に危険物の取扱作業に関して保安の監督をさせていないとき。

☑ 1．AとB　　2．BとC　　3．CとD　　4．DとE　　5．AとE

【問5】法令上、市町村長等が製造所等の許可を取り消すことができる場合として、次のうち誤っているものはどれか。

☑ 1．仮使用の承認又は完成検査を受けないで製造所等を使用したとき。

2．製造所等の位置、構造又は設備に係る措置命令に違反したとき。

3．変更の許可を受けないで、製造所等の位置、構造又は設備を変更したとき。

4．定期点検を実施しなければならない製造所等において、それを実施していなかったとき。

5．危険物保安監督者を定めなければならない製造所等において、それを定めていなかったとき。

【問6】法令上、製造所等において、市町村長等から許可の取消し、または使用停止を命ぜられる事由に該当しないものは、次のうちどれか。[★]

  1．同じ仕様のタンクに交換したので、変更の許可を受けなかった。

  2．完成検査を受ける前に使用を開始した。

  3．構造の一部を改修するように命令を受けたので、1年後に改修することとして使用を継続した。

  4．製造所等の譲渡を受けたが、市町村長等に届け出なかった。

  5．定期点検の時期を過ぎたが、1年後に実施する計画を策定し使用を継続した。

【問7】法令上、製造所等の所有者等が、市町村長等から製造所等の許可の取消し、または期間を定めてその使用の停止を命じられる事由に該当するものは、次のA〜Eのうちいくつあるか。

  A．製造所等の位置、構造及び設備に関して、許可を受けずに変更したとき。

  B．製造所等の位置、構造及び設備に関して、修理、改造又は移転の命令を受けたが、それに従わなかったとき。

  C．予防規程を定めていないとき。

  D．定期点検を実施していなかったとき。

  E．保安に関する検査を受けていないとき。

  1．1つ   2．2つ   3．3つ   4．4つ   5．5つ

【問8】法令上、次のA〜Eのうち、市町村長等が製造所等の所有者等に対して、許可の取消しを命ずることができる事由に該当するものはいくつあるか。

  A．定期点検を実施したが、その記録を保存しなかったとき。

  B．危険物施設保安員に構造及び設備に係る保安のための業務を行わせていなかったとき。

  C．保安に関する検査の実施時期が過ぎているにもかかわらずその検査を受けていなかったとき。

  D．完成検査を受けないで製造所等を使用したとき。

  E．危険物保安監督者の解任命令に従わなかったとき。

  1．1つ   2．2つ   3．3つ   4．4つ   5．5つ

■正解＆解説……………………………………………………………………………………

問1…正解2

  A．危険物保安監督者の未選任は、使用停止命令の対象となる。

  B．保安講習の未受講違反となり、都道府県知事から危険物取扱者に免状の返納が命じられることがある。ただし、市町村長等からの使用停止命令の対象とはならない。

  C．危険物保安監督者の解任命令違反は、使用停止命令の対象となる。

173

D．危険物保安監督者の選任届出義務違反に該当する。ただし、使用停止命令の対象
とはならない。

問2…正解2

1．危険物保安監督者の未選任は、使用停止命令の対象となる。

2．免状の返納命令を出すのは都道府県知事である。この場合、危険物取扱者は資格
を失うが、市町村長等による使用停止命令の対象とはならない。

3．危険物保安監督者の解任命令違反は、使用停止命令の対象となる。

4．定期点検未実施は、許可の取消し、または使用停止命令の対象となる。

5．完成検査前使用は、許可の取消し、または使用停止命令の対象となる。

問3…正解5

5．危険物施設保安員の未選任は、使用停止命令の対象とはならない。

問4…正解5

A．危険物保安監督者の未選任…使用停止命令。

B．危険物保安監督者の業務を遂行することが公共の安全の維持若しくは、災害の発
生の防止に支障があると認められるとき…解任命令（市町村長等から製造所等の所
有者等に対して行われる）。

C．危険物保安監督者が、危険物の取扱作業の保安に関する講習（保安講習）を受講
していない場合、都道府県知事から免状の返納を命ぜられる場合がある。施設の使
用停止を命ぜられる事由には該当しない。

D．危険物保安監督者の選任・解任の届出義務違反は罰金等の対象となる。

E．危険物の取扱作業に関して保安の監督をさせていないとき…使用停止命令。

問5…正解5

1．完成検査前使用は、許可の取消し、または使用停止命令の対象となる。

2．措置命令違反は、許可の取消し、または使用停止命令の対象となる。

3．無許可変更は、許可の取消し、または使用停止命令の対象となる。

4．定期点検未実施は、許可の取消し、または使用停止命令の対象となる。

5．危険物保安監督者の未選任は、使用停止命令の対象となる。ただし、許可の取消
しの対象とはならない。

問6…正解4

4．製造所等の譲渡・引渡の届出義務違反に該当する。ただし、許可の取消し、また
は使用停止命令の対象とはならない。

問7…正解4（A、B、D、E）

A．無許可変更…許可の取消しまたは使用停止命令。

B．措置命令違反…許可の取消しまたは使用停止命令。

C．許可の取消し及び使用停止命令の事由には該当しない。

D．定期点検未実施…許可の取消しまたは使用停止命令。

E．保安検査未実施…許可の取消しまたは使用停止命令。

問8…正解3（A、C、D）

A．定期点検の未実施、定期点検の記録の作成・保存がなされないとき
　　　　　　　　　…許可の取消しまたは使用停止命令。
B．危険物施設保安員に保安のための業務を行わせていなかった場合、許可の取消しや施設の使用停止を命ずる事由に該当しない。
C．保安検査未実施…許可の取消しまたは使用停止命令。
D．完成検査前使用…許可の取消しまたは使用停止命令。
E．危険物保安監督者の解任命令違反…使用停止命令。

45 事故時の措置

■事故発生時の応急措置

◎製造所、貯蔵所または取扱所（「製造所等」という。）の所有者等は、製造所等について、危険物の流出その他の事故が発生したときは、直ちに、引き続く危険物の流出及び拡散の防止、流出した危険物の除去その他災害の発生の防止のための応急の措置を講じなければならない。

◎事故を発見した者は、直ちに、その旨を消防署、市町村長の指定した場所、警察署または海上警備救難機関に通報しなければならない。

◎市町村長等は、製造所等の所有者等が応急の措置を講じていないと認めるときは、これらの者に対し、応急の措置を講ずべきことを命ずることができる。

```
▶▶▶ 過去問題 ◀◀◀
```

【問1】法令上、製造所等で危険物の流出その他の事故が発生したとき、当該製造所等の所有者等が直ちに講じなければならない措置として定められているものは、次のA～Eのうちいくつあるか。[★]

A．引き続く危険物の流出を防止すること。
B．流出した危険物の拡散を防止すること。
C．流出した危険物を除去すること。
D．事故現場付近にいる者を消防作業等に従事させること。
E．火災等の災害発生防止の応急措置を講ずること。

☑ 1．1つ　　　2．2つ　　　3．3つ
　　4．4つ　　　5．5つ

【問2】法令上、製造所等において危険物の流出等の事故が発生した場合の応急措置として、次のうち誤っているものはどれか。

☑ 1．引き続く危険物の流出を防止するための応急の措置を講じなければならない。

2．所有者等が応急の措置を講じていないときは、市町村長等は応急の措置を講ずるよう命じることがある。

3．流出した危険物を除去しなければならない。

4．発見した者は、直ちに、その旨を消防署、市町村長の指定した場所、警察署又は海上警備救難機関に通報しなければならない。

5．流出した危険物は、必ず大量の水で希釈した後で排水溝に流すこと。

【問3】製造所等において、火災又は危険物の流出等の災害が発生した場合の応急の措置等について、次のうち誤っているものはどれか。

☑ 1．製造所等の所有者等は、火災が発生したときは、直ちに火災現場に対する給水のため、公設水道の制水弁を開閉しなければならない。

2．製造所等の所有者等は、危険物の流出等の事故が発生したときは、直ちに引き続く危険物の流出の防止その他災害防止のための応急措置を講じなければならない。

3．危険物保安監督者は、火災等の災害が発生した場合は、作業者を指揮して応急の措置を講ずること。

4．危険物施設保安員は、火災が発生したときは、危険物保安監督者と協力して、応急の措置を講ずること。

5．危険物の流出、その他の事故を発見した者は、直ちに、その旨を消防署等に通報しなければならない。

■正解＆解説………………………………………………………………………………………

問1…正解4（A・B・C・E）

D．事故現場付近にいる者を消防作業等に従事させることは、応急措置に含まれていない。

問2…正解5

5．十分希釈して濃度を下げたとしても、排水口に流したり、河川や下水道、海中などに流出させてはならない。

問3…正解1

1．たとえ、火災現場に対する給水のためでも、公設水道の制水弁を開閉することはできない。

3．「13. 危険物保安監督者」53P参照。

4．「14. 危険物施設保安員」57P参照。

第2章　　　物理学・化学

第2章

物理学・化学

1 燃焼の化学

■燃焼の定義

◎物質が酸素と化合することを**酸化**という。そして、酸化の結果、生成された物質を**酸化物**という。例えば、炭素は酸素と化合すると二酸化炭素になる。この場合、炭素は酸化されて酸化物の二酸化炭素に化学変化することになる。

◎酸化反応のうち、化合が急激に進行して著しく**発熱**し、しかも**発光**を伴うことがある。このように、熱と発光を伴う酸化反応を**燃焼**という。

◎酸化反応であっても、**吸熱反応**を示すものは、燃焼とはいわない。

> 例：$N_2 + (1/2)O_2 = N_2O - 74kJ$
> $(1/2)N_2 + (1/2)O_2 = NO - 90kJ$

■無炎燃焼

◎燃焼には火炎を有する有炎燃焼と、**火炎を有しない**無炎燃焼がある。無炎燃焼は<ruby>燻<rt>くん</rt></ruby><ruby>焼<rt>しょう</rt></ruby>ともいい、**多量の発煙を伴い**、**一酸化炭素**などを発生するおそれがある。

◎無炎燃焼は、たばこや線香にみられる。次の特徴がある。

> ①**固体**の可燃性物質特有の燃焼形態である。
> ②酸素の供給量が増加することにより**有炎燃焼に移行**することがある。
> ③熱分解による可燃性気体の発生速度が小さい場合や、雰囲気中の**酸素濃度が低下**した場合など、火炎は維持できないが、表面燃焼は維持できる場合に起こる。

■燃焼の三要素

◎燃焼の三要素とは、燃焼が起こるための次の要素をいい、どれか1つでも欠けると燃焼は起こらない。

①可燃性物質	②酸素供給体（空気、酸素含有物など）	③点火源（熱源）

◎**可燃物**は火をつけるとよく燃える物質で、水素、一酸化炭素、硫黄、木材、石炭、ガソリン、プロパンなどがある。

◎ただし、すでに酸素と化合して、もはや化合されない物質は可燃物とはならない。例えば、**二酸化炭素** CO_2 はこれ以上酸化されることがないため、可燃物とはならない。ただし、**一酸化炭素 CO** は更に酸化して燃焼するため、可燃物となる。

◎**酸素供給源**は空気の他、第1類の危険物（酸化性固体）や第6類の危険物（酸化性液体）が挙げられる。

◎点火源（熱源）については、いったん燃焼が始まると、燃焼している**高温の部分**が点火源のはたらきをするため必要なくなる。可燃性物質と酸素供給源の2つだけで**燃焼**は継続する。

■燃えやすい要素

◎酸化されやすいもの（水素や炭素など）。

◎空気との**接触面積が大きい**もの（金属粉など）。

◎**発熱量（燃焼熱）が大きい**もの。

　※燃焼熱は、1 mol（モル）の物質が完全燃焼するときの反応熱である。
　　C（黒鉛）$+ O_2 = CO_2 + 395kJ$

◎可燃性蒸気を発生しやすいもの（液体のガソリンや固体の硫黄）。

◎**熱伝導率が小さい**もの（保温効果が良く、熱が蓄積されやすい）。

　※熱伝導率は、熱伝導の度合いを示す数値で、金属は熱をよく伝導するため熱伝導率が
　　高い。液体、気体の順に、熱伝導率は小さくなる。

◎沸点が低いもの（気化して蒸気を発生しやすい）。

◎乾燥しているもの、含水量が低いもの（木材は湿っていると燃えにくい）。

◎周囲の温度や圧力が高いもの（温度や圧力が高いと反応が速くなる）。

◎**酸素濃度**が高くなる（空気中には酸素が約 21％含有されている。これより酸素濃
　度が高くなるほど燃焼は激しくなる。また、多くの可燃物は酸素濃度が 14 〜 15
　％以下になると**燃焼を継続できなくなる**）。

◎**活性化エネルギーが小さい**もの。活性化エネルギーとは、化学反応を起こさせるた
　めの活性化に必要な最小のエネルギーをいい、小さいほど、反応物が活性化状態に
　なるまでの時間が短くなる。

◎**最小着火エネルギーが小さい**もの。最小着火エネルギーとは、可燃性蒸気・ガス・
　粉じんと酸素や空気との混合気が、着火・燃焼するのに必要な最小のエネルギーを
　いう。温度及び圧力が高くなるほど小さくなり、小さい物質ほど感度が高く、危険
　性が大きい。火花等のエネルギーが圧力・温度・混合気組成などによって決まる値
　より大きいと発火が起こる。

◎**熱容量**とは、物質の温度を 1℃上昇させるのに必要な熱量をいい、**比熱**とは、物質
　1gの温度を 1℃上昇させるのに必要な熱量をいう。どちらも小さいほど少ない熱
　量で物質の温度が上がるため、燃焼しやすくなる。

■燃焼の難易に直接関係しないもの

◎**体膨張率**（物質の温度を 1℃上げたときの体積の増加量と元の体積の比）。

◎**蒸発熱**（液体 1gが蒸発するときに吸収する熱量で、**気化熱**ともいう）。

■爆発

◎爆発とは、急激な燃焼反応、その他の原因により**気体の急膨張**が起こる現象である。

◎爆発には、気体や液体の膨張・相変化などの物理変化が圧力の発生源になる「**物理
　的爆発**」と、物質の分解・燃焼などの化学変化によって圧力が上昇する「**化学的爆
　発**」がある。

物理的爆発	高圧ガス容器の破損による爆発、水蒸気爆発、容器内に充満したガスや液体の熱膨張による爆発
化学的爆発	ガス爆発、粉塵爆発、蒸気雲爆発

■ガスの分解爆発

◎アセチレン、エチレン、酸化エチレン等のように、分子が**分解**する際に多量の熱を発生し、ガスは、たとえ空気等の支燃性（助燃性）ガスが存在せず、単一成分であっても火花、加熱、衝撃、摩擦などにより分解爆発を起こす。

> 例1：アセチレン……　$C_2H_2 = 2C + H_2 + 227kJ$
> 例2：エチレン………　$C_2H_4 = C + CH_4 + 127kJ$
> 例3：酸化エチレン…　$C_2H_4O = CO + CH_4 + 134kJ$

■燃焼の抑制

◎可燃物が燃焼（酸化）するのを**抑制**するはたらきがあるものに、ハロゲンがある。

◎ハロゲンは、フッ素 F、塩素 Cl、臭素 Br、ヨウ素 I などの元素をいい、いずれも陰イオンになりやすく、強い酸化作用がある。

▶▶▶ 過去問題 ◀◀◀

【問1】 燃焼について記述した次の文章の下線部分（A）～（C）のうち、誤っているもののみをすべて掲げているものはどれか。

「燃焼とは、一般に (A) 熱と光の発生を伴う (B) 分解反応のことをいう。燃焼が始まるためには、原則として可燃物、(C) 酸素供給源、点火源の3つが同時に存在することが必要である。」

☑　1．B　　　　　　　2．C　　　　　　　3．A、B
　　4．A、C　　　　　　5．A、B、C

【問2】 無炎燃焼に関する説明として、次のA～Eのうち、誤っているものの組み合わせはどれか。

A．有炎燃焼に拡大することはない。

B．可燃性の単位質量あたりの煙の発生量は、有炎燃焼より少ない。

C．くん焼と呼ばれることがある。

D．有炎燃焼が維持できない低い酸素濃度の環境下でも、燃焼反応を維持できる場合がある。

E．毒性の高い煙等が発生するおそれがある。

☑ 1．AとB　　　2．AとD　　　3．BとE

4．CとD　　　5．CとE

【問3】燃焼の説明として、次のうち誤っているものはどれか。

☑ 1．無炎燃焼は、固体の可燃性物質特有の燃焼形態である。

2．窒素や塩素の酸化反応は、酸素と結合する際に発熱を伴わないので、燃焼にはあたらない。

3．可燃性気体の燃焼は、一般に空気と蒸気が燃焼範囲の混合気を形成した場合に起こる。

4．アセチレンのように大きな発熱を伴い分解する気体は、酸化剤がない場合でも燃焼する。

5．一般に、完全燃焼した酸化物も可燃物となる。

【問4】燃焼について、次のうち誤っているものはどれか。

☑ 1．燃焼とは、すべて炎の発生を伴う酸化反応である。

2．燃焼している高温の部分が点火源の働きをするため、可燃性物質と酸素供給源があれば燃焼が継続する場合がある。

3．酸化物であっても、一酸化炭素のように可燃物となるものがある。

4．水蒸気爆発は、物理変化なので燃焼ではない。

5．爆発とは、急激な燃焼反応、その他の原因により気体の急膨張が起こる現象である。

【問5】次のA〜Eのうち、誤っているものを組み合わせたものはどれか。[★]

A．燃焼の三要素とは可燃物、酸素供給源および点火源をいい、どれか1つが欠ければ燃焼は起こらない。

B．活性化エネルギーが大きいものは、一般に発熱量が大きいので燃焼しやすい。

C．物質が酸素と化合したとき、相当の発熱があり、さらに可視光線が出ていれば、その物質は燃焼しているということができる。

D．熱伝導率の大きいものほど燃焼しやすい。

E．可燃性液体の液面付近の蒸気濃度が燃焼範囲の下限界と一致したときの液温が引火点である。

☑ 1．BとC　　2．BとD　　3．CとD　　4．DとE　　5．AとC

【問6】燃焼の一般的事項として、次のA〜Eのうち、適切なものはいくつあるか。

A．最小着火エネルギーは、可燃性気体の種類のほか、温度や圧力、組成によっても変化する。

B．液体を噴霧状にすると沸点が下がるため、燃焼しやすくなる。

C．固体は熱伝導率が小さいと熱が伝わりにくいため、着火しにくくなる。

D．可燃性気体と酸素との混合気は、圧力を高くすると酸化反応の速度が低下するため、燃焼しにくくなる。

E．固体を粉末状にすると比表面積（単位質量あたりの表面積の総和）が大きくなるため、燃焼しやすくなる。

☑　1．1つ　　　2．2つ　　　3．3つ　　　4．4つ　　　5．5つ

【問7】燃焼に関する説明として、次のA〜Eのうち、誤っているものはいくつあるか。[★]

A．燃焼が起こるには、反応物質としての可燃物と酸化剤および反応を開始させるための点火エネルギーが必要である。

B．燃焼に必要となる酸化剤として、二酸化炭素や酸化鉄などの酸化物中の酸素が使われることはない。

C．可燃性液体の燃焼では、発生した蒸気が空気中の酸素と混ざり火炎を形成する。

D．燃焼とは、可燃物が熱と光を発しながら激しく酸化される現象をいう。

E．木炭などの表面燃焼では、固体の表面に空気があたり、その固体の表面で燃焼が起こる。

☑　1．1つ　　　2．2つ　　　3．3つ　　　4．4つ　　　5．5つ

【問8】次のA〜Eの組み合わせのうち、燃焼を起こさせるのに必要な要素を満たしているものはいくつあるか。

A.	水	酸素	直射日光
B.	亜鉛粉	水素	湿気
C.	二硫化炭素	空気	電気火花
D.	二酸化炭素	酸素	磁気
E.	硫化水素	窒素	放射線

☑　1．1つ　　　2．2つ　　　3．3つ　　　4．4つ　　　5．5つ

【問9】 燃焼が起こるときに必要な条件の組み合わせとして、次のA〜Eのうち誤っているものはいくつあるか。

A.	静電気火花	二硫化炭素	空気
B.	衝撃火花	過酸化カリウム	酸素
C.	酸化熱の蓄積	鉄粉	空気
D.	水	ナトリウム	酸素
E.	加熱	硝酸メチル	空気

☑ 1. 1つ　　　2. 2つ　　　3. 3つ　　　4. 4つ　　　5. 5つ

■ 正解＆解説……………………………………………………………………………………

問1…正解1

B.「分解反応」⇒「酸化反応」。

問2…正解1

A. 酸素の供給量が増加すると、有炎燃焼に拡大することがある。

B. 煙の発生量は、無炎燃焼の方が多い。煙の成分は、多くが燃焼物から分離した炭素（すす）である。有炎燃焼では燃焼温度が高く、炭素は二酸化炭素となるが、無炎燃焼では炭素が分離して煙となる。

E. 無炎燃焼では、不完全燃焼により毒性の高い一酸化炭素COが多く発生する。

問3…正解5

1.「無炎燃焼」は、炎が立たない燃焼で、線香やたばこが該当する。固体の可燃性物質特有の燃焼形態である。

4. アセチレンC_2H_2は、高圧下で空気または酸素と混合しなくても、火花、加熱、衝撃、摩擦などによって爆発的に自己分解（分解爆発）して、炭素と水素になることがある。

5. 一般に完全燃焼した酸化物は、それ以上、酸化反応が起きないため、可燃物とはならない。

問4…正解1

1. 燃焼には火炎を有する有炎燃焼と、火炎を有しない無炎燃焼がある。

3. 一酸化炭素は、空気中で点火すると青白い炎をあげて燃焼するため、可燃物に該当する。

4. 水は気化するとその体積が約1,650倍となる。水蒸気爆発は、閉鎖された空間などで、水蒸気の急激な膨張により体積が増大し、加圧状態となって爆発に至る現象である。物質の物理変化による爆発で、燃焼は伴わない。

（参考：ペットボトル500mLの水が気化すると、200Lのドラム缶4つに相当する体積になる）

5. 爆発には、気体や液体の膨張・相変化などの物理変化が圧力の発生源になる物理的爆発と、物質の分解・燃焼などの化学変化によって圧力が上昇する化学的爆発がある。

問5…正解2

B. 活性化エネルギーは、反応物を活性化状態にするのに必要な最小のエネルギーをいう。触媒を用いると、活性化エネルギーが小さくなることがよく知られている。活性化エネルギーと発熱量は、直接的な関係がない。

D. 熱伝導率の大きいものは、熱が周囲に広がり拡散するため、燃焼しにくい。熱伝導率の大きいものとして、銀 Ag や銅 Cu が挙げられる。

E. 「6. 燃焼範囲」199P 参照。

問6…正解2（A、E）

B. 噴霧状にすると、物質の表面積が増えることで酸素との接触面が増えるため燃焼しやすくなる。

C. 固体は、熱伝導率が小さいと熱を放熱しにくくなり熱を蓄積するため、着火しやすくなる。

D. 圧力を高くすると反応速度が速くなるため、燃焼しやすくなる。

問7…正解1（B）

B. 二酸化炭素 CO_2 や酸化鉄 Fe_2O_3 などの酸化物中の酸素であっても、燃焼に必要な酸化剤として使われることがある。例えば、マグネシウム Mg は二酸化炭素中でも燃焼する。$2Mg + CO_2 \longrightarrow 2MgO + C$。

第3章「7. 第2類危険物の品名ごとの事項　テルミット反応」388P 参照。

問8…正解1（C）

A. 可燃物となるものがない。

B. 亜鉛粉は第2類の危険物に該当する。酸素となるものがない。

C. 二硫化炭素は第4類の危険物に該当する。

D. 可燃物となるものがない。

E. 酸素となるものがない。硫化水素は、燃焼性の気体で燃焼すると二酸化硫黄 SO_2（亜硫酸ガス）を発生する。

問9…正解1（B）

A. 二硫化炭素は第4類の危険物に該当する。

B. 過酸化カリウムは第1類の危険物（不燃性）に該当する。可燃物となるものがない。

C. 鉄粉は第2類の危険物に該当する。酸化熱の蓄積により自然発火することがある。

D. ナトリウムは第3類の危険物に該当する。ナトリウムは水と反応して水素を発生し、この水素が反応熱で発火することがある。

E. 硝酸メチルは第5類の危険物に該当する。硝酸メチルは加熱すると爆発しやすい。

2 燃焼の区分

■気体の燃焼

◎可燃物を気体、液体、固体に区分すると、それぞれに応じた方法で燃焼する。

◎可燃性ガスは、空気とある濃度範囲で混合していないと燃焼しない。燃焼可能な**濃度範囲を燃焼範囲**という。

◎燃焼範囲内の可燃性ガスをつくるには、あらかじめ可燃性ガスと空気とを混合させておく方法と、燃焼の際に可燃性ガスを拡散させ空気と混合させる方法とがある。前者の方法による燃焼を**予混合燃焼**といい、後者の方法による燃焼を**拡散燃焼**という。

◎予混合燃焼では、炎が速やかに伝播して燃え尽きる。ただし、部屋などの空間に密閉されていると、温度及び圧力が急上昇して爆発を起こすことがある。また、拡散燃焼では可燃性ガスが連続的に供給されると、定常的な炎を出す燃焼となる。

■液体の燃焼

◎アルコールやガソリンなどの可燃性液体は、それ自身が燃えるのではなく、液体の蒸発によって生じた**蒸気**が着火して火炎を生じ、燃焼する。これを**蒸発燃焼**という。

◎従って、可燃性液体の取扱いの際には、蒸気の漏洩や滞留に充分注意しなければならない。

■固体の燃焼

◎固体の燃焼は、表面燃焼、蒸発燃焼、分解燃焼に分類できる。

◎**表面燃焼**は、可燃性固体が熱分解や蒸発を起こさず、固体のまま空気と接触している**表面が直接燃焼**するものである。**木炭、コークス**、金属粉などの燃焼が該当する。

　※**コークス**とは、石炭を高温で乾留（蒸し焼き）し、揮発分を除いた灰黒色で多孔質の固体。炭素を $70 \sim 90\%$ 含む。点火しにくいが、火をつければ無炎燃焼し、火力が強い。

◎**蒸発燃焼**は、可燃性固体を加熱したときに熱分解を起こさず、蒸発（昇華）した**蒸気が燃焼**するものである。**硫黄、ナフタレン**などの燃焼が該当する。

◎**分解燃焼**は、可燃性固体が加熱されて熱分解を起こし、**可燃性ガスを発生**させてそれが燃焼するものである。**木材、石炭、紙、プラスチック**などの燃焼が該当する。

◎**自己燃焼**は、分解燃焼のうち可燃性固体が内部に保有している**酸素**によって燃焼するものである。加熱・衝撃・摩擦等で爆発的に燃焼する。**内部燃焼**ともいう。**ニトロセルロース、セルロイド**、第5類の危険物などが該当する。

　※**ニトロセルロース**とは、セルロースの硝酸エステル。セルロースは分子式 $(C_6H_{10}O_5)n$ で表される鎖状高分子化合物である。ニトロ化で $-NO_2$ が化合する。硝化度の高いものは火薬、硝化度の低いものはフィルムなどとして使用する。

【問1】次のA～Eに掲げる物質とその主な燃焼形態について、正しいものの組み合わせはどれか。[★]

A. コークス、硫黄……………………… 表面燃焼
B. なたね油、木炭…………………… 蒸発燃焼
C. 硫黄、アセトアルデヒド……… 蒸発燃焼
D. 木材、プラスチック…………… 分解燃焼
E. ニトロセルロース、アセトン… 自己燃焼

☑ 1. AとB　　2. BとC　　3. CとD　　4. DとE　　5. AとE

【問2】次の物質とその通常の燃焼形態の組み合わせとして、誤っているものを2つ選びなさい。[編][★]

☑ 1. ガソリン、メタノール………… 蒸発燃焼
2. 硫黄、固形アルコール………… 蒸発燃焼
3. 石炭、ニトロセルロース……… 表面燃焼
4. ポリエステル、ポリスチレン… 分解燃焼
5. 木材、紙………………………… 分解燃焼
6. 鉄粉、コークス………………… 表面燃焼
7. 木炭、天然ガス………………… 分解燃焼

【問3】物質とその通常の燃焼形態の組み合わせとして、次のうち誤っているものはどれか。

☑ 1. 固形アルコール………… 表面燃焼
2. 木材…………………… 分解燃焼
3. コークス……………… 表面燃焼
4. ニトロセルロース……… 自己燃焼（内部燃焼）
5. ナフタレン…………… 蒸発燃焼

【問4】燃焼に関する一般的説明について、次のうち正しいものはどれか。[★]

☑ 1. 可燃性液体でも表面燃焼するものがある。
2. 固体の燃焼はすべて分解燃焼である。
3. すべての可燃物は、完全燃焼すると必ず二酸化炭素を発生する。
4. 表面燃焼とは、可燃性の物質の表面で熱分解や蒸発が起こり燃焼することをいう。
5. 分解燃焼のうち、その物質が含有する酸素により燃焼するものを自己燃焼という。

【問5】 燃焼の仕方と可燃物の組み合わせについて、次のうち誤っているものはどれか。[★]

☑ 1．液体や固体の可燃物から蒸発した可燃性蒸気が空気と混合して燃焼する場合、これを蒸発燃焼という。 …………………………… アルコール、硫黄の燃焼

2．固体の可燃物が加熱されて分解し、このとき発生する可燃性ガスが燃焼する場合、これを分解燃焼という。………………………… プラスチック、木材の燃焼

3．固体の可燃物が分解を起こさず、また可燃性ガスを発生することなく、その表面で酸素と反応して燃焼する場合、これを表面燃焼という。

………………………………………… 木炭、コークスの燃焼

4．可燃性ガスと空気あるいは酸素とが、あらかじめ燃焼に先立って一様に混合されて燃焼する場合、これを予混合燃焼という。

………………………… ガスこんろによる都市ガスの燃焼

5．燃焼に際して外部から酸素の供給を必要としない燃焼の場合、これを自己燃焼または内部燃焼という。…………………………… 黄リン、ナフタレンの燃焼

【問6】 燃焼の説明として、次のうち誤っているものはどれか。

☑ 1．蒸発燃焼とは、ガソリンなど、液体や固体の可燃物から蒸発した可燃性蒸気が、空気と混合して燃焼することをいう。

2．木炭の表面燃焼は、無炎燃焼である。

3．拡散燃焼とは、ろうそくが燃える場合のように可燃性ガスと空気が適切に混ざり合ったところから燃えていくものをいう。

4．アセチレンのように単一物質が分解して燃焼するのは、予混合燃焼である。

5．分解燃焼とは、木材など、固体の可燃物が加熱されて分解し、このとき発生した可燃性ガスが空気と混合して燃焼することをいう。

【問7】 燃焼の説明として、次のうち誤っているものはどれか。

☑ 1．ガソリン、軽油等は、主に加熱による分解で生じた気体が燃焼する。

2．木材、石炭等は、主に加熱による熱分解で生じた可燃性ガスが燃焼する。

3．木炭、コークス等は、空気と接触している表面が直接燃焼する。

4．固体のナフタレンは、昇華した蒸気が燃焼する。

5．固形アルコールは、固体から蒸発した蒸気が燃焼する。

■ 正解＆解説

問1…正解3

A. コークス………… 表面燃焼　　硫黄 …………… 蒸発燃焼
B. なたね油………… 蒸発燃焼　　木炭 …………… 表面燃焼
C. 硫黄……………… 蒸発燃焼　　アセトアルデヒド … 蒸発燃焼
D. 木材……………… 分解燃焼　　プラスチック ……… 分解燃焼
E. ニトロセルロース… 自己燃焼　　アセトン ………… 蒸発燃焼

問2…正解3＆7

3. 石炭……分解燃焼　　ニトロセルロース …… 自己燃焼
7. 木炭……表面燃焼　　天然ガス ………………… 気体の燃焼

問3…正解1

1. 固形アルコールは、固体から蒸発した蒸気が燃焼するため蒸発燃焼である。

問4…正解5

1. 液体の燃焼は、蒸発燃焼である。
2. 固体の燃焼には分解燃焼の他、表面燃焼、蒸発燃焼がある。
3. 可燃物は、完全燃焼すると全て二酸化炭素CO_2を発生するわけではない。炭素を含まない可燃物は、二酸化炭素を発生しない。
4. 表面燃焼とは、可燃性の物質の表面で熱分解や蒸発が起こらず、そのまま空気と接触している表面が直接燃焼することをいう。

問5…正解5

4. ガスこんろでは、可燃性ガスと空気（酸素）をあらかじめ混合し、これを火口から噴き出して燃焼させている。予混合燃焼は、安定した火炎をつくりやすい。
5. 黄リン及びナフタレンは蒸発燃焼である。

問6…正解4

4. アセチレンやエチレン等は、たとえ空気等の支燃性（助燃性）ガスが存在せず、単一成分であっても火花、加熱、衝撃、摩擦などにより分解爆発を起こす。予混合燃焼には該当しない。

問7…正解1

1. ガソリン、軽油などの可燃性液体は、それ自身が燃えるのではなく、液体の蒸発によって生じた蒸気に着火して火炎を生じ、燃焼する蒸発燃焼である。

3 比表面積

◎比表面積(ひひょう)は、単位質量当たりの表面積の総和をいう。単位は、主にm^2/kgを用いる。

◎比表面積は、粒子が細かくなるほど大きくなる。

◎粒子の体積をV、密度をρ、表面積をSとすると、単位質量当たりの比表面積Smは次のとおりとなる。

$$Sm = \frac{S}{\rho V}$$

◎球体の比表面積については、球体の表面積と体積を求める公式から、球体の直径をDとすると、次のとおりとなる。

$$Sm = \frac{6}{\rho D}$$

◎**球体の比表面積**は、密度が同じであれば**球体の直径に反比例**する。例えば、直径が10分の1になると、その比表面積は10倍となる。

▶▶▶ 過去問題 ◀◀◀

【問1】粒子の燃焼は、粒子表面での反応が基となるため、比表面積(単位質量当たりの表面積の総和)の大小が燃焼性に影響する。直径1cm(1×10^{-2}m)の球体を粉砕して直径1μm(1×10^{-6}m)の球状粒子にしたとすると、比表面積は何倍になるか。

☑ 1．10^2倍　　　2．10^3倍　　　3．10^4倍

　 4．10^6倍　　　5．10^8倍

【問2】粒子の燃焼は、粒子表面での反応が基となるため、比表面積(単位質量当たりの表面積の総和)の大小が燃焼性に影響する。密度が3×10^3kg/m³、1辺が1cm(1×10^{-2}m)の立方体Aと、同じ密度で1辺が1μm(1×10^{-6}m)の立方体Bの比表面積の組み合わせとして、次のうち正しいものはどれか。

	(Aの比表面積)	(Bの比表面積)
☑ 1．	0.1m²/kg	100m²/kg
2．	0.2m²/kg	200m²/kg
3．	0.2m²/kg	2,000m²/kg
4．	0.3m²/kg	300m²/kg
5．	0.3m²/kg	3,000m²/kg

問1…正解3

「球体の比表面積は、球体の直径に反比例する」ことを利用する。

球体の直径は、1×10^{-2}mから1×10^{-6}mへと、1×10^{-4}倍になっている。従って、球体の比表面積は1×10^{4}倍となる。

問2…正解3

密度の単位 kg/m^3（キログラム毎立方メートル）とは「1立方メートル（1辺が1mの立方体、正六面体ともいう）につき、1キログラムの密度」をいう。このため、立方体A及びBは、ともに正六面体である。

立方体Aの表面積と体積は次のとおり。

・立方体Aの表面積＝6面×$(10^{-2}$m$)^2 = 6 \times 10^{-4}$m^2
・立方体Aの体積＝$1 \times (10^{-2}$m$)^3 = 1 \times 10^{-6}$m^3

密度より、1m^{3}当たりの質量は3×10^3kgであることから、体積1×10^{-6}m^{3}当たりの質量は、$3 \times 10^3 \times 10^{-6}kg= 3 \times 10^{-3}$kgとなる。

立方体Aの表面積と質量から、その比表面積は次のとおりとなる。

$$立方体Aの比表面積 = \frac{6 \times 10^{-4}\text{m}^2}{3 \times 10^{-3}\text{kg}} = 2 \times 10^{-1}\text{m}^2/\text{kg} = 0.2\text{m}^2/\text{kg}$$

立方体Bの表面積と体積は次のとおり。

・立方体Bの表面積＝6面×$(10^{-6}$m$)^2 = 6 \times 10^{-12}$m^2
・立方体Bの体積＝$1 \times (10^{-6}$m$)^3 = 1 \times 10^{-18}$m^3

密度より、1m^{3}当たりの質量は3×10^3kgであることから、体積1×10^{-18}m^{3}当たりの質量は、$3 \times 10^3 \times 10^{-18}kg= 3 \times 10^{-15}$kgとなる。

立方体Bの表面積と質量から、その比表面積は次のとおりとなる。

$$立方体Bの比表面積 = \frac{6 \times 10^{-12}\text{m}^2}{3 \times 10^{-15}\text{kg}} = 2 \times 10^3\text{m}^2/\text{kg} = 2000\text{m}^2/\text{kg}$$

この問題は、$Sm = S/\rho V$ を利用して解くこともできる。

4 化学反応式 [Ⅰ]

■「mol（モル）」という単位

◎1 mol とは、炭素原子 12g に含まれる原子の数（6.02×10^{23}）を基準とし、これと同じ数の**原子や分子の集まり**をいう。すなわち、個数の単位のひとつである。また、6.02×10^{23} という数を**アボガドロ定数**という。

◎1 mol、すなわち 6.02×10^{23} 個当たりの原子や分子の質量を求めるには、単純にその原子量や分子量に g を付けるだけでよい。

◎たとえば、窒素分子 N_2 1 mol の質量は、$14 \times 2 = 28 \Rightarrow 28g$ であり、二酸化炭素 CO_2 1 mol の質量は、$12 + 16 \times 2 = 44 \Rightarrow 44g$ となる。

主な原子量	水素 H＝1	炭素 C＝12	窒素 N＝14	酸素 O＝16

■化学式と化学反応式

◎**化学式**は、元素記号を組み合わせて物質の構造を表示する式である。いくつかの表示方式がある。

◎**示性式**は、構造式を簡単にして官能基を明示した化学式である。分子式では構造に 2 つ以上の可能性が生じてしまう場合があるが、それを避けることができる。例えばエタノールの分子式は C_2H_6O であるが、示性式では C_2H_5OH と表現する。これにより、ジメチルエーテル CH_3OCH_3 の可能性が排除される。また、ジエチルエーテルの示性式は、$C_2H_5OC_2H_5$ となる。

名称	分子式	示性式	構造式
エタノール	C_2H_6O	C_2H_5OH	H H | | H－C－C－OH | | H H
ジメチルエーテル	C_2H_6O	CH_3OCH_3	H H | | H－C－O－C－H | | H H
ジエチルエーテル	$C_4H_{10}O$	$C_2H_5OC_2H_5$	H H H H | | | | H－C－C－O－C－C－H | | | | H H H H

◎**化学反応式**は、化学式を用いて化学変化の内容を表した式である。**反応物質**の化学式を左辺に、**生成物質**の化学式を右辺に書き、矢印（ ⟶ ）で結ぶ。

◎化学反応式では、左辺と右辺でそれぞれの原子数が等しくなるように化学式の前に係数を付ける。ただし、係数は最も簡単な整数比になるようにし、1 は省略する。

■アボガドロの法則

◎全ての気体は、同温同圧において同じ体積内に同数の分子を含むという法則である。

◎この法則に従って、標準状態（0℃・1気圧）における1molの気体の体積を調べると、22.4Lとなることが判明している。

```
▶▶▶ 過去問題 ◀◀◀
```

【問1】 アセトン（CH3COCH3）11.6gが完全燃焼するときに必要な空気の標準状態（0℃、1気圧（1.013×10^5Pa））における体積として、次のうち最も近いものはどれか。なお、空気中の酸素は体積の割合で20％を占めるものとし、原子量はH＝1、C＝12、O＝16とする。[★]

☑ 1．18L 　　2．20L 　　3．45L
　 4．90L 　　5．101L

【問2】 プロパンを完全燃焼させたとき水9gを生成した。ここのとき消費した酸素の量は、0℃、1気圧のとき何Lか。ただし、原子量は、H＝1、C＝12、O＝16とする。

☑ 1．5.6L 　　2．8.4L 　　3．11.2L
　 4．14.0L 　　5．16.8L

【問3】 プロパン（C3H8）4.4gを過不足なく完全燃焼させるのに必要な空気は、0℃、1.013×10^5Pa（1気圧）で何Lか。ただし、空気を窒素：酸素＝4：1の体積比の混合気体とし、原子量は、H＝1、C＝12、O＝16とする。

☑ 1．5.6L 　　2．11.2L 　　3．22.4L
　 4．44.8L 　　5．56.0L

【問4】 次の物質1molを完全燃焼させた場合、必要な酸素の量が最も多いものはどれか。[★]

☑ 1．アセトアルデヒド 　　2．メタノール
　 3．エタノール 　　　　　4．アセトン
　 5．酢酸

【問5】 気体状態の化合物1Lを完全燃焼させたところ、同温同圧の酸素4Lを消費した。この化合物に該当するものとして、次のうち正しいものはどれか。なお、いずれも理想気体として挙動するものとする。[★]

☑ 1．アセトン 　　2．ベンゼン 　　3．メタノール
　 4．プロパン 　　5．エチレン

【問6】 ベンゼン 39g が完全燃焼するために必要な空気量は、メタノール 32g が完全燃焼するために必要な空気量の何倍か。[★]

☑ 1．5.0倍　　　　2．2.5倍　　　　3．2.3倍
　　 4．1.2倍　　　　5．0.5倍

【問7】 プロパンが完全燃焼したときの化学反応式について、各係数（A）〜（C）の和として正しいものはどれか。

$$C_3H_8 + (A) O_2 \longrightarrow (B) CO_2 + (C) H_2O$$

☑ 1．8　　 2．10　　 3．12
　　 4．13　 5．14

【問8】 メタノール（CH_3OH）1 mol を完全燃焼させたとき、発生する二酸化炭素の体積として最も近いものはどれか。ただし、標準状態（0℃、1気圧（$1.013 \times 10^5 Pa$））で 1 mol の気体の体積は 22.4L とする。

☑ 1．22L　　　 2．34L　　　 3．45L　　　 4．56L　　　 5．67L

【問9】 硫黄 24g が完全燃焼するときに必要な空気の標準状態（0℃、1気圧（$1.013 \times 10^5 Pa$））における体積として、次のうち最も近いものはどれか。なお、空気中の酸素は体積の割合で 20％ を占めるものとし、原子量は H＝1、O＝16、S＝32 とする。

☑ 1．16.8L　　　 2．22.4L　　　 3．44.8L　　　 4．50.4L　　　 5．84.0L

【問10】 ブタン（C_4H_{10}）5.8g が完全燃焼するときに必要な空気の標準状態（0℃、1気圧（$1.013 \times 10^5 Pa$））における体積として、次のうち最も近いものはどれか。なお、空気中の酸素は体積の割合で 20％ を占めるものとし、原子量は H＝1、C＝12、O＝16 とする。

☑ 1．9.1L　　　 2．18.2L　　　 3．36.4L　　　 4．72.8L　　　 5．109.2L

【問11】 水（H_2O）54g に含まれる水素原子 H の物質量〔mol〕として、次のうち正しいものはどれか。

☑ 1．1 mol　　　 2．2 mol　　　 3．3 mol
　　 4．6 mol　　　 5．18mol

【問12】 C_nH_{2n+2} で表される炭化水素 1 モルが完全燃焼する際に、消費する酸素（O_2）のモル数を表す式として、次のうち正しいものはどれか。

☑ 1．n　　 2．n＋1　　 3．$\dfrac{3n+1}{2}$　　 4．n（2n＋2）　　 5．$\dfrac{2n+2}{n}$

【問 13】 3.0L の一酸化炭素と 6.0L の酸素を混合して完全燃焼させた。このとき、反応した酸素の体積及び反応後の気体の体積として、次の組合せのうち、正しいものはどれか。ただし、気体の体積は 0℃、1.013×10^5Pa（1 気圧）として計算すること。

		反応した酸素の体積	反応後の気体の体積
☑	1.	1.5L	3.0L
	2.	1.5L	7.5L
	3.	2.5L	3.0L
	4.	2.5L	7.5L
	5.	3.0L	9.0L

【問 14】 標準状態（0℃、1 気圧（1.013×10^5Pa））で 11.2L のメタン（CH_4）気体中に存在する炭素（C）原子と水素（H）原子の合計個数として、次のうち正しいものはどれか。アボガドロ数を 6.02×10^{23} 個とする。

☑ 1. 3.01×10^{23} 個　　　　2. 6.02×10^{23} 個

3. 9.03×10^{23} 個　　　　4. 15.05×10^{23} 個

5. 21.07×10^{23} 個

【問 15】 ある量の水がすべて水蒸気になるときの体積変化の倍率について、次のうち最も値が近いものはどれか。なお、水の密度は 1.0g/cm³ とし、水蒸気は標準状態（0℃、1 気圧（1.013×10^5Pa））とする。

☑ 1. 124 倍　　　2. 224 倍　　　3. 1,244 倍

4. 1,700 倍　　　5. 2,240 倍

■ 正解＆解説……………………………………………………………………………………………………

問1…正解4

　　　このパターンの計算問題では、物質の化学式と化学反応式を特定しないと、解くことができない。この問題では、アセトンの化学式が示されている。

　　完全燃焼時の化学反応式　　$CH_3COCH_3 + 4O_2 \longrightarrow 3CO_2 + 3H_2O$

　　アセトンの分子量は、$(12 + 3) \times 2 + 12 + 16 = 58$。58g が 1mol であることから、11.6g は 0.2mol となる。

化学反応式から、アセトン 1mol が完全燃焼するときに必要な酸素は 4mol である。

設問のアセトンは 0.2mol であることから、$0.2mol \times 4 = 0.8mol$ の酸素が必要となる。

1mol ⇒ 22.4L であることから、酸素の 0.8mol は、$0.8 \times 22.4L$ となる。

　　空気中に占める酸素の体積は 20％ であることから、$0.8 \times 22.4L$ の酸素を得るためには、その 5 倍の空気が必要となる。必要な空気の体積は、$5 \times 0.8 \times 22.4L = 89.6L$ となる。

問2…正解4

　　プロパンが完全燃焼したときの化学反応式は次のとおり。

　　　$C_3H_8 + 5O_2 \longrightarrow 3CO_2 + 4H_2O$

　　水 1mol は 18g であることから、9g の水は 0.5mol となる。0.5mol の水が生成
されたとき消費された酸素は 5 ／ 4 × 0.5mol ＝ 0.625mol。

$5O_2$	—	$4H_2O$
0.625mol	—	0.5mol

　　0.625mol の酸素の体積は 22.4L × 0.625 ＝ 14.0L。

問3…正解5

　　プロパンが完全燃焼したときの化学反応式は次のとおり。

　　　$C_3H_8 + 5O_2 \longrightarrow 3CO_2 + 4H_2O$

　　プロパン（C_3H_8）の分子量は、（12 × 3）＋（1 × 8）＝ 44。

　　プロパン 4.4g は 0.1mol となり、完全燃焼に必要な酸素の量は 0.5mol となる。

　　0.5mol の酸素の体積は、22.4L × 0.5mol ＝ 11.2L。

　　11.2L の酸素を得るためには 5 倍の体積の空気が必要となる。

　　必要な空気の体積は、11.2L × 5 ＝ 56.0L。

問4…正解4

　　1．アセトアルデヒド：$2CH_3CHO + 5O_2 \longrightarrow 4CO_2 + 4H_2O$　…酸素量2.5mol
　　2．メタノール　　　：$2CH_3OH + 3O_2 \longrightarrow 2CO_2 + 4H_2O$　　…酸素量1.5mol
　　3．エタノール　　　：$C_2H_5OH + 3O_2 \longrightarrow 2CO_2 + 3H_2O$　　…酸素量3 mol
　　4．アセトン　　　　：$CH_3COCH_3 + 4O_2 \longrightarrow 3CO_2 + 3H_2O$　…酸素量4 mol
　　5．酢酸　　　　　　：$CH_3COOH + 2O_2 \longrightarrow 2CO_2 + 2H_2O$　…酸素量2 mol

　　物質 1mol を完全燃焼させたとき、必要な酸素量（物質量）が最も多いのは、アセ
トンの 4 mol である。

問5…正解1

　　化学反応式から、化合物と酸素の比が 1 mol：4 mol の組み合わせを選ぶ。

　　1．アセトン　：$CH_3COCH_3 + 4O_2 \longrightarrow 3CO_2 + 3H_2O$　…化合物1：酸素4
　　2．ベンゼン　：$2C_6H_6 + 15O_2 \longrightarrow 12CO_2 + 6H_2O$　…化合物1：酸素7.5
　　3．メタノール：$2CH_3OH + 3O_2 \longrightarrow 2CO_2 + 4H_2O$　…化合物1：酸素1.5
　　4．プロパン　：$C_3H_8 + 5O_2 \longrightarrow 3CO_2 + 4H_2O$　…化合物1：酸素5
　　5．エチレン　：$C_2H_4 + 3O_2 \longrightarrow 2CO_2 + 2H_2O$　…化合物1：酸素3

問6…正解2

　　ベンゼンとメタノールの化学反応式及び分子量は次のとおり。

　　・ベンゼン　$2C_6H_6 + 15O_2 \longrightarrow 12CO_2 + 6H_2O \Rightarrow C_6H_6 \cdots 12 × 6 + 6 = 78$
　　・メタノール　$2CH_3OH + 3O_2 \longrightarrow 2CO_2 + 4H_2O \Rightarrow CH_3OH \cdots 12 + 3 + 16 + 1 = 32$

　　ベンゼン 1mol は 78g だが、完全燃焼したのは 39g ⇒ 0.5mol。必要な酸素量は
$15O_2$ の半分の $7.5O_2 \Rightarrow 7.5 × 0.5mol = 3.75mol$ となる。

一方、メタノール32gは1molで、必要な酸素量は3O2の半分の1.5O2⇒1.5×1 mol＝1.5molとなる。

求める値…ベンゼンの必要酸素量／メタノールの必要酸素量＝3.75mol／1.5mol ＝2.5。倍数を求めることから、「必要酸素量」のままで計算してよい。

問7…正解3

プロパンの炭素原子3個に注目すると、B＝3となる。

プロパンの水素原子8個に注目すると、C＝4となる。

右辺の酸素原子数＝3×2＋4×1＝10個となることから、A＝5となる。従って、A＋B＋C＝5＋3＋4＝12となる。

問8…正解1

完全燃焼時の化学反応式　$2CH_3OH + 3O_2 \longrightarrow 2CO_2 + 4H_2O$

化学反応式から、2molのメタノールの完全燃焼で2molの二酸化炭素が生成していることがわかる。

気体1molの体積は22.4Lであることから、発生する二酸化炭素1molの体積は22.4Lとなり、最も近いものは22Lとなる。

問9…正解5

化学反応式　$S + O_2 \longrightarrow SO_2$　から1molの硫黄と1molの酸素が反応していることがわかる。

硫黄1molの質量は32gであることから24gは、24÷32＝0.75molとなり、その硫黄に対する酸素も0.75mol必要となる。

酸素の体積は22.4L×0.75＝16.8Lであるが、空気の体積を求めるため5倍にすると16.8L×5＝84.0Lとなる。

問10…正解4

化学反応式　$2C_4H_{10} + 13O_2 \longrightarrow 8CO_2 + 10H_2O$

上記から2molのブタンと13molの酸素が反応していることがわかる。

ブタン1molの質量は(12×4)＋(1×10)＝58gであることから、5.8g＝0.1molのブタンが燃焼したことになる。

化学反応式からブタン1molに対して酸素は6.5mol必要となることから、0.1molのブタンに対して酸素は0.65mol必要となる。

酸素の体積は22.4L×0.65＝14.56Lであるが、空気の体積を求めるため5倍にすると14.56L×5＝72.8Lとなる。

問11…正解4

水〔H_2O〕の分子量は（1×2）＋16＝18となるため、水54gは54／18＝3 molとなる。

1つの水分子中には2個の水素原子がある。よって、水分子3molに含まれる水素原子の物質量は、3mol×2＝6molである。

問12…正解3

n＝1のメタン、n＝2のエタン、n＝3のプロパンについて、燃焼の化学反応式を考える。

$CH_4 + 2O_2 \longrightarrow CO_2 + 2H_2O$

$2C_2H_6 + 7O_2 \longrightarrow 4CO_2 + 6H_2O$

$C_3H_8 + 5O_2 \longrightarrow 3CO_2 + 4H_2O$

酸素分子の係数はn＝1のとき「2」、n＝2のとき「3.5」、n＝3のとき「5」となる。これに適合する計算式を選択する。

炭化水素の化学反応式から、直接、酸素分子の係数を求めることもできる。

$CnH_{2n+2} + \Box O_2 \longrightarrow \Box CO_2 + \Box H_2O$

右辺の二酸化炭素の係数は、Cに注目すると「n」となる。また、右辺の水分子の係数は、H_2に注目すると（2n＋2）／2＝「n＋1」となる。右辺のO原子の総数は、2n＋n＋1＝3n＋1となる。従って、左辺のO_2分子の係数は、（3n＋1）／2となる。

問13…正解2

$2CO + O_2 \longrightarrow 2CO_2$

3.0Lの一酸化炭素と反応するのは、1.5Lの酸素となる。従って、酸素は6.0L－1.5L＝4.5L残ることになる。また、反応により生じた二酸化炭素は3.0Lとなる。

反応前の気体の体積		反応後の気体の体積
▪一酸化炭素……3.0L ▪酸素…………6.0L	⇒	▪二酸化炭素……3.0L ▪酸素…………4.5L

問14…正解4

気体の標準状態（0℃、1気圧（$1.013 \times 10^5 Pa$））の体積は1mol当たり22.4Lのため、11.2Lのメタンは0.5molとなる。1molは6.02×10^{23}個のため、0.5molの場合は3.01×10^{23}個となる。メタン分子1個当たり炭素原子は1個、水素原子は4個である。従ってメタン0.5mol中の炭素原子と水素原子の合計個数は、$1 \times 3.01 \times 10^{23}$個＋$4 \times 3.01 \times 10^{23}$個＝$5 \times 3.01 \times 10^{23}$個＝$15.05 \times 10^{23}$個となる。

問15…正解3

水1gが全て水蒸気になった場合を想定する。

水1gの物質量（mol）を求める。水H_2Oの分子量は、2＋16＝18となる。従って、水1gの物質量＝（1／18）molとなる。水蒸気1molは22.4Lであることから、水（1／18）molが全て水蒸気となった場合、その体積は22.4L×（1／18）＝1.2444…Lとなる。

水1gの体積は$1cm^3＝1mL＝1 \times 10^{-3}L$となる。

$$[水1gの体積変化の倍率] = \frac{1.2444\cdots L}{1 \times 10^{-3}L} = 1244.4\cdots \Rightarrow 約1244倍$$

5 化学反応式 [Ⅱ]

【問1】 過酸化水素水 136g が完全に水と酸素に分解した。この発生した酸素を捕集したところ、0℃、1.013×10^5Pa（1 気圧）で 22.4L であった。この過酸化水素水中の過酸化水素の質量パーセント濃度は、次のうちどれか。なお、過酸化水素の分子量は、34 とする。[★]

☑ 1．12.5%   2．25.0%   3．50.0%
　 4．75.0%   5．100.0%

【問2】 過塩素酸 201kg から過塩素酸ナトリウム 245kg を生成するのに必要な炭酸ナトリウムの量として、次のうち正しいものはどれか。なお、原子量は H = 1、C = 12、O = 16、Na = 23、Cl = 35.5 とする。[★]

☑ 1．53kg   2．106kg   3．201kg
　 4．212kg   5．424kg

【問3】 消火剤として使用される炭酸水素ナトリウム 42g が熱分解して炭酸ナトリウムを生成したとき、同時に生じた二酸化炭素の 0℃、1.013×10^5Pa（1 気圧）における体積の値として、次のうち正しいものはどれか。なお、ナトリウムの原子量は 23 とする。

☑ 1．5.6L   2．11.2L   3．16.8L
　 4．22.4L   5．44.8L

■ 正解&解説……………………………………………………………………………………

問1…正解3

　　過酸化水素の化学反応式：$2H_2O_2 \longrightarrow 2H_2O + O_2$

　　発生した酸素の体積が 22.4L であることから、酸素 1mol が発生していることになる。化学反応式から、酸素 1mol を発生させるためには、2mol の過酸化水素が必要となる。過酸化水素 H_2O_2 の分子量は $2 + 16 \times 2 = 34$ であり、2mol は 68g となる。過酸化水素水 136g 中に 68g の過酸化水素が含まれていることになる。過酸化水素水の質量パーセント濃度は、（68g ／ 136g）× 100% ＝ 50% となる。

問2…正解2

　　$2HClO_4 + Na_2CO_3 \longrightarrow 2NaClO_4 + H_2O + CO_2$

　　過塩素酸の式量は $1 + 35.5 + 16 \times 4 = 100.5$ であることから、201kg は 2kmol（2,000mol）となる。また、過塩素酸ナトリウムの式量は $23 + 35.5 + 16 \times 4 = 122.5$ であることから、245kg は 2kmol となる。化学反応式より、2mol の過塩素

酸と1molの炭酸ナトリウムから、2molの過塩素酸ナトリウムを生成させることが
できる。従って、求める炭酸ナトリウムの量は1kmolとなる。その式量は 23×2＋
12＋16×3＝106 であることから、1kmol＝106kgとなる。

問3…正解1

$$2NaHCO_3 \longrightarrow Na_2CO_3 + CO_2 + H_2O$$

$NaHCO_3$の分子量は、23＋1＋12＋（16×3）＝84。42gは0.5molとなる。

0.5molの炭酸水素ナトリウムが熱分解すると、0.25molの二酸化炭素が生じる。

0.25molの気体の体積は、0.25×22.4L＝5.6Lとなる。

6 燃焼範囲

■燃焼範囲とは

◎**燃焼範囲**とは、空気中において**燃焼**することができる**可燃性蒸気の濃度範囲**をいう。可燃性蒸気を空気と混合したとき、その混合気中に占める可燃性蒸気の容量（体積）%で表す。なお、「燃焼」に対しては燃焼範囲というが、対象が「爆発」である場合は爆発範囲という。

◎単位の vol%は、**容量（体積）百分率**を表している。vol は volume（容量、書物の巻、音量などの意味）の略である。

◎燃焼限界とは燃焼範囲の**限界濃度**のことをいう。また、濃い方を**上限界**、薄い方を**下限界**という。

◎燃焼範囲の下限界に相当する濃度の蒸気を発生するときの液体の温度を**引火点**という。

▶燃焼範囲（爆発範囲）と引火点の例

気体（蒸気）	vol％	引火点
ガソリン	1.4～7.6	－40℃以下
灯油	1.1～6.0	40℃
二硫化炭素	1.3～50	－30℃
ジエチルエーテル	1.9～36.0	－45℃
水素	4.0～75	

◎ガソリンの爆発範囲は1.4～7.6vol%となっている。従って、ガソリンエンジンでは混合気のガソリン蒸気濃度が1.4～7.6vol%であるときに爆発（燃焼）し、下限値未満の薄い濃度や上限値超の濃い濃度では爆発（燃焼）が起こらないことになる。

◎**燃焼範囲**は、その物質の種類により異なる。更に、同じ種類の物質であっても、**測定条件**（着火源、容器の形状、温度、圧力など）によって**変化**する。一般に、**温度**及び**圧力**が高くなるに従い、燃焼範囲は広がり、特に上限値の広がりが著しい。

【問1】 可燃性ガスと空気の混合気体の燃焼範囲の説明として、次のうち誤っているものはどれか。

☑ 1．点火源に近づけ、混合気体が燃焼するときの可燃性ガスの濃度範囲をいう。

2．可燃性ガスの種類により異なる。

3．同じ可燃性ガスでも、温度が高くなると、燃焼下限界の値は大きくなる。

4．同じ可燃性ガスでも、圧力により異なる。

5．燃焼上限界の値が100vol％のものがある。

【問2】 次の文の（ ）内のA～Cに当てはまる語句の組み合わせとして、正しいものはどれか。[★]

「一般に引火点とは、可燃性液体の液面近くに、引火するのに十分な濃度の蒸気を発生する液面の最低温度である。したがって、引火点は、空気との混合ガスの（A）と密接な関係をもっている。可燃性液体は、その温度に相当する一定の（B）を有するので、液面付近では、（B）に相当する（C）がある。」

	（A）	（B）	（C）
☑ 1．	燃焼下限界	蒸気圧	燃焼範囲
2．	燃焼上限界	蒸気圧	燃焼範囲
3．	燃焼下限界	蒸気圧	蒸気濃度
4．	燃焼上限界	沸点	蒸気濃度
5．	燃焼下限界	沸点	燃焼範囲

【問3】 次の燃焼範囲のガソリンを50Lの空気と混合させ、その均一な混合気体に点火したとき、A～Eのうち、燃焼可能な蒸気量の組み合わせはどれか。

燃焼下限界……1.4vol％	燃焼上限界……7.6vol％

A．1L B．3L C．5L D．10L E．15L

☑ 1．AとB 2．AとE 3．BとC 4．CとD 5．DとE

■ **正解＆解説**‥‥‥‥‥‥‥‥‥‥‥‥‥‥‥‥‥‥‥‥‥‥‥‥‥‥‥‥‥‥‥‥‥‥‥‥‥‥

問1…正解3

3．同じ可燃性ガスでも、温度が高くなると、燃焼下限界の値は小さくなる。

4．一般に、温度や圧力が高くなると燃焼範囲は広くなる。

5．酸化エチレン C_2H_4O は、燃焼上限界の値が100vol％である。分解爆発性を有しており、分解爆発すると CO と CH_4 に分解する。また、アセチレン C_2H_2 も分解爆発性がある。

問2…正解3

問3…正解1

    A．濃度＝（1L／（50L＋1L））×100%≒1.96%　⇒燃焼する

    B．濃度＝（3L／（50L＋3L））×100%≒5.66%　⇒燃焼する

    C．濃度＝（5L／（50L＋5L））×100%≒9.09%　⇒燃焼しない

    D．濃度＝（10L／（50L＋10L））×100%≒16.67%　⇒燃焼しない

    E．濃度＝（15L／（50L＋15L））×100%≒23.08%　⇒燃焼しない

7 主な引火性液体の性状

■比　重

◎固体または液体の比重は、**水を基準**としたとき、その物質の密度と水の密度との比をいう。水の密度はおよそ1g/cm³であるが、気圧と温度で多少変化する。そこで、比重の算出にあたっては、1気圧・4℃の水を標準としている。

◎比重が1よりも大きい物質は水に入れると沈み、1よりも小さい物質は水に入れると浮く。比重1.3の二硫化炭素（CS₂）は水に沈み、比重約0.7のガソリンは水に浮く。

■蒸気比重

◎比重が水を基準としているのに対し、蒸気比重は**空気を基準**としたとき、その物質の気体または蒸気の密度との比をいう。ただし、空気は0℃、1気圧を標準としている。

◎蒸気比重が1よりも大きい蒸気（気体）は空気中に放出すると**低所に移動**し、1よりも小さい蒸気（気体）は高所に移動する。蒸気比重3〜4のガソリン蒸気や蒸気比重4.5の灯油蒸気は、低所に滞留するため相応の配慮が必要となる。

◎蒸気比重は、蒸気または気体の分子量から算出することができる。

◎空気は気体の混合物で、窒素（N₂：分子量14×2＝28）約8割、酸素（O₂：分子量16×2＝32）約2割の構成となっている。従って空気の分子量は、28×0.8＋32×0.2≒**29**とみなすことができる。

◎たとえば一酸化炭素（CO）は、分子量12＋16＝28で蒸気比重がほぼ1となることから、火災が発生している建物内ではまんべんなく充満することになる。また、天然ガス燃料の主成分であるメタン（CH₄）は分子量が12＋4＝16となり、蒸気比重は16÷29≒0.55となる。1より大幅に小さいため、大気中に放出されてもすぐに上方に拡散し、危険性は低い。

■沸　点

◎液体を加熱していくと、気泡が液体内部から発生し、液体の温度はそれ以上、上昇しなくなる。この現象を「沸騰」といい、このときの温度を**沸点**という。液体内部から発生している気泡は、その物質の蒸気（気体）である。

◎沸点は物質の種類と気圧によって変化し、標準大気圧（1気圧）のときの沸点を標準沸点と呼ぶ。一般に、沸点とは「標準沸点」を指す。

◎液体を沸点まで加熱したとき、液体の蒸気圧（※）は**標準大気圧と等しくなる**。
　※「13. 物質の三態　■蒸気圧」239P 参照。

■引火点と燃焼点

◎引火点は、次の2つの定義がある。

> ①空気中で点火したとき、可燃性液体が**燃え出すのに必要な濃度の蒸気**を液面上に発生する**最低の液温**。
> ②可燃性液体が燃焼範囲の**下限値の濃度の蒸気**を発生するときの液体の温度。

◎固体にも引火するものがある。昇華あるいは熱分解により可燃性ガスを発生している固体の表面に着火源を近づけたとき、引火する固体の**最低温度を引火点**という。

◎可燃性液体の温度がその引火点より高い状態では、点火源により引火する危険性がある。

◎**燃焼点**とは、**燃焼を継続**させるのに必要な可燃性蒸気が供給される温度をいう。燃焼点は引火点より数℃高い。引火点では燃焼を継続することができない。

■発火点

◎**発火点**とは、可燃性物質を空気中で加熱したとき、他から火源を与えなくても自ら**燃焼を開始する最低温度**をいう。

◎ガソリンの場合、引火点は－40℃以下で、発火点は約300℃である。また、灯油の場合、引火点は40℃以上で、発火点は約220℃である。

◎発火点は、測定条件や測定方法によって大きな差があり、物質固有の定数とはいえない。固体及び液体の場合、着火温度ともいう。

【問1】燃焼に関する次の記述のうち、正しいものはどれか。

☑ 1．可燃性の液体を空気中で加熱したとき、着火源なしで燃焼が起こる温度のことを引火点という。

2．燃焼範囲の下限界が低いもの、または燃焼範囲の広いものは危険性が高い。

3．可燃性の液体を空気中で加熱したとき、着火源により発炎し、継続して燃え続ける液体の最低温度のことを発火点という。

4．物質1gの温度を1℃上げるのに必要な熱量のことを燃焼熱という。

5．可燃性液体の蒸気が発生し、火源があれば燃焼を始める最低の温度を、燃焼範囲の上限界という。

【問2】引火に関する説明として、次のうち誤っているものはどれか。

☑ 1．可燃性液体の表面に口火を近づけたとき、炎を発して燃えはじめる現象は、引火である。

2．引火点は、主として液体の引火性を判断するための数値として重要である。

3．昇華あるいは熱分解により可燃性ガスを発生している固体の表面に口火を近づけたとき、炎を発して燃えはじめる現象は、引火である。

4．引火点は、燃焼点ともいい、可燃物の表面上に、口火によって燃えることができる蒸気が生じるときの、物質の最低温度をいう。

5．可燃性ガスの供給速度が小さい場合には、引火した後であっても表面上の可燃性ガスが燃え尽きてしまえば火が消えることもある。

【問3】次の性状を有する引火性液体についての説明として、正しいものはどれか。

沸点…56.5℃	液体の比重…0.8	燃焼範囲…6.0 ～ 36vol％
引火点…11℃	発火点…385℃	蒸気比重…1.1

☑ 1．この液体2kgの体積は、1.6Lである。

2．密閉容器中で引火するのに十分な濃度の蒸気を液面上に発生する液温は、6.0～36℃である。

3．発生する蒸気の重さは、水蒸気の1.1倍である。

4．液温が56.5℃まで加熱されると液体の蒸気圧は標準大気圧と等しくなる。

5．炎を近づけても、液温が385℃になるまでは燃焼しない。

【問4】 次の性状を有する引火性液体についての説明として、正しいものはどれか。

[★]

沸点…80℃	液体の比重…0.88	蒸気の燃焼範囲…1.2 ～ 8.0vol％
引火点…－11℃	発火点…500℃	蒸気比重…2.77

☑ 1．引火するのに十分な濃度の蒸気を液面上に発生する液温は、－11℃未満である。

2．発生する蒸気の重さは、水蒸気の2.77倍である。

3．炎を近づけても、液温が500℃になるまでは燃焼しない。

4．この液体2kgの体積は、1.76Lである。

5．液温が80℃まで加熱されるとその蒸気圧は標準大気圧と等しくなる。

【問5】 ガソリン、灯油等の引火性液体の燃焼点、引火点及び発火点について、その温度の高低を同一物質で比較すると、次のどれに該当するか。

☑ 1．燃焼点　＜　発火点　＜　引火点

2．発火点　＜　引火点　＜　燃焼点

3．燃焼点　＜　引火点　＜　発火点

4．引火点　＜　燃焼点　＜　発火点

5．引火点　＜　発火点　＜　燃焼点

■ 正解＆解説……………………………………………………………………………

問1…正解2

1．可燃性の液体を空気中で加熱したとき、着火源なしで燃焼が起こる温度のことを発火点という。

3．可燃性の液体を空気中で加熱したとき、着火源により発炎し、継続して燃え続ける液体の最低温度のことを燃焼点という。

4．物質1gの温度を1℃上げるのに必要な熱量のことを比熱という。「1．燃焼の化学　■燃えやすい要素」179P参照。

5．可燃性液体の蒸気が発生し、火源があれば燃焼を始める最低の温度を、引火点（燃焼範囲の下限界）という。

問2…正解4

4．引火点と燃焼点は異なるものである。燃焼点とは、燃焼を継続させるのに必要な可燃性蒸気が供給される温度をいい、引火点より数℃高い。

5．可燃性ガスの供給が燃焼範囲の下限界を下回ると、燃焼を継続することができないため火は消える。

問3…正解4

1．比重が0.8であることから、1L当たりの質量は約0.8kgである。この液体2kgの体積は、約2.5L（2／0.8）である。

2．引火するのに十分な濃度の蒸気を液面上に発生する液温は、11℃以上である。

3．発生する蒸気の重さは、空気の1.1倍である。

5．炎を近づけても、液温が11℃になるまでは燃焼しない。

問4…正解5

1．引火するのに十分な濃度の蒸気を液面上に発生する液温は、−11℃以上である。

2．発生する蒸気の重さは、空気の2.77倍である。

3．炎を近づけても、液温が−11℃になるまでは燃焼しない。

4．この液体2kgの体積は、約2.3L（2／0.88）である。

問5…正解4

4．燃焼点は、引火点よりわずかに高い。引火点＜燃焼点＜発火点。

8 混合ガスの燃焼下限界

■混合ガスの燃焼下限界

◎可燃性の混合ガスにおける燃焼下限界の算出には、「ルシャトリエの法則」が用いられる。これは、化学平衡に関する「ルシャトリエの原理」（300P 参照）とは全くの別物である。

◎可燃性ガスA、Bの燃焼下限界をXa（％）、Xb（％）とすると、混合ガスの燃焼下限界Xm（％）は、次の式から求めることができる。ただし、na、nbは可燃性ガスA、Bのモル分率または体積割合（合計は1となる）とする。

$$\frac{1}{Xm} = \frac{na}{Xa} + \frac{nb}{Xb}$$

※モル分率とは、濃度の単位の1つで、濃度を特定の成分の物質量と全体の物質量の比で表したもの。

◎例えば、燃焼下限界が10％のAと5％のBを、体積比1：1で混合したガスの燃焼下限界は次のとおりとなる。

$$\frac{1}{Xm} = \frac{0.5}{10\%} + \frac{0.5}{5\%} = \frac{0.5 + 1.0}{10\%} = \frac{1.5}{10\%}$$

$$\Rightarrow Xm = 10\% / 1.5 = 6.6\cdots\%$$

▶▶▶ 過去問題 ◀◀◀

【問1】 メタン（燃焼下限界5vol％）とエタン（燃焼下限界3vol％）2つの可燃性ガスを体積比1：4の割合で混合したとき、その混合ガスの燃焼下限界の値はルシャトリエの法則から求めると、次のうちどれか。

☑ 1．約2.7vol％　　　2．約3.3vol％　　　3．約4.0vol％

4．約4.4vol％　　　5．約8.5vol％

【問2】ルシャトリエの法則によると、A、B 2つの可燃性蒸気について、単独のときの燃焼範囲の下限界をそれぞれ Xa vol％、Xb vol％とすると、これらの混合蒸気の燃焼範囲の下限界の値 Xm vol％は、次の式で求めることができる。（na、nb は、A、Bのモル分率）

$$Xm = \frac{1}{(na / Xa) + (nb / Xb)}$$

今、$Xa = 1.0$、$Xb = 4.0$ とし、AとBをモル比1：3の割合で混合すると、混合蒸気の燃焼範囲の下限界は、次のうちどれになるか。

☑ 1．約0.4vol％　　　2．約0.6vol％　　　3．約1.8vol％

　　4．約2.3vol％　　　5．約2.8vol％

■ 正解＆解説 ……………………………………………………………………………

問1…正解2

　　可燃性ガスA、Bの燃焼下限界を Xa、Xb とすると、混合ガスの燃焼下限界 Xm は次のとおりとなる（ルシャトリエの法則から導くことができる）。ただし、na、nb は可燃性ガスA、Bの体積割合とする。また、燃焼下限界の単位はvol％とする。

　　また、体積割合は体積比が1：4であることから、メタン（1／5）＝0.2、エタン（4／5）＝0.8となる。

$$\frac{1}{Xm} = \frac{na}{Xa} + \frac{nb}{Xb} = \frac{0.2}{5} + \frac{0.8}{3}$$

$$= \frac{0.6 + 4.0}{15} = \frac{4.6}{15} \Rightarrow Xm = 15\text{vol}\% / 4.6 = 3.26\cdots \Rightarrow 約3.3\text{vol}\%$$

なお、式は次のように変形することもできる。

$$\frac{1}{Xm} = \frac{na}{Xa} + \frac{nb}{Xb} \Rightarrow Xm = \frac{1}{(na / Xa) + (nb / Xb)}$$

問2…正解4

　　ルシャトリエの法則から、可燃性蒸気AとBの混合気の燃焼下限界を計算する。

　　AとBはモル比で1：3の割合であることから、モル分率 na ＝（1mol／4mol）＝0.25、モル分率 nb ＝（3mol／4mol）＝0.75となる。

$$Xm = \frac{1}{\dfrac{0.25}{1\text{vol}\%} + \dfrac{0.75}{4\text{vol}\%}} = \frac{4\text{vol}\%}{0.25 \times 4 + 0.75}$$

$$= \frac{4\text{vol}\%}{1.75} \Rightarrow 2.28\cdots \Rightarrow 約2.3\text{vol}\%$$

206

9 自然発火と粉じん爆発

■自然発火における熱の発生機構

◎自然発火は、点火源がない状態、または可燃物が加熱されていない状態であっても、物質が常温の空気中で自然に発熱し、その熱が長時間蓄積されることで発火点に達し、燃焼を起こす現象である。

◎熱が発生する機構として、酸化による発熱、化学的な分解による発熱、発酵による発熱、吸着による発熱などがある。

◎発熱の機構ごとに、発熱する物質をまとめると、次のとおりである。

> ①**酸化**による発熱 … **乾性油、原綿、石炭、ゴム粉、鉄粉、亜鉛粉**など。
>
> ②**分解**による発熱 … **セルロイド、ニトロセルロース**（第5類の危険物）など。
>
> ③**発酵**による発熱 … 堆肥、ゴミ、ゴミ固形化燃料、**干し草**、干しわらなど。
>
> ④**吸着**による発熱 … **活性炭**、木炭粉木（脱臭剤）など。
>
> ⑤その他の発熱 …… **重合反応熱**（例1：エチレン C_2H_4 がポリエチレンに重合、例2：アクリロニトリル CH_2CHCN がポリアクリロニトリルに重合）

■乾性油

◎動植物油類（第4類の危険物）の自然発火は、油類が空気中で酸化され、その**酸化熱が蓄積**されることで発生する。

◎この油類の酸化は、**乾きやすいもの**ほど起こりやすい。乾性油は乾きやすく、空気中で徐々に酸化して固まる。

◎乾性油は、その分子内に不飽和結合（C＝C）を数多くもつ。この炭素間の二重結合に酸素原子が容易に入り込むことで、**酸化熱を発生**する。

◎**アマニ油**は、アマの種子から絞った乾性油で、**塗料・ワニス・印刷インキ**などに使われる。酸化熱が大きい。

◎**ヨウ素価**は、油脂100gが吸収するヨウ素のグラム数で、不飽和結合がより多く存在する油脂ほど、この値が大きくなり、**不飽和度**が高い。ヨウ素価100以下を不乾性油、100〜130を半乾性油、130以上を乾性油という。

▶乾性油の種類とヨウ素価

▪ 乾性油（ヨウ素価 130 以上）：空気中で完全に固まる油
アマニ油、キリ油、べに花油、ヒマワリ油、ケシ油、イワシ油など
▪ 半乾性油（ヨウ素価 100 〜 130）：空気中で反応し、流動性は低下する
ナタネ油、**ゴマ油**、綿実油、コーン油、**大豆油**、**ニシン油**など
▪ 不乾性油（ヨウ素価 100 以下）：空気中で固まらない油
ヤシ油、**オリーブ油**、**ヒマシ油**、ツバキ油、パーム油など

■可燃性粉体のたい積物

◎粉体とは、固体微粉子の集合体をいう。

◎可燃性の粉体として、セルロース、コルク、粉ミルク、砂糖、エポキシ樹脂、ポリエチレン、ポリプロピレン、活性炭、木炭、アルミニウム、マグネシウム、鉄などがある。

◎これらのたい積物は、空気の湿度が高く、かつ含水率（がんすいりつ）が大きいほど、発熱と蓄熱が進み、自然発火に至ることが多い。

■粉じん爆発

◎粉じん爆発は、可燃性の固体微粒子が空気中に浮遊しているときに起きる爆発である。

◎最小着火エネルギーは、ガス爆発より粉じん爆発の方が大きく、着火しにくい特性がある。

◎しかし、爆発時に発生するエネルギーはガス爆発より粉じん爆発の方が数倍大きい。

◎粉じん爆発は、爆発時に周囲にたい積している粉じんを舞い上がらせるため、次々に爆発的な燃焼が持続する。また、粉じんが燃えながら飛散するため、周囲の可燃物に飛び火する危険性がある。

◎有機化合物による粉じん爆発では、不完全燃焼を起こしやすい。このため、一酸化炭素 CO が大量に発生することがある。

◎粉じんの粒子が大きい場合、空気中に浮遊しにくいため、爆発の危険性は小さくなる。また、開放された空間では粉じんが拡散するため、爆発が起こりにくい。

◎粉じん爆発が起こりやすい条件は次のとおりである。

> ①粒子が細かいとき
> ②空気中で粒子と空気がよく混ざり合っているとき
> ③空間中に浮遊する粉じんの濃度が一定の範囲内にあるとき
> 　（濃度が濃すぎても薄すぎても、爆発は起こらない）

■自然発火性物質

◎第3類の危険物である黄リンは、非常に反応性に富み、酸素と反応したときの活性化エネルギーが極めて小さく、熱に不安定で、空気との接触でただちに発火する物質である。

◎同類の危険物であるカリウムやナトリウムは自然発火性と禁水性の両方の特性を有する物質である。反応性が高く、20℃でも水と激しく反応して発熱し、水素を発生して燃焼・爆発のおそれがある。また、空気中の水分でも反応し、燃焼・爆発のおそれがある。

【問1】屋内に貯蔵されている油を含んだぼろ布、天ぷらの揚げかす、ゴムや金属の粉末等の可燃性物質の自然発火が最も起こりにくい条件は、次のうちどれか。[★]

☑ 1．気温や可燃性物質の温度が高いとき。
2．可燃性物質が多量に保管されているとき。
3．可燃性物質が粉末状で、空気との接触面積が大きいとき。
4．通風が良く、空気が乾燥しているとき。
5．可燃性物質が酸化または分解を起こしやすい物質であるとき。

【問2】有機物などが空気中において自然に発熱し、その熱が蓄積されて発火する危険が大きくなる条件について、次のうち誤っているものはどれか。

☑ 1．熱伝導率が小さいこと。
2．空気との接触面積が大きいこと。
3．発熱速度が温度とともに大きくなること。
4．周囲の温度が高いこと。
5．空気の流通量が大きいこと。

【問3】物質が自然発火する主な原因として、次のうち妥当でないものはどれか。

☑ 1．アクリロニトリル…… 重合熱
2．活性炭………………… 吸着熱
3．亜鉛粉………………… 分解熱
4．干し草………………… 発酵熱
5．あまに油……………… 酸化熱

【問4】乾性油について、次のうち正しいものはどれか。

☑ 1．空気中に放置した場合に、樹脂に似た固体となる油である。
2．空気中に放置した場合に、揮発してなくなる油である。
3．アルカリを加えて分解した油である。
4．ニッケルを触媒にして水素を高温で吹き込んで固まらせる油である。
5．石炭乾留で得られる固体のパラフィン類である。

【問5】油脂の不飽和の度合いは、次のどれにより知ることができるか。[★]

☑ 1．アセチル価　　　　2．ヨウ素価　　　　3．けん化価
4．pH値　　　　　5．燃焼熱

【問6】 ヨウ素価は油脂の構成脂肪酸の種類と関係のある特性値で、ヨウ素価が大きいことは不飽和脂肪酸含有量が多いこと、すなわち酸化されやすいことを意味するが、次の油脂のうち、ヨウ素価の値が最も大きいものはどれか。[★]

☑ 1．ひまし油　　　　　2．大豆油　　　　　3．あまに油
　 4．やし油　　　　　　5．なたね油

【問7】 次の物質のうち、不飽和結合を有する物質の酸化により、自然発火するおそれがあるものはどれか。

☑ 1．ニトロセルロース　　　2．硫黄　　　　　3．クレオソート油
　 4．活性炭　　　　　　　　5．アマニ油

【問8】 粉じん爆発の特徴について、次のうち誤っているものはどれか。[★]

☑ 1．有機物の粉じん爆発の場合、不完全燃焼を起こしやすく、生成ガス中に一酸化炭素が多量に含まれることがあるので、中毒を起こしやすい。
　 2．爆発の際、粒子が燃えながら飛散するので、周囲の可燃物は局部的にひどく炭化したり着火する可能性がある。
　 3．一般にガス爆発と比較して、発生するエネルギーが小さい。
　 4．最初の部分的な爆発により、たい積している可燃性粉じんが舞い上がり、次々に爆発的な燃焼が持続し、被害が大きくなる。
　 5．一般にガス爆発と比較して、最小着火エネルギーが大きい。

【問9】 発火に関する説明として、次のうち誤っているものはどれか。

☑ 1．暴走反応による火災や爆発は、反応による熱の発生速度が冷却水などの冷却速度を上回るために起こる。
　 2．静電気による火花は、引火性液体の蒸気や可燃性固体の微粉の混合気の発火源になることがある。
　 3．自然発火は、微小な発熱が蓄積されて発火するもので、空気に触れてただちに発火するものではない。
　 4．可燃性固体が放射熱により表面を熱せられて、発火に至ることがある。
　 5．溶接や溶断により発生した溶融金属は、固体化しても着火能力を有することがある。

問1…正解4

　4．通風が良いと、熱が蓄積されにくい。また、空気が乾燥していると、金属の粉末は酸化されにくい。

問2…正解5

　5．空気の流通量が大きいと、熱が周囲に放散されるため、自然発火が起こりにくくなる。

問3…正解3

　3．亜鉛粉は、酸化熱により自然発火することがある。

問4…正解1

　2．代表的な揮発油としてガソリンが挙げられる。

　3．油にアルカリを加えると分散・分解（乳化）する。

　4．水素を添加することで、常温で液体の油を半固体や固体の油脂にすることができる。また、油脂の融点が高くなり、酸化による劣化が起こりにくくなる。代表的なものにマーガリンがある。

　5．パラフィン類は、石油の分留によって得られる物質で固体と液体がある。固体のものは常温で半透明〜白色のろう状で、ろうそくやクレヨンなどに使われる。液体のもので代表的なものにベビーオイルがある。石炭乾留とは、空気を断って石炭を加熱分解させることをいい、それにより石炭ガス・コールタール・コークス等が得られる。

問5…正解2

　2．ヨウ素価は、不飽和結合がより多く存在する油脂ほど、値が大きくなる。

問6…正解3

　ヨウ素価は、油脂中のC＝C結合の数に比例する。大豆油も乾性油に分類されるが、ヨウ素価は約130で、あまに油の約190より小さい。

問7…正解5

　1．分解による発熱で自然発火することがある。

　2＆3．不飽和結合をほとんど含まず、また、自然発火のおそれはない。

　4．吸着による発熱で、自然発火することがある。

　5．アマニ油は不飽和結合を有し、酸化による発熱で自然発火することがある。

問8…正解3

　3＆5．粉じん爆発は、一般にガス爆発と比べて最小着火エネルギーが大きく、着火しにくい。しかし、ひとたび着火すると発生するエネルギーは、ガス爆発より数倍大きい。

問9…正解3

　3．第3類の危険物の自然発火性物質には、空気に触れてただちに発火するものがある。

10 消火剤と消火効果

■消火の三要素と四要素

◎物質が燃焼するのに必要な三要素は、①可燃物、②酸素供給源、③熱源（点火源・発火源）の3つである。従って、三要素のうちのどれか一要素を除去すると、消火することができる。

◎燃焼の三要素に対し、除去効果による消火（除去消火法）、窒息効果による消火（窒息消火法）、冷却効果による消火（冷却消火法）を消火の三要素という。

◎消火ではこの他、燃焼を化学的に抑制することで消火する方法がとられている。燃焼を抑制することから**負触媒効果**ともいわれ、燃焼という連続した**酸化反応を遅ら**せることで消火する。具体的には、ハロゲン化物消火剤が挙げられる。この抑制効果による消火も含めて、**消火の四要素**と呼ぶ。

■除去効果による消火（除去消火）

◎可燃物をさまざまな方法で**除去**することによって消火する方法である。

◎具体的には、ロウソクの炎を息で吹き消す方法が該当する。息を吹くことで可燃性蒸気を飛ばしている。

◎また、燃焼しているガスコンロの栓を閉めると、ガスの供給が絶たれるため、ガスの火は消える。これも除去効果によるものである。

■窒息効果による消火（窒息消火）

◎酸素の供給を**遮断**することによって消火する方法である。

◎具体的には、燃焼物を不燃性の泡や不燃性ガス（ハロゲン化物の蒸気や**二酸化炭素**）などで覆い、空気と遮断することによって消火する。また、アルコールランプの炎にふたをして消したり、たき火に砂をかけて消す方法も、窒息効果による消火である。

◎空気中の酸素濃度は21％であるが、一般に濃度が 14 ～ 15vol%以下になると燃焼が停止するといわれる。

◎粉末消火剤は油火災に対し、強力な消火能力を示す。これは、油面上に広がった消火剤の窒息効果による影響が大きい。

■冷却効果による消火（冷却消火）

◎燃焼物を冷やすことで消火する方法である。燃焼物の温度を引火点より低くして、燃焼を中断させることで消火する。

◎水は蒸発熱（気化熱）と比熱が大きいため、冷却効果が大きい。

■火災の区分

◎火災は、消火に使用する消火器の種類などから、次のように区分されている。

火災の区分	概要
A火災（普通火災）	紙、木材、布、繊維等が燃焼する火災
B火災（油火災）	ガソリン、灯油、油脂、アルコール等が燃焼する火災
C火災（電気火災）	電気機器、電気器具、変圧器、モーターによる火災

■消火剤の分類と消火効果

▶水消火剤

◎水は、**蒸発熱**（気化熱）と**比熱**が大きいため**冷却効果**が大きい。このため、普通火災に対し消火剤として広く使われている。

◎一般に、水は**油火災や電気火災に使えない**。油火災に水を使用すると、油は水より軽いため水に浮いて火面を拡げる危険があり、電気火災に使用すると感電の危険があるためである。しかし、水蒸気・水噴霧の場合は油火災に、水蒸気・水噴霧・霧状の場合は電気火災に適応する。

◎水は蒸発すると体積が約1,650倍に増える。この水蒸気が空気中の**酸素と可燃性ガスを希釈**する作用があり、噴霧すると**多量の水蒸気による窒息効果**が得られる。

▶酸・アルカリ消火剤

◎使用時に、炭酸水素ナトリウム（重曹）の水溶液に硫酸を反応させ、発生した**二酸化炭素の圧力**で水溶液を放射し、冷却消火する。普通火災に適応する。

$$2NaHCO_3 + H_2SO_4 \longrightarrow Na_2SO_4 + 2H_2O + 2CO_2$$

◎ただし、適応するのが普通火災のみであり、詰め替え時に硫酸を扱わなければならないことなどから、現在は製造されていない。

▶強化液消火剤

◎強化液消火剤は、水に**アルカリ金属塩類**（炭酸カリウム）を加えた**濃厚な水溶液**で、アルカリ性を示す。－20℃でも凍結しないため、寒冷地でも使用できる。

◎この消火剤は、**冷却効果と燃焼を化学的に抑制する効果**を備えている。

◎普通火災に対しては**冷却効果**が大きく、また水溶液で浸透性があることから**再燃防止効果**もある。

◎油火災及び電気火災には、**噴霧状**に放射することで適応する。また、油火災に対しては**抑制効果**が大きい。

▶泡消火剤

◎泡消火剤は、一般のものと水溶性液体用の２つがある。

◎**一般の泡消火剤**は、普通火災に対し**冷却効果**と**窒息効果**により消火する。また、油火災に対しては油面を泡で覆う窒息効果により消火する。泡の造り方の違いにより、化学泡タイプと機械泡（空気泡）タイプがある。**化学泡タイプは二酸化炭素を包み込んで泡を造り**、**機械泡（空気泡）タイプは空気を包み込んで泡を造る**。

◎機械泡タイプは、水に**界面活性剤**を添加して、機械的に空気泡を発生させる。

◎一般の泡消火剤は、アルコールなどの水溶性可燃液に泡が触れると溶けて消えてしまう。このため、水溶性可燃液の消火には使えない。そこで造られたのが、**水溶性液体用泡消火剤（耐アルコール泡消火剤）**である。水溶性のアルコール、アセトン等の消火に適している。

◎一般的な泡消火剤に求められる性質として、主に以下が挙げられる。

①流動性・展開性がある	②耐油性・耐火性・耐熱性がある	③長寿命
④持続安定性がある	⑤起泡性・付着性がある	⑥保水性がある

◎なお、泡消火剤は電気火災に対し感電の危険があるため使用できない。

◎**化学泡消火器**は、炭酸水素ナトリウムと硫酸アルミニウムが粉末状になって個別に充填してあり、消火器の設置時に水で溶解する。使用する際は、これらを反応させて**二酸化炭素を含んだ泡を大量に発生**させ、泡を放射する。

◎泡消火設備（第３種）で使用される泡消火剤には以下のようなものがあり、それぞれ特長が異なる。

種類	起泡性・発泡性	持続安定性・保水性	展開性・流動性	耐熱性・耐火性	耐油性	油面密封性
たん白泡	○	◎	△	○	△	◎
フッ素たん白泡	○	◎	○	◎	◎	◎
水成膜泡	◎	○	◎	○	○	△
合成界面活性剤泡	◎	○	◎	×	×	×

◎ 非常に優れている　○ 優れている　△ 普通　× 劣る

◎たん白泡・フッ素たん白泡消火剤は、暗褐色の粘性溶液で、たん白特有の臭気を有する。水成膜泡・合成界面活性剤泡消火剤は、淡黄色の液体で、グリコールエーテル臭を有する。

◎**たん白泡**は、たん白質を加水分解したものを基材とし、強固な泡膜をつくる。この泡は**持続安定性、耐火・耐熱性に優れ**、消火後の再着火を防止する可燃物表面被覆により、安全を確保することができる。一方、**泡が固いため液体可燃物表面上における流動・展開性はやや劣る**が、風による消泡や飛散は少ない。

◎水成膜泡消火剤は、合成界面活性剤を基剤としフッ素系界面活性剤を添加したもので、油面上に水成膜を形成する。

◎合成界面活性剤泡は、シャンプー原料に使用される炭化水素系界面活性剤を主成分とするため、起泡性（泡立ち）に富み、流動性や展開性にも優れている。いろいろな発泡装置により膨張率（発泡倍率）を低発泡～高発泡と幅広い泡性状の泡を作り出すことができるが、低発泡の場合は泡の耐火、耐熱、耐油性が乏しいため、主として高発泡として使用されている。

▶ハロゲン化物消火剤

◎ハロゲン元素にはフッ素（F）、塩素（Cl）、臭素（Br）、ヨウ素（I）があり、原子量の大きい順に抑制作用の効果も大きくなる。

I（127）＞Br（80）＞Cl（35.5）＞F（19）　※（ ）内は原子量を示す。

◎ハロゲン化物消火剤は、主に一臭化三フッ化メタン$CBrF_3$が使われている。この消火剤を使用したものは、ハロン1301消火器とも呼ばれる。

◎一臭化三フッ化メタンは常温常圧で気体であるが、加圧して液体の状態でボンベに充填されている。放射すると不燃性の非常に重いガスとなり、燃焼物を覆って燃焼の抑制（負触媒）作用及び窒息効果（燃焼面の遮断）により消火する。

◎ハロゲン化物消火剤はガスとなって消火するため、油火災や電気火災に対しては有効であるが、普通火災に対しては効果が薄い。また、金属火災には適応しない。

▶二酸化炭素消火剤

◎二酸化炭素消火剤は、加圧して液体の状態でボンベに充填されている。

◎放射すると直ちにガス化し、空気より重いため燃焼物を覆う。主に窒息効果により消火するが、蒸発時の冷却効果もある。

◎燃焼物の周囲に二酸化炭素が充満し、酸素濃度がおおむね14～15vol％以下になると、燃焼は停止する。

◎電気の不良導体のため、電気絶縁性が良く、電気火災の際にも感電することはない。また、金属や電気機器と化学反応を起こしにくい。

◎ハロゲン化物消火剤と同様に、油火災及び電気火災に対しては有効であるが、普通火災に対しては効果が薄い。マグネシウムなどは、二酸化炭素から酸素を奪って燃焼を継続するため、金属火災には適応しない。

◎また、二酸化炭素、窒素、アルゴンやこれらの混合ガス使用したものを不活性ガス消火剤という。主な消火効果は、火災室内の酸素濃度を低下させて消火する窒息効果である。

◎人体に対する毒性は低いが、空気中の濃度が高くなると有毒となる。空気中の濃度3～6％の場合、数分から数十分の吸入で過呼吸、めまい、知覚の低下等が起こり、濃度10％以上の場合、数分以内に意識喪失し、放置すれば急速に呼吸停止を経て死に至る（空気の組成のうち1％が二酸化炭素やアルゴン）。

▶粉末消火剤

◎粉末消火剤は、主成分の違いにより数種類のものが使われている。共通した特性は次のとおりである。

> ①粉末は、吸湿固化を防止するため、**粉末の表面にシリコン樹脂**等により**防湿処理**が施されている。このため、微粉末の状態が維持される。
>
> ②粉末消火剤の主成分を識別するため、**粉末は種類により着色**されている。例えば、リン酸アンモニウムを主成分とするものは、粉末が**淡紅色**に着色されている。
>
> ③燃焼を化学的に抑制する**抑制効果（負触媒効果）**が大きく、この他に**窒息効果**もある。特に、リン酸塩類は燃焼面を被覆する特性がある。
>
> ④油火災と電気火災に適応する（粉末は電気の不導体である）。ただし、リン酸アンモニウムを主成分としたものは、普通火災にも適応する。

◎リン酸塩類（リン酸二水素アンモニウム）を主成分とする粉末消火剤は、木材等の普通火災に対しても適応する。3種類全ての火災に適応することから、この消火剤を充填したものは粉末（ABC）消火器と呼ばれる。

◎炭酸水素塩類（炭酸水素カリウムや炭酸水素ナトリウムなど）を主成分にしたものは、油火災と電気火災に適応し、**普通火災には不適応**である。

◎炭酸水素ナトリウムは白色の粉末状で、水溶液は**弱い塩基性**を示す。加熱によって炭酸ナトリウム、二酸化炭素、水の3つの物質に分解する。重曹とも呼ばれる。

- 加熱により、炭酸ナトリウム・**二酸化炭素・水**の3つの物質に分解する。
- 塩酸を加えると、塩化ナトリウム・**二酸化炭素・水**になる。

◎炭酸水素カリウムは無色の固体で、水溶液は弱い塩基性を示す。加熱によって二酸化炭素を放出して炭酸カリウムとなる。これを消火剤の主成分としたものは、炭酸水素ナトリウムと見分けやすくするため、紫色に着色するよう定められている。

▶簡易消火用具

◎消火能力のある水、砂または粉状のものと、これを使用するバケツ等の用具をいう。具体的には、水バケツ、**乾燥砂**、膨張ひる石、**膨張真珠岩**など。また、乾燥砂、膨張ひる石、膨張真珠岩は酸素供給を遮断し窒息させる効果がある。

▶金属火災用消火剤

◎金属火災は、カリウム、ナトリウム、カルシウム、マグネシウム、アルミニウム、亜鉛等の火災を対象とする。

◎金属火災は非常に高温で燃焼し、通常の消火剤では熱分解するため使用できない。また、激しく反応する金属（アルカリ金属など）の火災に注水すると、水素が発生して爆発する危険が生じる。

◎金属火災については、従来、**乾燥砂**などが広く使われてきている。最近では、金属火災用の消火剤が使われるようになっている。

◎金属火災用消火剤は、主剤に**乾燥塩化ナトリウム粉末**や**塩化カリウム**を使用し、架橋剤や流動性付与剤などが添加されている。消火剤が燃焼物表面を覆うと、架橋現象が起こり消火剤がせんべい状となって燃焼物に浸透する。この**窒息効果**により消火する。また、消火剤が溶ける際の熱吸収による冷却効果もある。

※架橋とは、主に高分子化学においてポリマー同士を連結し、物理的、化学的性質を変化させる反応をいい、その反応を起こさせる化学物質を架橋剤という。

▶消火剤のまとめ

消火器		消火剤		適応火災	主な消火効果
水系消火器	水消火器	水	棒状	普通	冷却
			霧状	普通・電気	
	強化液消火器	アルカリ金属塩類の水溶液	棒状	普通	冷却
			霧状	普通・油・電気	冷却・抑制
	泡消火器	一般の泡消火剤		普通・油(非水溶性)	冷却・窒息
		水溶性液体用の泡消火剤		油(水溶性)・アルコール等	
ガス系消火器		ハロゲン化物消火剤		油・電気	抑制・窒息
		二酸化炭素		油・電気	窒息・冷却
粉末系消火器		リン酸塩類		普通・油・電気	抑制・窒息
		炭酸水素塩類		油・電気	
金属火災用消火器		炭酸ナトリウム、無水炭酸塩		ナトリウム	窒息・冷却
		塩化ナトリウム、塩化カリウム		リチウム、マグネシウム	

［消火効果］

【問1】消火について、次のうち誤っているものはどれか。

☐　1．可燃物、酸素供給源、エネルギー（発火源）を燃焼の三要素といい、このうち、どれか1つを取り除くと消火することができる。

　　2．燃焼は、可燃物の分子が次々と活性化され、連鎖的に酸化反応して燃焼を継続するが、この活性化した物質（化学種）から活性を奪ってしまうことを負触媒効果という。

　　3．一般に空気中の酸素を一定濃度以下にすると、消火することができる。

　　4．化合物中に酸素を含有する酸化剤や有機過酸化物などは、空気を断って窒息消火するのが最も有効である。

　　5．水は、燃焼に必要なエネルギーを取り去るための冷却効果が大きい。

［水系消火剤（水・泡）］

【問2】水が消火剤として優れている理由として、次のうち誤っているものはどれか。

【★】

☐　1．比熱と蒸発熱が大きいこと。　　　2．容易に入手できること。

　　3．凝固点が高いこと。　　　　　　　4．液体であること。

　　5．水蒸気が酸素濃度を薄めること。

【問3】水による消火作用等について、次の文の下線部分（A）〜（C）のうち、誤っているもののみをすべて掲げているものはどれか。

　　「水による消火は、燃焼に必要な熱エネルギーを取り去る　(A) 冷却効果が大きい。これは水が　(B) 小さな蒸発熱と比熱を有するからである。また、水が蒸発して多量の蒸気を発生し、空気中の酸素と可燃性ガスを　(C) 希釈する作用もある。」

☐　1．（A）　　2．（B）　　3．（C）　　4．（A）、（B）　　5．（B）、（C）

【問4】泡消火剤に関する一般的説明について、次のうち誤っているものはどれか。

☐　1．化学泡消火剤から生成する泡の気体は、二酸化炭素である。

　　2．たん白泡消火剤の泡は、熱に強く、かつ、風による消泡や飛散は少ない。

　　3．界面活性剤の泡は、たん白泡消火剤の泡に比較して、液面での広がり速度は大きいが、風の影響を受けやすい。

　　4．界面活性剤の水溶液は、油の染み込んだ繊維類の内部にも浸透しやすい。

　　5．たん白泡消火剤の起泡性は、界面活性剤のそれより著しく優れている。

【問5】 泡消火剤に求められる泡の性質として、次のうち誤っているものはどれか。

☑ 1．起泡性があること。　　　　　2．流動性があること。

　　3．耐火性・耐熱性があること。　4．寿命が短いこと。

　　5．耐油性があること。

【問6】 泡消火剤の効果として、正しい組み合わせのものは次のうちどれか。

☑ 1．AとB

　　2．AとC

　　3．BとC

　　4．BとD

　　5．CとD

| A．冷却効果 |
| B．窒息効果 |
| C．除去効果 |
| D．抑制効果 |

［ハロゲン化物／二酸化炭素／粉末／金属火災用］

【問7】 ハロゲン元素は一般に燃焼の抑制効果があるが、その効果が大きい順に並べたものは、次のうちどれか。

☑ 1．Br ＞ Cl ＞ I ＞ F

　　2．Cl ＞ F ＞ Br ＞ I

　　3．F ＞ Cl ＞ Br ＞ I

　　4．Br ＞ I ＞ F ＞ C

　　5．I ＞ Br ＞ Cl ＞ F

【問8】 二酸化炭素消火剤に関する説明として、次のうち誤っているものはどれか。

☑ 1．液体の状態でボンベに充填されている。

　　2．酸素濃度を低下させることによる窒息効果がある。

　　3．密閉された場所で使用すると、人体に危険が生じる。

　　4．極めて安定した不燃性ガスで、空気より重い。

　　5．燃焼を化学的に抑制する効果がある。

【問9】 消火剤として用いられる二酸化炭素の特徴として、次のうち誤っているものはどれか。

☑ 1．消火器の容器に液化して充てんされている。

　　2．酸素濃度を低くする効果がある。

　　3．ガソリンや軽油等と反応しない。

　　4．電気の不良導体である。

　　5．燃焼の連鎖反応を遮断する抑制作用がある。

【問10】粉末消火剤について、次のA～Dのうち正しいものの組み合わせはどれか。

A．炭酸水素塩類を主成分とするものは、電気火災に適さない。

B．粒子が細かいものほど、燃焼抑制効果が大きい。

C．リン酸塩類を主成分とするものは、淡紅色に着色されている。

D．主な消火作用は、窒息効果と冷却効果である。

1．AとB　　2．BとC　　3．BとD

4．CとD　　5．AとD

【問11】粉末消火剤の炭酸水素ナトリウムについて、次のA～Dのうち適切なもののみを組み合わせたものはどれか。

A．水にわずかに溶け、水溶液は弱酸性である。

B．加熱して分解すると、二酸化炭素と水蒸気が発生する。

C．塩酸を加えると、二酸化炭素が発生する。

D．黄色の固体で、極めて有毒である。

1．AとB　　2．AとC　　3．BとC

4．BとD　　5．CとD

【問12】消火に関する次の文章の（　）内のA～Cに当てはまる語句の組み合わせとして、正しいものはどれか。

「金属火災に適応する消火剤として、（A）がある。この消火剤は、（B）と冷却効果があるといわれている。アルカリ金属やアルカリ土類金属は、種々の物質との反応性が高く、水や（C）による消火は適さない。」

	（A）	（B）	（C）
1．	乾燥塩化ナトリウム粉末	抑制効果	膨張真珠岩
2．	乾燥塩化ナトリウム粉末	窒息効果	ハロゲン化物消火剤
3．	二酸化炭素消火剤	窒息効果	膨張真珠岩
4．	二酸化炭素消火剤	抑制効果	ハロゲン化物消火剤
5．	二酸化炭素消火剤	窒息効果	ハロゲン化物消火剤

[消火剤の消火効果]

【問 13】 消火剤の成分とその主な消火作用に関する説明として、次のうち正しいものはどれか。[★]

☑ 1．水は、冷却効果のほか、蒸発で発生した多量の水蒸気による窒息効果がある。

2．二酸化炭素は無色無臭の不活性の気体で窒息効果があるが、人体に対して有害である。

3．ハロン 1301 は、熱分解により生じたハロゲンによる冷却効果がある。

4．炭酸カリウムは強化液消火器に用いられ、燃焼反応の抑制効果がある。

5．リン酸二水素アンモニウムは粉末消火器に用いられ、燃焼反応の抑制効果がある。

【問 14】 水に特定の物質を添加することによって、用途に応じた消火剤としての性能を強化することができる。強化の方法と性能等について、次のうち誤っているものはどれか。[★]

☑ 1．界面活性剤を添加して、機械的に泡を発生させ石油類等に放射し表面を覆う。

2．硫酸ナトリウムを添加して、火災の中で燃焼反応を抑制する気体を発生させる。

3．大量の炭酸カリウムを添加して、木材等の燃焼物に放射し消火後の再熱を防止する。

4．乳化剤を添加して、流出した石油類に放射し水中に石油類を乳化分散させる。

5．増粘剤を添加して、山林または森林の火災を消火するため上空から投下する。

【問 15】 消火剤に関する次の A〜E の記述のうち、誤っているものはいくつあるか。

A．たん白泡消火剤は、他の泡消火剤と比べて熱に強い。

B．強化液消火剤は、0℃で氷結するので、寒冷地での使用は注意を要する。

C．二酸化炭素消火剤は、主として酸素濃度を下げる窒息効果によって消火する。

D．粉末消火剤は、粒子が大きいほど消火効果が上がる。

E．ハロゲン化物消火剤は、燃焼の連鎖反応を中断させる抑制効果を有する。

☑ 1．1つ　　　2．2つ　　　3．3つ　　　4．4つ　　　5．5つ

【問 16】 消火設備に用いる気体の消火剤に関する説明として、次のうち適切でないものはどれか。

☑ 1．ハロゲン化物消火剤には、燃焼反応を抑制して消火する効果がある。

2．窒素ガス消火剤には、火災室内の酸素濃度を低下させて消火する効果がある。

3．二酸化炭素消火剤は、電気伝導性があるため電気火災に適応しない。

4．不活性ガス消火剤には、二酸化炭素や窒素などがある。

5．二酸化炭素消火剤は、室内で使用した場合には二酸化炭素濃度が高くなり、人体に悪影響を及ぼすおそれがある。

問1…正解4

4．化合物中に酸素を含有する酸化剤や有機過酸化物などは、空気を断っても酸素の供給源となる。このため、窒息消火はほとんど効果がない。

問2…正解3

3．水の凝固点が高いと、容易に固体となるため、液体の消火剤としては逆に使いにくくなる。

問3…正解2

B．水は大きな蒸発熱と比熱を有するため、冷却効果が大きい。

問4…正解5

1．化学泡消火剤は、二酸化炭素を包み込んで泡を造る。

2．たん白泡消火剤は、耐火・耐熱性に優れる。また、「固い泡」を生成するため、液面上での流動性や展開性が劣る反面、風による消泡や飛散は少ない。

3．界面活性剤の泡は、たん白泡消火剤の泡ほど固い泡ではないため、風の影響を受けやすいが、流動性・展開性に非常に優れている。

4．洗剤やシャンプー原料の主成分である界面活性剤は、分子内に水になじむ親水基の部分と、油になじむ親油基（疎水基）の部分を併せ持っている。そのため、界面活性剤の分子が親油基と親水基の働きで繊維内部の油や汚れに浸透・吸着し、油や汚れを落とすことができる。また、水中に繊維を入れても、水は繊維の中に入り込みにくいが、界面活性剤を加えると水は繊維の中に簡単に入っていくようになる。これは界面張力が下がって、繊維の表面と界面活性剤溶液がなじみやすくなるためである。これを浸透作用という。

5．起泡性は、たん白泡消火剤より界面活性剤の泡の方が非常に優れている。

問5…正解4

4．泡消火剤に求められる性質として、泡の寿命が長いこと。泡が消滅すると、窒息効果がなくなる。

問6…正解1

問7…正解5

周期表の17族に属する元素の総称をハロゲンといい、フッ素（F）、塩素（Cl）、臭素（Br）、ヨウ素（I）等が該当する。ハロゲン元素の抑制作用は原子量の大きいものほど強い。I（127）＞ Br（80）＞ Cl（35.5）＞ F（19）。

問8…正解5

4．空気の見かけ上の分子量は、空気の成分を窒素8割、酸素2割とすると、窒素の分子量×0.8＋酸素の分子量×0.2＝28×0.8＋32×0.2＝28.8となる。一方、二酸化炭素の分子量＝12＋32＝44となる。二酸化炭素は空気より重い。

5．二酸化炭素に燃焼を化学的に抑制する効果はない。

問9…正解5

5．二酸化炭素消火剤は、主に窒息効果で消火する。

問10…正解2

A．炭酸水素塩類を主成分とするものは、油火災及び電気火災に適応し、普通火災に適応しない。

D．主な消火作用は、燃焼抑制効果と窒息効果である。

問11…正解3

炭酸水素ナトリウムは、白い粉末で重曹とも呼ばれる。水に少し溶け、水溶液は弱い塩基性を示し、酸を加えたり加熱すると二酸化炭素と水蒸気を発生する。

$$NaHCO_3 + HCl \longrightarrow NaCl + H_2O + CO_2$$

$$2NaHCO_3 \xrightarrow{加熱} Na_2CO_3 + H_2O + CO_2$$

問12…正解2

問13…正解1

2．二酸化炭素は人体に対する毒性は低い。ただし、閉鎖空間の場合は、多量に吸い込むと酸欠となる危険がある。

3．ハロン1301は、火炎等の熱により分解して燃焼の連鎖反応を中断させる抑制効果と窒息効果がある。

4．炭酸カリウムは強化液消火器に用いられ、主な消火効果は冷却効果であるが、霧状の放射した場合は燃焼反応の抑制効果も得られる。

5．リン酸二水素アンモニウム（リン酸塩類）を主成分とする消火粉末は、窒息効果と燃焼反応の抑制効果がある。。

問14…正解2

1．機械泡タイプの泡消火剤は、水に界面活性剤を添加して、機械的に泡を発生させる。

2．水に硫酸ナトリウムNa_2SO_4を添加する消火剤はない。酸・アルカリ消火剤は、水に炭酸水素ナトリウムと硫酸を添加して、発生する二酸化炭素の圧力で水溶液を放射する。

3．水に大量の炭酸カリウムK_2CO_3を添加するのは、強化液消火剤である。

4．乳化は、互いに混じり合いにくい水と油を、一方の液中に他方を分散・分解させることをいう。乳化剤は、石油流出事故の際によく使われる。

5．設問は、消火液用増粘剤を指しており、消火剤を空中から散布する際によく使われる。

問15…正解2（B、D）

B．強化液消火剤は−20℃でも凍結しないため、寒冷地でも使用できる。強化液消火器の使用温度範囲は、−20℃〜＋40℃となっている。

D．粉末消火剤は、粒子が小さいほど消火効果が上がる。

問16…正解3

3．二酸化炭素消火剤は、電気絶縁性に優れているため、電気設備の火災に適応する。

4．不活性ガス消火剤には、二酸化炭素、窒素、アルゴンの他にそれらの混合ガスを使用したものがある。

11 静電気

■静電気の発生

◎**静電気**とは、静止して動かない状態にある電気をいう。また、物体の電気的な極性
がプラス、またはマイナスに片寄った状態のことを**帯電**という。

◎静電気は一般に**材料表面**に発生する。材料の内部にも静電気をもつこともあるが、
多くの場合、静電気は表面現象である。

◎2つの物体が接触して離れる際、お互いの間で電子の移動が起こる。電子を受け取
った側はマイナスに帯電し、電子を放出した側はプラスに帯電することで、静電気
が発生する。

◎物体が帯びている静電気の量を**電荷**といい、その量を**電気量**という。電気量の単位
には、C（クーロン）を用いる。

◎異符号の電荷の間には**吸引力（引力）**がはたらき、同符号の電荷の間には**反発力（斥
力）**がはたらく。これらの力を静電気力（**クーロン力**）という。

◎静電気は、**絶縁抵抗が大きい物質**ほど発生しやすい。

◎帯電列とは、2種類の材質を摩擦したときに、プラス側に帯電しやすい材質を上位
に、マイナス側に帯電しやすいものを下位に並べた序列の表である。摩擦する材質
が帯電列上でより離れていれば、より多くの電荷が移動する。

> 帯電列　（＋）ガラス ＞ ナイロン ＞ 木綿 ＞ ポリエチレン ＞ テフロン（－）

◎例えば、ガラスとナイロンを摩擦すると、ガラスは＋、ナイロンは－に帯電する。
ところが、ナイロンと木綿を摩擦すると、ナイロンは＋、木綿は－に帯電する。更
にガラスと木綿を摩擦すると、静電気はより多く発生する。

◎一般に、ナイロンやポリエチレン等の合成繊維は、木綿等の天然繊維と比べ静電気
が発生しやすい。

◎静電気は、人体のように導電性の物体にも発生する。周囲と絶縁状態にすると、放
電できないため帯電し続ける。

◎物体が帯電するときは、物体どうしが電気（電子）をやりとりするだけであり、そ
の前後で電気量の総和は変わらない。これを**電気量保存の法則**（または電荷保存の
法則）という。

◎**抵抗率**は、電気の**通しにくさ**を表すもので、この数値の大きいものほど電気を通し
にくい。素材の単位長さ、単位面積当たりの抵抗で表し、単位はΩ·mである。例えば、
ガラスは約10^{10} 〜 10^{14} Ω·mで、ポリエチレンは10^{16} 〜Ω·mである。

◎**導電率**は、電気の**通しやすさ**を表すもので、この数値の大きいものほど電気を通し
やすい。単位はジーメンス毎メートル（S/m）である。導電率は、抵抗率の逆数で
もある。電気を良く通す銅は、導電率が約6×10^7S/mである。

224

■静電気力（クーロンの法則）

◎２つの帯電体が及ぼしあう静電気力の大きさは、帯電体の電気量の大きさと、帯電体の間の距離によって変化する。

帯電体の間の距離に比べて帯電体の大きさが無視できるほど小さいとき（このような帯電体を「点電荷」という）、静電気力（*F*）は２つの点電荷の電気量（q_1）、（q_2）の積に比例し、距離（*r*）の２乗に反比例する。これをクーロンの法則という。

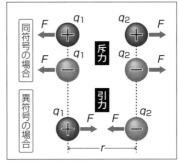

$$F = k \frac{q_1 \ q_2}{r^2}$$

※斥力（せきりょく）とは、２物体間で互いに遠ざけようとする力、反発力である。

■静電誘導

◎帯電体の近くに帯電していない導体を近づけると、導体は帯電し、互いに引力が作用して帯電体に近づく。これは帯電体に近い方の端に帯電体の電荷と異種の電荷、反対側の端に同種の電荷が現れるためである。このような現象を静電誘導という。

◎静電誘導は、導体中の自由電子が帯電体の（＋）電荷に引き寄せられて左端に集まって（－）に帯電し、同時に右端は電子が不足して（＋）に帯電することにより起こる。

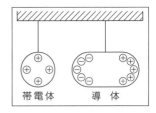

■誘電分極

◎帯電体の近くに絶縁体を近づけると、絶縁体はほとんど自由電子（原子に束縛されずに自由に動き回れる電子）をもたないため、これに電界が作用しても物質内部の電子はほとんど移動しない。

◎しかし、静電気力によって、物質の分子や原子などの内部で分極現象が起き、（－）と（＋）が対になって整列するようになる。その結果、絶縁体内部では（＋）、（－）の電荷のはたらきは打ち消し合うが、両端だけに電荷が現れるようになる。このような現象を誘電分極という。

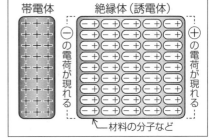

◎また、誘電分極を起こす絶縁体のことを誘電体と呼ぶ。

■発生機構

◎静電気は、2つの絶縁物を擦り合わせると、それぞれの絶縁物が帯電することで発生する。摩擦も含め帯電方法をまとめると、次のとおりとなる。

> ①摩擦帯電……2つの物質を擦り合わせて離すときに発生
> ②接触帯電……2つの物質を接触させて離すときに発生
> ③流動帯電……管内や容器内を液体が流動するときに発生
> ④破砕帯電……固体を砕くときに発生
> ⑤噴出帯電……液体がノズルから高速で噴出するときに発生
> ⑥誘導帯電……帯電した物体が近くに接近するだけで、接触なしに発生
> 　　　　　　　（物体が接触しないため発見しにくい）

■静電気のエネルギー

◎静電気のエネルギーは、そこに帯電している**電気量**が大きくなるほど多くなる。また、**電荷の電圧**が高くなるほど、エネルギーも増す。

◎静電気の帯電量（Q）と電圧（V）及び静電容量（C）との間には、次の関係がある。

$$Q = CV$$

仮に帯電量を一定とすると、静電容量が少なくなるほど、静電気に生じる電圧は高くなる。このため、容易に数万ボルトの放電電圧が発生する。

◎帯電体が放電するときのエネルギー E は、次の式から求めることができる。

$$E = \frac{1}{2} QV \qquad \text{または} \qquad E = \frac{1}{2} CV^2$$

■最小着火エネルギー

◎空気と混合した可燃性ガスの中で火花放電が起こるとき、放電のエネルギーがあるしきい値を超えると着火し、爆発する。このしきい値を**最小着火エネルギー**という。

※**しきい値**とは、境目となる値のこと。

◎着火に必要なエネルギーは、可燃性物質の濃度により異なる。そこで、着火エネルギーが最も小さくなる濃度における値を最小着火エネルギーとする。

◎主な可燃性ガスの最小着火エネルギーは以下のとおりである（単位はmJ）。

> ①水素H_2………0.019　　②メタノールCH_3OH…0.14
> ③メタンCH_4…0.28　　　④トルエン$C_6H_5CH_3$…2.5

■静電気の特性

◎静電気が発生し、それが放電されずに帯電し続けると、静電気のエネルギーは増加する。この状態で何らかの原因により、静電気が空気中に火花を伴って放電すると、それが火災や爆発の点火源となる。

◎静電気によるこうした災害を防ぐには、静電気の発生を抑えるとともに、帯電した静電気を意図的に放電させる必要がある。これら2つの対策を静電気の特性からまとめると次のとおりとなる。

▶静電気の発生を抑える

◎絶縁物の摩擦や**接触を少なく**する。

◎絶縁性液体が流動したり、ノズルから噴出する際の**速度を遅く**する。また、流速を変える場合は、**徐々に変化**させる。

◎接触面積や接触圧力を小さくする。接触回数を減らす。

◎接触状態のものを分離するとき、その分離速度を小さくする（急激に剥がさない等）。

　　※接触分離による静電気の発生は、物体どうしが接触している境界面が固体と固体、固体と液体、**液体と液体**、液体と気体のいずれであっても発生する。（固体や粉体の摩擦・剥離・衝突・液体の流動による静電気の発生など）

◎静電気の発生しにくい材料を使用する。

◎静電気除去装置で生成されたイオン化空気により、静電気を**電気的に中和**させる。

◎帯電物体の全体または一部を接地導体で取り囲んだり覆って、外部から静電気作用が及ばないようにする。この処置を**静電シールド（静電遮蔽）**という。

▶静電気を意図的に放電させる

◎静電気が蓄積されやすいものには、あらかじめ**アース（接地）**しておく。具体的には、給油ホース類には内側に導線を巻き込んだものを使用する。また、導電性のある靴や服を使用する。

◎静電気が蓄積されている可能性のあるものは、アース（接地）して放電させる。具体的には、給油作業前に人体または衣服に帯電した静電気を放電させる。

◎静電気の帯電物間は導線で接続して、電位差が生じないようにする。この処置を**ボンディング**という。

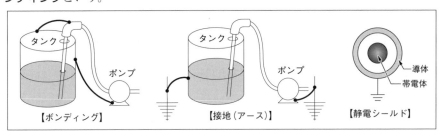

【ボンディング】　　　　【接地（アース）】　　　　【静電シールド】

◎床面に水をまくなどして、**湿度を高める**。帯電した静電気は、水蒸気を通して漏れやすい（放電しやすい）。

◎絶縁抵抗の大きい引火性液体のうち、**非水溶性のガソリン**などは電気抵抗率が水溶性のアルコール類より高いため、取扱いに注意する。かき混ぜたり容器に移し替えた直後は、静電気がたまっていることから、放電させるための静置時間をとる。

▶▶▶ **過去問題** ◀◀◀

【問1】 静電気について、次のうち誤っているものはどれか。[★]

☐　1．静電気は、物体の摩擦や気体の噴出等で発生することがある。

　　2．静電気の放電エネルギーは、可燃性蒸気などの最小着火エネルギーを超えることが十分起こるため、着火の原因となるおそれがある。

　　3．液体は、流動が速いほど発生する静電エネルギーは大きくなる。

　　4．鉄は強い摩擦や衝撃で静電気の帯電量が増え、電気火花を発生することがある。

　　5．摩擦する2つの物体の種類および組み合わせによって、発生する静電気の大きさおよび極性が影響を受ける。

【問2】 液体危険物が静電気を帯電しやすい条件について、次のうち誤っているものはどれか。[★]

☐　1．加圧された液体がノズル、亀裂等、断面積の小さな開口部から噴出するとき。

　　2．液体が液滴となって空気中に放出されるとき。

　　3．導電率の低い液体が配管を流れるとき。

　　4．液体相互または液体と粉体等とを混合・かくはんするとき。

　　5．直射日光に長時間さらされたとき。

【問3】 静電気に関する説明として、次のうち誤っているものはどれか。

☐　1．人体は静電気的には導電性であるが、衣服や履物などによって絶縁性にもなりうる。

　　2．歩行時の床面と靴底との摩擦により静電気が発生するので、床仕上げ材と靴底のいずれかが絶縁性材料であるとき、人体に帯電する。

　　3．衣服の着用時には、人体、下着、上着の間で摩擦が起こり、それぞれに静電気が発生する。

　　4．いすに着席した状態で背当て及び座面を摩擦すると、人体といすに静電気が発生する。

　　5．人体の近くに帯電した物体があると、帯電した物体から人体に向け放電した場合にのみ、人体に帯電する。

228

【問4】 静電気による火災や爆発の事故を防止する方法として、次のうち最も適切なものはどれか。

☑ 1. 配管内を流れる可燃性液体の速度を大きくする。
2. 帯電防止作業床の上で作業をするときは、絶縁靴を着用する。
3. 空調装置を用いて作業場所の湿度を低くする。
4. 水を吹き付けてタンク内を洗浄するときは、水の圧力を高くする。
5. 可燃性液体をタンクに充てんした後、検尺棒による検尺を行うときは、十分な静置時間をとる。

【問5】 物体の帯電について、次のA～Eのうち、正しいものを組み合せたものはどれか。[★]

A. 物体が電気を帯びることを帯電といい、帯電した物体に流れている電気のことを静電気という。
B. 種類の違う物質は、こすり合わせると電子の一部が一方から他方に移り、それぞれ正負の電荷をもつ。
C. 帯電している物体がもつ電気のことを電荷という。
D. 物体間の電荷のやりとりにより、電気量の総和が減少する。
E. 電荷には、正電荷と負電荷があり、同種の電荷の間には引力がはたらく。

☑ 1. AとB　　2. AとE　　3. BとC
4. CとD　　5. DとE

【問6】 静電気による災害の防止のための一般的な対策として、次のA～Eのうち適切なものはいくつあるか。

A. 装置・設備等の導体構造物を接地する。
B. 帯電防止用の作業服および靴を着用するとともに、導電性の床上で作業を行う。
C. 可燃性蒸気が滞留するおそれのある場所で、作業服等の着脱を行わない。
D. 加湿器を使用して相対湿度を上げる。
E. パイプ内の液体の流速を小さくする。

☑ 1. 1つ　　2. 2つ　　3. 3つ　　4. 4つ　　5. 5つ

【問7】 静電気に関する説明として、次のうち誤っているものはどれか。

☑ 1. 2つの物体をこすり合わせると、一方の物体の表面近くの電子が他方の物体に移動し、電子を失った物体は正に、電子を得た物体は負に帯電する。
2. 金属板に負に帯電した塩化ビニル管を近づけると、塩化ビニル管に近い側の金属板の表面には負電荷、遠い側の表面には正電荷が現れる。
3. 電荷には、正電荷と負電荷の2種類があり、同種の間には斥力がはたらき、異種の電荷の間には引力がはたらく。

4．物体や原子、電子などがもつ電気を電荷といい、その量を電気量という。

5．物体が帯電するときは、物体どうしが電気をやりとりするだけであり、電気が生み出されたり失われたりすることはなく、その前後で電気量の総和は変わらない。

【問8】 静電気に関する説明として、次のうち誤っているものはどれか。

☐ 1．人体は、静電気的には導体であるが、衣服や履物には帯電する。

2．抵抗率が $10^{12} \Omega \cdot m$ 以上の物体は、接地によってほとんど帯電を防止することができる。

3．歩行時には、床面と靴底との摩擦により静電気が発生する。

4．作業者の帯電原因は、摩擦帯電、誘導帯電などがある。

5．静電気の発生を抑制する方法として、接触面積、接触圧力の減少、接触回数の低減などがある。

【問9】 静電気の帯電体が放電するとき、その放電エネルギー E および帯電量 Q は、帯電電圧を V、静電容量（電気容量）を C とすると次の式で与えられる。

$$E = \frac{1}{2} QV \qquad Q = CV$$

このことについて、次のうち誤っているものはどれか。[★]

☐ 1．帯電電圧 $V = 1$ のときの放電エネルギー E の値を最小着火エネルギーという。

2．帯電量 Q を変えずに帯電電圧 V を大きくすれば、放電エネルギー E も大きくなる。

3．帯電量 Q は帯電体の帯電電圧 V と静電容量 C の積で表される。

4．静電容量 $C = 2.0 \times 10^{-10} F$ の物体が1,000Vに帯電したときの放電エネルギー E は、$1.0 \times 10^{-4} J$ となる。

5．放電エネルギー E の値は、帯電体の静電容量 C が同一の場合、帯電電圧 V の2乗に比例する。

【問10】 静電容量が150pF、帯電電圧が4,000Vである導体の帯電物体が放電した場合、放電エネルギーとして、次のうち正しいものはどれか。なお、帯電物体が放電するときの放電エネルギー E〔J〕は、帯電量を Q〔C〕、帯電電圧を V〔V〕、静電容量を C〔F〕とすると、以下の式で与えられるものとする。[★]

$$E = \frac{1}{2} QV \qquad Q = CV$$

☐ 1．1.2J　　　　2．$1.2 \times 10^{-3} J$　　　3．$3.0 \times 10^{-4} J$

4．$6.0 \times 10^{-7} J$　　5．$3.0 \times 10^{-7} J$

【問11】 静電容量が 200pF、帯電電圧が 6,000V である導体の帯電物体が放電した場合、放電エネルギーとして、次のうち正しいものはどれか。

☐　1．3.6J　　　　　　2．1.2J　　　　　　3．3.6×10^{-3}J

　　4．1.2×10^{-3}J　　5．6.0×10^{-7}J

【問12】 非導電性液体の帯電防止方法として、次のうち適切でないものはどれか。

☐　1．配管内の流速を制限し、静電気の発生をできる限り防止する。

　　2．ノズルからの噴出速度を制限し、帯電電位の上昇を抑制する。

　　3．タンク、容器、ノズル等は、できる限り導電性のものを使用し、これらの導体部分を接地する。

　　4．タンクへの充填時は、ノズルの先端が直接液体に接触しないよう液面より上部に配置する。

　　5．液体に溶解しない空気、水等が混入しないように取り扱う。

■ **正解＆解説**⋯⋯⋯⋯⋯⋯⋯⋯⋯⋯⋯⋯⋯⋯⋯⋯⋯⋯⋯⋯⋯⋯⋯⋯⋯⋯⋯⋯⋯

問1…正解4

　　4．鉄は電気を通しやすいため、静電気を帯電しにくい。鉄に強い摩擦や衝撃を加えると光るのは、飛び散った鉄粉が酸化して高温になっているためである。

問2…正解5

　　3．「導電率が低い」とは、電気抵抗が大きいことを表している。電気抵抗が大きい液体が配管を流れると、流動することで静電気を帯電しやすくなる。

　　5．直射日光に長時間さらされても、静電気を帯電しない。

問3…正解5

　　2．床の帯電防止策として、導電性マットを敷いたり、エポキシ樹脂を塗装するなどがあり、人側は、導電性のある靴や服、リストストラップを着用するなどがある。靴及び床の抵抗によって人体への帯電量は変化するため、導電性のある靴を着用するとともに、床の抵抗の管理を行う。

　　3＆4．立つ・座る・触るなどの日常的な動作でも人体は帯電する。

　　5．帯電体が人体に放電すると、人体を通して地面や他の物体に電気が流れるため、そのまま人体に帯電することはない。

問4…正解5

　　1．可燃性液体の流れる速度を大きくすると、静電気が発生しやすくなる。

　　2．絶縁靴を着用した場合、人体が帯電したときに靴を通して地面（帯電防止作業床）に放電することができなくなる。

　　3．空調装置を用いて作業場所の湿度を「低くする。」⇒「高くする。」

　　4．ノズルから放出する際の圧力を高くすると、静電気が発生しやすくなる。

問5…正解3

　　A．静電気とは、静止して動かない状態にある電気をいう。

D．物体間で電荷をやりとりするとき、その前後で電荷の量（電気量）の総和は変化しない。

E．電荷には正電荷と負電荷があり、異種の電荷の間には引力がはたらき、同種の電荷の間には斥力がはたらく。

問6…正解5

問7…正解2

2．塩化ビニル管に近い側の金属板の表面には「正電荷」、遠い側の表面には「負電荷」が現れる。

4．電気量の単位は、クーロン（C）を用いる。1Cとは1Aの電流が1秒間に流れたときの電気量、と定義されている。

5．設問の内容を「電気量保存の法則」または「電荷保存の法則」という。

問8…正解2

2．抵抗率は、物質固有の値であり、大きいものほど電気を通しにくい。最も電気を通しやすい物質である銀の抵抗率は1.6×10^{-8} Ω·mである。一方、紙の抵抗率は$10^4 \sim 10^{10}$ほどである。抵抗率10^6 Ω·m以上の物質はほとんど電気を通さないため、接地による帯電防止効果は得られない。

問9…正解1

1．可燃性ガスの中で火花放電が起こるとき、着火に必要な最小の火花放電エネルギーを最小着火エネルギーという。

4．$Q = 2.0 \times 10^{-10}F \times 1 \times 10^3V = 2.0 \times 10^{-7}C$
$E = (1/2) \times 2.0 \times 10^{-7}C \times 1 \times 10^3V = 1.0 \times 10^{-4}J$

5．$E = (1/2)QV$ に $Q = CV$ を代入する。$E = (1/2)CV \times V = (1/2)CV^2$
EはCを一定にすると、Vの2乗に比例する。

問10…正解2

p（ピコ）は、10^{-12}を表す単位の接頭語である。
$Q = 150 \times 10^{-12}F \times 4 \times 10^3V = 600 \times 10^{-9}C = 6 \times 10^{-7}C$
$E = (1/2) \times 6 \times 10^{-7}C \times 4 \times 10^3V = 12 \times 10^{-4}J = 1.2 \times 10^{-3}J$

問11…正解3

帯電物体が放電するときの放電エネルギーE〔J〕は、帯電量をQ〔C〕、帯電電圧をV〔V〕、静電容量をC〔F〕としたとき、次の式により求められる。

$$E = \frac{1}{2}QV \qquad Q = CV \qquad \text{この式にそれぞれの数値をあてはめて計算する。}$$

$Q = (200 \times 10^{-12}F) \times (6 \times 10^3V) = 1200 \times 10^{-9}C = 12 \times 10^{-7}C$
$E = (1/2) \times (12 \times 10^{-7}C) \times (6 \times 10^3V) = 36 \times 10^{-4}J = 3.6 \times 10^{-3}J$

問12…正解4

4．タンクへの充填時は、ノズルの先端が直接液体に接触するようにし、タンクの底面に向けて流れるようにする。または、ノズルの先端をタンクの壁面に向けて配置し、液体が壁面に沿って流れ込むようにする。こうすることで、液体の撹拌を抑えることができる。

12 化学の基礎

■原子の構造

◎全ての原子の中心には正の電荷をもつ原子核があり、その周囲を負の電荷をもつ電子が取り巻いている。

◎原子核には、正の電荷をもつ陽子と、電荷をもたない中性子からなる。陽子1個と電子1個のもつ電荷の大きさは等しく、符号が逆である。

◎全ての原子は、「陽子の数＝電子の数」であるため、原子全体では電気的に中性である。原子に含まれる陽子の数は、原子の種類ごとに決まっているため、この陽子の数を、その原子の**原子番号**という。

◎陽子と中性子の質量はほぼ等しいが、電子の質量は陽子の約1840分の1と小さい。従って、原子核は原子の質量の大部分を占めている。

◎陽子の数と中性子の数の和を、その原子の**質量数**という。原子番号と質量数を表す場合、元素記号の左下に原子番号を、左上に質量数を書く。

【ヘリウム原子の構造モデル】

質量数 $\diagdown$ ^4_2He 原子番号 $\diagup$ 元素記号 $\diagup$

【ヘリウム原子の原子番号と質量数の表し方】

■化学結合

◎全ての物質は、原子、分子、イオンという小さな粒子からできている。このうち、原子どうしやイオンどうしの強い結びつきを**化学結合**という。

◎化学結合は、物質を構成する元素の組み合わせによって、次の3種類がある。

> ①**イオン結合**…金属元素と非金属元素からなる化学結合。NaClなど。
> ②**金属結合**…金属元素のみからなる化学結合。NaやCuなど。
> ③**共有結合**…非金属元素のみからなる化学結合。H_2、Cl_2、H_2O、ダイヤなど。

◎陽イオン（Na^+など）と陰イオン（Cl^-など）は静電気的な引力で引き合い、互いの電荷を打ち消し合うような割合で結びつく。このような陽イオンと陰イオンの静電気的な引力（クーロン力）による結合を**イオン結合**という。一般に、金属元素と非金属元素の結合は、陽イオンと陰イオンによるイオン結合である。

◎金属では、金属中を自由に動き回ることができる自由電子が原子どうしを結びつける役割をしている。このような**自由電子**による金属原子間の結合を**金属結合**という。

◎水素分子H_2は水素原子2個が結合してできている。水素分子では、2個の水素原子が1個ずつ価電子を出し合い、それを両原子間で共有している。このとき、各水素原子はヘリウム原子Heと同じ安定な原子配置となる。このように、2個の原子が互いに最外殻電子を共有（電子対の共有）してできる結合を**共有結合**という。

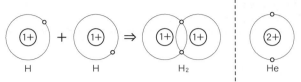

【水素分子の形成】

■結合の極性

◎共有結合している２原子間の電荷の偏りを、結合の極性という。

◎水素分子 H_2 や塩素分子 Cl_2 のように、極性のない分子を**無極性分子**、塩化水素分子 HCl のように極性のある分子を**極性分子**という。

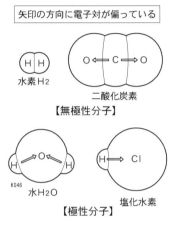

矢印の方向に電子対が偏っている

水素 H_2

二酸化炭素

【無極性分子】

水 H_2O

塩化水素

【極性分子】

> 無極性分子の例…水素 H_2、塩素 Cl_2、
> 　　　　　　　二酸化炭素 CO_2、メタン CH_4
> 極性分子の例……水 H_2O、塩化水素 HCl、
> 　　　　　　　アンモニア NH_3

■分子間力

◎一般に、分子間にはたらく引力を**分子間力**という。分子間力が大きく作用する物質ほど、融点や沸点が高くなる。

◎水素分子のような無極性分子をはじめ、全ての分子の間にはたらく弱い引力と、塩化水素のような極性分子の間にはたらく静電気的な引力をまとめて、**ファンデルワールス力**という。

◎水 H_2O は沸点が 100℃であり、他の水素化合物の沸点と比べて、著しく高い。これは、水分子の電荷の偏りが大きいため引力が生じ、水分子と他の水分子との間に、O－H…O のような結びつきが生じるためである。このような、水素原子を仲立ちとした分子間の結合を**水素結合**という。

■イオン化エネルギーと電子親和力

◎**イオン化エネルギー**とは、原子から電子１個を取り去って１価の陽イオンにするために必要なエネルギーで、原子が陽イオンになるときに吸収するエネルギーをいう。

◎**電子親和力**とは、原子が電子１個を受け取って、１価の陰イオンになるときに放出されるエネルギーをいう。

234

◎イオン化エネルギーや電子親和力が大きい原子ほど、電気陰性度（原子が共有電子対を引きつける強さ）が大きい傾向がある。

◎1族のアルカリ金属（**リチウム**、ナトリウム、**カリウム**等）の原子は**イオン化エネルギーが小さく、陽イオンになりやすい。**

◎17族のハロゲン（フッ素、塩素、臭素）の原子は電子親和力が大きく、陰イオンになりやすい。

◎18族の希ガス（ヘリウム、ネオン、**アルゴン**等）の原子は電子配置が安定なため、**イオン化エネルギーが大きく、陽イオンになりにくい。**

イオン化エネルギー	電子親和力
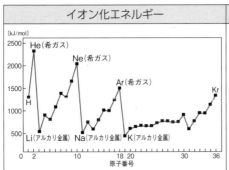	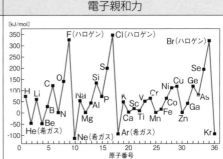
1価の陽イオンになりやすい原子ほどイオン化エネルギーの値が小さい。また、値は**原子番号とともに周期的に変化**する。（同周期の元素のイオン化エネルギーは1族が最も小さく、18族（希ガス）が最も大きい）	1価の陰イオンになりやすい原子ほど電子親和力の値が大きい。18族（希ガス）の原子では、電子配列が安定な閉殻（※）構造のため、電子親和力は負の値を示す。※「閉殻」とは、原子の最外殻に最大数の電子が入っている状態のこと。
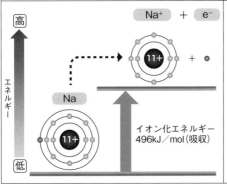	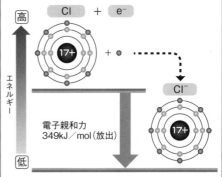

■国際単位系（SI）
◎次の7つを基本単位に定めている。

量	単位名称（記号）	量	単位名称（記号）
長さ	メートル(m)	熱力学温度	ケルビン(K)
質量	キログラム(kg)	物質量	モル(mol)
時間	秒(s)	光度	カンデラ(cd)
電流	アンペア(A)		

【問1】 次の原子について、陽子・中性子・電子の数として、正しいものの組み合わせはどれか。

		(陽子)	(中性子)	(電子)
☑	1.	13	14	13
	2.	13	27	14
	3.	14	13	14
	4.	14	27	13
	5.	27	14	13

$$^{27}_{13}\text{Al}$$

【問2】 化学結合および分子間力について、次のA～Dの組み合わせで誤っているものはいくつあるか。

A. ファンデルワールス力……分子間にはたらく引力

B. イオン結合…陽イオンと陰イオンとが静電気的に引き合った結合

C. 共有結合……2個の原子間で電子の対をつくり、それを共有してつくる結合

D. 金属結合……自由電子による原子間の結合

☑ 1. なし   2. 1つ   3. 2つ   4. 3つ   5. 4つ

【問3】 国際単位系（SI）で定める基本単位について、量、単位名称、単位記号の組み合わせとして、次のうち誤っているものはどれか。[★]

		量	単位名称	単位記号
☑	1.	長さ	メートル	m
	2.	時間	秒	s
	3.	物質量	キログラム	kg
	4.	熱力学温度	ケルビン	K
	5.	電流	アンペア	A

【問4】 化学結合に関する説明について、次のうち誤っているものはどれか。

☑ 1. イオン結合は、金属元素と非金属元素の結合である。

2. 共有結合は、原子どうしの最外殻電子を共有する結合である。

3. イオン結合と共有結合は、自由電子による結合である。

4. ダイヤモンドは、共有結合の結晶である。

5. 金属結合は、金属元素のみの結合である。

【問5】 イオン化エネルギーと電子親和力の説明として、次のうち誤っているものは
どれか。

☑ 1．原子が電子1個を失って陽イオンになるとき、必要なエネルギーをイオン化
エネルギーという。

2．アルゴンのイオン化エネルギーは、カリウムよりも大きい。

3．原子が電子1個を受け取って陽イオンになるとき、放出されるエネルギーを
電子親和力という。

4．原子のイオン化エネルギーの値は、原子番号とともに周期的に変化する。

5．リチウムはイオン化エネルギーが小さいため、陽イオンになりやすい。

■ 正解＆解説‥‥‥‥‥‥‥‥‥‥‥‥‥‥‥‥‥‥‥‥‥‥‥‥‥‥‥‥‥‥‥‥‥‥‥‥

問1…正解1

原子番号が13で質量数が27であることを表す。中性子の数は27－13＝14とな
る。

問2…正解1

問3…正解3

3．kg（キログラム）は質量。物質量の単位名称は「モル」で、単位記号は
「mol」である。

問4…正解3

3．自由電子による結合は金属結合である。イオン結合は静電気的な引力による結合、
共有結合は原子どうしの最外殻電子を共有する結合である。

問5…正解3

2．イオン化エネルギーはArの方が大きい。アルゴンAr（1521）＞カリウムK（419）。

3．原子が電子1個を受け取って「陰イオン」になるとき、放出されるエネルギーを
電子親和力という。

5．アルカリ金属に属するLi（520）、Na（496）、K（419）などはイオン化エネルギー
が小さい元素である。

※（　）内はおおよそのイオン化エネルギーの数値を表す。単位はkJ/mol。

13 物質の三態

■物質の状態変化

◎物質には**固体・液体・気体**の３つの状態があり、同じ物質でも温度や圧力の条件によって変化する。これを**物質の三態**という。

◎物質は温度や圧力によって三態に変化することから、標準的な状態を定義しておく必要がある。一般に、温度20℃を普通の温度、１気圧を普通の圧力としており、これを**常温常圧**という。

◎三態の変化は次のようにまとめることができる。**昇華**の例として、ドライアイスや**ナフタレン**（固体⇒気体）、凝華（昇華）の例として、霜や樹氷（気体⇒固体）が挙げられる。

※固体 ⇒ 気体または気体 ⇒ 固体の状態変化をどちらも「昇華」としていたが、気体 ⇒ 固体へ変化することを「凝華」とし、区分している。

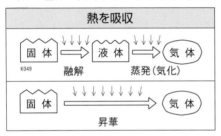
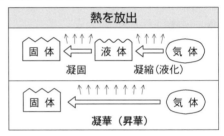

◎固体が液体に変化する温度を**融点**といい、液体が気体に変化する温度を**沸点**という。また、液体が固体に変化する温度を**凝固点**という。一般に融点より沸点の方が高い。

■水の状態変化

◎水に熱エネルギーを加えていくと、固体から液体、さらに気体へと変化する。

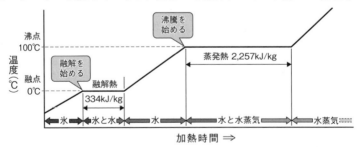

【水(1kg)に熱エネルギーを加え続けたときの温度変化】

◎一定圧力のもとで、固体から液体に変わる温度を**融点**という。固体が液体になるとき、吸収する熱量を**融解熱**という。０℃の氷の融解熱は、334kJ/kgである。

◎一定圧力のもとで、液体が沸騰する温度を**沸点**という。液体が気体になるとき、吸収する熱量を**蒸発熱**という。100℃の水の蒸発熱は、2,257kJ/kgである。

■蒸気圧

◎**蒸発**とは、液面付近で比較的大きな運動エネルギーをもつ分子が、液体分子間にはたらく分子間力を振り切って空間へ飛び出す現象である。

◎密閉容器に少量の液体を入れ、一定温度で放置したとする。単位時間に蒸発する分子の数は一定であるが、容器の空間に蒸発した分子の数が多くなると、凝縮して再び液体になる分子の数も増えていく。

◎ある時間が経過すると、一定時間あたりの分子の数は次のとおりとなる。

〔蒸発する分子の数〕＝〔凝縮する分子の数〕

◎この状態では見かけ上、蒸発も凝縮も起こっていないようになる。このような状態を**気液平衡**という。

◎気液平衡にあるとき、蒸気の示す圧力をその液体の**飽和蒸気圧**、または単に**蒸気圧**という。蒸気圧は、温度が高くなると、大きくなる。

◎液体を加熱すると次第に温度が上がり、液体の蒸気圧が大気圧と等しくなったとき、液体の内部からも気泡が生じて、盛んに蒸発するようになる。このような垷象を**沸騰**といい、このときの温度を沸点という。

◎一般に、沸騰は液体の蒸気圧が外圧（大気圧）と等しくなったときに起こるため、液体の沸点は外圧によって変化する。標高の高い山頂などでは、大気圧が低くなるため**液体の沸点も低くなる**。

◎沸点や融点は、分子間同士にはたらく分子間力によっても異なる。分子間力が大きく作用する物質は、融点や沸点が高い。

■物質の状態図

◎物質が温度と圧力の変化に応じて、どのような状態にあるかを示した図を**状態図**という。状態図は、物質の種類によって決まった形となる。

◎状態図において3本の曲線で分けられた部分では、物質は**固体・液体・気体**のどれかの状態で存在する。また、これらの曲線上では、両側の状態が共存する。

◎液体と気体、固体と液体、固体と気体を区切る曲線をそれぞれ**蒸気圧曲線、融解曲線、昇華（圧）曲線**という。3本の曲線の交点は**三重点**と呼ばれ、固体・液体・気体の3つの状態が共存する。

◎水であっても、圧力の低い状態では昇華が起こる。

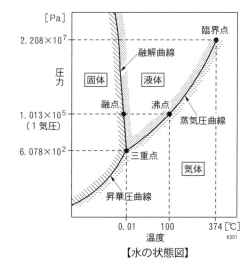

【水の状態図】

◎物質の温度と圧力を高めていくと、気体と液体の区別がつかなくなり、いくら圧力を高めても凝縮が起こらなくなる。この点を**臨界点**という。

■固体と気体の溶解度

◎**溶解**とは、物質が液体中に溶けて均一な液体となる現象をいう。そして、もとの液体を**溶媒**、溶けて均一になった液体を**溶液**、溶解した物質を**溶質**という。

◎**溶解度**とは、溶媒100g中に溶解し得る溶質の最大数をグラム数で表したものである。例えば、溶解度50は、溶媒100g中に溶解し得る溶質が50gであることを表している。

◎固体の溶解度は、一般に温度が高くなるほど大きくなる。ところが、**気体の溶解度**は、温度が高くなるほど小さくなり、また、圧力が高くなるほど大きくなる。例えば、炭酸水は温度が低くなるほど、また、圧力が高くなるほどより多くの炭酸を水に溶かすことができる。

■凝固点降下と沸点上昇

◎純粋な物質（液体）であれば、凝固点と沸点は物質ごとに定まっている。しかし、**不揮発性の物質**を液体に溶解させると、その希薄溶液は**凝固点降下**または**沸点上昇**を起こす。

◎よく知られているのが融雪剤・凍結防止剤の塩化カルシウム（$CaCl_2$）である。路面上にまくことで雪や氷を溶かすことができる。これは、水に塩化カルシウムが溶けることで、凝固点降下が起きていることによる。

◎また、沸騰した味噌汁は非常に熱い。これは、沸点上昇により100℃を超えているためである。

◎凝固点降下または沸点上昇において、溶媒と溶液の凝固点または沸点の差をそれぞれ**凝固点降下度**または**沸点上昇度**という。

◎希薄溶液の凝固点降下度または沸点上昇度は、**溶質の種類に関係なく、溶液中の溶質の質量モル濃度に比例する**。

◎質量モル濃度は、溶媒1kg中に溶けている溶質の物質量（mol）で表す。単位は、mol/kgとなる。

◎凝固点降下と沸点上昇で注意を要するのが、**電解質の溶液**である。例えば、0.1mol/kgの塩化ナトリウム水溶液では、ほぼ100%次のように電離している。

$$NaCl \longrightarrow Na^+ + Cl^-$$

◎この場合、Na^+とCl^-のイオン数の質量モル濃度は、0.2mol/kgとなる。従って、0.1mol/kgの非電解質水溶液と同じく0.1mol/kgの塩化ナトリウム水溶液について、その凝固点降下と沸点上昇の程度を比べると、塩化ナトリウム水溶液の方が約2倍の値を示す。

■蒸気圧降下

◎海水で濡れた水着は、真水で濡れたものより乾きにくい。これは、海水の蒸気圧が真水の蒸気圧より低いためである。

◎塩化ナトリウムのような**不揮発性物質**を溶かした希薄溶液の蒸気圧は、同じ温度の純粋な溶媒（純溶媒）の蒸気圧より低くなる。この現象を**蒸気圧降下**という。

◎質量モル濃度が同じ溶液であれば、蒸気圧降下の程度は、溶質の種類に関係なく同じである。蒸気圧降下度は、**溶質の分子やイオンの質量モル濃度に比例する**。

◎不揮発性物質を溶かした希薄溶液では、蒸気圧降下が起きるため、100℃より高い温度にならないと沸騰しない。このように、**沸点上昇は蒸気圧降下から説明する**ことができる。

▷**解説**：溶液中に不揮発性溶質が存在する場合、液体・気体界面に存在する不揮発性溶質の分だけ、他の相へ移動する溶媒粒子の接近が阻害され、溶液の蒸気圧が減少する。不揮発性溶質が存在している溶液の蒸気圧は、純溶媒の示す蒸気圧よりも小さくなる。

▶▶▶ 過去問題 ◀◀◀

【**問1**】次の水の状態図の説明として、誤っているものはどれか。

1．固体、液体、気体の境界線上の温度、圧力では、その両方の状態が共存する。

2．固体、液体、気体の三態が共存する点 T を三重点という。

3．点 B は臨界点といい、その温度、圧力を超えると、超臨界流体と呼ばれる気体とも液体とも区別のつかない状態となる。

4．気体と液体の境界線 BT は、蒸気圧曲線という。

5．固体と気体の境界線 AT は、融解曲線といい、水は圧力を上げていくと、融点が上がることがわかる。

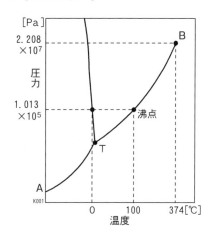

【**問2**】1気圧（1.013×10^5 Pa）のもとで、20℃の水 1.0kg を 100℃の水蒸気にするために必要な熱量について、最も近いものは次のうちどれか。ただし、水の比熱は 4.0kJ/（kg・K）とし、100℃における水の蒸発熱を 2,300kJ/kg とする。また、水は 100℃になるまで水蒸気にならないものとする。なお、物体（質量 m、比熱 c）の温度を ΔT だけ上昇させるのに必要な熱量は、$Q = mc\Delta T$ で与えられる。

1．80kJ　　2．320kJ　　3．400kJ　　4．2,380kJ　　5．2,620kJ

【問3】 次の文の（ ）内のA及びBに当てはまる語句の組み合わせとして、正しいものはどれか。[★]

　　　「一般に、溶液の凝固点は純粋な溶媒の凝固点より低くなる。これを溶液の凝固点降下といい、純粋な溶媒と溶液の凝固点の差を凝固点降下度という。希薄溶液の凝固点降下度は、（A）の種類に無関係で、溶液中の溶質の質量モル濃度に（B）する。」

	（A）	（B）
☑ 1．	溶媒	比例
2．	溶媒	反比例
3．	溶質	比例
4．	溶質	反比例
5．	溶液	反比例

【問4】 蒸気圧に関する説明として、次のうち誤っているものはどれか。[編]

☑ 1．蒸気圧とは、気液平衡にあるときの蒸気の圧力である。

2．一般に液体の温度が高くなると、蒸気圧は高くなる。

3．沸点は、液体の蒸気圧が外圧と等しくなり、沸騰が起こる温度である。

4．外圧が高くなると、液体の沸点は高くなる。

5．不揮発性物質を溶かした溶液では、蒸気圧降下が起きるため、沸点は純溶媒よりも低くなる。

6．構造異性体であるアルコールとエーテルでは、アルコールの方が沸点は高い。これは、アルコールのヒドロキシ基間で水素結合がつくられるためである。

【問5】 水の物理的性質について、誤っているものは次のうちどれか。

☑ 1．炭酸水素ナトリウムを溶解すると、水の蒸気圧が降下する。

2．尿素を溶解すると、沸点が上昇する。

3．炭酸カリウムを溶解すると、凝固点が降下する。

4．界面活性剤を添加すると、表面張力が大きくなる。

5．水温が上昇すると、二酸化炭素の溶解度が小さくなる。

【問6】 1℃の水 50g の中に氷 20g を入れた。氷と水との温度が一様になったとき、氷の量が増えて 25g になっていた。はじめに入れた氷の温度として、次のうち正しいものはどれか。ただし、水の比熱を 4.2J/(g·K)、氷の比熱を 1.89J/(g·K)、氷の融解熱を 336J/g とし、容器および外部との熱の出入りはないものとする。

☑ 1．0.0℃　　　2．－22.5℃　　　3．－38.9℃

4．－50.0℃　　　5．－99.8℃

■ **正解＆解説**……

問1…正解5

　　5．固体と気体の境界線ATは、昇華圧曲線という。水は圧力を上げていくと、昇華
　　する際の温度も上がることがわかる。この境界線上では、固体と気体が共存する。

問2…正解5

　　$Q = 1.0kg × 4.0kJ／（kg·K）×（100℃ － 20℃）＋ 1.0kg × 2,300kJ/kg$
　　　$= 1.0kg × 320kJ/kg ＋ 2,300kJ = 320kJ ＋ 2,300kJ = 2,620kJ$

　　なお、⊿（デルタ）は「微小な量」を意味し、$⊿T$で「微小な温度差」を表す。

問3…正解3

問4…正解5

　　5．不揮発性物質を溶かした溶液では、蒸気圧降下が起きるため、沸点は純溶媒より
　　も高くなる。

　　6．「32．脂肪族化合物　■エーテルの特性」318P参照。

問5…正解4

　　1＆2．炭酸水素ナトリウム及び尿素は不揮発性物質のため、水溶液は蒸気圧降下と
　　沸点上昇が起こる。

　　3．水に炭酸カリウムを溶解すると、凝固点降下が起こる。

　　4．水に界面活性剤を添加すると、表面張力は小さくなる。布を界面活性剤の水溶液
　　に入れると、表面張力が小さくなっているため水溶液は繊維の内部に浸透するよう
　　になる。

問6…正解4

　　この問題のポイントは2つあ
る。1つは「温度が一様になっ
たとき」＝「0℃」と判断する
こと。もう1つは「0℃におけ
る水と氷のエネルギー状態」を
判定することである。

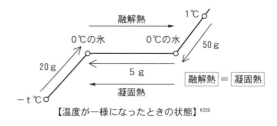

【温度が一様になったときの状態】K059

　　求める氷の温度を「－t℃」とする。1℃の水50gは熱を放熱し、－t℃の氷20g
は熱を吸収している。これらの熱量は等しいことから、次の等式が成り立つ。

Ⓐ［1℃の水50gが0℃の水になる］＋Ⓑ［更に0℃になった水5gが0℃の氷になる］
　　＝Ⓒ［－t℃の氷20gが0℃の氷になる］

Ⓐ［50g × 4.2J］＋Ⓑ［5g × 336J］
　　＝Ⓒ［t × 20g × 1.89J］⇒ 210J ＋ 1680J = t × 37.8J

$$t = \frac{210J + 1680J}{37.8J} = \frac{1890J}{37.8J} = 50 ⇒ はじめに入れた氷の温度は－50℃。$$

　　なお、融解熱は固体が液体になるときに吸収する熱量となるが、この熱量の大きさ
は凝固熱と等しい。凝固熱は液体が固体になるときに放出する熱量である。Ⓑのよう
に利用することができる。

14 単体・化合物・混合物

■純物質と混合物

◎全ての物質は純物質と混合物に分類することができる。

◎**純物質**は、化学的にみて**単一の物質からなるもの**で、一定の化学組成をもつ。窒素 N_2、酸素 O_2、水 H_2O、二酸化炭素 CO_2、メタノール CH_3OH などが該当する。

◎**混合物**は、2種または**それ以上の物質**が化学的結合をせずに混じり合ったもので、空気、ガソリン、灯油、食塩水などが該当する。蒸留やろ過などの物理的操作によって2種以上の純物質に分離できる。ガソリンや灯油は、複数の炭化水素からなる混合物である。

■単体と化合物

◎純物質は更に**単体と化合物**に区分することができる。

◎**単体**は、1種類の元素からなる純物質である。水素（H_2）、酸素（O_2）、硫黄（S）、りん（P）、水銀（Hg）などが該当する。単体の名称は、通常元素名と同じである。ただし、オゾン（O_3）のように異なるものもある。

◎**化合物**は、2種類以上の元素からなる純物質である。水（H_2O）は、水素が酸素と燃焼することで生成する。また、電気分解により水素と酸素に分解できる。水の他、ジエチルエーテル（$C_2H_5OC_2H_5$）、エタノール（C_2H_5OH）、二酸化炭素（CO_2）、塩化ナトリウム（$NaCl$）、硝酸（HNO_3）などが該当する。

■定比例の法則

◎ある化合物を構成する**成分元素の質量比**は、その製法の如何を問わず、**常に一定**である。これを「定比例の法則」という。

◎例えば、炭素を燃焼させてできる二酸化炭素（CO_2）も、動物の呼吸中の二酸化炭素（CO_2）も、炭素と酸素の質量比は3：8である。

▶▶▶ 過去問題 ◀◀◀

【問1】物質の単体、化合物、混合物について、次のうち正しいものはどれか。

☐ 1．単体は、純物質でただ1種類の元素のみからなり、通常の元素名とは異なる。

　2．混合物は、混ざりあっている純物質の割合が異なっても、融点や沸点などが一定で、固有の性質をもつ。

　3．化合物は、分解して2種類以上の別の物質に分けることができない。

　4．気体の混合物は、その成分が必ず一相であるが、溶液の混合物は必ずしもその成分がすべて液体であるとは限らない。

　5．化合物のうち、無機化合物は酸素、窒素、硫黄などの典型元素のみで構成されている。

【問2】 物質の混合物について、次のうち誤っているものはどれか。

☑ 1．混合物は、2種類以上の純物質が混ざりあった物質をいう。

2．溶液の混合物は、その成分が必ず液体であるが、気体の混合物は必ずしもその成分がすべて気体であるとは限らない。

3．混合物は、蒸留やろ過などの方法により2種類以上の物質に分離することができる。

4．混合物は、混合している純物質の割合により、融点、沸点などの性質が変わる。

5．混合物の溶液は、その目的や混合比に応じて、成分を溶媒と溶質に区別される。

【問3】 物質の化合物について、次のうち誤っているものはどれか。[★]

☑ 1．化合物とは、2種類以上の元素からできている純物質をいう。

2．化合物は、一般に有機化合物と無機化合物に大別されるが、両者の中間に位置するものもある。

3．有機化合物を構成する主な元素には、炭素、水素、酸素、窒素、硫黄などがある。

4．それぞれの化合物ごとに、その成分元素の質量比は一定である。

5．一般に化合物は、蒸留、ろ過などの簡単な操作によって2以上の成分に分けられる。

■ 正解＆解説……………………………………………………………………………………

問1…正解4

1．単体は、純物質でただ1種類の元素のみからなり、通常の元素名と同じである。

2．混合物は、混ざりあっている純物質の割合が異なると、融点や沸点なども異なる。食塩水は、食塩の割合が大きくなると、凝固点がより降下する。

3．化合物は、分解して2種類以上の別の物質に分けることができる。

4．気体の混合物は、必ず「気体」＋「気体」の組み合わせになっている。一方、液体の混合物は、「液体」＋「液体」の組み合わせの他、「液体」＋「気体」、「液体」＋「固体」の組み合わせも存在する。炭酸水や食塩水など。

5．無機化合物は有機化合物以外の化合物をいう。有機化合物は、炭素を含む化合物をいう。ただし、炭素の酸化物や炭酸塩は無機化合物に含める。「31．有機化合物の基礎」308P参照。

問2…正解2

2．溶液の混合物は、その成分が必ず液体であるとは限らない。食塩水は、水（液体）と食塩（固体）からなる液体の混合物である。また、気体の混合物は、必ず「気体」＋「気体」の組み合わせになっている。

問3…正解5

2．この設問は、「両者の中間に位置する性質のものもある」と理解して、「誤っているもの」に含めない。

3．「31. 有機化合物の基礎」308P 参照。

5．一般に混合物は、蒸留、ろ過などの簡単な操作によって2以上の成分に分けられる。

15 コロイド

■コロイド粒子

◎気体、液体、固体の中に、他の物質が直径1〜数百 n（ナノ）m 程度の大きさの粒子になって分散している状態を**コロイド**という。

※**ナノ**とは、10^{-9}を表す単位の接頭語。記号 n。

◎コロイドの状態の粒子をコロイド粒子、コロイド粒子が液体中に分散したものをコロイド溶液という。

◎デンプン水溶液やマヨネーズのように、流動性のあるコロイドをゾルという。また、豆腐やゼリーのように、流動性を失って固化したコロイドをゲルという。

■コロイド溶液の性質

▶チンダル現象

◎コロイド溶液に横から強い光を当てると、**光の通路**が輝いて見える。これは、分子やイオンより大きいコロイド粒子に光が当たると、光をよく散乱するためである。この現象を**チンダル現象**という（英のチンダルが1868年に発見）。

▶ブラウン運動

◎コロイド粒子を特別な顕微鏡（限外顕微鏡）で観察すると、粒子が**不規則な運動**をしている様子が確認できる。これは、水分子が熱運動によってコロイド粒子に不規則に衝突し、コロイド粒子の運動方向が絶えず変化するためである。このような運動を**ブラウン運動**という（英のブラウンが 1827 年に発見）。

※限外顕微鏡は、照明装置で対象物を照射し、通常の顕微鏡の分解能以下の微粒子を暗視野中に輝かせて確認する顕微鏡である。

▶透析

◎不純物を含むコロイド溶液を半透膜の袋に入れて、水中に浸しておくと、小さな分子やイオンは半透膜を透過するが、コロイド粒子は大きいため半透膜を透過できず袋内にとどまる。このようにして、コロイド溶液を精製する方法を**透析**という。

▶電気泳動

◎コロイド粒子の多くは、正または負に帯電している。コロイド溶液に電極を差し込んで直流電圧を加えると、正に帯電しているコロイド（**正コロイド**）は、負極に向かって移動する。逆に、負に帯電しているコロイド（**負コロイド**）は、正極に向かって移動する。この現象を**電気泳動**という。

■疎水コロイドと親水コロイド

▶凝析

◎水酸化鉄（Ⅲ）$Fe(OH)_3$のコロイド溶液に、少量の電解質を加えると、コロイド粒子が集まって大きな粒子となり沈殿する。この現象を**凝析**という。また、このようなコロイドを**疎水コロイド**という。※**疎水**とは、水となじみにくいこと。

◎凝析は、電解質を加えることでコロイド粒子の表面に反対符号のイオンが引きつけられ、コロイド粒子間の反発力が弱まることで起こる。

▶塩析

◎タンパク質やデンプンのコロイド溶液は、少量の電解質を加えても沈殿しない。しかし、多量の電解質を加えると沈殿する。この現象を**塩析**といい、このようなコロイドを**親水コロイド**という。

▶保護コロイド

◎疎水コロイドに親水コロイドを加えると、凝析しにくくなることがある。これは、疎水コロイドの粒子を親水コロイドの粒子が取り囲むことによる。このようなはたらきをする親水コロイドを、特に**保護コロイド**という。

◎墨汁は炭素のコロイド溶液で、保護コロイドとしてにかわを加えてある。また、絵の具に入れてあるアラビアゴムも保護コロイドである。

■浸透圧

◎セロハン膜は、水分子などの小さい分子は自由に通すが、タンパク質やデンプンなどの大きな分子は通さない。このような膜を**半透膜**という。

◎半透膜をへだてて、デンプン水溶液と水（溶媒）が接しているとき、半透膜の性質から、溶液側から溶媒側へ入る水の量より、溶媒側から溶液側に入る水の量が多くなる。このため、全体として溶媒側から溶液側へ水が移動することになる。このように、膜を通して物質が移動する現象を**浸透**という。

◎U字管の中央に半透膜を設置して浸透が起きるとき、液面差が一定の値になったとき、水の浸透は止まる。溶液側に圧力を加えて、両液面が同じ高さになったときの圧力を溶液の**浸透圧**という。

【浸透圧のモデル】

◎希薄溶液の浸透圧は、溶液の**モル濃度**と**絶対温度**に比例し、溶媒や溶質の種類には無関係である。溶液の浸透圧をΠ（パイ）とすると、モル濃度c、絶対温度Tとの関係は次のとおりとなる。Rは気体定数と同じ値である。

$$\Pi = cRT$$

◎ただし、モル濃度は溶液が電解液の場合、総イオンの値とする。

【問1】 コロイド溶液に関する記述について、次のうち誤っているものはどれか。

☐ 1．コロイド溶液に横から光束をあてると、コロイド粒子が光を散乱させるため、光の通路が明るく光って見える。

2．コロイド溶液に電極を入れ、直流の電源につなぐと、帯電しているコロイド粒子は同符号の電極の方へ移動して集まる。

3．デンプンやタンパク質のような親水コロイド溶液には少量の電解質を加えてもコロイド粒子は沈殿しないが、多量の電解質を加えると沈殿が生じる。

4．コロイド溶液中のコロイド粒子は、水分子がコロイド粒子に不規則に衝突しているため、ふるえるように不規則に動いている。

5．疎水コロイド溶液に親水コロイド溶液を加えると、疎水コロイドの粒子が親水コロイドの粒子によって取り囲まれ、凝析しにくくなる。

【問2】 コロイド溶液に関する記述について、次のうち誤っているものはどれか。[★]

☐ 1．コロイド溶液中のコロイド粒子は、水分子がコロイド粒子に不規則に衝突しているため、ふるえるように不規則に動いている。

2．疎水コロイド溶液に少量の電解質を加えると、コロイド粒子はたがいに反発力を失ってくっつき合い、大きくなって沈殿する。

3．コロイド溶液に電極を入れ、直流の電源につなぐと、帯電しているコロイド粒子は反対符号の電極の方へ移動して集まる。

4．コロイド溶液に横から光束をあてると、コロイド粒子が光を散乱させるため、光の通路が明るく光って見える。

5．疎水コロイド溶液に親水コロイド溶液を加えると、親水コロイドの粒子が疎水コロイドの粒子によって取り囲まれ、容易に凝析するようになる。

【問3】 一般に温度の上昇とともに増加するものは、次のうちどれか。

☐ 1．液体の粘性 　　　　　　2．液体の表面張力

3．気体の水に対する溶解度 　　4．金属の電気伝導度 　　5．浸透圧

【問4】 同温度で、最も浸透圧が小さい水溶液は、次のうちどれか。

☐ 1．0.3mol/L の塩化カリウム（KCl）水溶液

2．0.2mol/L のショ糖（$C_{12}H_{22}O_{11}$）水溶液

3．0.3mol/L のグルコース（$C_6H_{12}O_6$）水溶液

4．0.1mol/L の塩化カルシウム（$CaCl_2$）水溶液

5．0.2mol/L の硝酸銀（$AgNO_3$）水溶液

問１…正解2

　２．この場合、帯電しているコロイド粒子は逆符号の電極の方へ移動して集まる。

問２…正解5

　５．疎水コロイド溶液に親水コロイド溶液を加えると、疎水コロイドの粒子を親水コロイドの粒子が取り囲むため、凝析しにくくなる。

問３…正解5

　１．液体の粘性は、温度が上昇すると減少する。これは、液体の粘性は分子間の引く力による影響が大きく、温度の上昇によって分子運動が激しくなることで、相対的に分子間力（分子どうしを結びつける力）が弱くなるためである。ただし、気体の粘性は、温度の上昇により強くなるため、注意が必要である。

　２．表面張力は、表面をできるだけ小さくしようとする傾向をもつ液体の性質、またその力をいう。表面張力は、温度の上昇とともに弱くなる。これは、表面張力のもととなる分子間力（分子どうしを結びつける力）が、温度の上昇により弱くなるためである。分子は温度が高くなると、その運動エネルギーが増し、移動量が大きくなる。衣類の汚れは、冷水より温水で洗う方がよく落ちる。これは、水の表面張力が弱くなり、繊維の内部にまで水が入り込むためである。

　３．気体の水に対する溶解度は、温度の上昇とともに低下する。炭酸水は、温度が高くなると溶解している二酸化炭素が盛んに気泡となる。

　４．電気伝導度は電気伝導率ともいう。電気伝導率は、電気抵抗率の逆数となる。金属は一般に温度が高くなると、電気抵抗が増加する特性がある。電気抵抗が増加すると、電気伝導率は小さくなる。

　５．希釈溶液の浸透圧は、溶液のモル濃度と絶対温度に比例し、溶媒や溶質の種類には無関係である。なお、溶液が電解質の場合は、浸透圧の大きさについて注意が必要である。塩化ナトリウム$NaCl$のような強電解質は、水溶液中でNa^+とCl^-がほぼ全て電離するため、溶液中の粒子の数を２倍にして計算する。

問４…正解2

　モル濃度の最も小さいものを選ぶ。ただし、電解液は総イオンの濃度とする。

　１．塩化カリウムは電解質のため水で電離する。１ＬあたりカリウムイオンK^+…0.3mol、塩素イオンCl^-…0.3molが存在する。従って、モル濃度は、0.6mol/Lとなる。

　２＆３．ショ糖やグルコース（ブドウ糖）は非電解質のため水で電離しない。そのため、ショ糖は0.2mol/L、グルコースは0.3mol/Lとなる。

　４．塩化カルシウムは電解質のため水で電離する。１ＬあたりカルシウムイオンCa^{2+}…0.1mol、塩素イオンCl^-…0.2molが存在する。従って、モル濃度は、0.3mol/Lとなる。

　５．硝酸銀は電解質のため水で電離する。１Ｌあたり銀イオンAg^+…0.2mol、硝酸イオンNO_3^-…0.2molが存在する。従って、モル濃度は、0.4mol/Lとなる。

16 同素体と異性体

■同素体と異性体

◎**同素体**は、同一元素からなるが、その原子の配列や結合が異なり、性質も違う単体をいう。

硫黄（S）	斜方硫黄	単斜硫黄	ゴム状硫黄	
炭素（C）	黒鉛	ダイヤモンド	フラーレン	カーボンナノチューブ
酸素（O）	酸素（O_2）	オゾン（O_3）		
りん（P）	赤りん	黄りん		

※「SCOP：スコップ」と覚える。

◎**異性体**は、同じ数、同じ種類の原子を持っているが、異なる構造をしている物質をいう。エタノール（C_2H_5OH）とジメチルエーテル（CH_3OCH_3）は、いずれも炭素（C）2個、水素（H）6個、酸素（O）1個で構成されているが、構造が全く異なるため、異性体である。

エタノール	ジメチルエーテル

ノルマルブチルアルコール	第2ブチルアルコール

イソブチルアルコール	第3ブチルアルコール

オルトキシレン	メタキシレン	パラキシレン

【問1】 次の物質の組み合わせのうち、互いに同素体でないものはどれか。

☑　1．酸素とオゾン　　　2．斜方硫黄と単斜硫黄　　　3．鉄の赤さびと黒さび

　　4．黄リンと赤リン　　　5．黒鉛とダイヤモンド

【問2】 次の物質の組み合わせのうち、互いに異性体であるものはどれか。[★]

☑　1．一酸化炭素と二酸化炭素　　　2．金と白金　　　3．メタンとエタン

　　4．イソブチルアルコールとノルマルブチルアルコール

　　5．オゾンと酸素

【問3】 次の物質の組み合わせのうち、立体異性体であるものはどれか。

☑　1．エタノールとジメチルエーテル　　　2．赤リンと黄リン

　　3．単斜硫黄と斜方硫黄　　　　　　　　4．酸素とオゾン

　　5．マレイン酸とフマル酸

■ 正解＆解説‥‥‥‥‥‥‥‥‥‥‥‥‥‥‥‥‥‥‥‥‥‥‥‥‥‥‥‥‥‥‥‥‥‥‥‥‥

問1…正解3

　　3．赤さび Fe_2O_3 と黒さび Fe_3O_4 ⇒ 同素体に該当しない。

問2…正解4

　　1．一酸化炭素 CO と二酸化炭素 CO_2 は異なる物質である。

　　2．金 Au と白金 Pt は異なる金属元素である。

　　3．メタン CH_4 とエタン C_2H_6 は異なる物質である。

　　4．ブチルアルコールは、分子式 $C_4H_{10}O$ で表される1価アルコールの総称である。
　　　　ブタノールともいう。ノルマルブチルアルコール、第2ブチルアルコール、イソブ
　　　　チルアルコール及び第3ブチルアルコールの4種類の異性体が存在する。

　　5．オゾン O_3 と酸素 O_2 は、酸素からなる同素体である。

問3…正解5

　　1．エタノール $CH_3 - CH_2 - OH$ とジメチルエーテル $CH_3 - O - CH_3$ は、構造
　　　　式が異なる異性体（構造異性体）である。

　　5．これらは幾何異性体で、$C = C$ 結合に対する置換基の立体配置の違いに基づく異
　　　　性体であり、立体異性体の1つである。立体異性体は、分子の立体的な構造が異な
　　　　るために生じる異性体である。

マレイン酸	フマル酸
$\begin{array}{c} H \\ HOOC \end{array} C = C \begin{array}{c} H \\ COOH \end{array}$	$\begin{array}{c} H \\ HOOC \end{array} C = C \begin{array}{c} COOH \\ H \end{array}$

17 金属の特性

■金属結合

◎金属は、多数の原子が規則正しく配列して結晶をつくっている。このとき、各金属原子の価電子は、もとの原子に固定されずに、金属中を自由に動き回ることができる。このような電子を**自由電子**という。

◎金属では、この自由電子が原子どうしを結びつける役割をしている。このような自由電子による金属原子間の結合を**金属結合**という。

■金属の特性

◎金属は、一般に**展性**、**延性**に富み、金属光沢をもつ。また、自由電子により熱や電気を通しやすい。粉末にした金属は、空気との接触面積が広くなることから、**燃焼**しやすくなる。

※**展性**とは、圧縮する力を加えた際に破損することなく板状に薄くなる性質。

※**延性**とは、引っ張る力を加えた際に破断されることなく糸状に延びる性質。

◎また、比重が**4あるいは5より小さいものを「軽金属」、4あるいは5より大きいもの**を「重金属」と区分する。軽金属はアルミニウム (Al)、マグネシウム (Mg)、カルシウム (Ca)、カリウム (K)、リチウム (Li) などが該当する。

◎一般に**金属元素**の原子は**陽イオン**になることが多い。また、非金属元素と**イオン結合**による化合物 (NaCl など) をつくる傾向が大きい。

※陽イオン (Na^+ など) と陰イオン (Cl^- など) は静電気的な引力で引き合い、互いの電荷を打ち消し合うような割合で結びつく。このような結合をイオン結合という。一般に、金属元素と非金属元素の結合は、陽イオンと陰イオンによるイオン結合である。

◎**非金属**は、金属としての性質をもたないものである。炭素 (C)、**ケイ素** (Si)、**リン** (P) などが該当する。

■炎色反応

◎炎色反応は、アルカリ金属やアルカリ土類金属、銅などをガスバーナーの外炎の中に入れると、炎がその金属元素特有の色を示す反応である。白金線を試料水溶液につけて使用する。

リチウム Li	ナトリウム Na	カリウム K	カルシウム Ca	ストロンチウム Sr	バリウム Ba	銅 Cu
赤色・深赤色	黄色	赤紫色	橙赤色	紅色・深赤色	黄緑色	青緑色

■熱伝導

◎熱伝導とは、熱が物体の高温部から低温部へ物体中を伝わって移動する現象をいう。主に、金属での熱の伝わり方である。

◎物体中の高温部から低温部に伝わる熱量 Q は、次の式で表される。

$$Q = kST \frac{(t_1 - t_2)}{L}$$

ただし、t_1 は高温部の温度（K）であり、t_2 は低温部の温度（K）とする。また、L は高温部から低温部までの距離（m）で、S は熱が伝わる物体の断面積（m^2）、T は熱伝導の時間（s）、k はその物体特有の比例定数（W/mK）とする。

◎k は、**熱伝導率**と呼ばれ、熱の伝わりやすさを表す。熱の流れに垂直な断面 $1\,\mathrm{m}^2$ を通り、1秒間（s）に流れる熱量を $1\,\mathrm{m}$ 当たりの温度差（K）で割った値である。

◎一般に金属は、熱伝導率が大きい。

■金属結晶の構造

◎金属の固体では、金属の原子が規則正しく配列して金属結晶をつくっている。

◎一般に、結晶中の規則的な粒子の配列を結晶格子と呼び、その中に現れる最小の繰り返し単位を単位格子という。

◎金属結晶の多くは、体心立方格子、面心立方格子、六方最密構造の3種類のいずれかをとる。

◎面心立方格子と六方最密構造は、空間に原子が最も密に詰まった配列（最密構造）である。

◎一般に、ある粒子を取り囲んでいる他の粒子の数を配位数という。

単位格子の構造	**体心立方格子**	**面心立方格子**	**六方最密構造**
	立方体の頂点と中心に原子を配列した結晶格子。 K036	立方体の頂点と各面の中心に原子を配列した結晶格子。	正六角柱に原子を配列した構造。（図は省略）
配位数	8	12	12
充填率	**68%**	**74%**	**74%**
金属の例	Fe、Na、K	Al、Cu、Ag	Mg、Zn
原子数	**2**	**4**	**2**

※充填率：単位格子中の原子の占める体積の割合、原子数：単位格子中の原子数を示す。

■金属イオンの分離と確認

◎金属イオンの混合溶液から、特定の金属イオンのみを沈殿させる以下の図のような
操作を定性分析という。

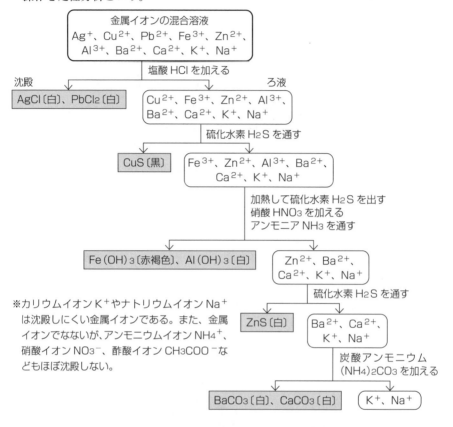

※カリウムイオン K⁺ やナトリウムイオン Na⁺
は沈殿しにくい金属イオンである。また、金属
イオンでなないが、アンモニウムイオン NH_4^+、
硝酸イオン NO_3^-、酢酸イオン CH_3COO^- な
どもほぼ沈殿しない。

▶▶▶ 過去問題 ◀◀◀

【問1】金属（水銀を除く。）についての一般的説明として、次のうち誤っているもの
はどれか。

☐ 1．金属の結晶は、金属元素の原子が規則正しく配列してできている。

2．自由電子があるため、熱をよく伝える。

3．金属光沢と呼ばれる特有の光沢をもっている。

4．それぞれの原子は、共有結合でつながっている。

5．展性や延性がある。

【問2】 白金線に金属塩の水溶液をつけて炎の中に入れると、金属の種類によって異なった色がでる。この実験を行った場合の金属と炎の色との組合せで、誤っているものは次のうちどれか。

	金属	炎の色
☑ 1.	リチウム	深赤
2.	カルシウム	青
3.	ナトリウム	黄
4.	カリウム	赤紫
5.	バリウム	黄緑

【問3】 炎色反応により黄色を示すアルカリ金属元素は、次のうちどれか。[★]

☑ 1. リチウム
2. ナトリウム
3. カリウム
4. カルシウム
5. バリウム

【問4】 次の文の①〜③に当てはまるものの組み合わせとして、正しいものはどれか。[★]

「1つの物体のA部分 t_1〔℃〕からB部分 t_2〔℃〕に伝導によって流れる熱量 Q は、A、B間の距離を L とすれば、次の式で表される。

$$Q = kST\frac{①}{②}$$

ただし、S は断面積、T は時間を表し、k をこの物質の③とする。」

	①	②	③
☑ 1.	$(t_1 + t_2)^2$	L^2	比率
2.	$t_1 + t_2$	L^3	熱容量
3.	$t_1 + t_2$	L	熱容量
4.	$t_1 - t_2$	L	熱伝導率
5.	$t_1 - t_2$	L^2	熱伝導率

【問5】 下の図は、ナトリウム、カリウム、鉄等の金属結晶の単位格子を模式的に示している。この単位格子の構造名および充填率（金属原子が空間に占める体積の割合）について、正しいものの組み合わせは、次のうちどれか。なお、$\sqrt{3} \fallingdotseq 1.73$ である。[★]

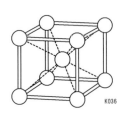

	構造名	充填率
☑ 1.	体心立方格子	68%
2.	体心立方格子	74%
3.	面心立方格子	62%
4.	面心立方格子	68%
5.	面心立方格子	74%

【問6】 次の文の（ア）、（イ）に当てはまるものの組み合わせとして、正しいものはどれか。

「ナトリウム、カリウム、鉄は、下の模式図のように（ア）の結晶構造をとる。この金属原子の単位格子に含まれる原子の数は（イ）である。」

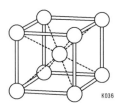

	（ア）	（イ）
☑ 1.	体心立方格子	2
2.	体心立方格子	4
3.	体心立方格子	8
4.	面心立方格子	2
5.	面心立方格子	4

【問7】 Ag^+、Cu^{2+}、Fe^{3+}、K^+、Pb^{2+}を含む混合水溶液から各金属イオンを分離するために①〜③の順に操作した場合、分離せずに残った金属イオンは次のうちどれか。
①希塩酸を加えると、白色の沈殿物が生成した。
②①のろ液に硫化水素を通したとき、黒色の沈殿物が生成した。
③②のろ液を煮沸して硫化水素を取り除き、硝酸を加えた後にアンモニア水を加えると、赤褐色の沈殿物が生成した。

☑ 1. Ag^+　　　2. Cu^{2+}　　　3. Fe^{3+}　　　4. K^+　　　5. Pb^{2+}

■ 正解＆解説 ………………………………………………………………………………

問1…正解4

　　4. 金属の原子間は、金属結合によりつながっている。共有結合は、非金属元素のみ
　　　からなる結合で、水 H_2O やメタン CH_4 などが該当する。

問2…正解2

　　2. カルシウムは橙赤色の炎色反応を示す。

問3…正解2

　　1. リチウム……赤色　　　　2. ナトリウム…黄色　　　3. カリウム……赤紫色

　　4. カルシウム…橙赤色　　　5. バリウム……黄緑色

問4…正解4

問5…正解1

問6…正解1

問7…正解4

　　式中の↓は沈殿物であることを示す。

　　① 希塩酸を加えると、白色の沈殿物が生成した。⇒ 白色の沈殿物は次のとおり。

　　　$Ag^+ + Cl^- \longrightarrow AgCl\downarrow$　　　　$Pb^{2+} + Cl^- \longrightarrow PbCl_2\downarrow$

　　② ①のろ液に硫化水素（S^{2-}）を通したとき、黒色の沈殿物が生成した。⇒ 黒色
　　　の沈殿物は次のとおり。

　　　$Cu^{2+} + S^{2-} \longrightarrow CuS\downarrow$

　　③ ②のろ液を煮沸して硫化水素を取り除き、硝酸を加えた後にアンモニア水を加え
　　　ると、赤褐色の沈殿物が生成した。⇒ 赤褐色の沈殿物は次のとおり。

　　　$Fe^{3+} + 3OH^- \longrightarrow Fe(OH)_3\downarrow$

　　　アンモニア水：$NH_3 + H_2O \rightleftharpoons NH_4^+ + OH^-$

18 気体の特性

■ボイルの法則

◎「温度が一定のとき、気体の体積は圧力に反比例する」という法則である。

$$V\,(\text{体積}) = \frac{k\,[\text{一定}]}{P\,(\text{圧力})}$$

◎ボイルの法則に従うと、温度が一定のとき、圧力(P)を2倍にすると体積(V)は2分の1になる。kは定数を表す。

■シャルルの法則

◎「圧力が一定のとき、一定質量の気体の体積は、温度1℃上昇または下降するごとに、0℃における体積の273分の1ずつ膨張または収縮する」という法則である。

◎「0℃における体積の273分の1」は、0℃における絶対温度が273Kであることに由来する。

◎絶対温度は−273℃を基準としたもので、単位にK（ケルビン）を用いる。

$$[-273℃ = 0K]\quad[0℃ = 273K]\quad[100℃ = 373K]$$

◎絶対温度を用いてシャルルの法則を言い換えると、「圧力が一定のとき、一定質量の気体の体積は絶対温度に比例する」となる。kは定数を表す。

$$\frac{V\,(\text{体積})}{T\,(\text{温度})} = k\,[\text{一定}]$$

◎シャルルの法則に従うと、圧力が一定のとき、温度(T)を273Kから373Kにすると、体積(V)は（373 ÷ 273）倍になる。

273K時の体積をV_1、373K時の体積をV_2とすると、次の等式が成り立つ。

$$\frac{V_1}{273} = \frac{V_2}{373}$$

■理想気体

◎ボイルの法則とシャルルの法則に従う仮想的な気体を理想気体という。

◎実在する気体は、厳密には2つの法則に従わない。温度が高く圧力が低いときに理想気体に近づく。

■ ドルトンの分圧の法則

◎「混合気体の全圧は、各気体の圧力の和に等しい」という法則である。

◎混合気体を構成する各気体の圧力を「分圧」といい、混合気体の圧力を「全圧」という。

◎気体 A と気体 B からなる混合気体の全圧を P としたとき、気体 A・B の分圧をそれぞれ P_A、P_B とすると、次のようになる。

> P（全圧）= P_A（気体 A の圧力）+ P_B（気体 B の圧力）

▶▶▶ 過去問題 ◀◀◀

【問1】 次に掲げる物質のうち、物質量（mol）が最も大きいものはどれか。なお、メタノールの分子量を 32、水の分子量を 18 とする。[★]

☐ 1．0℃、$1.013 \times 10^5 Pa$ で 22.4L の酸素

2．48g のメタノール

3．36g の水

4．0℃、$1.013 \times 10^5 Pa$ で 22.4L の水素

5．0℃、$2.026 \times 10^5 Pa$ で 11.2L の窒素

■ 正解＆解説 ……………………………………………………………………………

問1…正解3

1 & 4 & 5．0℃、$1.013 \times 10^5 Pa$ における気体は、1 mol ＝ 22.4L となる。従って、1 及び 4 の酸素と水素は、いずれも 1 mol となる。5 の窒素は圧力が 2 倍となっており、同時に体積が 2 分の 1 となっている。このため、窒素の物質量も 1 mol となる。

2．メタノール CH_3OH の分子量は 32 のため、メタノール 48g は、48 ／ 32 ＝ 1.5 mol となる。

3．水 H_2O の分子量は 18 のため、水 36g は、36 ／ 18 ＝ 2 mol となる。

19 溶液の濃度と溶解

■質量パーセント濃度

◎溶液に含まれる溶質の質量の割合をパーセント（%）で表した濃度を、**質量パーセント濃度**という。

$$質量パーセント濃度（\%）= \frac{溶質の質量（g）}{溶液の質量（g）} \times 100$$

◎例えば、水80gに塩化ナトリウムNaCl 20gを溶かした水溶液の質量パーセント濃度は、次のとおりとなる。

$$\frac{20g}{(80+20)\,g} \times 100 = 20\%$$

■モル濃度

◎溶液1L中に含まれる溶質の量を物質量（mol）で表した濃度を、**モル濃度**という。単位は、mol/L を用いる。

$$モル濃度（mol/L）= \frac{溶質の物質量（mol）}{溶液の体積（L）}$$

◎例えば、塩化ナトリウムNaCl 117gを水に溶かして5Lとした水溶液のモル濃度は、次のとおりとなる。NaClの式量は $23+35.5=58.5$ で、117gは2molとなる。

$$\frac{2\,mol}{5\,L} = 0.4mol/L$$

■質量モル濃度

◎溶媒1kg中に溶けている溶質の物質量（mol）で表した濃度を、**質量モル濃度**という。単位は、mol/kgを用いる。

$$質量モル濃度（mol/kg）= \frac{溶質の物質量（mol）}{溶媒の質量（kg）}$$

■物質の極性と溶解

◎極性分子であるスクロース（ショ糖）$C_{12}H_{22}O_{11}$ やグルコースは $C_6H_{12}O_6$、同じく極性のある水によく溶けるが、極性のないヘキサン C_6H_{14} には溶けにくい。

◎これに対し、無極性分子であるヨウ素 I_2 やナフタレン $C_{10}H_8$ は、水にほとんど溶けないが、極性のないヘキサンにはよく溶ける。

◎このように、**極性物質どうし**、**無極性物質どうし**は溶けやすいが、極性物質と無極性物質は溶けにくい傾向がある。

		溶　　　質		
		イオン結晶	分子結晶	
			極性物質	無極性物質
溶媒	極性	例 水＋塩化ナトリウム 溶ける	例 水＋グルコース 溶ける	例 水＋ヨウ素 溶けない
	無極性	例 ヘキサン＋塩化ナトリウム 溶けない	例 ヘキサン＋グルコース 溶けない	例 ヘキサン＋ヨウ素 溶ける

※ヘキサンの示性式：$CH_3 - CH_2 - CH_2 - CH_2 - CH_2 - CH_3$

◎水素分子 H_2 や塩素分子 Cl_2 のように、極性のない分子を**無極性分子**、塩化水素分子 HCl のように極性のある分子を**極性分子**という。

> **無極性分子の例**…水素 H_2、塩素 Cl_2、二酸化炭素 CO_2、メタン CH_4
> **極性分子の例**…水 H_2O、塩化水素 HCl、アンモニア NH_3

▶▶▶ 過去問題 ◀◀◀

【問1】0.1mol/L の濃度の炭酸ナトリウム水溶液をつくろうとした場合、次の操作のうち正しいものはどれか。なお、炭酸ナトリウム(Na_2CO_3)の分子量は 106 とし、水（H_2O）の分子量は 18.0 とする。[★]

☑　1．10.6g の Na_2CO_3 を 1 L の水に溶かす。

　　2．28.6g の $Na_2CO_3・10H_2O$ を水に溶かして 1 L にする。

　　3．28.6g の $Na_2CO_3・10H_2O$ を 971.4mL の水に溶かす。

　　4．10.6g の $Na_2CO_3・10H_2O$ を水に溶かして 1 L にする。

　　5．28.6g の $Na_2CO_3・10H_2O$ を 1 L の水に溶かす。

【問2】溶質の溶媒に対する溶解性について説明した表中の（A）〜（E）のうち、誤っているものはどれか。

溶媒＼溶質	イオン結晶	極性分子	無極性分子
極性溶媒	（A）よく溶ける	（B）よく溶ける	（C）よく溶ける
無極性溶媒	（D）溶けにくい	（E）溶けにくい	よく溶ける

☑　1．（A）　　　2．（B）　　　3．（C）

　　4．（D）　　　5．（E）

【問3】 80℃におけるホウ酸の飽和水溶液100gを20℃まで冷却したときに析出する
ホウ酸の量として、正しいものは次のうちどれか。なお、20℃および80℃の水
100gに対するホウ酸の溶解量は、それぞれ5g、25gとする。

☑　1．12g　　　2．16g　　　3．18g　　　4．20g　　　5．22g

■ 正解＆解説 ··

問1…正解2

　　Na₂CO₃・10H₂Oは、炭酸ナトリウム十水和物とよばれ、炭酸ナトリウム水溶液を
結晶化させると得られる。化学式の「10H₂O」は水和水を表し、結晶中のNa₂CO₃・
1組に10個の水分子が取り込まれていることを表す。水和水は結晶水とも呼ばれ、
水和水をもつ化合物を水和物という。

　　Na₂CO₃・10H₂Oは、風解の例としてよく取り上げられる。無色透明な結晶である
が、空気中に放置すると、水和水の多くを失って炭酸ナトリウム一水和物Na₂CO₃・
H₂Oの白色粉末となる。

1．10.6gのNa₂CO₃は、0.1molである。これを1Lの水に溶かすと、溶液の容量は
　　1Lよりわずかに多くなる。従って、濃度は0.1mol/Lよりわずかに小さくなる。

2．Na₂CO₃・10H₂Oの分子量（式量）は106＋18.0×10＝286となる。このた
　　め、28.6gは0.1molとなる。これを水に溶かして1Lにすると、濃度は0.1mol/L
　　となる。

問2…正解3

問3…正解2

　　水・ホウ酸・飽和水溶液の関係をまとめる。

	水	ホウ酸	飽和水溶液
温度80℃	100g	25g	125g
温度20℃	100g	5g	105g

80℃の飽和水溶液125gを20℃まで冷やすと、25g－5g＝20gのホウ酸が析出す
る。80℃の飽和水溶液100gを20℃まで冷やすと、何gのホウ酸が析出するかを考
える。

溶液125g ── 析出するホウ酸20g

溶液100g ── 析出するホウ酸 x g

$$x\,\mathrm{g} = \frac{100 \times 20\mathrm{g}}{125} = \frac{4 \times 20\mathrm{g}}{5} = 16\mathrm{g}$$

20 熱化学方程式

■化学変化と熱の出入り

◎一般に、温度の異なる物質を接触させると、熱が移動して最終的には同じ温度となる。このとき、移動した熱を**熱量**といい、単位Jで表す。

◎化学反応の際に、出入りする熱量を**反応熱**といい、熱の発生が伴う反応を**発熱反応**、熱の吸収を伴う反応を**吸熱反応**という。

◎生成物のもつエネルギーが反応物のもつエネルギーより小さいときは、その差が熱となって放出されるため、発熱反応になる。

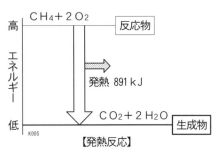
【発熱反応】

◎また、生成物のもつエネルギーが反応物のもつエネルギーより大きいときは、その差が周囲から熱として吸収されるため、吸熱反応になる。

◎物質のもつエネルギーの大小関係を表した図をエネルギー図といい、下へ向かう反応を発熱反応、上に向かう反応が吸熱反応となる。

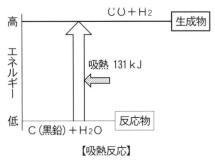
【吸熱反応】

■熱化学方程式

◎化学反応式に反応熱を書き加え、両辺を等号で結んだものを**熱化学方程式**という。

◎熱化学方程式では、右辺の最後に反応熱を記す。ただし、発熱反応のときは＋の符号を、吸熱反応のときはーの符号をつけ、kJ の単位で表す。

◎各物質のもつエネルギーは、その状態によって異なるため、化学式に物質の状態を付記する。気体は（気）、液体は（液）、固体は（固）と表す。ただし、物質の状態が明らかなときは、省略してもよい。

◎水溶液はaqと表す。また、溶媒としての水もaqで表す。

※ aq は多量の水を表しており、ラテン語 aqua（水）の略である。

■反応熱の種類

◎化学反応や状態変化に伴って、熱エネルギーの出入りが起こるときの熱のことを反応熱という。

◎**反応熱**…反応の種類に応じて、固有の名称で呼ばれるものがあり、着目した物質 1 mol 当たりの熱量（kJ/mol）で表す。

◎**燃焼熱** … 1 mol の物質が完全燃焼するときに発生する反応熱。全て発熱反応である。

> 例　C（固）＋ O$_2$（気）＝ CO$_2$（気）＋ 394kJ

◎**生成熱** … 化合物 1 mol がその成分元素の単体から生成するときの反応熱。発熱反応と吸熱反応の場合がある。

> 例　C（固）＋ 2H$_2$（気）＝ CH$_4$（気）＋ 74.9kJ

◎**中和熱** … 酸と塩基が中和して 1 mol の水が生成するときの反応熱。全て発熱反応である。

> 例　HCl aq ＋ NaOH aq ＝ NaCl aq ＋ H$_2$O（液）＋ 56.5kJ

◎**溶解熱** … 1 mol の物質が多量の水に溶けるときの反応熱。発熱反応と吸熱反応の場合がある。

> 例　NaOH（固）＋ aq ＝ NaOH aq ＋ 44.5kJ
> 　　KNO$_3$（固）＋ aq ＝ KNO$_3$ aq － 34.9kJ

◎**融解熱・蒸発熱** … 状態変化に伴う熱の出入りを表す。固体 1 mol が液体になるときに吸収する熱量を融解熱といい、液体 1 mol が気体になるときに吸収する熱量を蒸発熱という。

> 例　H$_2$O（固）＝ H$_2$O（液）－ 6.0kJ
> 　　H$_2$O（液）＝ H$_2$O（気）－ 44kJ

■ヘスの法則

◎反応熱は、反応物質と生成物質が同じであれば、反応途中の経路によらず**一定**である。これを**ヘスの法則**と呼ぶ。

◎ヘスの法則の説明によく取り上げられるのが、炭素 C が二酸化炭素 CO$_2$ に変化する経路と、炭素 C ⇒ 一酸化炭素 CO ⇒ 二酸化炭素 CO$_2$ と変化する経路である。いずれの経路も、総発熱量は同じになる。

▶▶▶ **過去問題** ◀◀◀

【問 1】 水素（H$_2$）、炭素（C）、エタン（C$_2$H$_6$）の燃焼熱がそれぞれ 286kJ/mol、394kJ/mol、1,561kJ/mol である場合、エタンの生成熱として正しいものは次のうちどれか。［★］

☐　1．85kJ/mol　　　　2．193kJ/mol　　　　3．881kJ/mol
　　4．2,241kJ/mol　　　5．3,315kJ/mol

【問2】 プロパン（C_3H_8）が燃焼するときの熱化学方程式は次のとおりである。発熱量 Q の値は、次のうちどれか。

C_3H_8（気）＋ $5O_2$（気）＝ $3CO_2$（気）＋ $4H_2O$（液）＋ Q

ただし、二酸化炭素（CO_2）、水（H_2O）、プロパン（C_3H_8）の生成熱の熱化学方程式は、次のとおりとする。

> C（黒鉛）＋ O_2（気）＝ CO_2（気）＋ 394kJ
> H_2（気）＋（1/2）O_2（気）＝ H_2O（液）＋ 286kJ
> 3C（黒鉛）＋ $4H_2$（気）＝ C_3H_8（気）＋ 106kJ

なお、（気）は気体の状態、（液）は液体の状態をそれぞれ示している。

☑ 1．1,560kJ　　　2．1,780kJ　　　3．1,940kJ
　　4．2,220kJ　　　5．2,450kJ

【問3】 黒鉛や一酸化炭素が燃焼するときの熱化学方程式は、次のように表される。なお、（気）は気体の状態を示している。C（黒鉛）が燃焼して CO（気）を生成するときの燃焼熱 Q は、次のうちどれか。

> C（黒鉛）＋ O_2（気）＝ CO_2（気）＋ 394kJ
> CO（気）＋ $\dfrac{1}{2}$ O_2（気）＝ CO_2（気）＋ 283kJ
> C（黒鉛）＋ $\dfrac{1}{2}$ O_2（気）＝ CO（気）＋ Q

☑ 1．111kJ　　　2．172kJ　　　3．197kJ
　　4．222kJ　　　5．677kJ

【問4】 反応熱に関する説明として、次のうち誤っているものはどれか。[★]

☑ 1．生成物のもつエネルギーが反応物のもつエネルギーより小さいときは、その差が熱となって放出されるので発熱反応になる。
　　2．生成物のもつエネルギーが反応物のもつエネルギーより大きいときは、その差が周囲から熱として吸収されるので吸熱反応になる。
　　3．化合物 1 mol がその成分元素の単体から生成したときの反応熱を生成熱といい、この反応は発熱反応または吸熱反応になる。
　　4．酸と塩基が反応して水 1 mol ができるときの反応熱を中和熱という。
　　5．物質 1 mol が完全に燃焼するときの反応熱を燃焼熱といい、この反応は発熱反応または吸熱反応になる。

【問5】 天然ガスの主成分であるメタン（CH4）の完全燃焼時の熱化学方程式は、次のとおりである。

$$CH_4 (気) + 2O_2 (気) = CO_2 (気) + 2H_2O (液) + 891kJ$$

この化学反応式からいえることとして、次のうち正しいものはどれか。なお、(気)は気体の状態、(液)は液体の状態を示している。

☑ 1．メタン1molに対し、酸素2molが生成する。

2．メタン1molに対し、水2molが反応する。

3．メタンが完全燃焼したときの反応生成物は、二酸化炭素と水のみである。

4．反応の前後を比較すると、酸素原子の数は、反応前より反応後の方が多い。

5．メタン1molが完全燃焼するとき、891kJのエネルギーが吸収される。

■ 正解＆解説……………………………………………………………………………………

問1…正解1

それぞれの熱化学方程式をまとめる。

・$H_2 + (1/2)O_2 = H_2O + 286kJ$　……………………①

・$C + O_2 = CO_2 + 394kJ$　……………………②

・$C_2H_6 + (7/2)O_2 = 2CO_2 + 3H_2O + 1561kJ$　…③

エタンの生成熱を表す熱化学方程式は、次のとおり。

$$2C + 3H_2 = C_2H_6 + x \, kJ$$

上記のエタンの熱化学方程式より、水素3分子と炭素2原子を残すように式を変形し、「②×2」＋「①×3」を計算する。

「②×2」⇒ $2C +$　　　　　 $2O_2 = 2CO_2 +$　　　　　 $(2×394kJ)$

「①×3」⇒　　　 $3H_2 + (3/2)O_2 =$　　　　 $3H_2O + (3×286kJ)$

上2つをたす⇒ $2C + 3H_2 + (7/2)O_2 = 2CO_2 + 3H_2O + 1646kJ$ ……④

③を変形して⑤とし、「④＋⑤」を計算する。

$2C + 3H_2 + \cancel{(7/2)O_2} = \cancel{2CO_2} + \cancel{3H_2O} + 1646kJ$　…④

＋）$\cancel{2CO_2} + \cancel{3H_2O} = C_2H_6 + \cancel{(7/2)O_2} - 1561kJ$　………⑤

$2C + 3H_2 = C_2H_6 + 1646kJ - 1561kJ$

$$2C + 3H_2 = C_2H_6 + 85kJ$$

問 2…正解 4

　このパターンの問題は、発熱量 Q を含むメインの熱化学方程式に、その他の熱化学方程式を代入して、その式から発熱量 Q を求める。

　その他の熱化学方程式を次のように変形する。

　・CO_2（気）＝ C（黒鉛）＋ O_2（気）－ 394kJ

　・H_2O（液）＝ H_2（気）＋（1/2）O_2（気）－ 286kJ

　・C_3H_8（気）＝ 3C（黒鉛）＋ $4H_2$（気）－ 106kJ

　これをメインの熱化学方程式に代入する。

> C_3H_8（気）＋ $5O_2$（気）＝ $3CO_2$（気）＋ $4H_2O$（液）＋ Q

　〔3C（黒鉛）＋ $4H_2$（気）－ 106kJ〕＋ $5O_2$（気）＝ 3 ×〔C（黒鉛）＋ O_2（気）－ 394kJ〕

　　＋ 4 ×〔H_2（気）＋（1/2）O_2（気）－ 286kJ〕＋ Q

　3C（黒鉛）＋ $4H_2$（気）＋ $5O_2$（気）－ 106kJ ＝

　　3C（黒鉛）＋ $3O_2$（気）＋ $4H_2$（気）＋ $2O_2$（気）－ 1182kJ － 1144kJ ＋ Q

　両辺から C、H_2、O_2 を取り除く。

　Q ＝ 1182kJ ＋ 1144kJ － 106kJ ＝ 2220kJ

問 3…正解 1

　その他の熱化学方程式を次のように変形する。

　C（黒鉛）＝ CO_2（気）－ O_2（気）＋ 394kJ

　CO（気）＝ CO_2（気）－（1/2）O_2（気）＋ 283kJ

　これをメインの熱化学方程式に代入する。

　〔CO_2（気）－ O_2（気）＋ 394kJ〕＋（1/2）O_2（気）

　　＝〔CO_2（気）－（1/2）O_2（気）＋ 283kJ〕＋ Q

　CO_2（気）－（1/2）O_2（気）＋ 394kJ ＝ CO_2（気）－（1/2）O_2（気）＋ 283kJ ＋ Q

　両辺から CO_2、O_2 を取り除く。

　Q ＝ 394kJ － 283kJ ＝ 111kJ

問 4…正解 5

　5．燃焼熱は、すべて発熱反応となる。

問 5…正解 3

　1．メタン 1mol に対し、酸素 2mol が反応する。

　2．メタン 1mol に対し、水 2mol が生成する。

　4．反応の前後を比較すると、酸素原子の数は、反応前と反応後で等しい。

　5．メタン 1mol が完全燃焼するとき、891kJ のエネルギーが発熱する。

21 pH（水素イオン指数）

■水の電離

◎純水でも、わずかに電気を通す。これは、水分子の一部が電離してイオンを生じているためである。

◎25℃の純水のpHは7である。このとき、水素イオン濃度 [H$^+$] と、水酸化物イオン濃度 [OH$^-$] はともに、1.0×10^{-7}mol/Lとなっている。

■水のイオン積

◎水に酸を溶かすと、水素イオン濃度 [H$^+$] は増加するが、水酸化物イオン濃度 [OH$^-$] は減少する。また、水に塩基を溶かすと、[OH$^-$] は増加するが、[H$^+$] は減少する。

◎ [H$^+$] と [OH$^-$] の積を水のイオン積といい、K_w で表す。

$$K_w = [H^+][OH^-] = 1.0 \times 10^{-14} \, (mol/L)^2 \quad (25℃)$$

◎K_w は、純水だけでなく、酸や塩基の溶けた薄い水溶液であれば、常に一定に保たれる。

◎水のイオン積の関係式を使うと、[H$^+$] と [OH$^-$] の相互の変換が可能となる。

▶pHと [H$^+$]、[OH$^-$] の関係（25℃）

pH	0	1	2	3	4	5	6	7	8	9	10	11	12	13	14
[H$^+$] mol/L	10^0	10^{-1}	10^{-2}	10^{-3}	10^{-4}	10^{-5}	10^{-6}	10^{-7}	10^{-8}	10^{-9}	10^{-10}	10^{-11}	10^{-12}	10^{-13}	10^{-14}
[OH$^-$] mol/L	10^{-14}	10^{-13}	10^{-12}	10^{-11}	10^{-10}	10^{-9}	10^{-8}	10^{-7}	10^{-6}	10^{-5}	10^{-4}	10^{-3}	10^{-2}	10^{-1}	10^0
水溶液	⇐ 酸性					中性					塩基性 ⇒				

■ pH（水素イオン指数）

◎pH（ピーエイチ）は、水素イオン濃度を表す数値である。**水素イオン指数**とも呼ばれる。

◎pH＝7で中性を示す。7より大きく14に近づくほど強いアルカリ性を示す。また、7より小さく0に近づくほど強い酸性を示す。

◎pHは、[H$^+$] の常用対数をとり、－の符号を付けたものである。

$$pH = \log \frac{1}{[H^+]} = -\log [H^+]$$

◎pHは、[H$^+$] ＝10^{-n}mol/Lのとき、pH＝n となる。

■常用対数の計算方法

◎対数は、底を10とする常用対数と、底をe（2.718…）とする自然対数とがある。
化学では、常用対数を主に使用し、底の10を省略することが多い。

◎$10^0 = 1$、$10^2 = 100$、$10^{-1} = 1/10$、これらを常用対数で表してみる。

$$\log_{10}1 = 0, \quad \log_{10}100 = 2, \quad \log_{10}(1/10) = -1$$

◎対数の計算では、次の公式に従う。

① $\log(a \times b) = \log a + \log b$	② $\log(a/b) = \log a - \log b$	③ $\log a^b = b \log a$

◎対数の例題

> $\log 2 = 0.30$、$\log 3 = 0.48$として、次の値を求める。
>
> ① $\log 6 = \log(2 \times 3) = \log 2 + \log 3 = 0.78$
>
> ② $\log 8 = \log 2^3 = 3 \log 2 = 3 \times 0.30 = 0.90$
>
> ③ $\log 5 = \log(10/2) = \log 10 - \log 2 = 1 - 0.30 = 0.70$
>
> ④ $\log(9 \times 10^{-7}) = \log 3^2 + \log 10^{-7} = 2 \times 0.48 - 7 = -6.04$

■ pH の例題

> 1.0×10^{-3}mol/Lの塩酸のpHを求める。
>
> ①塩酸は強酸で、電離度を1とみなす。
>
> ② $[H^+] = 1.0 \times 10^{-3}$mol/L
>
> ③pH $= -\log[H^+] = -\log(1.0 \times 10^{-3}) = -\log(10^{-3}) = -(-3) = 3$

> 2.0×10^{-3}mol/Lの水酸化ナトリウム水溶液のpHを求める。
> ただし、$\log 2 = 0.30$。
>
> ①水酸化ナトリウムは強塩基で、電離度を1とみなす。
>
> ② $[OH^-] = 2.0 \times 10^{-3}$mol/L
>
> ③水のイオン積 $\boldsymbol{Kw} = [H^+][OH^-] = 1.0 \times 10^{-14}$ (mol/L)^{2}より、
>
> $$[H^+] = \frac{\boldsymbol{Kw}}{[OH^-]} = \frac{1.0 \times 10^{-14}}{2.0 \times 10^{-3}} = (1/2) \times 10^{-11} \text{mol/L}$$
>
> ④pH $= -\log[H^+] = -\log(2^{-1} \times 10^{-11}) = -((\log 2^{-1}) + (\log 10^{-11}))$
> $$= -(-\log 2 - 11) = 0.30 + 11 = 11.3$$
>
> ※ $(1/2) = 2^{-1}$ $\quad$ $\log 2^{-1} = -\log 2$ $\quad$ $\log(a \times b) = \log a + \log b$

【問1】 pH値がnである水溶液の水素イオン濃度を100分の1にすると、この水溶液のpH値は、次のうちどれか。

1. 100n　2. n＋2　3. $n-\dfrac{1}{2}$　4. n－2　5. $\dfrac{n}{100}$

【問2】 ある一塩基酸HXの0.02mol/L水溶液の電離度は0.5である。この水溶液のpHは次のうちどれか。

1. 0.01　2. 0.1　3. 1　4. 2　5. 3

【問3】 0.06mol/Lの水酸化ナトリウム水溶液の水素イオン指数（pH）について、次のうち最も値が近いものはどれか。ただし、水酸化ナトリウムの電離度は1とし、log2＝0.30、log3＝0.48とする。

1. 11.2　2. 11.8　3. 12.1　4. 12.2　5. 12.8

【問4】 0.001mol/Lの水酸化ナトリウム水溶液の水素イオン指数（pH）は、次のうちどれか。ただし、水酸化ナトリウムの電離度は1とする。

1. 10　2. 11　3. 12　4. 13　5. 14

【問5】 pH＝1.0の塩酸200mLと0.02mol/Lの水酸化ナトリウム水溶液800mLとを混合した。この水溶液の水素イオン指数（pH）は、次のうちどれか。なお、水酸化ナトリウムの電離度は1とし、log2＝0.30とする。[★]

1. 1.4　2. 1.7　3. 2.4　4. 11.6　5. 12.6

【問6】 0.08mol/Lの塩酸100mLと0.04mol/Lの水酸化ナトリウム水溶液100mLとを混合した。この混合液のpHはいくらか。ただし、水溶液は完全に電離しているものとする。また、log2＝0.30とする。[★]

1. 0.7　2. 1.7　3. 2.0　4. 2.4　5. 2.7

【問7】 水素イオン指数について、次のうち誤っているものはどれか。

1. 水素イオン指数は、pHという記号で表される。
2. 水素イオン指数は、水溶液の酸性、中性、塩基性の程度を表す値である。
3. 水素イオン指数が7の水溶液中の水素イオン濃度は、1.0×10^{-7}mol/Lである。
4. 水素イオン濃度が増加すると、水素イオン指数も増加する。
5. 純水の水素イオン指数は、25℃では7である。

【問8】 AとBが正比例の関係にないものは、次のうちどれか。ただし、温度、圧力は、記述がない限り一定とする。

		A	B
☑	1.	電解質溶液の電気分解により電極に析出する物質の量	電気分解に要した電気量
	2.	一定温度における一定量の水に溶ける気体の質量	その気体に加わる圧力
	3.	希薄溶液の浸透圧	その溶液のモル濃度
	4.	溶液のpH	その溶液の水素イオン濃度
	5.	理想気体の体積	含まれている分子数

■ **正解＆解説**‥‥‥

問1…正解2

　　例えば、pH＝1の水溶液の水素イオン濃度を100分の1に薄めると、水素イオン指数はpH＝3となる。また、pH＝7の中性水溶液の水素イオン濃度を100分の1に薄めると、水素イオン指数はpH＝9となる。

問2…正解4

　　一塩基酸は、電離して水素イオンになることのできる水素原子を、1分子当たり1個もつ酸をいう。1価の酸。塩酸（HCl）・硝酸（HNO_3）・酢酸（CH_3COOH）など。電離度が0.5であることから、この水溶液の水素イオン濃度 $[H^+]$ は、0.01mol/Lとなる。

　　$pH＝-\log[H^+]＝-\log(1.0 \times 10^{-2})＝-\log(10^{-2})＝-(-2)＝2$

問3…正解5

　　$[OH^-]＝6 \times 10^{-2}$mol/L

　　水のイオン積 $Kw＝[H^+][OH^-]＝1.0 \times 10^{-14}$(mol/L)^{2}より、

　　$[H^+]＝\dfrac{Kw}{[OH^-]}＝\dfrac{1.0 \times 10^{-14}}{6 \times 10^{-2}}＝(1/6) \times 10^{-12}$mol/L

　　$pH＝-\log[H^+]＝-\log(6^{-1} \times 10^{-12})＝(-\log 6^{-1})+(-\log 10^{-12})$

　　　　$＝(-\log 6^{-1})-(-12)＝\log 6+12＝\log(2 \times 3)+12$

　　　　$＝\log 2+\log 3+12＝0.30+0.48+12＝12.78$

問4…正解2

　　水酸化ナトリウム水溶液の濃度と水素イオン指数（pH）の関係は次のとおり。

　　1mol/L⇒pH14、0.1mol/L⇒pH13、0.01mol/L⇒pH12、0.001mol/L⇒pH11

問5…正解3

pH＝1.0のとき、水素イオン濃度［H^+］＝0.1mol/L。

水素イオンの数　　…0.1mol/L×0.2L＝0.02mol

水酸化物イオンの数…0.02mol/L×0.8L＝0.016mol

2つの水溶液を混合すると、中和の結果、水素イオンが0.004mol残る。水溶液は合計1Lとなることから、水素イオン濃度［H^+］＝0.004mol/L。

pH＝$-\log$［H^+］＝$-\log(4 \times 10^{-3})$＝$-\log 2^2 + 3$＝$-2 \times 0.3 + 3$＝2.4

この問題は、［H^+］＝0.004mol/Lが算出できた時点で対数の計算をしなくても答えを導くことができる。濃度0.004mol/Lは、0.001mol/Lより濃く、0.01mol/Lより薄い。［H^+］＝0.001mol/Lは、pH＝3である。また、［H^+］＝0.01mol/Lは、pH＝2である。従って、濃度0.004mol/LのpHは2より大きく3より小さい。選択肢から答えを特定できる。

問6…正解2

水素イオンの数　　　…0.08mol/L×0.1L＝0.008mol

水酸化物イオンの数…0.04mol/L×0.1L＝0.004mol

2つの水溶液を混合すると、中和の結果、水素イオンが0.004mol残る。水溶液は合計0.2Lとなることから、

水素イオン濃度［H^+］＝0.004mol/0.2L＝0.02mol/L。

pH＝$-\log$［H^+］＝$-\log(2 \times 10^{-2})$＝$-\log 2 - \log 10^{-2}$

　　＝$-0.30 + 2$＝1.7

この問題は、［H^+］＝0.02mol/Lが算出できた時点で対数の計算をしなくても答えを導くことができる。濃度0.02mol/Lは、0.01mol/Lより濃く、0.1mol/Lより薄い。［H^+］＝0.01mol/Lは、pH＝2である。また、［H^+］＝0.1mol/Lは、pH＝1である。従って、濃度0.02mol/LのpHは1より大きく2より小さい。選択肢から答えを特定できる。

問7…正解4

4．水素イオン濃度が増加すると、水素イオン指数は減少する。

問8…正解4

1．ファラデーの電気分解の法則：電解質溶液の電気分解により電極に析出する物質の量は、電気分解に要した電気量に比例する。

2．ヘンリーの法則：一定温度における一定量の水に溶ける気体の質量（物質量）は、その気体に加わる圧力に比例する。

3．ファントホッフの法則：希薄溶液の浸透圧は、その溶液のモル濃度と絶対温度に比例し、溶媒や溶質の種類には無関係である。

4．溶液のpHは大きくなるほど、その溶液の水素イオン濃度［H^+］は小さくなる。例えば、pHが1増すごとに、水素イオン濃度は10分の1となる。

5．理想気体は、気体の状態方程式（$PV = nRT$）が厳密に当てはまる気体をいう。体積Vは気体の物質量（n）、すなわち分子数に比例する。

22 酸・塩基・中和

■酸

◎酸は、水に溶解すると電離して**水素イオン**H^+を生じる物質、または他の物質に**水素イオン**H^+を与えることができる物質をいう。

◎酸は、次のように電離する。この場合、塩酸は1分子当たり1個の水素イオンを放出しているため、1価の酸（**一塩基酸**）となる。また、硫酸は1分子当たり2個の水素イオンを放出しているため、2価の酸となる。

> ①塩酸　$HCl \longrightarrow H^+ + Cl^-$
> ②硫酸　$H_2SO_4 \longrightarrow 2H^+ + SO_4{}^{2-}$

■塩基（アルカリ）

◎塩基（アルカリ）は、水に溶解すると電離して**水酸化物イオン**OH^-を生じる物質、または他の物質から**水素イオン**H^+を受け取ることができる物質をいう。

◎塩基は、次のように電離する。この場合、水酸化ナトリウムは1分子当たり1個の水酸化物イオンを放出しているため、1価の塩基（**一酸塩基**）となる。また、水酸化カルシウムは1分子当たり2個の水酸化物イオンを放出しているため、2価の塩基となる。

> ①水酸化ナトリウム　$NaOH \longrightarrow Na^+ + OH^-$
> ②水酸化カルシウム　$Ca(OH)_2 \longrightarrow Ca^{2+} + 2OH^-$

■弱酸と弱塩基

◎塩酸や硫酸は強酸と呼ばれ、水溶液中ではほぼすべてが電離している。また、水酸化ナトリウムや水酸化カルシウムは強塩基と呼ばれ、やはり水溶液中ではほぼすべてが電離している。

◎酢酸は、水溶液中では一部だけが電離し、大部分は分子のまま溶けている。また、アンモニアは水溶液中で一部のNH_3分子だけが電離している。

> ①酢酸　　　　$CH_3COOH \rightleftharpoons H^+ + CH_3COO^-$
> ②アンモニア　$NH_3 + H_2O \rightleftharpoons NH_4{}^+ + OH^-$

◎酢酸やアンモニアは、それぞれ**弱酸**、**弱塩基**と呼ばれる。

■中和

◎中和は、酸と塩基（アルカリ）の溶液を当量ずつ混ぜるとき、中性となって**塩と水**のできる反応をいう。

◎塩は、酸の水素原子を他の陽イオンに置き換えた化合物、または塩基の OH を他の陰イオンに置き換えた化合物をいう。

◎ HCl + NaOH ⟶ NaCl + H₂O

この場合、酸（HCl）と塩基（NaOH）が中和して、塩（NaCl）と水（H₂O）ができている。

■ pH指示薬

◎水溶液のおおまかなpHの値は、狭いpH範囲（変色域）で色を変えるpH指示薬を用いて測定することができる。

◎例えば、ブロモチモールブルー（BTB）の変色域はpH6.0〜7.6で、6.0以下では黄色、7.6以上では青色となる。

▶主なpH指示薬の変色域（⇔）と色の変化

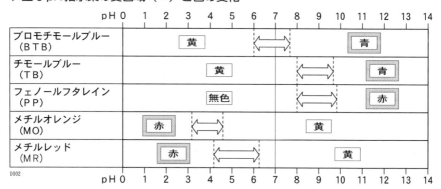

■塩の水溶液の性質

◎塩化ナトリウムの水溶液は中性であるが、酢酸ナトリウム CH₃COONa の水溶液は塩基性を示し、塩化アンモニウム NH₄Cl の水溶液は酸性を示す。

◎一般に、塩の水溶液の性質は、塩を構成する酸及び塩基の強弱によって、次のようになる。

①強酸と強塩基からできる塩 … 水溶液は**中性**
②強酸と弱塩基からできる塩 … 水溶液は**酸性**
③弱酸と強塩基からできる塩 … 水溶液は**塩基性**

注：これらのパターンに従わない塩も存在する。

▶塩の性質

組み合わせ	塩の水溶液	酸 ＋	塩基 ⇒	生じる塩
強酸と強塩基	中性	HCl	NaOH	NaCl
		H₂SO₄	KOH	K₂SO₄
強酸と弱塩基	酸性	HCl	NH₃	NH₄Cl
		H₂SO₄	Cu(OH)₂	CuSO₄
弱酸と強塩基	塩基性	CH₃COOH	NaOH	CH₃COONa
		H₂CO₃	NaOH	Na₂CO₃

※ H₂CO₃ は炭酸水を表し、弱酸である。

■中和滴定

<ruby>中和<rt>ちゅうわ</rt></ruby><ruby>滴定<rt>てきてい</rt></ruby>

◎中和滴定は、濃度が不明な酸または塩基に対し、濃度がすでに判明している塩基または酸を反応させ、中和反応に要する両水溶液の体積を正確に測定することで、不明な水溶液の濃度を求めるという操作である。

◎器具から酸または塩基を滴下して測定するため、このように呼ばれる。

◎中和滴定では、滴定が進むにつれて混合溶液のpHが変化する。標準溶液の滴下とpH変化を表した曲線を、**滴定曲線**という。

◎中和滴定を進めていくと、pHは中和が完了する点（**中和点**）付近で急激に変化する。また、弱酸または弱塩基を用いて中和滴定を行うと、中和点の水溶液は必ずしも**中性にはならず**、pHの値が7からずれる。これは、中和反応によって生成される塩が、**水と反応して分解**するためである。

◎**強酸**の塩酸を**強塩基**の水酸化ナトリウム水溶液で中和滴定する場合、中和点はpH＝7付近となり、この前後でpHが急激に変化する。このため、変色域がこの範囲の上限と下限に入っているフェノールフタレインとメチルオレンジのどちらを用いても、中和点を調べることができる。

◎しかし、**弱酸**の酢酸を**強塩基**の水酸化ナトリウム水溶液で中和滴定する場合、中和点のpHは塩基性側に偏ってしまう（中和によって生成する塩が水と反応して塩基性を示すため）。また、中和点付近のpH変化の幅が狭くなるため、pH指示薬は塩基性側に変色域があるフェノールフタレインを使う必要がある。

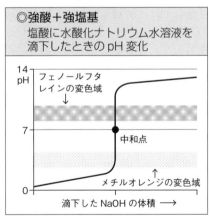

◎**強酸＋強塩基**
塩酸に水酸化ナトリウム水溶液を滴下したときのpH変化

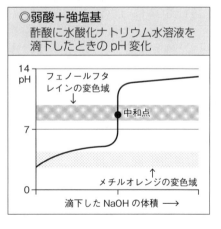

◎**弱酸＋強塩基**
酢酸に水酸化ナトリウム水溶液を滴下したときのpH変化

◎**弱塩基**のアンモニア水を**強酸**の塩酸で中和滴定する場合、中和点の**pH**は**酸性側**に偏る（中和によって生成する塩が水と反応して酸性を示すため）。また、中和点付近のpH変化の幅が狭くなるため、pH指示薬は酸性側に変色域があるメチルオレンジを使う必要がある。

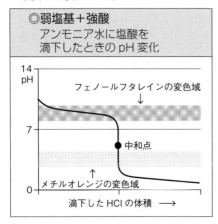

◎弱塩基＋強酸
アンモニア水に塩酸を
滴下したときの pH 変化

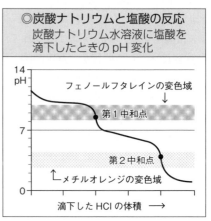

◎炭酸ナトリウムと塩酸の反応
炭酸ナトリウム水溶液に塩酸を
滴下したときの pH 変化

■酸と塩基の分類

強酸	弱酸	弱塩基	強塩基
塩酸 HCl 硝酸 HNO_3 硫酸 H_2SO_4	酢酸 CH_3COOH 炭酸 H_2CO_3 シュウ酸 $(COOH)_2$ リン酸 H_3PO_4	アンモニア NH_3 水酸化マグネシウム $Mg(OH)_2$ 水酸化銅 $Cu(OH)_2$ 水酸化アルミニウム $Al(OH)_3$	水酸化ナトリウム $NaOH$ 水酸化カリウム KOH 水酸化カルシウム $Ca(OH)_2$ 水酸化バリウム $Ba(OH)_2$

▶▶▶ 過去問題 ◀◀◀

【問1】 一塩基酸は、次のうちどれか。

1. 酢酸　　　　　2. リン酸　　　　3. 水酸化ナトリウム

4. 硫化水素　　　5. 硫酸

【問2】 硝酸126kgがタンクから流出したとき、1袋25kgの炭酸ナトリウムで中和する場合、最低でもいくつ必要となるか。また化学式は、硝酸 HNO_3、炭酸ナトリウム Na_2CO_3 とし、ナトリウム1molは23gとする。[★]

1. 5袋　　　2. 7袋　　　3. 9袋

4. 11袋　　　5. 13袋

【問3】 硝酸 126kg を中和するのに最低限必要となる炭酸ナトリウムの量として、次のうち正しいものはどれか。なお、原子量は H ＝ 1、C ＝ 12、N ＝ 14、O ＝ 16、Na ＝ 23 とする。

☑ 1．53kg 　　2．63kg 　　3．106kg
4．126kg 　　5．212kg

【問4】 次の物質のうち、強酸であるものはどれか。

☑ 1．硫化水素 　　2．酢酸 　　3．シュウ酸
4．リン酸 　　5．硝酸

【問5】 濃度不明の水酸化ナトリウム水溶液がある。その 10mL を中和するのに、0.1mol/L の濃度の硫酸 25mL を要した。この水溶液 10mL 中に含まれている NaOH の量として、次のうち正しいものはどれか。なお、原子量は Na ＝ 23、O ＝ 16、H ＝ 1 とする。

☑ 1．31.25g 　　2．0.008g 　　3．0.8g
4．0.04g 　　5．0.2g

【問6】 中和滴定において、濃度 0.1mol/L の水溶液の酸及び塩基とその際に用いる指示薬として、組み合わせが適切でないものは次のうちどれか。なお、メチルオレンジの変色域は pH ＝ 3.1 〜 4.4、フェノールフタレインの変色域は pH ＝ 8.3 〜 10 である。[★]

	（酸）	（塩基）	（指示薬）
☑ 1．	酢酸	水酸化カリウム	メチルオレンジ
2．	硫酸	水酸化ナトリウム	フェノールフタレイン
3．	塩酸	炭酸ナトリウム	メチルオレンジ
4．	硫酸	アンモニア水	メチルオレンジ
5．	硝酸	水酸化カリウム	フェノールフタレイン

問1…正解1

一塩基酸とは、分子中に金属原子または陽性基で置換できる水素原子を1つだけもつ酸で、分子1個から水素イオン1個を放出する。塩酸HCl、酢酸CH_3COOHなどが該当する。1価の酸。

一酸塩基とは、分子中に酸基または陰性基で置換できる水酸基を1つだけもつ塩基をいい、水酸化ナトリウム$NaOH$や水酸化カルシウム$Ca(OH)_2$などが該当する。1価の塩基。

1．酢酸CH_3COOHは一塩基酸に該当し、その他、塩化水素HClや硝酸HNO_3などがある。

2．リン酸H_3PO_4は三塩基酸に該当する。

3．水酸化ナトリウム$NaOH$は一酸塩基に該当する。

4＆5．硫化水素H_2S、硫酸H_2SO_4は二塩基酸に該当する。

問2…正解1

炭酸ナトリウムはソーダ灰とも呼ばれ、塩基性である。

化学反応式：$2HNO_3 + Na_2CO_3 \longrightarrow 2NaNO_3 + H_2O + CO_2$

分子量・式量

HNO_3…$1 + 14 + 16 \times 3 = 63$　　Na_2CO_3…$23 \times 2 + 12 + 16 \times 3 = 106$

硝酸126kgは2kmolであり、これを中和するには1kmolの炭酸ナトリウム106kgが必要となる。106kg／25kg＝4.24となり、最低5袋必要。

問3…正解3（問2の解説を参照）

問4…正解5

問5…正解5

0.1mol/Lの濃度の硫酸25mL中に含まれている水素イオンの数を求める。硫酸は2価の酸であることに注意。2×0.1mol/L$\times 0.025$L$= 0.005$mol。

水酸化ナトリウム水溶液中の水酸化物イオンの数も0.005molとなる。$NaOH$の式量は$23 + 16 + 1 = 40$であることから、求める量は0.005mol$\times 40$g/mol$= 0.2$gとなる。

問6…正解1

1．弱酸と強塩基の組み合わせである。生じる塩は塩基性を示すため、指示薬は変色域が塩基性側にあるフェノールフタレインを使う必要がある。

2＆5．強酸と強塩基の組み合わせである。生じる塩は中性を示すため、指示薬はメチルオレンジとフェノールフタレインのどちらを用いても良い。

3．炭酸ナトリウムの水溶液は強い塩基性を示すため、塩酸との中和滴定の指示薬としては、フェノールフタレインとメチルオレンジのどちらも使用できる。なお、炭酸ナトリウム水溶液は、二段階滴定曲線となる。

4．強酸と弱塩基の組み合わせである。生じる塩は酸性を示すため、指示薬は変色域が酸性側にあるメチルオレンジを使う必要がある。

23 金属のイオン化列

■イオン化列

◎金属は電解質の水溶液に溶け出すと**陽イオン**になる。金属の種類によって、イオンになりやすさは異なり、このイオンになりやすさを**イオン化傾向**という。

◎金属をイオン化傾向の大きい順に並べたものを、**金属のイオン化列**という。

▶イオン化列と金属の特性

イオン化列	Li	K	Ca	Na	Mg	Al	Zn	Fe	Ni	Sn	Pb	H	Cu	Hg	Ag	Pt	Au
空気中での反応	すみやかに酸化				徐々に酸化・酸化物の被膜を生じる									酸化されない			
水との反応	常温で反応				熱水と反応	高温の水蒸気と反応			反応しない								
酸との反応	塩酸・希硫酸と反応し、水素を発生する												硝酸・熱濃硫酸に溶ける			王水に溶ける	

※ Pbは、塩酸や希硫酸にほとんど溶けない。

※ Al、Fe、Niは、濃硝酸に浸すと、表面にち密な酸化物の被膜ができ、内部を保護する状態（不動態）になるため、溶けない。

◎水素は金属ではないが、金属と同じく陽イオンなるため、イオン化列に組み入れることが多い。

◎鉄や亜鉛を酸に溶かしたとき水溶液から水素ガスが発生するのは、鉄や亜鉛が水素よりイオン化傾向が大きく、水素イオンが原子に戻るためである。

◎イオン化傾向が大きい金属は、**化学変化しやすいため**取扱いに注意する。また、イオン化傾向が小さい金属は化学的に安定していることになる。

▶▶▶ 過去問題 ◀◀◀

【問1】 次の金属のうち、イオン化傾向が最も大きいものはどれか。

☐　1．Sn　　　2．Mg　　　3．K　　　4．Fe　　　5．Au

【問2】 次の金属の組み合わせのうち、イオン化傾向の大きな順に並べたものはどれか。[★]

☐　1．Al ＞ K ＞ Li　　　2．Pb ＞ Zn ＞ Pt　　　3．Fe ＞ Sn ＞ Ag
　　4．Cu ＞ Ni ＞ Au　　　5．Mg ＞ Na ＞ Ca

【問3】 次のA～Eの金属のうち、塩酸に溶けて水素を発生するものはいくつあるか。

   A．亜鉛　　　　B．ニッケル　　　　C．白金

   D．鉄　　　　　E．スズ

☑ 1．1つ　　　　2．2つ　　　　3．3つ

   4．4つ　　　　5．5つ

【問4】 金属のイオン化傾向の説明として、次のA～Dのうち、正しいもののみを掲げている組み合わせはどれか。

   A．金属の原子が、水溶液中で電子を放出し陰イオンになる性質を金属のイオン化傾向という。

   B．イオン化傾向の大きい金属は酸化されにくいが、逆にイオン化傾向の小さい金属は酸化されやすい。

   C．イオン化傾向の大きい金属に、カリウム、カルシウム、ナトリウムなどがある。

   D．一般に、イオン化傾向の異なる金属を電解質溶液に浸し、導線でつなぐと電池ができる。

☑ 1．AとB　　　2．AとC　　　3．BとC

   4．BとD　　　5．CとD

■ 正解＆解説 ……………………………………………………………………………

問1…正解3

   イオン化傾向が大きい金属とは、化学的に変化しやすい金属。

   大きい順に並べると、カリウムK＞マグネシウムMg＞鉄Fe＞スズSn＞金Auとなる。

問2…正解3

   イオン化列の覚え方のひとつ。鉄と水素を基準とする。始めのアルカリ金属及びアルカリ土類金属のLi、K、Ca、Na、Mgまでは、周期表を利用すると比較的覚えやすい。その後は、「ア」のアルミニウムAlと亜鉛Znが続き、鉄Feとなる。鉄の後のニッケルNi、スズSn、鉛Pbは、とにかく覚える。次に水素Hが続く。水素の後は、単純に銅Cu、銀Ag、白金Pt、金Auの価格順となる。

問3…正解4（A・B・D・E）

   水素よりイオン化傾向の大きい金属を選ぶ。

   亜鉛Zn、ニッケルNi、鉄Fe、スズSn。

問4…正解5

   A．金属の原子が、水溶液中で電子を放出し陽イオンになる性質を金属のイオン化傾向という。

   B．イオン化傾向の大きい金属は酸化されやすいが、逆にイオン化傾向の小さい金属は酸化されにくい。

24 元素の周期表

■典型元素と遷移元素

◎元素の周期表において、1族、2族及び12族から18族までの元素を**典型元素**という。典型元素は族ごとに化学的性質が似ているという特性がある。希ガス以外の典型元素は、族が同じだと価電子の数が同じになる。

◎第17族に属する元素の総称を**ハロゲン**といい、フッ素（F）、塩素（Cl）、臭素（Br）、ヨウ素（I）などが該当する。すべて非金属元素で、7個の価電子をもち、外から1個の電子を得て1価の陰イオンになりやすい。電子を奪いやすいことから強い酸化作用がある。ハロゲン単体はいずれも二原子分子（F_2、Cl_2、Br_2、I_2）からなり、有色・有毒で反応性に富んでいる。融点と沸点は**原子番号の小さいものほど低くなる**（$F_2 < Cl_2 < Br_2 < I_2$）。水素や金属と反応しやすく、酸化力も含めて、**原子番号の小さいものほどその反応性は大きい**（$F_2 > Cl_2 > Br_2 > I_2$）。

◎第18族に属する元素の総称を**希ガス（貴ガス）**といい、ヘリウム（He）、ネオン（Ne）、アルゴン（Ar）などが該当する。希ガスの原子は、いずれも安定な電子配置をとっている。このため化学的に安定していて気体であることから、不活性ガスとも呼ばれる。

◎**アルカリ金属**は、水素を除く第1族の元素の総称をいう。リチウム（Li）、ナトリウム（Na）、カリウム（K）などが該当する。1価の陽イオンになりやすく、水溶液は強い塩基性を示す（例：水酸化ナトリウム）。

◎**アルカリ土類金属**は、第2族のうち、ベリリウム（Be）、マグネシウム（Mg）を除くカルシウム（Ca）、ストロンチウム（Sr）、バリウム（Ba）、ラジウム（Ra）の4つの元素をいう。化学的性質がよく似ており、いずれも2価の陽イオンになりやすい。アルカリ金属に比べるとその反応性は小さい。

◎**遷移元素**は、周期表において3族から11族までの元素をいう。原子の価電子は1個または2個であり、族ごとに特性が緩やかに変化する。すべて金属元素である。
※遷移とは、うつりかわること。

■金属元素と非金属元素

◎一般に**金属元素**の原子は電子を放出して陽イオンになることが多く、結合することで、より陽イオンになりやすくなる。また、非金属元素と**イオン結合**による化合物（塩化ナトリウムなど）をつくる傾向が大きい。

◎**非金属**は、金属としての性質をもたないものである。炭素（C）、ケイ素（Si）、リン（P）などが該当する。

◎**非金属元素**はすべて典型元素であり、族ごとに性質が類似している。また、非金属元素は陰イオンになることが多い。第17族に属する臭素（Br）は、常温で液体の唯一の非金属元素である。

元素の周期表

（7周期以降は省略）

	1族	2族	3族	4族	5族	6族	7族	8族	9族	10族	11族	12族	13族	14族	15族	16族	17族	18族
1周期	1 H 水素 1.008																	2 He ヘリウム 4.003
2周期	3 Li リチウム 6.941	4 Be ベリリウム 9.012											5 B ホウ素 10.81	6 C 炭素 12.01	7 N 窒素 14.01	8 O 酸素 16.00	9 F フッ素 19.00	10 Ne ネオン 20.18
3周期	11 Na ナトリウム 22.99	12 Mg マグネシウム 24.31											13 Al アルミニウム 26.98	14 Si ケイ素 28.09	15 P リン 30.97	16 S 硫黄 32.07	17 Cl 塩素 35.45	18 Ar アルゴン 39.95
4周期	19 K カリウム 39.10	20 Ca カルシウム 40.08	21 Sc スカンジウム 44.96	22 Ti チタン 47.87	23 V バナジウム 50.94	24 Cr クロム 52.00	25 Mn マンガン 54.94	26 Fe 鉄 55.85	27 Co コバルト 58.93	28 Ni ニッケル 58.69	29 Cu 銅 63.55	30 Zn 亜鉛 65.41	31 Ga ガリウム 69.72	32 Ge ゲルマニウム 72.64	33 As ヒ素 74.92	34 Se セレン 78.96	35 Br 臭素 79.90	36 Kr クリプトン 83.80
5周期	37 Rb ルビジウム 85.47	38 Sr ストロンチウム 87.62	39 Y イットリウム 88.91	40 Zr ジルコニウム 91.22	41 Nb ニオブ 92.91	42 Mo モリブデン 95.94	43 Tc テクネチウム 99	44 Ru ルテニウム 101.1	45 Rh ロジウム 102.9	46 Pd パラジウム 106.4	47 Ag 銀 107.9	48 Cd カドミウム 112.4	49 In インジウム 114.8	50 Sn スズ 118.7	51 Sb アンチモン 121.8	52 Te テルル 127.6	53 I ヨウ素 126.9	54 Xe キセノン 131.3
6周期	55 Cs セシウム 132.9	56 Ba バリウム 137.3		72 Hf ハフニウム 178.5	73 Ta タンタル 180.9	74 W タングステン 183.8	75 Re レニウム 186.2	76 Os オスミウム 190.2	77 Ir イリジウム 192.2	78 Pt 白金 195.1	79 Au 金 197.0	80 Hg 水銀 200.6	81 Tl タリウム 204.4	82 Pb 鉛 207.2	83 Bi ビスマス 209.0	84 Po ポロニウム 210	85 At アスタチン 210	86 Rn ラドン 222

凡例：
1 … 原子番号
H … 元素記号
水素 … 元素名
1.008 … 原子量

非金属元素／金属元素

▶▶▶ 過去問題 ◀◀◀

【問1】次の文の下線部分A～Dのうち、正しいもののみをすべて掲げているものはどれか。

「ハロゲンは7個の価電子をもち、外から1個の電子を得て、1価の (A) 陰イオンになりやすい。

ハロゲン単体はいずれも (B) 二原子分子で、(C) 有色で有害な物質である。融点と沸点は原子番号の (D) 小さいものほど高くなる。」

☐ 1．A、B、C　　　2．A、B、D　　　3．A、C
　　4．B、D　　　　5．C、D

【問2】金属元素と非金属元素の記述について、次のうち誤っているものはどれか。

☐ 1．非金属元素はすべて典型元素であり、フッ素や塩素などの元素は陰イオンになりやすい。

　2．ハロゲン、希ガスは非金属元素である。

　3．金属元素の単体には常温（20℃）で液体のものがある。

　4．ケイ素とリンは、金属元素に該当する。

　5．金属元素は、非金属元素とイオン結合による化合物をつくる傾向が大きい。

25 金属の腐食

■金属の腐食

◎一般の金属材料は自然環境の中で使用中に腐食する。これは金属が精錬前の鉱石（酸化物）に戻ろうとする作用ともいえ、特に地中に埋設された金属体はこの作用を強く受ける。

◎地下に埋設された鋼製のタンクや配管は、防食皮膜等が劣化した部分から鉄が陽イオンとなって周囲の土壌に溶け出し、**残された電子が配管等を移動する**ことで腐食電池が形成され腐食が進行する。

腐食しやすい場合
①酸性の強い土中に埋設した場合、酸により腐食する。
②**土質の異なる場所**にまたがって配管等を埋設した場合。
③配管等に使用されている金属より、**イオン化傾向の小さい金属**が接触している場合。
④金属製の配管等を酸性のものや海水に浸した場合。
⑤送電線、直流電気鉄道のレールが近い場所や直流溶接機を使う工場では、**迷走電流**により、埋設されている金属の腐食が進む（金属から土中に電気が流れる際、金属は陽イオンとなって放出されるため、腐食が進行する。これを電食という）。
⑥本来鉄は、強アルカリ性の環境下では耐食性を持つ酸化物皮膜（**不動態皮膜**）で覆われているため腐食は進行しないが、強アルカリ性であるコンクリート内で**中性化**が進むと、中に埋め込まれている鉄筋などの鉄は腐食が進行する。

腐食の防止対策
①埋設の際にコンクリートを使用する場合、調合には海砂ではなく山砂を使用する。
②電気防食設備を設ける。
③地下水と接触しないようにする。
④施工時に塗覆装面を傷つけないようにする。傷が付くとそこから腐食する。

⑤配管をさや管で覆ったり、スリーブを使用する。

⑥鉄製の配管やタンクを地中に埋設する場合、イオン化傾向が鉄よりも大きい亜鉛やアルミニウムなどの金属でアースする。

⑦配管等に**エポキシ樹脂塗料**を塗布する。

　※エポキシ樹脂塗料は、防食性（錆びにくい性質）・接着性・耐水性・耐摩耗性などに優れている。その一方で紫外線に弱いという性質がある。

　※一般に、金属、ガラス、プラスチック等とは相性が良い反面、ゴムやナイロン、軟質塩化ビニール等は、溶剤により溶かしてしまうため使用できない。

▶▶▶ 過去問題 ◀◀◀

【問1】地中に埋設された危険物配管を電気化学的な腐食から防ぐために異種金属を接続する方法がある。配管が鉄製の場合、接続する異種の金属として、次のうち正しいものはいくつあるか。[★]

> 銅、スズ、アルミニウム、鉛、マグネシウム、銀

☑　1．2つ　　　2．3つ　　　3．4つ
　　4．5つ　　　5．6つ

【問2】地中に埋設された危険物配管を電気化学的な腐食から防ぐために異種金属を接続する方法がある。配管が鉄製の場合、接続する異種の金属として、次のうち正しいものはどれか。

☑　1．Ni　　　2．Cu　　　3．Sn　　　4．Zn　　　5．Pb

【問3】地中に埋設された危険物配管を電気化学的な腐食から防ぐために異種金属を接続する方法がある。配管が鉄製の場合、接続する異種の金属として、次のうち正しいものはどれか。

☑　1．ニッケル　　　2．銀　　　3．マグネシウム
　　4．白金　　　　　5．鉛

【問4】地中に埋設された危険物配管を電気化学的な腐食から防ぐため、異種金属を接続する方法がある。配管が鋼製の場合、接続する異種の金属として、A～Eのうち正しいものの組み合わせはどれか。

　A．アルミニウム　　　B．スズ　　　C．マグネシウム
　D．鉛　　　　　　　　E．亜鉛

☑　1．AとB　　　2．BとC　　　3．CとD
　　4．DとE　　　5．AとE

【問5】炭素鋼管の腐食についての説明で、次のうち誤っているものはどれか。[★]

☐　1．ステンレス鋼管とつなぎ合わせると、腐食しにくくなる。

　　2．亜鉛めっきをすると、腐食しにくくなる。

　　3．埋設する場合は、マグネシウム合金を電極として接続すると、腐食しにくくなる。

　　4．エポキシ樹脂塗料で塗装すると、腐食しにくくなる。

　　5．ポリエチレンで被覆すると、腐食しにくくなる。

【問6】危険物を取り扱う地下埋設配管（鋼管）が腐食して危険物が漏えいする事故が発生している。この腐食の原因として妥当でないものは次のうちどれか。[★]

☐　1．配管を通気性の異なった2種の土壌にまたがって埋設した。

　　2．配管を埋設する際、海砂を使用した。

　　3．配管にタールエポキシ樹脂をコーティングした。

　　4．電気器具のアースをとるため銅の棒を地中に打ち込んだ際に、配管と銅の棒が接触した。

　　5．配管を埋設した場所の近くに直流の電気設備を設置したため、迷走電流の影響が大きくなった。

【問7】鉄の腐食について、次のうち正しいものはどれか。

☐　1．鉄が腐食するときに酸素が発生する。

　　2．酸性域の水中では、水素イオン濃度が低いほど腐食しやすい。

　　3．アルカリ性のコンクリート中では、腐食が抑制される。

　　4．塩分が付着していると、腐食しにくくなる。

　　5．水中で鉄と銅が接触している場合は、銅の腐食が速くなる。

■正解＆解説‥‥‥‥‥‥‥‥‥‥‥‥‥‥‥‥‥‥‥‥‥‥‥‥‥‥‥‥‥‥‥‥‥‥‥‥‥‥‥

問1…正解1（アルミニウム・マグネシウム）

　　鉄Feよりイオン化傾向の大きい金属を選択する。

　　Mg＞Al＞Fe＞Sn＞Pb＞Cu＞Ag。「23．金属のイオン化列」279P参照。

問2…正解4

　　Zn＞Fe＞Ni＞Sn＞Pb＞Cu。

問3…正解3

　　Mg＞Fe＞Ni＞Pb＞Ag＞Pt。

問4…正解5

鋼製の配管であるため、鉄FeよりイオンΗ傾向の大きい金属を選択する。

アルミニウムAl、マグネシウムMg、亜鉛Znが該当する。

鉄と鋼の違いについては、次のとおり。鉄は炭素の含有量によって性質が大きく異なる。炭素が多いと材料は堅くなるが、粘り強さが低下する。炭素の含有量が約0.02％未満のものを「鉄」、含有量が約0.02％〜2％未満のものを「鋼」、含有量が約2％以上のものを「鋳鉄」という。工業製品では「鉄」が使われることはほとんどないため、「鉄製」といった場合は、「鋼」または「鋳鉄」を指すことが多い。

問5…正解1

1. ステンレス鋼は、鉄をベースとし、クロムあるいはクロムとニッケルを基本成分として含有する合金鋼である。鉄にクロムを混ぜると、クロムが酸素と結合して表面に酸化皮膜（不動態被膜）をつくる。この不動態被膜が腐食から守る。ただし、炭素鋼管とステンレス鋼管をつなぐと、炭素鋼管が腐食しにくくなるということはない。

2. 亜鉛めっきをすると、その表面に酸化被膜が形成されて腐食しにくいため、古くから使われている（トタン板は薄い鋼板に亜鉛めっきをしたものである）。鋼板に亜鉛めっきをしたものは、表面に傷ができた場合でも、亜鉛が鉄より優先して腐食されるため、鉄の腐食を防ぐ効果がある。

問6…正解3

2. 海砂を使用すると、塩分が配管に触れるため、腐食が進む。

3. タールエポキシ樹脂はエポキシ樹脂とコールタールを配合したもので、水分や酸素を通さない性質があるため錆などの腐食防止に優れている。

4. 鋼管と銅が接触すると、イオン化傾向の大きい鉄の鋼管側が腐食する。

問7…正解3

1. 鉄が湿った空気中において腐食すると、水酸化鉄（II）$Fe(OH)_2$が生成される。

$$2Fe + O_2 + 2H_2O \longrightarrow 2Fe(OH)_2。$$

水酸化鉄（II）は酸化されやすく、酸化して水酸化鉄（III）$Fe(OH)_3$となる。これから水がとれると赤さび（Fe_2O_3）となる。また、赤さびに電子が供給されると、酸素と水が切り離されて黒さび（Fe_3O_4）となる。

2. 水素イオン濃度が高くなるほど酸性度が強くなり、鉄は腐食しやすくなる。

3. 正常なコンクリート中は強アルカリ性環境が保たれており、鉄筋等は安定した不動態被膜（薄い酸化被膜）で覆われているため、腐食が防止される。

4. 塩分が付着したものは、腐食しやすい。

5. 水中で鉄と銅が接触していると、鉄は腐食しやすくなる。イオン化傾向は鉄＞銅のため、鉄は電子を放出して陽イオンとなり、腐食する。鉄の腐食を防止するには、鉄よりイオン化傾向の大きいマグネシウム、アルミニウム、亜鉛などの金属を鉄に接触させる。

26 電 池

■電池の仕組み

◎酸化還元反応に伴って放出されるエネルギーを電気エネルギーに変換する装置を**電池**という。

◎イオン化傾向の異なる2種類の金属板を電解質の水溶液（電解液）に浸して導線でつなぐと、電流が流れ出す。

◎このとき、イオン化傾向の大きい金属板は**酸化**されて陽イオンとなり、電解液中に溶け出す。また、生じた電子は外部へ流れ出す。このように、外部へ電子が流れ出す電極を**負極**という。

◎一方、イオン化傾向の小さな金属板では、流れ込む電子によって還元反応が起きる。このように、外部から電子が流れ込む電極を**正極**という。

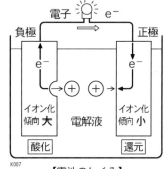

【電池のしくみ】

■実用電池

◎電池から電流を取り出すことを**放電**という。マンガン乾電池のように、放電すると起電力が低下し、もとに戻らない電池を**一次電池**という。

◎これに対し、鉛蓄電池のように、放電時とは逆向きに外部から電流を流すと起電力を回復させることができる電池を**二次電池**または**蓄電池**という。

▶主な実用電池

電池の名称		負極活物質	電解質	正極活物質	起電力 V
一次電池	マンガン乾電池	Zn	$ZnCl_2$ 他	MnO_2	1.5
	アルカリマンガン乾電池	Zn	KOH	MnO_2	1.5
	リチウム電池	Li	$LiClO_4$	MnO_2	3.0
	酸化銀電池	Zn	KOH, NaOH	Ag_2O	1.55
	ボルタ電池	Zn	H_2SO_4	Cu	1.1
二次電池	鉛蓄電池	Pb	H_2SO_4	PbO_2	2.0
	ニッケル・カドミウム電池	Cd	KOH	NiO(OH)	1.3
	ニッケル・水素電池	水素吸蔵合金	KOH	NiO(OH)	1.35
	リチウムイオン電池	Liを含む黒鉛	Liの塩	$LiCoO_2$	4.0
	ナトリウム・硫黄電池	Na	βアルミナ	S	2.1

■起電力の大きさ

◎電池において、両電極間に生じる電位差（電圧）を**起電力**という。

◎起電力の大きさは、両電極の**イオン化傾向の差**が大きいほど大きくなる。これは、両電極ともイオンになって電子を外部に送り出そうとする力を備えているが、その差が起電力となるためである。

■鉛蓄電池

◎鉛蓄電池は代表的な二次電池で、自動車のバッテリーなどに用いられている。

◎負極の活物質に鉛 Pb、正極の活物質に二酸化鉛 PbO_2、電解液には希硫酸 H_2SO_4 が用いられる。

　※**二酸化鉛**とは、鉛と酸素の化合物で、酸化鉛（Ⅳ）、過酸化鉛とも呼ぶ。

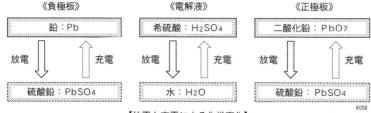

【放電と充電による化学変化】

K056

◎放電すると、負極では Pb が酸化されて硫酸鉛（Ⅱ）$PbSO_4$ となる。同時に、電子を放出する。また、正極では PbO_2 が還元されて $PbSO_4$ となる。電解液の希硫酸は水が増加するため密度（濃度）が小さくなる。

$$[負極]\ Pb + SO_4{}^{2-} \longrightarrow PbSO_4 + 2e^-$$
$$[正極]\ PbO_2 + 4H^+ + SO_4{}^{2-} + 2e^- \longrightarrow PbSO_4 + 2H_2O$$

◎充電時は、負極及び正極とも放電と逆の反応が起きる。電解液の希硫酸は密度（濃度）が大きくなる。

▶▶▶ 過去問題 ◀◀◀

【問1】　希硫酸 H_2SO_4 に鉛 Pb と酸化鉛（Ⅳ）PbO_2 を電極として浸した鉛蓄電池について、次のうち誤っているものはどれか。

☐　1．放電すると、溶液の密度が小さくなる。

　　2．放電すると、両極では硫酸鉛（Ⅱ）$PbSO_4$ が生じる反応が起こる。

　　3．放電すると、負極では鉛 Pb が電子を放出する反応が起こる。

　　4．充電すると、溶液中の酸化鉛（Ⅳ）PbO_2 が減少する。

　　5．充電すると、両極ではそれぞれ放電と逆の反応が起こる。

【問2】 電池に関する次の文章の（　）内のA～Dに当てはまる語句の組み合わせとして、正しいものはどれか。[★]

「イオン化傾向の異なる2種類の金属を、電解質水溶液に浸して導線で結ぶと、イオン化傾向の大きな金属は（A）され、陽イオンとなる。このとき生じた電子は、導線を通って他方の金属へ流れ、（B）反応が起こる。このように、酸化還元反応を伴って発生する化学エネルギーを、電気エネルギーとして取り出す装置を電池という。電池には、（C）のような一次電池と、（D）のような二次電池がある。」

	（A）	（B）	（C）	（D）
☑ 1．	酸化	還元	マンガン乾電池	鉛蓄電池
2．	酸化	還元	リチウムイオン電池	鉛蓄電池
3．	還元	酸化	マンガン乾電池	鉛蓄電池
4	還元	酸化	マンガン乾電池	酸化銀電池
5．	還元	酸化	リチウムイオン電池	酸化銀電池

【問3】 電池に関する次の文章の（　）内のA～Dに当てはまる語句の組み合わせとして、正しいものはどれか。[★]

「ナトリウム・硫黄電池は、負極に（A）を、正極に（B）を、電解質にβ・アルミナを用いた（C）である。鉛蓄電池や（D）なども、（C）にあたる。」

	（A）	（B）	（C）	（D）
☑ 1．	ナトリウム	硫黄	一次電池	ニッケル・水素電池
2．	ナトリウム	硫黄	二次電池	マンガン乾電池
3．	ナトリウム	硫黄	二次電池	ニッケル・水素電池
4．	硫黄	ナトリウム	一次電池	マンガン乾電池
5．	硫黄	ナトリウム	二次電池	ニッケル・水素電池

【問4】 電気と抵抗を図のように接続した場合、電流計Aに流れる電流として、次のうち最も近いものはどれか。ただし、電源$E_1 = 2$ V、$E_2 = 4$ V、抵抗$R_1 = R_2 = 3$ Ωとし、電源の内部抵抗と導体の抵抗は無視できるものとする。

☑ 1．0.3 A　　　2．0.7 A　　　3．1 A

　　4．2 A　　　　5．4 A

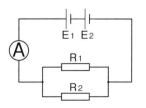

289

【問5】 2種の金属の板を希硫酸水溶液中に離して立て、金属の液外の部分を針金で
　　　 つないで電池をつくろうとした。この際に、片方の金属をCuとした場合、も
　　　 う一方の金属として最も大きな起電力が得られるものは、次のうちどれか。[★]

　☑　1．Fe　　　　2．Ni　　　　3．Al
　　　 4．Sn　　　　5．Zn

【問6】 亜鉛板と銅板を希硫酸中に入れ、それを導線で接続したときに起こる現象の
　　　 説明として、次のうち正しいものはどれか。イオン化傾向は Zn ＞ H₂ ＞ Cu で
　　　 ある。

　☑　1．亜鉛板が溶ける。
　　　 2．銅板が溶ける。
　　　 3．銅板から酸素が発生する。
　　　 4．亜鉛板から水素が発生する。
　　　 5．亜鉛板、銅板も同時に溶ける。

【問7】 次の文の（　）内のA～Dに当てはまる語句の組合せとして、正しいものは
　　　 どれか。
　　　 「希硫酸中に亜鉛板と銅板を立て、それを導線で結ぶと、電子は導線の中を（A）
　　　 の方向に流れ、電流は（B）の方向に流れる。このときの化学変化は、銅極では
　　　 （C）反応、亜鉛極では（D）反応が起こる。」

	（A）	（B）	（C）	（D）
☑ 1．	Zn → Cu	Cu → Zn	酸化	還元
2．	Zn → Cu	Cu → Zn	還元	酸化
3．	Zn → Cu	Cu → Zn	酸化	酸化
4．	Cu → Zn	Zn → Cu	還元	酸化
5．	Cu → Zn	Zn → Cu	酸化	還元

【問8】 希硫酸水溶液に亜鉛板と銅板を電極として浸したボルタ電池について、次の
　　　 うち誤っているものはどれか。

　☑　1．放電すると、負極では酸化反応、正極では還元反応が起きる。
　　　 2．放電すると、銅板の電極から水素が発生する。
　　　 3．放電すると、銅よりイオン化傾向の大きい亜鉛が希硫酸水溶液中に溶けだす。
　　　 4．放電すると、分極が起こり、電極間の電圧が低下する。
　　　 5．起電力を大きくするには、電極間の距離を狭くする。

【問9】 ある物質の水溶液を電気分解したとき、陽極に発生するものとして、次のうち誤っているものはどれか。ただし、電極には陽極、陰極ともに白金を使用するものとする。

		水溶液	陽極
☑	1.	ヨウ化カリウム（KI）	ヨウ素
	2.	希硫酸（H_2SO_4）	酸素
	3.	硝酸銀（$AgNO_3$）	酸素
	4.	水酸化ナトリウム（NaOH）	水素
	5.	硫酸銅（$CuSO_4$）	酸素

■ 正解＆解説……………………………………………………………………………………

問1…正解4

　　1. 放電すると、硫酸が減り水が増えるため、溶液の密度は小さくなる。

　　4. 充電すると、溶液中の水H_2Oが減り、硫酸H_2SO_4が増える。

問2…正解1

問3…正解3

　　ナトリウム・硫黄電池は、負極に液体ナトリウム、正極に液体硫黄を使い、電解質としてナトリウムイオンを通すβ・アルミナを用いた二次電池である。300℃程度の高温で動作する。負極の液体ナトリウムと正極の液体硫黄間をナトリウムイオンが移動することで、充電と放電が可能となる。

　　［負極］$2Na \longrightarrow 2Na^+ + 2e^-$　　　［正極］$5S + 2Na^+ + 2e^- \longrightarrow Na_2S_5$

問4…正解5

　　まずR1とR2の合成抵抗を求める。

　　$\dfrac{1}{3} + \dfrac{1}{3} = \dfrac{2}{3} \Rightarrow \dfrac{2}{3}$ の逆数で、合成抵抗は $\dfrac{3}{2}$ となる。

　　電流 $= \dfrac{電圧}{抵抗} = \dfrac{2+4}{\dfrac{3}{2}} = \dfrac{2 \times (2+4)}{3} = \dfrac{12}{3} = 4A$

問5…正解3

　　よりイオン化傾向の大きい金属を選択する。$Al > Zn > Fe > Ni > Sn > Cu$。

問6…正解1

　　1. イオン化傾向の大きい亜鉛版からZn^{2+}が溶け出す。このため、電子が亜鉛版から銅板に向かって導線中を通る。銅板ではH^+が電子を受け取って水素を発生する。これはボルタ電池と呼ばれ、亜鉛版が負極となり、銅板が正極となる。

問7…正解2

　　負極（亜鉛極）では、電子を失っているため酸化反応となる。また、正極（銅極）では電子を受け取っているため還元反応となる。

　　［負極］$Zn \longrightarrow Zn^{2+} + 2e^-$（酸化）　　　［正極］$2H^+ + 2e^- \longrightarrow H_2$　（還元）

問8…正解5

1. 電池の両極を接続して、外部回路へ電流を取り出すことを「電池の放電」といい、負極では電子を放出する反応が起こるため「酸化反応」、正極では電子を受け取る反応が起こるため「還元反応」がそれぞれ起こる。
2. ［正極］$2H^+ + 2e^- \longrightarrow H_2$
3. ［負極］$Zn \longrightarrow Zn^{2+} + 2e^-$
4. 電解質中の水素がイオン化して正極の表面を覆ってしまい、正・負両金属間のイオン化傾向の差による起電力が、負極金属と水素間のイオン化傾向差による起電力に置き換わってしまい、起電力が減少するという現象を「分極」という。ボルタ電池も放電すると分極によってすぐに0.4V程度まで低下する。
5. 電池の起電力は、正極と負極のイオン化傾向の差が大きいほど大きくなる。また、電極間の距離が長い（広い）ほど電池内の電気抵抗（内部抵抗）は大きくなり、電極の面積が大きいほど電気抵抗（内部抵抗）は小さくなる。

問9…正解4

1. ヨウ化カリウム

　　［電離］$KI^- \longrightarrow K^+ + I^-$　　　［陰極］$2H_2O + 2e^- \longrightarrow H_2 + 2OH^-$

　　［陽極］$2I^- \longrightarrow I_2 + 2e^-$ ⇒ ヨウ素発生

2. 希硫酸

　　［電離］$H_2SO_4 \longrightarrow 2H^+ + SO_4^{2-}$　　　［陰極］$2H^+ + 2e^- \longrightarrow H_2$

　　［陽極］$2H_2O \longrightarrow O_2 + 4H^+ + 4e^-$ ⇒ 酸素発生

3. 硝酸銀水溶液

　　［電離］$AgNO_3 \longrightarrow Ag^+ + NO_3^-$　　　［陰極］$Ag^+ + e^- \longrightarrow Ag$

　　［陽極］$2H_2O \longrightarrow O_2 + 4H^+ + 4e^-$ ⇒ 酸素発生

4. 水酸化ナトリウム水溶液

　　［電離］$NaOH \longrightarrow Na^+ + OH^-$　　　［陰極］$2H_2O + 2e^- \longrightarrow H_2 + 2OH^-$

　　［陽極］$4OH^- \longrightarrow 2H_2O + O_2 + 4e^-$ ⇒ 水と酸素発生

5. 硫酸銅（II）水溶液

　　［電離］$CuSO_4 \longrightarrow Cu^{2+} + SO_4^{2-}$　　　［陰極］$Cu^{2+} + 2e^- \longrightarrow Cu$

　　［陽極］$2H_2O \longrightarrow O_2 + 4H^+ + 4e^-$ ⇒ 酸素発生

27 酸化還元反応

■狭い意味の酸化と還元

◎狭い意味では、物質が酸素と化合することを**酸化**といい、酸化物が酸素を失うことを**還元**という。

> $C + O_2 \longrightarrow CO_2$ ………酸化
> $CO_2 + C \longrightarrow 2CO$ ……二酸化炭素は還元し、炭素は酸化する

■広い意味の酸化と還元

◎広い意味では、物質が**水素**または**電子を失う**ことを**酸化**といい、物質が**水素**または**電子を得る**ことを**還元**という。

◎電子の授受にまで酸化と還元の定義を広げると、酸化と還元は常に同時に起きていることになり、これを**酸化還元反応**という。

◎物質 A と B があり、A は酸化により C に変化し、B は還元により D に変化したとする。この場合、A・B から C・D への変化全体を酸化還元反応といい、A → C の酸化と B → D の還元は同時に進行する。

▶酸化と還元のまとめ

	反応	原子の酸化数
酸化	・酸素を得る ・水素を失う ・電子を失う	増加する
還元	・酸素を失う ・水素を得る ・電子を得る	減少する

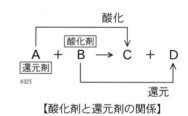

【酸化剤と還元剤の関係】

■酸化数の決め方

◎次のように分子がかかわる反応では、電子の授受がはっきりしない。そこで、分子中の原子やイオンについて、酸化の程度を**酸化数**という数値で表す。

> $C + O_2 \longrightarrow CO_2$

酸化数を算出するときのルール
①0以外は必ず＋、－の符号を付ける。
②単体中の原子の酸化数は0とする。　例 H_2 の H…酸化数0
③単原子イオンの酸化数は、そのイオンの電荷に等しくする。 　例 Cu^{2+}…酸化数＋2　　Cl^-…酸化数－1

④化合物中の水素原子の酸化数は＋１、酸素原子の酸化数を－２とする。

　　ただし、過酸化水素H_2O_2は例外として、Oの酸化数を－１とする。

　　　⑳H_2OのH…酸化数＋１　　　O…酸化数－２

⑤化合物中の原子の酸化数は、その総和を０とする。　⑳NH_3…－３＋１×３＝０

⑥多原子イオン中の原子の酸化数は、その総和をイオンの電荷と等しくする。

　　　⑳$MnO_4{}^-$…７＋（－２）×４＝－１

酸化数の例題		
①HNO_3のN …… ＋５	②SO_2のS ……… ＋４	③$NH_4{}^+$のN …… －３
④H_2SO_4のS …… ＋６	⑤$FeCl_3$のFe ……＋３	⑥Cu_2OのCu … ＋１
⑦H_2O_2のO……… －１	⑧$K_2Cr_2O_7$のCr…＋６	

■酸化数の変化と酸化・還元

◎ある原子の酸化数が増加した場合、その原子は酸化されたという。

◎また、ある原子の酸化数が減少した場合、その原子は還元されたという。

◎次の反応では、Znは酸化数が０から＋２に増加しているため、酸化されたことになる。また、Hは＋１から０に減少している。この場合、Hを含むH_2SO_4が還元された物質となる。

　　$Zn + H_2SO_4 \longrightarrow ZnSO_4 + H_2$

■酸化剤と還元剤

◎酸化剤は、相手物質を酸化させる物質をいい、自身は同時に還元される。

◎還元剤は、相手物質を還元させる物質をいい、自身は同時に酸化される。

◎一般に酸化剤になりやすいものは、酸素（O_2）である。

◎また、還元剤になりやすいものとして、水素（H_2）、一酸化炭素（CO）、ナトリウム（Na）、カリウム（K）がある。特に、ナトリウムやカリウムなどの金属は、陽イオンになることで相手物質に電子を与えやすい。

▶酸化剤と還元剤

	特徴	相手への反応	酸化数	反応後の自身
酸化剤	他の物質を酸化させるはたらきをする物質	・酸素を与える ・水素を奪う ・電子を奪う	減少する	相手を酸化し、同時に自身は還元される
還元剤	他の物質を還元させるはたらきをする物質	・酸素を奪う ・水素を与える ・電子を与える	増加する	相手を還元し、同時に自身は酸化される

【問1】 次のA～Eのうち、酸化還元反応でないものはいくつあるか。[★]

A. $Fe + H_2SO_4 \longrightarrow H_2 + FeSO_4$

B. $2KMnO_4 + 10FeSO_4 + 8H_2SO_4$
$\longrightarrow K_2SO_4 + 2MnSO_4 + 5Fe_2(SO_4)_3 + 8H_2O$

C. $NaCl + AgNO_3 \longrightarrow AgCl + NaNO_3$

D. $BaCl_2 + Na_2SO_4 \longrightarrow BaSO_4 + 2NaCl$

E. $2H_2S + SO_2 \longrightarrow 2H_2O + 3S$

☑ 1. なし　　　2. 1つ　　　3. 2つ
4. 3つ　　　5. 4つ

【問2】 酸化還元を伴わない化学反応は、次のうちどれか。[★]

☑ 1. $MnO_2 + 4HCl \longrightarrow MnCl_2 + Cl_2 + 2H_2O$

2. $2K_4[Fe(CN)_6] + Cl_2 \longrightarrow 2K_3[Fe(CN)_6] + 2KCl$

3. $CuO + H_2 \longrightarrow Cu + H_2O$

4. $2KI + Br_2 \longrightarrow 2KBr + I_2$

5. $NaCl + AgNO_3 \longrightarrow AgCl + NaNO_3$

▌正解＆解説⋯⋯⋯⋯⋯⋯⋯⋯⋯⋯⋯⋯⋯⋯⋯⋯⋯⋯⋯⋯⋯⋯⋯⋯⋯⋯⋯⋯⋯⋯⋯⋯⋯⋯⋯⋯⋯⋯⋯

問1…正解3（C・D）

酸化数の変化をまとめると、次のとおりである。

A. Fe…0⇒＋2：H…＋1⇒0

B. Mn…＋7⇒＋2：Fe…＋2⇒＋3

C. Na…＋1⇒＋1：Cl…−1⇒−1：Ag…＋1⇒＋1：酸化還元反応でない

D. Ba…＋2⇒＋2：Cl…−1⇒−1：Na…＋1⇒＋1：酸化還元反応でない

E. H_2SのS…−2⇒0：SO_2のS…＋4⇒0

問2…正解5

酸化数の変化をまとめると、次のとおりである。

1. Mn…＋4⇒＋2：Cl…−1⇒0

2. Fe…＋2⇒＋3：Cl…0⇒−1

3. Cu…＋2⇒0：H…0⇒＋1

4. I…−1⇒0：Br…0⇒−1

5. Na…＋1⇒＋1：Cl…−1⇒−1：Ag…＋1⇒＋1：酸化還元反応でない

28 反応速度と触媒

■反応速度

◎反応速度は、化学反応が進む速度である。速度は、反応物質または生成物質について、濃度の時間的変化率により表すことが多い。

◎化学反応が起きるためには、反応する物質の粒子が互いに衝突することが必要である。従って、粒子の**衝突頻度**が高くなるほど、**反応速度は速く**なる。

◎反応速度を左右する要因として、次のものが挙げられる。

> ① 濃度が高いほど、衝突頻度が高くなるため反応は速くなる。
> ② 圧力が高いほど、一定体積中の粒子数が増えるため反応は速くなる。
> ③ 温度が高いほど、粒子の運動が活発となり反応は速くなる。
> ④ 触媒を使用すると、化学変化の際に必要となるエネルギーが減少して、より反応しやすくなる。この結果、反応は速くなる。

◎**触媒**は、反応の前後でそれ自身は変化せず、**反応速度を速める物質**をいう。触媒を使用すると、**活性化エネルギー**が小さくなり、反応が促進される。単に触媒といった場合、反応速度を速める正触媒を指す。しかし、ハロゲン化物消火剤のように燃焼速度を抑える負触媒もある。

◎触媒は化学反応式に記入されることはない。また、触媒の有無で化学方程式における**反応熱**が変化することもない。

◎触媒によって、可逆反応の平衡定数を変化させることはなく、平衡の移動は起こらない。

■活性化エネルギーと触媒

◎活性化エネルギーとは、反応物を活性化状態にするのに必要な最小のエネルギーをいう。化学反応を起こすためには、反応物の分子が活性化エネルギー以上のエネルギーをもった上で、衝突することが必要である。

◎過酸化水素水 H_2O_2 は常温で放置してもほとんど分解しないが、二酸化マンガン MnO_2 を少量加えると激しく分解して酸素を発生する。

◎この場合、二酸化マンガンは**触媒**としてはたらく。

◎触媒を用いると反応速度が大きくなるのは、触媒と反応物が結びつき、活性化エネルギーの小さな別の反応経路を通って反応が進行するためである。

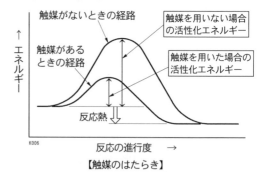

【触媒のはたらき】

■触媒の種類

◎過酸化水素の分解反応の際に加える鉄（Ⅲ）イオンFe^{3+}のように、反応物と均一に混じり合ってはたらく触媒を、「均一触媒（均一系触媒）」という。

◎過酸化水素の分解反応の際に加える酸化マンガン（Ⅳ）（または二酸化マンガンともいう）MnO_2のように、反応物とは混じり合わずにはたらく触媒を、「不均一触媒（不均一系触媒）」という。白金Ptや鉄Feなどの固体触媒は、代表的な不均一触媒である。

◎酵素も触媒の一種である。酵素はタンパク質を主成分とした生体触媒で、代表的な均一触媒である。

```
▶▶▶ 過去問題 ◀◀◀
```

【問1】反応速度に関する説明として、次のうち誤っているものはどれか。

☐ 1．反応物質の濃度が低くなると反応速度は小さくなる。

2．活性化エネルギーが大きいほど反応速度は大きくなる。

3．反応が可逆反応である場合、正反応と逆反応の反応速度の差が見かけ上の反応速度となる。

4．反応速度は温度上昇によって、指数関数的に大きくなる。

5．触媒を使用することによって、反応速度を大きくしたり小さくしたりすることができる。

【問2】触媒に関する説明として、次のうち誤っているものはどれか。

☐ 1．反応物の状態が気体や液体であり、触媒の状態が固体の場合は不均一系触媒である。

2．生体内で起こる化学反応に対して、触媒としてはたらくタンパク質を酵素という。

3．触媒を用いると反応経路が変わるため、反応熱の値は変化する。

4．水溶液中の反応で、溶け込んでいるイオンが触媒作用をするとき、このイオンは均一系触媒である。

5．触媒とは、反応の前後で自身は変化せず、反応速度を変化させる物質をいう。

【問3】 ある化学反応に触媒を加えたときに変化するものとして、次のA～Cのうち、正しいものすべてを掲げているものはどれか。
A．活性化エネルギーの大きさ
B．反応速度の大きさ
C．反応熱の大きさ
☐ 1．A 　　2．A、B 　　3．A、C
4．B 　　5．B、C

【問4】 触媒に関する記述として、次のA～Dのうち、誤っているものを組み合わせたものはどれか。
A．触媒は、化学反応後に他の物質に変化している。
B．溶液中の反応で、溶け込んでいるイオンが触媒作用をすることがある。
C．触媒は、化学反応の反応速度を変化させる。
D．反応熱は、触媒の存在により大きくなる。
☐ 1．AとB 　　2．AとD 　　3．BとC
4．BとD 　　5．CとD

【問5】 触媒について、次のうち誤っているものはどれか。
☐ 1．自然界における酵素の働きは、触媒作用である。
2．触媒は反応速度を変化させる効果を示し、しかも反応終了後に反応前と同じ状態で存在しうる物質である。
3．触媒は活性化エネルギーを大きくすることにより、反応速度を大きくさせる。
4．触媒は可逆反応の平衡定数を変化させることはない。
5．熱や光による反応の加速は、触媒作用とはいわない。

【問6】 次のA～Eのうち、反応物が生成物に進む速度（反応速度）が小さくなるもののみを掲げているものはどれか。
A．カルシウムの酸化物の生成において、反応温度を上昇させる。
B．リチウムのハロゲン化物の生成において、反応温度を上昇させる。
C．ベンゼンの燃焼反応に二酸化炭素を加える。
D．過酸化水素の分解反応にリン酸を加える。
E．水溶液の反応物の溶液濃度を高くする。
☐ 1．AとB 　　2．BとC 　　3．CとD
4．DとE 　　5．AとE

問1…正解2

　　2．活性化エネルギーが大きいほど、反応速度は小さくなる。

　　3．「29. 化学平衡」300P参照。

　　4．「指数関数的に大きくなる」とは、「急激に大きくなる」などの意味がある。化学
　　　反応の速度は、温度が10K上昇するごとに、2～4倍になることが多い。

問2…正解3

　　3．触媒を用いると反応経路が変わるが、反応熱の値は変化しない。

問3…正解2

　　触媒によって、活性化エネルギーが小さくなり、反応速度が大きくなる。ただし、
　熱化学方程式における反応熱は変化しない。

問4…正解2

　　A．触媒は、化学反応の前後で変化しない。

　　D．反応熱は、触媒の有無により変化しない。

問5…正解3

　　1．酵素とは、生体内外で起こる化学反応に対して「触媒」として機能する分子をい
　　　う。

　　3．活性化エネルギーが大きいほど、反応速度は小さくなる。

　　4．「29. 化学平衡」300P参照。

問6…正解3

　　C．二酸化炭素は、ベンゼンの燃焼を抑える。ベンゼンは第4類の危険物 第1石油類
　　　に該当し、ベンゼンの火災に対して二酸化炭素消火剤は有効である。

　　D．過酸化水素の安定剤として、リン酸や尿酸が使われる。

29 化学平衡

■化学平衡

◎化学反応において、左辺から右辺に進む反応を**正反応**、逆に右辺から左辺に進む反応を**逆反応**という。

◎正反応と逆反応が同時に進行する反応を**可逆反応**といい、左辺と右辺を $\rightleftarrows$ 記号で結ぶ。

◎**化学平衡**とは、可逆反応において正反応と逆反応の速さが等しく、見かけ上の変化がない状態をいう。ただし、内部では正反応と逆反応が同時に進行している。

■平衡定数

◎次の可逆反応が一定温度で平衡状態にあるものとする。

$$H_2 + I_2 \rightleftarrows 2HI$$

◎正反応の反応速度を v_1、逆反応の反応速度を v_2、各成分の濃度をそれぞれ $[H_2]$、$[I_2]$、$[HI]$ とすると、反応速度式は次のとおりとなる。

$$v_1 = k_1 [H_2][I_2] \qquad (k_1、k_2 は反応速度定数)$$
$$v_2 = k_2 [HI]^2$$

◎平衡状態にあることから次の等式が成り立つ。

$$v_1 = v_2 \qquad k_1 [H_2][I_2] = k_2 [HI]^2$$

◎反応物の濃度を分母に、生成物の濃度を分子になるように式を変形する。

また、(k_1 / k_2) は定数であるため、これを K とすると、次の式が得られる。

$$\frac{[HI]^2}{[H_2][I_2]} = \frac{k_1}{k_2} = K$$

◎この K を**平衡定数**という。平衡定数は、正反応の反応速度 v_1 が大きくなるほど、また、生成物の濃度が大きくなるほど、大きな数値となる。

◎平衡定数 K は、温度が一定であれば、反応開始時の物質の濃度に関係なく、常に一定である。

■ルシャトリエの原理

◎可逆反応が平衡にあるときに濃度・温度・圧力等が変化すると、その変化を打ち消す方向に平衡が移動するという原理である。**平衡移動の原理**ともいう。

◎物質X・Y・Zは気体とし、$[X + Y \rightleftarrows 2Z]$ であるとき、物質Xの濃度を上げると、平衡は右辺方向に移動する。また、物質Zの濃度を上げると、平衡は左辺方向に移動する。

◎ $[X + Y \rightleftarrows 2Z + 熱量]$ であるとき、温度を上げると平衡は左辺方向に移動し、温度を下げると平衡は右辺方向に移動する。

◎ [X ＋ Y ⇄ Z] であるとき、圧力を上げると平衡は右辺方向に移動する。また、圧力を下げると平衡は左辺方向に移動する。

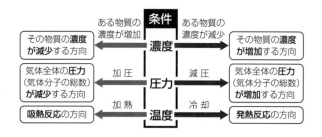

▶正反応が「発熱反応」の場合の平衡移動

条件	平衡が移動する方向	例：$N_2 + 3H_2 = 2NH_3 + 92.2kJ$
濃度	・反応物の濃度が増加する ⇒正反応の方向に移動 ・生成物の濃度が増加する ⇒逆反応の方向に移動	・N_2 や H_2 を加える⇒右辺方向に移動 ・NH_3 を加える⇒左辺方向に移動
圧力 （気体）	・加圧する⇒分子数の減少する方向に移動 ・減圧する⇒分子数の増加する方向に移動	・加圧する⇒右辺方向に移動 ・減圧する⇒左辺方向に移動
温度	・温度が上昇する⇒吸熱反応の方向に移動 ・温度が低下する⇒発熱反応の方向に移動	・温度が上昇する⇒左辺方向に移動 ・温度が低下する⇒右辺方向に移動

▶▶▶ 過去問題 ◀◀◀

【問1】可逆反応における化学平衡に関する記述について、次のうち誤っているものはどれか。[★]

☐　1．平衡状態とは、正反応の速度と逆反応の速度が等しくなり、見かけ上反応が停止した状態である。

　　2．温度を高くすると、吸熱の方向に反応が進み、新しい平衡状態になる。

　　3．触媒を加えると、反応の速度は変化するが、平衡そのものは移動しない。

　　4．圧力を大きくすると、気体の総分子数が増加する方向に反応が進み、新しい平衡状態になる。

　　5．ある物質の濃度を増加すると、その物質が反応して濃度が減少する方向に反応が進み、新しい平衡状態になる。

【問2】 可逆反応における化学平衡に関する記述について、次のうち誤っているもの
　　　 はどれか。[★]

☐　1．平衡状態とは、正逆の反応速度が互いに等しくなり、見かけ上反応が停止し
　　　　た状態である。

　　　2．ある一部の成分を取り除くと、その成分の濃度が増加する方向に反応が進み、
　　　　新しい平衡状態となる。

　　　3．圧力を大きくすると、気体の総分子数が減少する方向に反応が進み、新しい
　　　　平衡状態となる。

　　　4．触媒を加えると、化学平衡に達する時間は変化するが、平衡の移動は起こら
　　　　ない。

　　　5．温度を高くすると、発熱の方向に反応が進み、新しい平衡状態となる。

【問3】 物質X（1 mol）と物質Y（1 mol）を反応させると物質Z（2 mol）が生成す
　　　 るとともに発熱する可逆反応が平衡状態にある場合、物質Zの生成量を増やす
　　　 操作のうち正しいものの組み合わせはどれか。ただし、物質X、Y、Zは気体
　　　 とする。

☐　1．A、B、C
　　　2．A、B、D
　　　3．A、D
　　　4．B、C、D
　　　5．B、D

| A．圧力一定で温度を下げる。 |
| B．温度一定で圧力を上げる。 |
| C．温度及び圧力一定で触媒を加える。 |
| D．温度及び圧力一定で物質Xの濃度を大きくする。 |

【問4】 次のA～Dの気体又は蒸気の可逆反応で、温度が一定で圧力を上げた場合、
　　　 平衡が右に移動するものとして、正しいもの全てを掲げているものはどれか。

☐　1．A、D
　　　2．A、C、D
　　　3．B、C、D
　　　4．B、D
　　　5．C、D

| A．$2NO_2 \rightleftarrows N_2O_4$ |
| B．$H_2 + I_2 \rightleftarrows 2HI$ |
| C．$N_2 + 3H_2 \rightleftarrows 2NH_3$ |
| D．$2SO_2 + O_2 \rightleftarrows 2SO_3$ |

【問5】次の熱化学方程式が表す反応は可逆反応である。この反応が平衡状態であるとき、条件を変更すると反応が右に進むものはどれか。ただし、A～Dはすべて気体とする。

$$A + B \rightleftharpoons C + 2D + 300kJ$$

☑　1．Aの一部を反応系外に取り出す。　　2．圧力を上げる。
　　3．触媒を反応系に追加する。　　　　4．温度を下げる。
　　5．Bの一部を反応系外に取り出す。

■ 正解＆解説‥‥‥‥‥‥‥‥‥‥‥‥‥‥‥‥‥‥‥‥‥‥‥‥‥‥‥‥‥‥‥‥‥‥‥‥‥‥‥

問1…正解4
　　4．圧力を大きくすると、その圧力を小さくする方向、すなわち気体の総分子数が減少する方向に反応が進む。

問2…正解5
　　5．温度を高くすると、温度を低くする方向に平衡が移動する。例えば、発熱反応を右方向とすると、温度を低くする左方向（吸熱反応）に平衡が移動する。

問3…正解3
　　X（1mol）＋Y（1mol）$\rightleftharpoons$ 2Z（2mol）＋熱量
　　物質Zの生成量を増やすには、反応式の平衡を右辺に移動させればよい。
　　A．圧力一定で温度を下げると、温度を上げる方向（右辺方向）に平衡が移動する。この結果、物質Zの生成量が増える。
　　B．設問のように1mol＋1mol＝2molの場合、圧力を変えても反応前後のmol数は変化しないため、平衡は移動しない。
　　C．触媒は反応速度を大きくして平衡に達するまでの時間を変化させるが、平衡の状態を変えるものではない。
　　D．温度及び圧力一定で物質Xの濃度を大きくすると、濃度を下げる方向（右辺方向）に平衡が移動する。この結果、物質Zの生成量が増える。

問4…正解2
　　圧力を上げると、圧力が下がる方向に平衡が移動する。
　　B．左辺と右辺は同じ物質量（2mol）であり、圧力を上げても平衡は移動しない。

問5…正解4
　　1．Aの一部を反応系外へ取り除くと、Aを生成する方向（左方向）に平衡が移動する。
　　2．圧力を上げると、圧力を減少させる方向（左方向）に平衡が移動する。
　　3．触媒は、反応速度を変化させるが、平衡の移動は起こさない。
　　4．温度を下げると、それを妨げる方向（右方向）に平衡が移動する。
　　5．Bの一部を反応系外へ取り除くと、Bを生成する方向（左方向）に平衡が移動する。

30 気体の種類

■酸素

◎常温、常圧で**無色無臭**の気体である。ただし、
液体酸素は淡青色である。

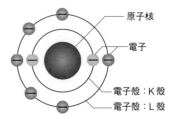

原子核
電子
電子殻：K殻
電子殻：L殻

酸素は8個の電子を持つ。
最も外側の電子殻の電子＝価電子は6個。

◎大気中に体積の割合で**約21%**含まれている。

◎酸素自体は**不燃性**であるが、燃焼を助ける**支
燃性**がある。酸素濃度が高くなるにつれて、
可燃物の燃焼は激しくなる。

◎実験室では、触媒を使用して**過酸化水素**を分
解してつくられる。

$$2H_2O_2 \longrightarrow 2H_2O + O_2$$

◎反応性に富み、高温では一部の貴金属、希ガス元素を除き、他のほとんどの元素と
化合物（特に酸化物）をつくる。

■空気

◎空気は、無色透明で、複数の気体の混合物からなる。

◎乾燥した空気は、体積割合で**窒素**が78.1%、酸素が20.9%を占めるほか、わずか
に希ガスや二酸化炭素を含む。この割合は、ほぼ一定である。

◎空気には一般に**水蒸気**が含まれるが、その濃度は地域または季節により大きく異な
る。湿潤状態では4.0%、乾燥状態では0.0%となる。

■水素

◎水素は、無色、無臭で、全ての物質の中で密度が最も小さい（**最も軽い**）。

◎水素は、**水に溶けにくい**。このため、実験室では水上置換で捕集する。

◎水素は空気中で点火すると、淡青色の高温の炎を出して燃える。特に、水素と**酸素**
の混合気体に点火すると、爆発的に反応して水を生じ、爆鳴音を発する。

◎高温の水素は、**還元剤**として作用する。金属酸化物を還元して金属を遊離する。

◎常温（20℃）では、化学的に不活性であるが、**フッ素**とは常温でも直接反応する。

■二酸化炭素

◎炭素または炭素化合物の**完全燃焼**により生成する。

◎**空気より重く**、無色・無臭の不燃性の気体である。消火剤として使用される。

◎1モル当たりの空気質量は約29gである。これに対し、二酸化炭素 CO_2 は $12 + 16 \times 2 = 44g$ であるため、空気よりはるかに**重い**ことになる。

◎通常は人体に無害だが、空気中での濃度が高くなると有害となる。

◎水に溶け（約30％位）、その水溶液（炭酸水）は**弱酸性**を示す。

◎石灰水（水酸化カルシウム）の飽和水溶液に通すと、炭酸カルシウム $CaCO_3$ の沈殿を生じて白濁する。

◎常圧では液体にならず、－79℃で昇華して固体（ドライアイス）となる。ただし、加圧した状態で温度を下げると、容易に液化する。

◎二酸化炭素の固体は**ドライアイス**と呼ばれ、冷却剤として用いられる。

■一酸化炭素

◎炭素または炭素化合物の**不完全燃焼**により生成し、血液中のヘモグロビンと強く結合し、酸素の運搬を妨げるため、極めて**有毒**である。

◎**空気より軽く**、無色・無臭の**可燃性**の気体である。

◎空気中で点火すると、無煙の**淡青色（青白い）の炎**をあげて燃焼し、二酸化炭素になる。

◎**水にほとんど溶けない**（わずかに溶ける程度）。

◎沸点が－192℃で、液化しにくい。

◎一酸化炭素は高温にすると**還元性**が強くなり、鉄の製錬などに用いられる。

▶一酸化炭素と二酸化炭素の比較

性質	一酸化炭素 CO	二酸化炭素 CO_2
常温（20℃）時	無色無臭の気体	無色無臭の気体
空気に対する比重	0.97（空気より**軽い**）	1.5（空気より**重い**）
空気中での燃焼性	**燃焼する**（淡青色の炎）	燃焼しない
液化	困難	容易
毒性	**有毒**	ほぼ**無毒**
水溶性	ほとんど溶けない	溶ける
還元性／酸化性	還元性をもつ	酸化性がある

【問1】 酸素について、次のA～Dのうち、正しいものの組み合わせはどれか。

☑ 1．AとC
　　2．AとD
　　3．BとC
　　4．BとD
　　5．CとD

| A．原子は8個の価電子をもっている。 |
| B．液体状態では淡青色である。 |
| C．ほとんどの元素と反応し、化合物をつくる。 |
| D．可燃性である。 |

【問2】 空気の一般的性状について、次のうち誤っているものはどれか。[★]

☑ 1．乾燥した空気の組成は、地域または季節によって著しく異なる。
　　2．空気中の水蒸気量は可燃物の燃焼の難易に影響する。
　　3．ろうそくの燃焼に必要な酸素は、空気から拡散によって炎に運ばれる。
　　4．空気中の窒素の存在は、可燃物の急激な燃焼を抑制している。
　　5．空気中で物質を高温で燃やすと、酸化窒素が発生する。

【問3】 水素の性状等に関する説明として、次のうち誤っているものはどれか。[★]

☑ 1．無色、無臭の最も軽い気体である。
　　2．水に溶けやすい。
　　3．酸素との混合気体には、点火により爆発的に燃焼し、水を発生する。
　　4．20℃では、化学的に不活性であるが、フッ素とは常温でも直接反応する。
　　5．高温では、金属酸化物を還元して金属を遊離する。

【問4】 一酸化炭素の性状等に関する説明として、次のうち誤っているものはどれか。

☑ 1．高温の二酸化炭素と水蒸気の反応で生成する。
　　2．無色無臭の非常に有毒なガスである。
　　3．有機物の不完全燃焼によって生成する。
　　4．無煙の青白い炎をだして燃焼する。
　　5．還元作用を有する。

【問5】 一酸化炭素と二酸化炭素に関する性状の比較において、次のうち誤っている
ものはどれか。

	一酸化炭素	二酸化炭素
☑ 1.	毒性が強い	毒性が弱い
2.	空気より軽い	空気より重い
3.	固化しにくい	固化しやすい
4.	水によく溶ける	水にわずかに溶ける
5.	消火剤として使用できない	消火剤として使用できる

■ 正解＆解説……………………………………………………………………………………………

問1…正解3

A．酸素原子は6個の価電子をもっている。

D．酸素自体は燃えることがない。ただし、支燃性（可燃物の燃焼を助ける性質）である。

問2…正解1

1．乾燥した空気の組成は、ほぼ一定である。地域または季節によって含む割合が異なるのは、水蒸気である。

5．窒素は、エンジンの燃焼室の中など高温にすると、窒素酸化物NOxを生成する。

問3…正解2

2．水素や酸素は、水に溶けにくい。また、二酸化炭素は水に少し溶ける。

問4…正解1

1．コークスや石炭などが高温となったものに水蒸気を反応させると、一酸化炭素と水素を生じる。

$$C + H_2O \longrightarrow CO + H_2$$

問5…正解4

2．一般に空気の構成比は、窒素（N_2）8割：酸素（O_2）2割である。従って、空気の平均分子量は、$80\% \times 28 + 20\% \times 32 = 28.8$ となる。分子量はCOが28で、CO_2 は44であるため、COは空気よりわずかに軽く、CO_2 は空気より重い。

4．COは水に溶けにくい。

31 有機化合物の基礎

■有機化合物の特徴

◎炭素原子を骨格とする化合物を**有機化合物**という。

◎これに対し、有機化合物以外の化合物を**無機化合物**という。ただし、一酸化炭素 CO、二酸化炭素 CO_2、炭酸カルシウム $CaCO_3$ などは炭素を含むが、無機化合物として取り扱う。

◎有機化合物を構成する元素は、炭素C、水素Hの他に、酸素O、窒素N、硫黄S、リンP、ハロゲンなどで、その種類は少ない。

◎しかし、有機化合物の**種類は無機化合物に比べ、非常に多い**。

◎有機化合物は、非金属元素の原子が**共有結合**で結びつき、分子がつくられている。

◎無機化合物に比べ、一般に**融点及び沸点の低い**ものが多い。

◎一般に**水には溶けにくい**。ただし、アルコール、アセトン、ジエチルエーテルなどの**有機溶媒に溶ける**ものが多い。

◎第4類の危険物（引火性液体）は、多くが有機化合物である。

◎無機化合物に比べ、一般に分子量が大きい。

◎炭素と水素からなる有機化合物を完全燃焼させると、**二酸化炭素** CO_2 と**水** H_2O を生じる。

◎燃焼を除くと、**反応速度が遅く、触媒を必要とする反応が多い**。

▶有機化合物と無機化合物の違い

	有機化合物	無機化合物
化学結合	共有結合による分子	イオン結合による塩
融点	一般に融点は低い。高温では分解しやすい。	一般に融点は高い。
水溶性	水に溶けにくいものが多い。有機溶媒には溶けやすい。	一般に水に溶けやすく、有機溶媒に溶けにくい。
電気特性	一般に非電解質	一般に電解質
燃焼	可燃性のものが多い。	不燃性のものが多い。
反応性	反応は遅く、完全に進行しにくい。	反応は速く、完全に反応するものが多い。

■有機化合物の原子の結びつき

◎有機化合物を構成する原子は、主に共有結合で結合して分子をつくるものが多い。例えば、メタン分子CH_4は1個の炭素原子が4個の水素原子と共有結合している。

◎炭素原子間の結合は**単結合**だけでなく、エチレン$CH_2 = CH_2$の炭素原子間の**二重結合**や、アセチレン$CH \equiv CH$の炭素原子間の**三重結合**をつくることができる。

◎単結合を**飽和結合**、二重結合と三重結合をまとめて**不飽和結合**という。

■炭化水素の分類

◎炭素と水素でできた化合物を**炭化水素**という。炭化水素は、最も基本的な有機化合物である。

◎炭素原子が鎖状に結合しているものを**鎖式炭化水素**、または**脂肪族炭化水素**という。また、炭素原子が環状に結合した部分を含むものを**環式炭化水素**という。

◎炭素原子間の結合がすべて単結合であるものを**飽和炭化水素**、炭素原子間の結合に二重結合や三重結合を含むものを**不飽和炭化水素**という。

◎鎖式炭化水素のうち、飽和炭化水素を**アルカン**、二重結合を1個含む不飽和炭化水素を**アルケン**、三重結合を1個含む不飽和炭化水素を**アルキン**という。

◎環式炭化水素のうち、飽和炭化水素を**シクロアルカン**、二重結合を1個含む不飽和炭化水素を**シクロアルケン**といい、これらをまとめて脂環式炭化水素という。また、ベンゼン環と呼ばれる独特な炭素骨格の環式炭化水素を**芳香族炭化水素**という。

▶炭化水素の分類

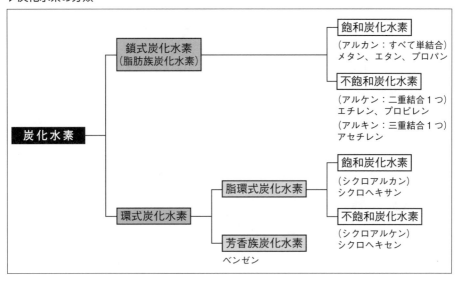

▶主な炭化水素の構造

```
    H                H  H              H  H  H             H  H  H  H
    |                |  |              |  |  |             |  |  |  |
H－C－H          H－C－C－H        H－C－C－C－H       H－C－C－C－C－H
    |                |  |              |  |  |             |  |  |  |
    H                H  H              H  H  H             H  H  H  H
  【メタン】          【エタン】          【プロパン】            【ブタン】
```

```
   H       H          H       CH3
    \     /            \      /
     C = C              C = C
    /     \            /      \
   H       H          H        H
  【エチレン】          【プロピレン】
```

```
H－C≡C－H
```
K009 【アセチレン】

【ベンゼン】   【シクロヘキサン】

■炭化水素基と官能基

◎炭化水素以外の有機化合物は、炭化水素の水素原子を他の原子または原子団で置き換えた構造をもっている。特に、原子団を基という。

◎例えばメタノールCH_3OHは、メタンCH_4の水素原子1個をヒドロキシ基$-OH$で置き換えた化合物と見なすことができる。

◎炭化水素から水素原子1個がとれた原子団（基）を炭化水素基といい、記号$-R$で表す。

◎基のうち、有機化合物の性質を決めるはたらきをするものを官能基という。

◎炭化水素以外の有機化合物は、炭化水素基と官能基から構成されている。これらのうち、同じ官能基をもつ化合物は、よく似た化学的性質を示す。

▶官能基の種類と化合物

官能基の種類		化合物の一般名	化合物の例
ヒドロキシ基	$-OH$	アルコール	エタノール　C_2H_5OH
		フェノール類	フェノール　C_6H_5OH
カルボニル基	アルデヒド基　$\overset{O}{\overset{\|}{-C-H}}$	アルデヒド	アセトアルデヒド　CH_3CHO
	ケトン基　$\overset{O}{\overset{\|}{-C-}}$	ケトン	アセトン　CH_3COCH_3
カルボキシ基	$\overset{O}{\overset{\|}{-C-OH}}$	カルボン酸	酢酸　CH_3COOH
ニトロ基	$-NO_2$	ニトロ化合物	ニトロベンゼン　$C_6H_5NO_2$

アミノ基	$\begin{array}{c} H \\ \| \\ -N-H \end{array}$	アミン	アニリン $C_6H_5NH_2$
スルホ基	$-SO_3H$	スルホン酸	ベンゼンスルホン酸 $C_6H_5SO_3H$
エーテル結合	$-O-$	エーテル	ジエチルエーテル $C_2H_5OC_2H_5$
エステル結合	$\begin{array}{c} O \\ \| \\ -C-O- \end{array}$	エステル	酢酸エチル $CH_3COOC_2H_5$

■有機化合物の表し方

◎有機化合物は、その構造が複雑なものが多くあるため、分子式の他、示性式や構造式で表される。

◎示性式(しせい)は、分子式の中から官能基だけを抜き出して表した化学式である。すなわち、炭化水素基と官能基を組み合わせたものとなる。

◎構造式は、原子間の結合を価標（－）を用いて表した化学式である。

◎簡略構造式は、原子間のつながり方に誤解が生じない場合、価標の一部（特に水素の価標）を省略した構造式である。

▶エタノールの表示例

分子式	示性式	構造式	簡略構造式
C_2H_6O	C_2H_5OH	$\begin{array}{c} \quad H \quad\ H \\ \quad \| \quad\ \| \\ H-C-C-O-H \\ \quad \| \quad\ \| \\ \quad H \quad\ H \end{array}$	CH_3-CH_2-OH

■アルカン

◎鎖式の飽和炭化水素をアルカンという。メタン CH_4 やエタン C_2H_6 などが該当し、分子中の炭素原子の数を n とすると、一般式 C_nH_{2n+2} で表される。

◎アルカン分子から水素原子1個を除いた炭化水素基をアルキル基という。メチル基 $-CH_3$ やエチル基 $-CH_3CH_2$ が該当する。

◎直鎖状のアルカンは、常温・常圧で炭素数 1 〜 4 が気体、5 〜 17 が液体、18以上が固体となる。また、炭素数が4以上になると、異性体が存在する。

◎ガスライターの燃料に使われるブタン C_4H_{10} は、常温・常圧で気体であるが、圧縮すると容易に液体となる。

▶直鎖状のアルカンの名称

炭素数	名前	分子式	炭素数	名前	分子式
1	メタン	CH_4	6	ヘキサン	C_6H_{14}
2	エタン	C_2H_6	7	ヘプタン	C_7H_{16}
3	プロパン	C_3H_8	8	オクタン	C_8H_{18}
4	ブタン	C_4H_{10}	9	ノナン	C_9H_{20}
5	ペンタン	C_5H_{12}	10	デカン	$C_{10}H_{22}$

■アルカンの性質

◎アルカンは水にほとんど溶けないが、いろいろな炭化水素にはよく溶ける。一般に、極性物質どうし、無極性物質どうしは溶けやすいが、極性物質と無極性物質は溶けにくい傾向がある。

◎アルカンは、ほとんどが無極性か極性はあっても極めて小さいため、極性の小さな有機溶媒にはよく溶けるが、極性の大きな水にはほとんど溶けない。

◎アルカンは、温和な条件では酸・アルカリ、酸化剤・還元剤と反応しない。しかし、塩素や臭素を加えて日光や紫外線を加えると、塩素とは激しく、臭素とはおだやかに反応して、水素原子が塩素原子や臭素原子に置き換わる。

$$CH_4 + Cl_2 \xrightarrow{\text{光}} CH_3Cl \text{（クロロメタン）} + HC$$

◎このように、分子中の原子が他の原子や原子団と置き換わる反応を**置換反応**という。

■エチレン

◎エチレン$CH_2=CH_2$の水素原子1個をメチル基$-CH_3$で置き換えると、**プロピレン**$CH_2=CH-CH_3$になる。

◎エチレンは、**アルコールの脱水反応**で得られる。例えば、エタノールと濃硫酸の混合物を約170℃に加熱すると、エチレンが発生する。

$$CH_3-CH_2-OH \xrightarrow[\text{約170℃}]{\text{濃硫酸}} CH_2=CH_2 + H_2O$$

◎エチレンは二重結合をもつため、アルカンに比べ反応性が大きい。白金やニッケルを触媒として、エチレンに水素を反応させると、**二重結合に水素が付加してエタン**が生じる。

$$CH_2=CH_2 + H_2 \xrightarrow{\text{Pt}} CH_3-CH_3$$

◎このように、不飽和結合の部分に他の原子や原子団が結合する反応を**付加反応**という。

■アセチレン

◎アセチレン$H-C \equiv C-H$は、分子中に炭素原子間の**三重結合**を1個持つ。

◎アセチレンは、炭化カルシウム（カーバイド）に水を加えてつくる。

$$CaC_2 + 2H_2O \longrightarrow CH \equiv CH + Ca(OH)_2$$

◎アセチレンは、**無色無臭の気体**である。ただし、市販品は、通常硫黄化合物などの不純物を含むため、特有のにおいを持つ。有機溶媒にはよく溶け、水には少しだけ溶ける。

◎アセチレンは、空気中ではすすの多い明るい炎をあげて燃えるが、酸素を十分に供給して完全燃焼させると、約3000℃にも達する高温の炎を生じる。
　この炎は**酸素アセチレン炎**と呼ばれ、金属の切断などに用いられる。

◎アセチレン C_2H_2 は不飽和結合（三重結合）をもつため、他のさまざまな物質と**付加反応**（二重結合や三重結合をもっている化合物に水素・ハロゲン・ハロゲン化水素・水・アルコール・酸などが付加する反応）を起こしやすい。

$$C_2H_2 + H_2 \longrightarrow C_2H_4 （エチレン）$$ $$C_2H_2 + 2H_2 \longrightarrow C_2H_6 （エタン）$$

◎アセチレンに触媒を使用して水を付加させると、ビニルアルコールが生じるが、ビニルアルコールは不安定なため、すぐに安定な異性体である**アセトアルデヒド**に変化する。

$$CH \equiv CH + H_2O \longrightarrow ビニルアルコール \longrightarrow CH_3CHO （アセトアルデヒド）$$

◎アセチレンと塩化水素の混合気を塩化水銀（Ⅱ）を付着させた触媒に通すと、塩化ビニルが生成する。

▶▶▶ 過去問題 ◀◀◀

【問1】 不飽和炭化水素について、次の文の（　）内のA、Bに当てはまる語句の組合せとして正しいものはどれか。

　「（A）とは、分子中に炭素間の三重結合（C≡C）を含む不飽和炭化水素である。炭素数が2の（A）は、（B）とよばれ、炭化カルシウムと水を作用させることで生成できる。」

	（A）	（B）
1.	アルカン	アセチレン
2.	アルキン	エチレン
3.	アルキン	アセチレン
4.	アルケン	エチレン
5.	アルケン	アセチレン

【問2】 炭化水素を飽和炭化水素、不飽和炭化水素及び芳香族炭化水素の3種類に分類した場合、次のうち正しいものの組み合わせはどれか。

1．メタン、ブタン、トルエン……………………飽和炭化水素
2．エチレン、ヘプタン、ブタジエン…………不飽和炭化水素
3．ベンゼン、エタン、キシレン………………芳香族炭化水素
4．イソプレン、プロピレン、アセチレン……不飽和炭化水素
5．ナフタレン、アントラセン、オクタン……芳香族炭化水素

【問3】 有機化合物の一般的特性について、次のうち誤っているものはどれか。

☑ 1．無機化合物に比べて種類が多い。

2．燃焼すると二酸化炭素や水を生じる。

3．分子式が同じでも、性質の異なる異性体が存在する。

4．無機化合物と比べて、沸点、融点が高いものが多い。

5．水に溶けにくく、ジエチルエーテルやベンゼンなどの有機溶媒によく溶ける。

【問4】 有機化合物の分類について、次のうち誤っているものはどれか。

☑ 1．メタン、エタン、プロパンのように、単結合だけからなる鎖式飽和炭化水素をアルカンという。

2．メタンやエタンのような炭化水素の水素原子を、ヒドロキシ基（ヒドロキシル基）で置き換えた構造のR－OHをアルコールという。

3．アセチレンやプロピンのように、炭素原子間に三重結合をもつ鎖式不飽和炭化水素をアルキンという。

4．ベンゼンのように、環状構造の中に二重結合を2個以上もつ不飽和炭化水素をシクロアルケンという。

5．分子中にカルボキシ基（カルボキシル基）をもつ化合物R－COOHをカルボン酸という。

【問5】 アセチレンについて、次のうち誤っているものはどれか。

☑ 1．分子は直線的な構造である。

2．純粋なものは、常温（20℃）で刺激臭のある黄褐色の気体である。

3．酸素と燃焼させ、金属の切断などに用いられる。

4．炭化カルシウム（カーバイド）と水の反応で生成する。

5．水を付加させると、アセトアルデヒドが生成する。

【問6】 アセチレンに関する説明文の（ ）内のA～Cに当てはまる語句の組み合わせとして、正しいものはどれか。

「アセチレンは（A）反応を起こしやすい。例えば、アセチレン1 molに水素1 molが作用すると（B）が生じ、水素2 molが作用すると（C）が生じる。」

		(A)	(B)	(C)
☑	1.	付加	エチレン	エタン
	2.	付加	エタン	エチレン
	3.	付加	エチレン	メタン
	4.	置換	エチレン	エタン
	5.	置換	メタン	エタン

問1…正解3

炭化カルシウムと水を反応させると、アセチレンが生成される。

$$CaC_2 + 2H_2O \longrightarrow Ca(OH)_2 + C_2H_2$$

アルカンは単結合（C－C）の飽和炭化水素で、メタンCH_4、エタンC_2H_6、プロパンC_3H_8などが該当する。アルケンは二重結合（C＝C）を1つ含む不飽和炭化水素で、エチレンC_2H_4やプロピレンC_3H_6などが該当する。

問2…正解4

1．メタンCH_4、ブタンC_4H_{10}、トルエン$C_6H_5CH_3$。トルエンはベンゼン環をもつ芳香族炭化水素で、不飽和結合をもつ。

2．エチレン$CH_2＝CH_2$、ヘプタンC_7H_{16}、ブタジエン$CH_2＝CH－CH＝CH_2$。ヘプタンは直鎖状のアルカンで、飽和結合である。ブタジエンは二重結合を2個もつ。

3．ベンゼンC_6H_6とキシレン$C_6H_4(CH_3)_2$はベンゼン環をもつ芳香族炭化水素である。ただし、エタン$CH_3－CH_3$は直鎖状のアルカンである。

4．イソプレン$CH_2＝C(CH_3)CH＝CH_2$（天然ゴムの構成分子）、プロピレン（プロペン）$CH_2＝CH－CH_3$、アセチレン$CH≡CH$。

5．ナフタレン$C_{10}H_8$（2個のベンゼン環の一辺を共有した構造をもつ）、アントラセン$C_{14}H_{10}$（3個のベンゼン環を縮合した構造をもつ）。ただし、オクタンC_8H_{18}は直鎖状のアルカンである。

問3…正解4

4．無機化合物と比べて、沸点、融点が低いものが多い。

問4…正解4

3．プロピンの構造式は$CH_3－C≡CH$。メチルアセチレンとも呼ばれる。

4．ベンゼンのような独特な炭素骨格をもつものを芳香族炭化水素という。

問5…正解2

2．アセチレンの純粋なものは、無色無臭である。通常は共存する不純物のため、特有の臭気がある。

問6…正解1

アセチレンC_2H_2は不飽和結合（三重結合）をもつため、他の物質と付加反応を起こしやすい。

$$C_2H_2 + H_2 \longrightarrow C_2H_4 （エチレン）。C_2H_2 + 2H_2 \longrightarrow C_2H_6 （エタン）。$$

32 脂肪族化合物

■アルコールの構造と分類

◎メタノールCH_3OHやエタノールC_2H_5OHのように、炭化水素の水素原子をヒドロ
キシ基−OHで置換した化合物を**アルコール**といい、一般式R−OHで表される。

◎アルコールは、分子中のヒドロキシ基−**OH**の数によって、**1価アルコール**、**2価**
アルコール、**3価アルコール**に分類される。

▶アルコールの分類（1）

分類	1価アルコール	2価アルコール	3価アルコール
構造式	$\begin{array}{ccc} H & H & \\ \| & \| & \\ H-C & -C & -OH \\ \| & \| & \\ H & H & \end{array}$	$\begin{array}{ccc} H & & H \\ \| & & \| \\ H-C & - & C-H \\ \| & & \| \\ OH & & OH \end{array}$	$\begin{array}{ccc} H & H & H \\ \| & \| & \| \\ H-C & -C & -C-H \\ \| & \| & \| \\ OH & OH & OH \end{array}$
沸点	78℃	198℃	290℃（分解する）
名称	エタノール	エチレングリコール	グリセリン

◎メタノールは無色の液体で、沸点65℃、有毒。水と任意の割合で溶け合う。

◎エタノールも無色の液体で、沸点78℃、酒の成分。水と任意の割合で溶け合う。

◎エチレングリコールとグリセリンは、ともに無色で粘性のある不揮発性の液体であ
る。やはり、水と任意の割合で溶け合うが、エーテルには溶けにくい。

◎アルコールは、ヒドロキシ基が結合している炭素原子に、他の炭素原子が何個結合
しているかによって、**第一級アルコール**、**第二級アルコール**、**第三級アルコール**に
分類される。

▶アルコールの分類（2）

分類	第一級アルコール		第二級アルコール		第三級アルコール	
一般式	R 1個	$\begin{array}{c} H \\ \| \\ R-C-OH \\ \| \\ H \end{array}$	R 2個	$\begin{array}{c} R^2 \\ \| \\ R^1-C-OH \\ \| \\ H \end{array}$	R 3個	$\begin{array}{c} R^2 \\ \| \\ R^1-C-OH \\ \| \\ R^3 \end{array}$
例	$\begin{array}{c} CH_3 \\ \| \\ CH_2-CH_2-CH_2-OH \end{array}$		$CH_3-CH_2-\overset{\displaystyle CH_3}{\underset{\displaystyle OH}{C}}-H$		$\begin{array}{c} CH_3 \\ \| \\ CH_3-C-OH \\ \| \\ CH_3 \end{array}$	
	1-ブタノール		2-ブタノール		2-メチル-2-プロパノール	

■アルコールの性質

◎アルコールはヒドロキシ基をもつため、同程度の分子量をもつ炭化水素に比べて融点・沸点が高い。これは、アルコール分子どうしが**ヒドロキシ基の部分で水素結合**を形成するためである。また、同じアルコールの異性体の場合、枝分かれしたものより直鎖の方が水素結合が形成されやすいため**沸点は高くなる**。

◎アルコールは**親水性のヒドロキシ基－OH**と、**疎水性の炭化水素基－R**からできているため、**炭素原子の数の少ないものは水に溶けやすく、炭素原子の数が多くなると水に溶けにくくなる**。アルコールで炭素原子の数が等しい場合は、ヒドロキシ基の数が多いほど水に溶けやすくなる。

◎アルコールのヒドロキシ基－OHは、水中で電離しないため、**水溶液は中性**を示す。

◎アルコールは**ナトリウムと反応して水素を発生**する。例えば、エタノールはナトリウムと反応すると水素を発生し、**ナトリウムエトキシド**を生じる。

$$2C_2H_5OH + 2Na \longrightarrow 2C_2H_5ONa + H_2$$
ナトリウムエトキシド

■アルコールの酸化反応

◎第一級アルコールを過マンガン酸カリウムなどの酸化剤で酸化すると、**アルデヒド**となり、更に酸化すると**カルボン酸**になる。

◎また、第二級アルコールを酸化すると、**ケトン**になる。ただし、第三級アルコールは酸化されにくい。

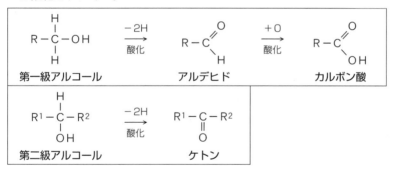

■アルコールの脱水

◎アルコールと濃硫酸の混合物を加熱すると、脱水反応が起こる。

◎エタノールと濃硫酸の混合物を130～140℃に加熱すると、分子間で脱水が起こり、ジエチルエーテルが生成する。

$$C_2H_5-OH + HO-C_2H_5 \longrightarrow C_2H_5-O-C_2H_5 + H_2O$$
脱水

◎特に、2分子間から水分子が取れて、新しい分子ができる反応を**脱水縮合**という。

■エーテルの特性

◎酸素原子に2つの炭化水素基R^1とR^2が結合した形の化合物を**エーテル**という。一般式R^1-O-R^2で表され、$-O-$を**エーテル結合**という。

▶主なエーテル

ジメチルエーテル (沸点$-25℃$)	エチルメチルエーテル (沸点$7℃$)	ジエチルエーテル (沸点$34℃$)
CH_3-O-CH_3	$C_2H_5-O-CH_3$	$C_2H_5-O-C_2H_5$

◎ジエチルエーテルは単にエーテルとも呼ばれ、エタノールの脱水縮合で得られる。

◎ジエチルエーテルは水には溶けにくく、エタノールに比べると反応性に乏しいが、多くの有機物を溶かすため、有機溶媒として広く使われている。

◎エーテルと**アルコール**は、一般式がともに$C_nH_{2n+2}O$で表され、互いに**構造異性体**の関係にある(ジメチルエーテルはエタノールの構造異性体)。

◎しかし、互いの性質は大きく異なる。エーテルはアルコールと比べ、水には溶けにくい。ジエチルエーテルに水を混ぜると、比重の大きい水が沈み、層で区分される。また、アルコールはナトリウムNaと反応するが、エーテル(ジエチルエーテル)はNaと反応しない。

◎アルコールとエーテルの沸点を比較すると、アルコールは**ヒドロキシ基**間で水素結合がつくられるため、エーテルよりも**沸点は高い**。

■アルデヒド

◎炭素と酸素の二重結合からなる官能基$\diagup C=O$を**カルボニル基**という。

◎カルボニル基の炭素原子に水素原子1個が結合した官能基を**アルデヒド基**$-CHO$といい、アルデヒド基をもつ化合物を**アルデヒド**という。一般式$R-CHO$で表される。

◎アルデヒドは、第1級アルコールの**酸化**によって得られる。このアルデヒドを更に酸化すると、**カルボン酸**になる。逆に、アルデヒドを還元すると、第一級アルコールになる。

第1級アルコール	$\overset{-2H}{\underset{+2H}{\rightleftharpoons}}$	アルデヒド	$\overset{+O}{\longrightarrow}$	カルボン酸

メタノール ⇌ ホルムアルデヒド → ギ酸

エタノール ⇌ アセトアルデヒド → 酢酸

◎アルデヒドは**酸化されやすく**、他の物質を還元する性質（**還元性**）をもっている。

◎例えば、アンモニア性硝酸銀溶液と反応すると、銀イオンが還元されて銀を析出する。この反応を**銀鏡反応**という。

■２つのアルデヒド

◎銅線を加熱すると、その表面に酸化銅（Ⅱ）CuOが得られる。これを熱いうちにメタノールの蒸気に触れさせると、メタノールが酸化されて**ホルムアルデヒド**$HCHO$が生成する。

$$CH_3OH + CuO \longrightarrow HCHO + H_2O + Cu$$

◎ホルムアルデヒドは、無色で刺激臭のする**気体**である。水に溶けやすく、**ホルマリン**はホルムアルデヒドを約37％含む水溶液である。

◎アセトアルデヒドCH_3CHOは、刺激臭のする無色の液体で、水や有機溶媒によく溶ける。

■ケトン

◎カルボニル基 $\diagup C = O$ に２つの炭化水素基が結合した化合物を**ケトン**という。一般式$R^1 - CO - R^2$で表される。

◎アルデヒドとケトンは、ともにカルボニル基をもつため、まとめて**カルボニル化合物**という。

◎また、アルデヒドとケトンは、互いに**構造異性体**の関係にある。

例：プロピオンアルデヒドC_2H_5CHOとアセトンCH_3COCH_3

◎第二級アルコールを酸化するとケトンを生じる。逆に、ケトンを還元すると第二級アルコールになる。

第２級アルコール	$\underset{+2H}{\overset{-2H}{\rightleftarrows}}$	ケトン

2-プロパノール　　　　　　　　アセトン

◎ケトンは酸化されにくく、**還元性を示さない**。これは、酸素原子が結合している炭素原子に、水素原子が直接結合していないためである。

◎アセトンCH_3COCH_3は、最も簡単な構造のケトンである。芳香のある無色の液体で、水にも有機溶媒にもよく溶ける。

■カルボン酸

◎分子中にカルボキシ基－COOHをもつ化合物を**カルボン酸**という。一般式は**R－COOH**で表される。

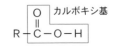

【カルボン酸の一般式】

◎カルボン酸のうち、鎖式の炭化水素基に1個のカルボン酸が結合したものを**脂肪酸**という。炭素原子の数が少ない脂肪酸を低級脂肪酸、炭素原子の数が多い高級脂肪酸という。

◎**ギ酸**HCOOHは、ホルムアルデヒドHCHOの酸化によって得られる。ギ酸は刺激臭のある無色の液体である。分子中にアルデヒド基－CHOをもつため、還元性を示す。

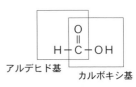

【ギ酸の構造式】

◎**酢酸**CH₃COOHは、**アセトアルデヒド**CH₃CHOの**酸化**によって得られる。刺激臭のある無色の液体で、水とどんな割合でも混じり合う。純粋な酢酸は融点が17℃であり、冬期では容易に凝固する。そのため、純度の高い酢酸は**氷酢酸**と呼ばれる。

◎カルボン酸が水に溶けると、一部の**カルボキシ基**が**電離**してH⁺を放出する。このため、弱酸性を示す。

$$CH_3COOH \; \rightleftarrows \; CH_3COO^- + H^+$$

◎酸の強さは、塩酸・硫酸＞カルボン酸＞炭酸の順である。

■エステル

◎カルボン酸とアルコールが縮合して生成する化合物を**エステル**という。一般式は、**R¹－COO－R²**で表される。

◎エステルを生成する反応を**エステル化**といい、エステル中の－COO－を**エステル結合**という。

$$R^1-COOH + R^2-OH \; \longrightarrow \; R^1-COO-R^2 + H_2O$$

◎エステルは、親水性の－OHや－COOHが失われているため、水に溶けにくく、有機溶媒に溶けやすい。

◎酢酸とエタノールの混合物に、少量の濃硫酸を触媒として加えると、縮合反応が起こり、**酢酸エチル**と水を生成する。

$$CH_3COOH + C_2H_5OH \; \underset{\text{加水分解}}{\overset{\text{エステル化}}{\rightleftarrows}} \; CH_3-COO-C_2H_5 + H_2O$$

◎エステルに水を加えて長時間加熱すると、加水分解されてカルボン酸とアルコールを生じる。この反応を**エステルの加水分解**という。

◎酢酸エチルは、果実のような強い芳香をもつ無色の液体である。水に溶けにくく有機溶媒に溶けやすい。接着剤や塗料の溶剤などに使われる。

■硝酸エステル

◎そもそもエステルは、「酸とアルコールが縮合し、水が脱水して生じる化合物」をいう。従って、広い意味でのエステルは、-COO-のエステル結合をもたないものもある。

◎硝酸エステルは、硝酸とアルコールから生じるエステルで、**一般式R-ONO2**で表される。

◎硝酸エステルは、アルコールに濃硝酸と濃硫酸の混酸を作用させるなどしてつくる。

◎硝酸メチルはメタノールの硝酸エステルで、硝酸エチルはエタノールの硝酸エステルである。また、ニトログリセリンはグリセリンの**硝酸エステル**である。

$$\begin{array}{c} H \\ | \\ H-C-OH \\ | \\ H \end{array}$$ メタノール	$+$	$HO-NO_2$ 硝酸	エステル化 $\longrightarrow$	$$\begin{array}{c} H \\ | \\ H-C-ONO_2 \\ | \\ H \end{array}$$ 硝酸メチル	$+$ H_2O 水
$$\begin{array}{c} H\ H \\ | \ | \\ H-C-C-OH \\ | \ | \\ H\ H \end{array}$$ エタノール	$+$	$HO-NO_2$ 硝酸	エステル化 $\longrightarrow$	$$\begin{array}{c} H\ H \\ | \ | \\ H-C-C-ONO_2 \\ | \ | \\ H\ H \end{array}$$ 硝酸エチル	$+$ H_2O 水
$$\begin{array}{c} H \\ | \\ H-C-OH \\ | \\ H-C-OH \\ | \\ H-C-OH \\ | \\ H \end{array}$$ グリセリン	$+$	$HO-NO_2$ $HO-NO_2$ $HO-NO_2$ 硝酸	エステル化 $\longrightarrow$	$$\begin{array}{c} H \\ | \\ H-C-ONO_2 \\ | \\ H-C-ONO_2 \\ | \\ H-C-ONO_2 \\ | \\ H \end{array}$$ ニトログリセリン	$+$ H_2O H_2O H_2O 水

■油脂

◎油脂は、高級脂肪酸RCOOHとグリセリン$C_3H_5(OH)_3$のエステルであり、動物の体内や植物の種子などに広く分布する。

R^1-COOH R^2-COOH R^3-COOH 脂肪酸	$+$	$HO-CH_2$ $HO-CH$ $HO-CH_2$ グリセリン	エステル化 $\longrightarrow$	$R^1-COO-CH_2$ $R^2-COO-CH$ $R^3-COO-CH_2$ 油脂	$+$ $3H_2O$ 水

◎一般に、油脂は混合物であることが多いため、分子量は一定ではなく、融点も一定の値を示さない。油脂は水よりも軽く、水に溶けにくく有機溶媒に溶けやすい。

◎油脂を構成する脂肪酸には、R-にC=C結合をもたない**飽和脂肪酸**と、C=C結合をもつ**不飽和脂肪酸**がある。

▶油脂を構成する脂肪酸

脂肪酸		示性式	融点（℃）	二重結合の数
飽和脂肪酸	パルチミン酸	$C_{15}H_{31}COOH$	63	0
	ステアリン酸	$C_{17}H_{35}COOH$	71	0
不飽和脂肪酸	オレイン酸	$C_{17}H_{33}COOH$	13	1
	リノール酸	$C_{17}H_{31}COOH$	−5	2
	リノレン酸	$C_{17}H_{29}COOH$	−11	3

◎牛脂や豚脂のように、常温で固体の油脂を脂肪といい、飽和脂肪酸を多く含む。一方、ゴマ油やオリーブ油のように、常温で液体の油脂を脂肪油といい、不飽和脂肪酸を多く含む。

◎油脂の融点は、炭素原子の数が多くなるほど高く、C＝C結合が多いほど低くなる。

◎液体の脂肪油にニッケルを触媒として水素を付加すると、油脂を構成する不飽和脂肪酸の一部が飽和脂肪酸に変わり、固体の脂肪となる。これを硬化油といい、マーガリンの原料などに用いられる。

■セッケン

◎油脂に水酸化ナトリウム水溶液を加えて熱すると、油脂はけん化されて、グリセリンと脂肪酸のナトリウム塩（セッケン）を生じる。

$R^1-COO-CH_2$					$R^1-COONa$		CH_2OH
$R^2-COO-CH$	＋	3NaOH	$\xrightarrow{けん化}$		$R^2-COONa$	＋	$CHOH$
$R^3-COO-CH_2$					$R^3-COONa$		CH_2OH
油脂					脂肪酸ナトリウム (セッケン)		グリセリン

◎エステルに水酸化ナトリウム水溶液を加えて加熱すると、エステルは速やかに加水分解されて、カルボン酸の塩とアルコールになる。このように、塩基を用いたエステルの加水分解を、特にけん化という。

◎セッケンは、水になじみにくい疎水基の炭化水素基R−と、水になじみやすい親水基の−COO⁻から成る。

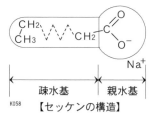

【セッケンの構造】

◎セッケンを水に溶かすと、疎水基の部分を内側に向け、親水基の部分を外側に向けて集まり、コロイド粒子をつくる。これをミセルという。

◎セッケンのように、分子中に疎水基と親水基をあわせもつ物質を界面活性剤という。

◎液体が表面積をできるだけ小さくしようとする力を表面張力という。界面活性剤は、水と油、水と空気などの界面に配列することによって、水の表面張力を低下させる。このため、セッケン水は繊維の内部まで容易に浸透できるようになる。

【問1】「1価アルコール」に関する説明として、次のうち正しいものはどれか。

☑ 1．アルコール分子中に含まれる炭素原子が3個以上のもののうち、異性体が1個のアルコールをいう。

2．ヒドロキシ基（－OH）が結合している炭素原子に、1つの炭素原子が結合しているアルコールをいう。

3．炭素原子間の結合が単結合（一重結合）のもののみのアルコールをいう。

4．ヒドロキシ基（－OH）が結合している炭素原子に、1つの水素原子が結合しているアルコールをいう。

5．分子中にヒドロキシ基（－OH）1個を含むアルコールをいう。

【問2】次の有機化合物に関する説明のうち、誤っているものはどれか。[★]

☑ 1．アルデヒドとケトンはともにカルボニル基をもっているので、カルボニル化合物といわれる。

2．アルデヒドは還元性があり、容易に酸化されてカルボン酸になる。

3．アルデヒドを還元すると、第二級アルコールになる。

4．カルボン酸とアルコールが縮合すると、エステルが得られる。

5．ケトンは還元性がなく、酸化されにくい。

【問3】次の有機化合物に関する説明のうち、誤っているものはどれか。[★]

☑ 1．第一級アルコールを酸化すると、アルデヒドができる。

2．アルデヒドを酸化すると、カルボン酸ができる。

3．アルコールとカルボン酸が結合すると、エステルができる。

4．アルコールのヒドロキシ基の水素原子を炭化水素基に置換すると、ケトンができる。

5．アンモニアの水素原子を炭化水素基で置換すると、アミンができる。

【問4】次の有機化合物に関する説明のうち、誤っているものはどれか。[★]

☑ 1．エステルは、アルコールとカルボン酸が縮合してできる化合物である。

2．ケトンは、一般に第二級アルコールの酸化によってできる化合物である。

3．フェノール類は、ベンゼン環の水素原子をカルボキシ基（カルボキシル基）で置換してできる化合物である。

4．スルホン酸は、炭化水素の水素原子をスルホ基（スルホン酸基）で置換してできる化合物である。

5．カルボン酸は、一般に第一級アルコールまたはアルデヒドの酸化によってできる化合物である。

【問5】 アルコールとエーテルについての説明として、次のうち誤っているものはどれか。[★]

☑ 1. ジエチルエーテルはエタノールと比べ水に溶けにくく、反応性に乏しい。

2. アルコールとエーテルは、同程度の分子量であれば、沸点はほぼ同じである。

3. ナトリウムはエタノールに激しく反応するが、ジエチルエーテルとは反応しない。

4. アルコールは炭素数が多くなると次第に水に溶けにくくなる。

5. ジメチルエーテルはエタノールの構造異性体である。

【問6】 次の文の（　）内のA〜Cに当てはめた場合に、誤りとなる語句の組み合わせはどれか。[★]

「（A）は、（B）を原料として、（C）により製造することができる。」

		(A)	(B)	(C)
☑	1.	塩化ビニル	アセチレンと塩化水素	付加反応
	2.	ピクリン酸	フェノールと硝酸	還元すること
	3.	酢酸エチル	酢酸とエタノール	エステル化
	4.	酢酸	アセトアルデヒド	酸化すること
	5.	ジエチルエーテル	エタノール	脱水すること

【問7】 次の官能基をもつ有機化合物の組み合わせのうち、誤っているものはどれか。[★]

☑ 1. ヒドロキシ基（ヒドロキシル基）……エタノール

2. ニトロ基………………………………トリニトロトルエン

3. カルボキシ基（カルボキシル基）……酢酸

4. アミノ基………………………………アニリン

5. ケトン…………………………………アセトアルデヒド

【問8】 物質とその物質に含まれる官能基の組み合わせとして、次のうち誤っているものはどれか。

☑ 1. CH_3CHO………………… アルデヒド基

2. CH_3COOH ……………… カルボキシ基（カルボキシル基）

3. C_3H_7OH ………………… フェニル基

4. $C_6H_5NH_2$ ……………… アミノ基

5. $C_6H_5SO_3H$ ……………… スルホ基

【問9】 分子式が $C_3H_5(C_{17}H_{31}COO)_3$ で表されるリノール酸のグリセリンエステル 1 分子中にある炭素・炭素間の二重結合（C＝C）の数として、次のうち正しいものはどれか。

☑ 1. 2 　　 2. 4 　　 3. 6
　 4. 9 　　 5. 12

【問10】 油脂の特性として、次のうち誤っているものは次のうちどれか。

☑ 1. 油脂は、脂肪酸とグリセリンのエステルである。
　 2. セッケンは、脂肪酸のナトリウム塩である。
　 3. 油脂を構成する脂肪酸のうち、炭素原子間に二重結合をもつものを飽和脂肪酸という。
　 4. セッケンは、水になじみにくい疎水基と、水になじみやすい親水基から成る。
　 5. 常温で液体の油脂を脂肪油といい、不飽和脂肪酸を多く含む。

■ 正解＆解説……………………………………………………………………………

問1…正解5
　　アルコールは、分子中のヒドロキシ基（－OH）の数によって、1価アルコール、2価アルコール、3価アルコールなどに分類される。

問2…正解3
　　3. アルデヒドを還元すると、第一級アルコールになる。また、ケトンを還元すると、第二級アルコールになる。

問3…正解4
　　1＆2. 第一級アルコール　酸化⇒　アルデヒド　酸化⇒　カルボン酸。
　　3. 例：エタノール＋酢酸　エステル化⇒　酢酸エチル＋水。
　　4. アルコールR－OHの水素原子を炭化水素基R－に置換すると、エーテルができる。エーテルは一般式R1－O－R2。ケトンの一般式は式R1－CO－R2。
　　5. 「34. 有機化合物の分離操作」332P 参照。

問4…正解3
　　3. フェノール類は、ベンゼン環の水素原子をヒドロキシ基－OHで置換してできる化合物である。カルボキシ基は－COOHで、酢酸CH3COOHなど。「33. 芳香族化合物」327P 参照。

問5…正解2
　　沸点・融点の大きさは、主に分子間の結合の強さによって決まる。一般に分子構造が似ている分子同士では、分子量が大きくなるほど、分子間力が大きくなるので、沸点・融点は高くなる。
　　2. 分子量が同程度の化合物の種類による沸点の高さは、アルコールの方が高い。これは、－OHの部分で水素結合を形成するためである。

問6…正解2

  1．アセチレンと塩化水素の混合気を塩化水銀（Ⅱ）を付着させた触媒に通すと、塩化ビニルが生成する。

  2．ピクリン酸は、フェノールを原料として、濃硝酸と濃硫酸の混合物（混酸）を加え、ニトロ化されるとできる。「33. 芳香族化合物」327P 参照。

  5．エタノール〔濃硫酸で脱水〕⇒　ジエチルエーテルと水ができる。

問7…正解5

  1．ヒドロキシ基－OH、エタノールC_2H_5OH。

  2．ニトロ基－NO_2、トリニトロトルエン$C_6H_2(NO_2)_3CH_3$。

  3．カルボキシ基－COOH、酢酸CH_3COOH。

  4．アミノ基－NH_2、アニリン$C_6H_5NH_2$。

  5．ケトンR^1－CO－R^2、アセトアルデヒドCH_3CHO。アセトアルデヒドはアルデヒド基－CHOをもつ。また、アセトンCH_3COCH_3は、最も簡単な構造のケトン。

問8…正解3

  1．CH_3CHO（アセトアルデヒド）……………　アルデヒド基〔－CHO〕

  2．CH_3COOH（酢酸）……………………　カルボキシル基〔－COOH〕

  3．C_3H_7OH　…………………………………　ヒドロキシ基〔－OH〕

    フェニル基は〔C_6H_5－〕で表される。C_3H_7OH で表されるアルコールには、2つの異性体が存在する。それぞれの示性式と名称は以下の通り。

    ・1－プロパノール　$CH_3CH_2CH_2OH$　・2－プロパノール　$CH_3CH(OH)CH_3$

  4．$C_6H_5NH_2$（アニリン）　…………………　アミノ基〔－NH_2〕

  5．$C_6H_5SO_3H$（ベンゼンスルホン酸）………　スルホ基〔－SO_3H〕

問9…正解3

  $C_{17}H_{36}$でC＝C結合無し、$C_{17}H_{34}$でC＝C結合1個、$C_{17}H_{32}$でC＝C結合2個となる。リノール酸$C_{17}H_{31}COOH$は、C＝C結合を2個もつ。従って、リノール酸のグリセリンエステルは、C＝C結合を2×3＝6個もつ。

問10…正解3

  3．脂肪酸のうち、炭素原子間に二重結合（C＝C）をもつものを不飽和脂肪酸という。ゴマ油やオリーブ油は不飽和脂肪酸を多く含む。

33 芳香族化合物

■ベンゼンの構造

◎ベンゼン C_6H_6 の分子は、炭素原子が六角形の環状に結合し、更に各炭素原子に水素原子が1個ずつ結合している。これらは、すべて平面上に構成されている。

◎このベンゼンにみられる炭素骨格を**ベンゼン環**といい、ベンゼン環をもつ化合物を**芳香族化合物**という。

◎ベンゼンの構造式は、図の (a) のように炭素原子間に単結合と二重結合を交互に配置して表す。ただし、(b) のように炭素原子と水素原子を省略し、炭素骨格を価標だけで略記した構造式で表すことが多い。

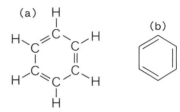

■結合距離

◎炭素原子間の結合の種類には ①単結合、②二重結合、③三重結合があり、構造は「**鎖式（鎖状）**」と「**環式（環状）**」の2つがある。結合の長さ＝結合距離は、化学結合で結ばれる2つの原子の原子核間の距離をいう。単結合＞二重結合＞三重結合の順に結合距離は短くなる。

名称	エタン	エチレン	アセチレン	ベンゼン
構造式	H H H−C−C−H H H	H H C＝C H H	H−C≡C−H	H C C C C C C H
構造・結合	鎖式・単結合	鎖式・二重結合	鎖式・三重結合	環式・単結合＋二重結合
炭素間の結合距離	C−C 0.154nm	C＝C 0.134nm	C≡C 0.120nm	C−CとC＝C （単結合と二重結合の中間の炭素間結合をもつ） 0.140nm

※nm（ナノメートル）：1mの10億分の1の長さを表す単位。

◎また、炭素原子と他の原子との結合距離もそれぞれ異なる。一般的な傾向として、周期表の周期が大きくなるほど結合距離は長くなり、族が大きくなるほど短くなる。例えば、炭素原子間（C−CやC≡C）の結合距離 0.120 〜 0.154nm、炭素−水素原子間（C−H）の結合距離 0.106 〜 0.112nm で、炭素原子間の結合距離の方が長い。

■芳香族炭化水素

◎ベンゼン環をもつ炭化水素を**芳香族炭化水素**という。

◎芳香族炭化水素は、水に溶けにくいが、有機溶媒に溶けやすく、有毒なものが多い。

◎ベンゼンは、特有の臭気をもつ無色の液体で、水よりも軽い。毒性が高いため、有機溶媒には使われていない。

◎トルエン$C_6H_5CH_3$は、ベンゼンの水素原子1個をメチル基－CH_3で置換した化合物で、性質はベンゼンに似ている。塗料用シンナーの主成分である。

◎キシレン$C_6H_4(CH_3)_2$は、ベンゼンの水素原子2個をメチル基－CH_3で置換した化合物で、性質はベンゼンとトルエンに似ている。メチル基の位置によってオルト、メタ、パラの3種類の構造異性体が存在する。有機溶媒によく使われる。

◎ナフタレン$C_{10}H_8$は、2個のベンゼン環の一辺を共有した構造をもつ。無色の結晶で昇華性がある。防虫剤などに使われる。

▶芳香族炭化水素の例

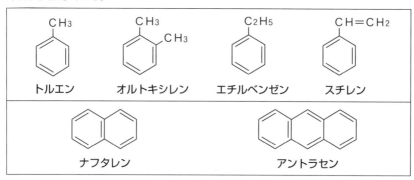

| トルエン | オルトキシレン | エチルベンゼン | スチレン |

ナフタレン　　　アントラセン

■芳香族炭化水素の反応

◎ベンゼンは、ベンゼン環に結合した水素原子が他の原子や原子団と置き換わる置換反応を起こしやすい。

◎ベンゼンに鉄粉を触媒にして塩素Cl_2を作用させると、水素原子が塩素原子に置換されて、**クロロベンゼン**C_6H_5Clを生成する。このような反応を塩素化という。また、他のハロゲンも含めた置換反応を**ハロゲン化**という。

◎ベンゼンに濃硝酸と濃硫酸の混合物（混酸）を作用させると、ベンゼンの水素原子がニトロ基－NO₂で置換され、**ニトロベンゼンC6H5NO2**を生じる。このような置換反応を**ニトロ化**という。また、ニトロベンゼンのように、ニトロ基が結合した化合物を**ニトロ化合物**という。

◎ベンゼンに濃硫酸を加えて加熱すると、ベンゼンの水素原子が**スルホ基－SO₃H**で置換され、**ベンゼンスルホン酸C6H5SO3H**を生じる。このような置換反応を**スルホン化**という。また、ベンゼンスルホン酸のように、スルホ基が結合した化合物を**スルホン酸**という。

■**フェノール類**

◎ベンゼン環に**ヒドロキシ基－OH**が直接結合している化合物を**フェノール類**という。

◎フェノール類は、アルコールとは異なる性質をもっている。フェノール類は水にあまり溶けないが、水溶液中で－OHの水素原子がわずかに電離するため、弱い酸性を示す。

◎水溶液の酸の強さは、塩酸・硫酸・スルホン酸＞カルボン酸＞炭酸＞フェノール類の順である。

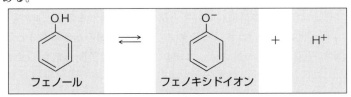

◎フェノール類は、**水酸化ナトリウム水溶液**と反応すると、ナトリウムフェノキシドという**塩をつくって溶ける**。

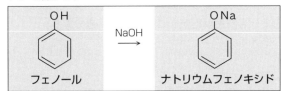

◎フェノール類は、一方でヒドロキシ基－OHをもっているため、アルコールと共通した性質を示す。酢酸とは反応しないが、無水酢酸と反応して**エステルを生成する**。無水酢酸は、酢酸分子2個から水1分子が脱水して生じる化合物である。

| フェノール | | 無水酢酸 | | 酢酸フェニル | | |

■**フェノール**

◎フェノールC_6H_5OHは**特有のにおいをもつ無色の結晶**で、強い殺菌作用がある。**石炭酸**とも呼ばれる。腐食性があり、皮膚を激しく侵す。水に少し溶け、有機溶媒にはよく溶ける。

◎フェノールはベンゼンよりも**反応性が大きい**。フェノールに濃硝酸と濃硫酸の混合物（混酸）を加えると、最終的にベンゼン環の3箇所の水素原子が**ニトロ化**されて、**ピクリン酸**を生成する。

◎水酸化ナトリウム（強塩基性の水溶液）と反応すると、ナトリウムフェノキシドという**塩**をつくって溶ける。

| フェノール | | 硝酸 | | ピクリン酸 | | |

▶▶▶ **過去問題** ◀◀◀

【問1】ベンゼン（C_6H_6）の構造について、次のうち正しいものはどれか。[★]

☐ 1．炭素原子間の結合の長さは、エタンの炭素原子間の結合の長さと等しい。

2．炭素原子間の結合の長さは、エチレンの炭素原子間の結合の長さよりも短い。

3．炭素原子間の結合の長さは、2種類の長さがある。

4．炭素原子と水素原子間の結合の長さは、どの炭素原子間の結合の長さよりも長い。

5．付加反応よりも置換反応が起こりやすい構造である。

【問2】 フェノールに関する説明として、次のうち誤っているものはどれか。[★]

☑ 1．アルコールと同様にカルボン酸と反応してエステルをつくる。
　 2．濃硝酸と濃硫酸の混酸を加えて加熱するとニトロ化される。
　 3．環状構造をもった有機化合物である。
　 4．特異臭を有し、芳香族化合物に分類される。
　 5．ベンゼンの水素原子1個をアルキル基で置換した形の化合物である。

【問3】 化学反応とその名称との組み合わせとして、次のうち誤っているものはどれか。

☑ 1．酢酸とエタノールから酢酸エチルを生成した。………………… エステル化
　 2．エタノールからジエチルエーテルを生成した。………………… 縮合
　 3．アニリンの希塩酸溶液に亜硝酸ナトリウムを加えて、塩化ベンゼンジアゾニウムを生成した。……………………………………………… ジアゾ化
　 4．ベンゼンに濃硫酸を加えて、ベンゼンスルホン酸を生成した。…スルホン化
　 5．ベンゼンに濃硝酸と濃硫酸の混合物を作用させて、ニトロベンゼンを生成した。………………………………………………………………… 付加

【問4】 次の化学構造式で表される化合物（A）～（D）の名称として、正しいものの組み合わせはどれか。[編]

(A)　　　　　　(B)　　　　　　(C)　　　　　　(D)

H－C≡C－H

	（A）	（B）	（C）	（D）
☑ 1．	エチレン	ベンゼン	アセトアルデヒド	シクロヘキサン
2．	アセチレン	シクロヘキサン	アセトン	ベンゼン
3．	エチレン	ベンゼン	エタノール	シクロヘキサン
4．	アセチレン	ベンゼン	アセトン	シクロヘキサン
5．	エチレン	シクロヘキサン	エタノール	ベンゼン

■ 正解＆解説………………………………………………………………………………………

問1…正解5

　 1＆2．ベンゼンの炭素原子間の結合の長さは、エタンのC－C結合より短く、エチレンのC＝C結合より長い。

　 3．ベンゼンの炭素原子間の結合にはC－C結合とC＝C結合があるが、結合の長さは等しい。

4．水素原子は小さいため、C－H結合の長さは0.11nm（ナノメートル）であり、これは炭素原子間の結合の長さ（0.14nm）より短い。

5．ベンゼンは、ベンゼン環の構造が非常に安定しているため付加反応が起こりにくい。一方で、ベンゼン環に結合した水素原子が他の原子や原子団と置き換わる置換反応を起こしやすい。

問2…正解5

5．フェノールC_6H_5OHは、ベンゼンの水素原子1個をヒドロキシ基－OHで置換した形の化合物である。

問3…正解5

3．アニリンの希塩酸溶液を氷冷しながら亜硝酸ナトリウムを加えると、塩化ベンゼンジアゾニウムが得られる。

$$C_6H_5NH_2 + 2HCl + NaNO_2 \longrightarrow C_6H_5N \equiv NCl + NaCl + 2H_2O$$

芳香族アミンから$R－N \equiv N$構造をもつ塩が生成される反応を、ジアゾ化という。

5．ベンゼンの水素原子がニトロ基－NO_2に置換されるため、置換反応（ニトロ化）となる。付加反応は、二重（不飽和）結合部分で起こるものである。

問4…正解4

34 有機化合物の分離操作

■芳香族カルボン酸

◎ベンゼン環の炭素原子にカルボキシ基－COOHが結合した化合物を**芳香族カルボン酸**といい、次のものがある。

安息香酸　　　フタル酸　　　サリチル酸

◎芳香族カルボン酸は、**脂肪族カルボン酸**に似た性質を示す。一般に室温では固体で、冷水には溶けにくい。安息香酸C_6H_5COOHは熱水には溶ける。水溶液は弱酸性を示す。

◎芳香族カルボン酸は、**水酸化ナトリウム**などの塩基の水溶液に対し、塩を生じて溶ける。例えば、安息香酸の場合、塩として**安息香酸ナトリウム**C_6H_5COONaが生じ、この塩は水に溶ける。

安息香酸　　　　　　　　　　　安息香酸ナトリウム（水に可溶）

■芳香族アミン

◎アンモニアNH_3の水素原子を炭化水素基R−で置き換えた化合物を**アミン**という。

◎アミンは、置換基がメチル基CH_3−のような脂肪族の**脂肪族アミン**と、フェニル基C_6H_5−のような**芳香族アミン**がある。

◎アミンは特有の臭いをもち、**塩基性**をもつ**代表的**な有機化合物である。アミンの塩基性は、アンモニア水溶液よりも強い。

◎アニリン$C_6H_5NH_2$は、最も簡単な芳香族アミンである。有機溶媒にはよく溶けるが、水には溶けにくい。弱い塩基性を示し、塩酸には**アニリン塩酸塩**を生じて**溶ける**。

アニリン ＋ HCl ⟶ アニリン塩酸塩（水に可溶）

塩酸

▶▶▶ 過去問題 ◀◀◀

【問1】安息香酸、サリチル酸、アニリン、ニトロベンゼン、フェノールを含むエーテル混合溶液がある。このエーテル混合溶液に含まれる芳香族化合物の分離操作をA、Bの順で行った。Bの操作後、エーテル層に含まれる主な芳香族化合物はどれか。[★]

A．エーテル混合溶液を分離漏斗にとり、水酸化ナトリウム水溶液を加え、よくかくはんする。

B．前Aのエーテル層を取り出し、希塩酸を加え、よくかくはんする。

☐ 1．安息香酸
　　2．サリチル酸
　　3．アニリン
　　4．ニトロベンゼン
　　5．フェノール

■ **正解＆解説**‥‥‥‥‥‥‥‥‥‥‥‥‥‥‥‥‥‥‥‥‥‥‥‥‥‥‥‥‥‥‥‥‥‥‥‥‥‥

問1…正解4

　　Aの操作で酸性の安息香酸C_6H_5COOH、サリチル酸$C_6H_4(OH)COOH$、フェノールC_6H_5OHがナトリウム塩となって水溶液側の層に移る。

　　Bの操作で塩基性のアニリン$C_6H_5NH_2$がアニリン塩酸塩となって希塩酸の水溶液側の層に移る。この結果、エーテル層に残っているのは、中性のニトロベンゼン$C_6H_5NO_2$となる。

35 高分子材料

■高分子化合物

◎一般に、分子量が10,000以上の物質を高分子化合物という。

◎高分子化合物は、用途に基づき、プラスチック（合成樹脂）、合成繊維、合成ゴムなどに分類される。

◎高分子化合物は、簡単な構造をもつ分子量の小さい分子が次々と共有結合でつながった構造をしている。分子量の小さい分子を単量体（モノマー）という。また、単量体が多数結合した分子を重合体（ポリマー）という。単量体が結合して重合体ができる反応を重合という。

■重合の種類

◎重合反応には、次の種類がある。

◎付加重合は、二重結合をもつ単量体が付加反応によって次々に結びついていく重合反応である。生じた重合体を付加重合体という。

※ポリエチレンの単量体はエチレン$CH_2 = CH_2$で、重合体は$- CH_2 - CH_2 - CH_2 - \cdots$である。また、ポリエチレンは付加重合で結びついている。

◎共重合は、2種類以上の単量体が結びつく重合反応である。各種の分類がある。

◎縮合重合は、2つの単量体から水のような簡単な分子がとれる縮合反応によって、次々に結びついていく重合反応である。生じた重合体を縮合重合体という。

◎付加縮合は、付加反応と縮合反応が繰り返し進む重合をいう。

▶付加重合と縮合重合

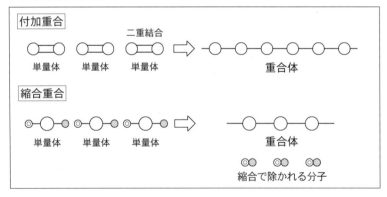

■プラスチックの分類

◎プラスチック（樹脂）は、熱を加えたときの変化から熱可塑性樹脂と熱硬化性樹脂に分類される。

◎**熱可塑性樹脂**は、加熱すると軟化し、冷やすと再び硬くなる合成樹脂である。**付加重合**で合成されるものが多い。**鎖状構造**の高分子で、成形・加工はしやすいが、機械的強度及び耐熱性は劣る。

◎**熱硬化性樹脂**は、加熱すると硬化し、再び軟らかくならない合成樹脂である。**付加縮合**で合成されるものが多い。立体網目構造の高分子で、機械的強度及び耐熱性に優れている。ただし、一度硬化すると成形・加工ができない。

■熱可塑性樹脂

◎次のものが、**付加重合**による熱可塑性樹脂に該当する。ビニル基$CH_2＝CH-$をもつ化合物は、付加重合により鎖状の構造をつくる。

▶付加重合による熱可塑性樹脂

名称	ポリエチレン	ポリプロピレン	ポリスチレン	ポリ塩化ビニル
単量体	$CH_2＝CH_2$	$CH_2＝CH(CH_3)$	$C_6H_5CH＝CH_2$	$CH_2＝CH(Cl)$
重合体	$\left[CH_2-CH_2\right]_n$	$\left[\begin{array}{c}CH_2-CH\\ \mid \\ CH_3\end{array}\right]_n$	$\left[\begin{array}{c}CH_2-CH\\ \mid \\ C_6H_5\end{array}\right]_n$	$\left[\begin{array}{c}CH_2-CH\\ \mid \\ Cl\end{array}\right]_n$
特徴	耐水性、耐薬品性	軽量、耐熱性	加工性、絶縁性	難燃性、耐薬品性
用途	フィルム、容器	容器のキャップ	緩衝材、断熱材	パイプ、シート

◎合成繊維に使われる**ナイロン**及び**ポリエステル**は、いずれも分子中に官能基を2個もつ単量体の**縮合重合**によりつくられた高分子である。鎖状の構造をもつ。融解した高分子を伸ばすと合成繊維となり、そのまま固めると熱可塑性樹脂となる。

◎ポリエステルのうちポリエチレンテレフタラート（PET）は、繊維だけでなく、ペットボトルとして広く使われている。

■ 熱硬化性樹脂

◎熱硬化性樹脂は、軟らかい樹脂状に成形・加工した後、硬化剤を加えたり加熱することで、分子鎖の間に橋かけ構造（架橋構造）が形成されて硬化する。

◎**フェノール樹脂**はベークライトともいい、耐水性、耐薬品性及び電気絶縁性に優れ、プリント基板等に用いられる。

◎フェノール樹脂は、フェノールC_6H_5OHと**ホルムアルデヒドHCHO**から次の2つの反応が連続的に進行して合成される。

◎このように付加反応と縮合反応を繰り返して進む重合を**付加縮合**という。

◎**尿素樹脂**は、尿素$CO(NH_2)_2$とホルムアルデヒドを**付加縮合**させ、生じた中間体を加熱すると得られる。

◎**メラミン樹脂**は、メラミン$C_3N_3(NH_2)_3$とホルムアルデヒドを**付加縮合**させると得られる。

◎尿素樹脂やメラミン樹脂のように、アミノ基$-NH_2$をもつ単量体からつくられる熱硬化性樹脂を**アミノ樹脂**という。

▶▶▶ 過去問題 ◀◀◀

【問1】 高分子材料の製法および用途に関する説明として、次のうち誤っているものはどれか。[★]

☐ 1．ポリエチレンは、エチレンが付加重合したもので、耐水性や耐薬品性に優れ、フィルムや容器等に用いられる。

2．ポリスチレンは、スチレンが付加重合したもので、加工性や絶縁性に優れ、緩衝材や断熱材等に用いられる。

3．ポリ塩化ビニルは、塩化ビニルが付加重合したもので、難燃性や耐薬品性に優れ、パイプやシート等に用いられる。

4．フェノール樹脂（ベークライト）は、フェノールが付加重合したもので、耐水性、耐薬品性および電気絶縁性に優れ、プリント基板等に用いられる。

5．不飽和ポリエステル樹脂は、不飽和ポリエステルにビニル化合物を共重合させたもので、耐候性および成型性に優れ、繊維強化プラスチックとして構造材等に用いられる。

【問2】 高分子材料の製法および用途に関する説明について、次のうち正しいものは
どれか。

☑ 1．フェノール樹脂（ベークライト）は、フェノールが付加重合したもので、耐
水性、耐薬品性および電気絶縁性に優れ、プリント基板等に用いられる。

2．ポリウレタンは、スチレンが付加重合したもので、加工性や絶縁性に優れ、
緩衝材や断熱材等に用いられる。

3．ポリ塩化ビニルは、酢酸ビニルが付加重合したもので、難燃性や耐薬品性に
優れ、パイプやシート等に用いられる。

4．不飽和ポリエステル樹脂は、テレフタル酸とエチレングリコールが共重合し
たもので、耐候性および成型性に優れ、繊維強化プラスチックとして構造材等
に用いられる。

5．ポリエチレンは、エチレンが付加重合したもので、耐水性や耐薬品性に優れ、
フィルムや容器等に用いられる。

■ **正解＆解説**……………………………………………………………………………………

問1…正解4

4．フェノール樹脂は、フェノールとホルムアルデヒドが付加反応と縮合反応を繰り
返すこと（付加縮合）で得られる。

5．不飽和ポリエステル樹脂は、日常品や各種部品に幅広く使われている。

問2…正解5

1．フェノール樹脂は、フェノールとホルムアルデヒドが付加反応と縮合反応を繰り
返すこと（付加縮合）で得られる。

2．ポリウレタンは、イソシアネート基（－N＝C＝Oという部分構造を持つ化合物の
こと）と水酸基（ヒドロキシ基）を有する化合物の重付加により生成され、加工性
や絶縁性に優れ、緩衝材や断熱材等に用いられる。熱可塑性のものと、熱硬化性の
ものがある。

3．ポリ塩化ビニルは、塩化ビニルが付加重合したもので、難燃性や耐薬品性に優
れ、パイプやシート等に用いられる。酢酸ビニルが付加重合するとポリ酢酸ビニル
となる。ポリ酢酸ビニルは接着剤に使用される。

4．不飽和ポリエステル樹脂は、不飽和ポリエステルにビニル化合物を共重合させた
もので、耐候性および成型性に優れ、繊維強化プラスチックとして構造材等に用い
られる。

第3章　危険物の性質・火災予防・消火の方法

問題の文章についてのご注意

　現在、実際の試験において、「危険物の性質並びにその火災予防及び消火の方法」で出題される問題の文章が変更されています。

(本書では第3章に掲載の問題)

例「〜次のうち正しいものはどれか。」
⇓
「〜次のうち妥当なものはどれか。」

例「〜次のうち誤っているものはどれか。」
⇓
「〜次のうち妥当でないものはどれか。」等

　本書では、「正しいもの」「誤っているもの」という記載をそのまま使用しているものがありますが、実際の試験では、変更されている場合がありますのでご注意ください（編集部）。

1 危険物の一覧

■第1類／酸化性固体

品名	品名に該当する物品	該当ページ
1．塩素酸塩類	塩素酸カリウム $KClO_3$	358P
	塩素酸ナトリウム $NaClO_3$	358P
	塩素酸アンモニウム NH_4ClO_3	359P
	塩素酸バリウム $Ba(ClO_3)_2$	359P
	塩素酸カルシウム $Ca(ClO_3)_2$	359P
2．過塩素酸塩類	過塩素酸カリウム $KClO_4$	360P
	過塩素酸ナトリウム $NaClO_4$	360P
	過塩素酸アンモニウム NH_4ClO_4	360P
3．無機過酸化物	過酸化カリウム K_2O_2	361P
	過酸化ナトリウム Na_2O_2	361P
	過酸化カルシウム CaO_2	362P
	過酸化マグネシウム MgO_2	362P
	過酸化バリウム BaO_2	362P
4．亜塩素酸塩類	亜塩素酸ナトリウム $NaClO_2$	363P
5．臭素酸塩類	臭素酸カリウム $KBrO_3$	363P
	臭素酸ナトリウム $NaBrO_3$	364P
6．硝酸塩類	硝酸カリウム KNO_3	364P
	硝酸ナトリウム $NaNO_3$	364P
	硝酸アンモニウム NH_4NO_3	365P
7．ヨウ素酸塩類	ヨウ素酸カリウム KIO_3	365P
	ヨウ素酸ナトリウム $NaIO_3$	365P
8．過マンガン酸塩類	過マンガン酸カリウム $KMnO_4$	366P
	過マンガン酸ナトリウム 三水和物 $NaMnO_4 \cdot 3H_2O$	366P
9．重クロム酸塩類	重クロム酸カリウム $K_2Cr_2O_7$	366P
	重クロム酸アンモニウム $(NH_4)_2Cr_2O_7$	367P
10．その他のもので政令で定めるもの	三酸化クロム CrO_3	367P
	二酸化鉛 PbO_2	367P
	次亜塩素酸カルシウム $Ca(ClO)_2 \cdot 3H_2O$	368P

■第2類／可燃性固体

品名	品名に該当する物品	該当ページ
1．硫化リン	三硫化四リン（三硫化リン）P_4S_3	385P
	五硫化二リン（五硫化リン）P_2S_5	385P
	七硫化四リン（七硫化リン）P_4S_7	385P
2．赤リンP		386P
3．硫黄S		386P
4．鉄粉Fe		387P
5．金属粉	アルミニウム粉Al	387P
	亜鉛粉Zn	388P
6．マグネシウムMg		389P
7．引火性固体	固形アルコール	390P
	ゴムのり	390P
	ラッカーパテ	390P

■第3類／自然発火性物質及び禁水性物質

品名	品名に該当する物品	該当ページ
1．カリウムK		407P
2．ナトリウムNa		408P
3．アルキルアルミニウム	トリエチルアルミニウム$(C_2H_5)_3Al$など	408P
4．アルキルリチウム	ノルマルブチルリチウム$(C_4H_9)Li$	409P
5．黄リンP_4		410P
6．アルカリ金属（カリウム及びナトリウムを除く）及びアルカリ土類金属	リチウムLi	410P
	カルシウムCa	411P
	バリウムBa	411P
7．有機金属化合物（アルキルアルミニウム及びアルキルリチウムを除く）	ジエチル亜鉛$(C_2H_5)_2Zn$	412P
8．金属の水素化物	水素化ナトリウムNaH	412P
	水素化リチウムLiH	413P
9．金属のリン化物	リン化カルシウムCa_3P_2	413P
10．カルシウム又はアルミニウムの炭化物	炭化カルシウムCaC_2	414P
	炭化アルミニウムAl_4C_3	414P
11．その他のもので政令で定めるもの	トリクロロシラン$SiHCl_3$	415P

■第4類／引火性液体

品名	品名に該当する物品	該当ページ
1. 特殊引火物	ジエチルエーテル $C_2H_5OC_2H_5$	434P
	二硫化炭素 CS_2	434P
	アセトアルデヒド CH_3CHO	434P
	酸化プロピレン CH_2CHCH_3O	435P
	ギ酸メチル $HCOOCH_3$	435P
2. 第1石油類	自動車ガソリン	436P
	工業ガソリン	436P
	ベンゼン C_6H_6	437P
	トルエン $C_6H_5CH_3$	437P
	n(ノルマル)−ヘキサン $CH_3(CH_2)_4CH_3$	437P
	酢酸エチル $CH_3COOC_2H_5$	438P
	メチルエチルケトン $CH_3COC_2H_5$	438P
	アセトン CH_3COCH_3	438P
	ピリジン C_5H_5N	438P
	ジエチルアミン $(C_2H_5)_2NH$	439P
3. アルコール類	メタノール CH_3OH	440P
	エタノール C_2H_5OH	440P
	1−プロパノール $CH_3CH_2CH_2OH$ （ノルマルプロピルアルコール）	440P
	2−プロパノール $CH_3CH(OH)CH_3$ （イソプロピルアルコール）	441P
4. 第2石油類	灯油	441P
	軽油	441P
	クロロベンゼン C_6H_5Cl	441P
	キシレン $C_6H_4(CH_3)_2$	442P
	1−ブタノール $CH_3(CH_2)_3OH$ （ノルマルブチルアルコール）	442P
	スチレン $C_6H_5CH=CH_2$	442P
	酢酸 CH_3COOH	443P
	アクリル酸 $CH_2=CHCOOH$	443P

5．第3石油類	重油	443P
	クレオソート油	444P
	アニリン $C_6H_5NH_2$	444P
	ニトロベンゼン $C_6H_5NO_2$	444P
	エチレングリコール $C_2H_4(OH)_2$	445P
	グリセリン $C_3H_5(OH)_3$	445P
6．第4石油類	ギヤー油、シリンダー油	445P
7．動植物油類	アマニ油	446P

■第5類／自己反応性物質

品名	品名に該当する物品	該当ページ
1．有機過酸化物	過酸化ベンゾイル $(C_6H_5CO)_2O_2$	468P
	メチルエチルケトンパーオキサイド（エチルメチルケトンパーオキサイド）	469P
	過酢酸 CH_3COOOH	469P
2．硝酸エステル類	硝酸メチル CH_3NO_3	470P
	硝酸エチル $C_2H_5NO_3$	470P
	ニトログリセリン $C_3H_5(ONO_2)_3$	470P
	ニトロセルロース	471P
3．ニトロ化合物	ピクリン酸 $C_6H_2(NO_2)_3OH$	472P
	トリニトロトルエン $C_6H_2(NO_2)_3CH_3$	472P
4．ニトロソ化合物	ジニトロソペンタメチレンテトラミン $C_5H_{10}N_6O_2$	473P
5．アゾ化合物	アゾビスイソブチロニトリル 〔$C(CH_3)_2CN$〕$_2N_2$	473P
6．ジアゾ化合物	ジアゾジニトロフェノール $C_6H_2N_4O_5$	474P
7．ヒドラジンの誘導体	硫酸ヒドラジン $NH_2NH_2 \cdot H_2SO_4$	474P
8．ヒドロキシルアミン NH_2OH		474P
9．ヒドロキシルアミン塩類	硫酸ヒドロキシルアミン $(NH_2OH)_2 \cdot H_2SO_4$	475P
10．その他のもので政令で定めるもの	アジ化ナトリウム NaN_3	475P
	硝酸グアニジン $CH_5N_3 \cdot HNO_3$	476P

■第6類／酸化性液体

品名	品名に該当する物品	該当ページ
1．過塩素酸 $HClO_4$		495P
2．過酸化水素 H_2O_2		495P
3．硝酸 HNO_3		496P
4．発煙硝酸 HNO_3		497P
5．その他のもので政令で定めるもの（ハロゲン間化合物）	三フッ化臭素 BrF_3	498P
	五フッ化臭素 BrF_5	498P
	五フッ化ヨウ素 IF_5	498P

② 危険物の類ごとの性状

■第1類〜第6類の性質と危険性

類別	性質（燃焼性）	状態	主な性質と危険性
第1類	**酸化性固体** （不燃性）	固体	①比重は1より大きい。 ②衝撃や摩擦に不安定である。 ③酸化性が強く、他の物質を強く酸化させる。可燃物との接触・混合は爆発の危険性がある。 ④物質そのものは燃焼しない（不燃性）。 ⑤多量の酸素を含有しており、**加熱すると分解して酸素を放出**する。 ⑥多くは無色または白色である。
第2類	**可燃性固体** （可燃性）	固体	①酸化されやすい（燃えやすい）。 ②火炎により着火しやすい、または**比較的低温（40℃未満）で引火**しやすい。 ③引火性固体（固形アルコールなど）の燃焼は主に蒸発燃焼である。 ④一般に比重は1より大きく、水に溶けない。
第3類	**自然発火性物質 及び禁水性物質** （可燃性、一部不燃性）	固体 液体	①空気にさらされると**自然発火**するものがある。 ②水と接触すると**発火**または**可燃性ガスを発生**するものがある。 ③多くは、自然発火性と禁水性の**両方の性質**をもつ。 　（例外として、リチウムは禁水性、黄リンは自然発火性のみの性質をもつ） ④多くは、**金属**または金属を含む化合物である。
第4類	**引火性液体** （可燃性）	液体	①引火性があり、蒸気を発生させ引火や爆発のおそれのあるものがある。 ②蒸気比重は1より大きく、蒸気は低所に滞留する。 ③多くは液比重が1より小さく、水に溶けないものが多い。 ④非水溶性のものは電気の**不良導体**のため静電気を蓄積しやすい。
第5類	**自己反応性物質** （可燃性）	固体 液体	①比重は1より大きい。 ②内部（自己）燃焼する物質が多い。 ③加熱すると爆発的に燃焼する（**燃焼速度が速い**）。 ④多くが分子内に酸素を含有しており、酸素がなくても自身で酸素を出して**自己燃焼**する。

第6類	酸化性液体 （不燃性）	液体	①比重は1より大きい。 ②物質そのものは燃焼しない（不燃性）。 ③他の物質を強く酸化させる（**強酸化剤**）。 **④酸素を分離して他の燃焼を助ける**ものがある。 ⑤多くは腐食性があり、蒸気は有毒。

▶▶▶ 過去問題 ◀◀◀

【問1】 危険物の類ごとの一般的性状について、次のうち正しいものはどれか。[★]

☐ 1．第1類の危険物は、酸化性の液体または固体で、分子中に他の物質を酸化する酸素を含有し、周囲の可燃物の燃焼を促進する。

2．第2類の危険物は、自己反応性物質で、比較的低い温度で分解し、爆発的に燃焼する。

3．第3類の危険物は、禁水性または自然発火性もしくは両方の性質がある。

4．第5類の危険物は、引火性の固体で、比較的低温で引火し、燃焼速度が大きい物質である。

5．第6類の危険物は、還元性の液体であるが、加熱、衝撃、摩擦により爆発的に燃焼する。

【問2】 危険物の類ごとの一般的性状について、次のうち正しいものはどれか。

☐ 1．第1類の危険物は、いずれも水によく溶ける。

2．第2類の危険物は、いずれも引火点が40℃以上の可燃性の固体である。

3．第3類の危険物は、いずれも水と接触して可燃性ガスを発生する。

4．第4類の危険物は、いずれも引火性の液体であり、分子内に水素を含まないものがある。

5．第5類の危険物は、いずれも固体の可燃物で、分子内に酸素を含む。

【問3】 危険物の類ごとの一般的性状について、次のうち正しいものはどれか。

☐ 1．第1類の危険物は、不燃性の液体で、有機物と混ざるとこれを酸化し、着火させることがある。

2．第2類の危険物は、引火性の液体で、液体から発生する蒸気は低所に滞留する。

3．第3類の危険物は、固体または液体で、水に接触すると発火するものがある。

4．第4類の危険物は、可燃性の固体で、低引火点のものがある。

5．第6類の危険物は、酸化性の固体で、周囲の可燃物の燃焼を促進するものがある。

【問4】危険物の類ごとの性状について、次のうち正しいものはどれか。

- ☑ 1．第1類の危険物は、不燃性の液体である。
  2．第2類の危険物は、可燃性の液体である。
  3．第3類の危険物は、20℃で自然発火する。
  4．第5類の危険物は、比重は1より大きい。
  5．第6類の危険物は、酸素を含有している。

【問5】危険物の類ごとの一般的性状について、次のうち誤っているものはどれか。

- ☑ 1．第2類の危険物は、還元性の強い固体で、比重は1よりも大きいものが多い。
  2．第3類の危険物は、自然発火性と禁水性の両方の危険性を有しているものが多いが、片方の危険性のみを有するものもある。
  3．第4類の危険物は、引火性の液体であり、火気などにより引火・爆発するおそれがある。
  4．第5類の危険物は、すべて窒素と酸素を含む有機化合物であり、多くは加熱、衝撃、摩擦などにより発火・爆発するおそれがある。
  5．第6類の危険物は、自らは不燃性の液体であるが、有機物と混ぜるとこれを酸化させ、発火させることがある。

【問6】危険物の類ごとに共通する性状について、次のうち正しいものはどれか。[★]

- ☑ 1．第1類の危険物は、酸化性の固体であり、衝撃、摩擦に安定である。
  2．第2類の危険物は、可燃性の固体または液体であり、酸化剤との混触により発火・爆発のおそれがある。
  3．第3類の危険物は、固体または液体であり、多くは禁水性と自然発火性の両方を有している。
  4．第5類の危険物は、自らは不燃性であるが、分解して酸素を放出する。
  5．第6類の危険物は、還元性の液体であり、有機物との混触により発火・爆発のおそれがある。

【問7】危険物の類ごとの性状について、次のうち正しいものはどれか。[★]

- ☑ 1．第1類の危険物は、熱分解により可燃性ガスを放出し、発火・爆発する。
  2．第2類の危険物は、熱分解により酸素を放出し燃焼を著しく促進させるものが多い。
  3．第4類の危険物は、電気の良導体で静電気を蓄積しにくい。
  4．第5類の危険物は、酸素がない場所でも、加熱や衝撃で発火・爆発のおそれがある。
  5．第6類の危険物は、熱分解により酸素を放出する可燃性の液体である。

【問8】 危険物の性状等について、次のうち正しいものはどれか。

☑ 1. 同一の物質であっても、形状及び粒度によって危険物となるものとならないものがある。

　2. 引火性液体の燃焼は蒸発燃焼であるが、引火性固体の燃焼は分解燃焼である。

　3. 液体の危険物の比重は1より小さいが、固体の危険物の比重はすべて1より大きい。

　4. 保護液として、水、二硫化炭素またはメタノールを使用するものがある。

　5. 同一類の危険物に対する適応消火剤及び消火方法は同じである。

■ **正解＆解説**‥‥‥‥‥‥‥‥‥‥‥‥‥‥‥‥‥‥‥‥‥‥‥‥‥‥‥‥‥‥‥‥‥‥‥‥‥‥‥

問1…正解3

　1. 第1類の危険物は、酸化性の固体であり、液体は含まない。

　2. 第2類の危険物は、可燃性の固体である。自己反応性物質は、第5類の危険物である。

　4. 第5類の危険物は、自己反応性物質であり、固体のものと液体のものがある。

　5. 第6類の危険物は、酸化性の液体であり、そのものは不燃性である。

問2…正解4

　1. 第1類の危険物の中には、水に溶けにくいものや非水溶性のものもある。

　2. 第2類の危険物の引火性固体は「固形アルコールその他1気圧において引火点40℃未満のもの」と定められている。「7. 第2類危険物の品名ごとの事項　■引火性固体」390P参照。

　3. 第3類の危険物の多くは禁水性を示すが、黄リンP_4は禁水性を示さず水中に貯蔵される。

　4. 第4類の危険物の二硫化炭素CS_2などは水素Hを含まない。

　5. 第5類の危険物には液体のものと固体のものがあり、分子内に酸素を含まないものもある。

問3…正解3

　1. 第1類の危険物は、不燃性の酸化性固体である。

　2. 第2類の危険物は、可燃性の固体である。

　4. 第4類の危険物は、引火性の液体である。

　5. 第6類の危険物は、酸化性の液体である。

問4…正解4

　1. 第1類の危険物は、不燃性の酸化性固体である。

　2. 第2類の危険物は、可燃性の固体である。

　3. 第3類の危険物は、空気や水に接触することで自然発火するものがある。

　5. 第6類の危険物のうち、ハロゲン間化合物は酸素を含有していない。

問5…正解4

4．第5類の危険物は、窒素または酸素を含む化合物である。有機化合物が多いが、無機化合物もある。多くは加熱、衝撃、摩擦などにより発火・爆発するおそれがある。

問6…正解3

1．第1類の危険物は、酸化性の固体であり、衝撃や摩擦に不安定である。

2．第2類の危険物は、可燃性の固体であり、酸化剤との混触により発火・爆発のおそれがある。液体は含まない。

4．第5類の危険物は、自己反応性物質であり、可燃性である。

5．第6類の危険物は、酸化性の液体であり、有機物との混触により発火・爆発のおそれがある。

問7…正解4

1．第1類の危険物は、熱分解により酸素を放出するが、可燃性ガスを放出することはない。

2．設問は、第1類の危険物の内容である。

3．第4類のうち非水溶性の危険物は、電気の不良導体で静電気を蓄積しやすい。

4．第5類の危険物は、多くが分子内に酸素を含有している。

5．第6類の危険物は、熱分解により酸素を放出する液体である。ただし、不燃性である。

問8…正解1

1．第2類（可燃性固体）の金属粉は、粒の大きさで危険物を規定している。アルミニウム粉または亜鉛粉であっても、粒が大きいものは危険物から除外される。

2．第2類（可燃性固体）の引火性固体（固形アルコールなど）は、蒸発燃焼に該当する。

3．第3類（自然発火性物質及び禁水性物質）のカリウムK、ナトリウムNa、リチウムLiは、いずれも固体であるが、比重は1より小さい。また、液体の危険物であっても、比重が1より大きいものは数多くある。

4．黄リンP_4は保護液に水を使用する。ただし、二硫化炭素CS_2やメタノールCH_3OHが保護液に使われることはない。

5．同一の類であっても、その性状等により適応消火剤及び消火方法は異なる。

3 危険物の類ごとの消火方法

■第1類～第6類の消火方法

類別	性質	消火方法
第1類	酸化性固体	①酸化性物質の**分解を抑制**するため、一般に**大量の注水**により**冷却**して消火する。 ②ただし、**アルカリ金属の過酸化物**（過酸化カリウムK_2O_2、過酸化ナトリウムNa_2O_2）は、水と反応して酸素と熱を発生するため、注水は避ける。 ③アルカリ金属の過酸化物は、乾燥砂などをかけて消火する。
第2類	可燃性固体	①**注水**消火が**有効**なものと、**注水すると危険**なものがある。 ②硫化リン（三硫化四リン・五硫化二リン・七硫化四リン）は水と反応すると有毒で可燃性の硫化水素H_2Sを発生する。 ③赤リンPと硫黄Sは、注水による消火が有効である。 ④鉄粉・アルミニウム粉・亜鉛粉・マグネシウムは、乾燥砂などで窒息消火する。アルミニウム粉・亜鉛粉・マグネシウムは水と反応して発熱するため、**注水は厳禁**である。 ⑤引火性固体は、泡消火剤などが有効である。
第3類	**自然発火性物質**及び**禁水性物質**	①一般に**乾燥砂で覆う**のが有効である。乾燥砂などは、全ての第3類の危険物の消火に使用できる。 ②乾燥砂以外では、禁水性物品の場合、炭酸水素塩類を用いた粉末消火剤が使用できる。 ③黄リンなど、自然発火性のみを有する物品は、水系の消火剤（水・強化液・泡）が使用できる。
第4類	引火性液体	①一般に**窒息消火**を用いる。消火剤として、霧状の強化液、泡、ハロゲン化物、二酸化炭素、粉末などがある。 ②液比重が1より小さい危険物は、注水すると危険物が浮いて広がるため、注水消火は適当でない。 ③アルコールやアセトンなどの水溶性の危険物は、水溶性液体用泡消火剤を用いる。
第5類	自己反応性物質	①自己燃焼性があるため、一般に**窒息消火は効果がない**。 　⇒ガス系消火剤や粉末消火剤は効果が得られない。 ②**大量の注水**により冷却消火する。泡消火剤も使用可能。例外として、アジ化ナトリウムの消火に水の使用は厳禁。乾燥砂などで窒息消火する。 ③危険物の量が多い場合、消火は極めて困難となる。

第6類	酸化性液体	①**燃焼物に対応した消火方法**をとるが、一般に水や泡消火剤が適切である。 ②ただし、ハロゲン間化合物（三フッ化臭素・五フッ化臭素・五フッ化ヨウ素）は、水系の消火剤が不適切である。 ③二酸化炭素、ハロゲン化物、消火粉末（炭酸水素塩類）は、第6類の危険物の消火に不適切である。

▶▶▶ 過去問題 ◀◀◀

【問1】 危険物火災の消火方法として、次のうち誤っているものはどれか。[★]

☑ 1．第5類は、二酸化炭素消火剤を放射して消火するのが最も適切である。

2．第6類は、燃焼物に対応した消火方法をとるが、一般に水や泡消火剤が適切である。

3．第1類は、アルカリ金属の過酸化物を除き、一般に大量注水が有効である。

4．第3類は、一般に乾燥砂で覆うのが有効である。

5．第2類には、水で消火するのが有効なものと、注水すると危険なものがある。

■ 正解＆解説……………………………………………………………………………………

問1…正解1

1．第5類の危険物は、分子内に酸素を含有しているものが多いため、窒息による消火はあまり効果がない。〔消火設備と適応する危険物の火災（政令別表第5）〕（162P参照）によると、第5類の火災には、水・強化液・泡消火剤などが有効である。

2．第6類の火災には、水・強化液・泡消火剤が有効である。ただし、ハロゲン間化合物の火災には、水系（水・強化液・泡）の消火剤が使えない。

3．第1類のアルカリ金属の過酸化物（過酸化カリウムK_2O_2など）は、水と激しく反応するため、水系の消火剤が使えない。

4．第3類は多くが禁水性であるため、水系の消火剤が使えない。乾燥砂などを用いる。

5．第2類の鉄粉・金属粉・マグネシウムは水と反応するため、注水すると危険である。

4 第1類危険物の共通の事項

◎**酸化性固体**とは、固体であって酸化力の潜在的な危険性を判断するための試験（燃焼試験など）において一定の性状を示すもの、または衝撃に対する敏感性を判断するための試験（落球式打撃感度試験）において一定の性状を示すものをいう。

■共通する性状

◎酸化性の固体である。

◎一般に**不燃性**である。（参考：過塩素酸アンモニウムNH_4ClO_4は、単独でも加熱すると分解して酸素を放出し、約400℃で発火する）

◎加熱・衝撃・摩擦により酸素を放出しやすい。この酸素が周囲の可燃物に広がると、発火・爆発のおそれが生じる。

◎**可燃物、有機物、還元性物質、強酸類**などと接触していたり、それらが混入していると、発火・爆発の危険性は更に高くなる。

◎水に溶けるものと、溶けないものがある。また、エタノールに溶けるものと溶けないものがある。

◎**無機過酸化物**は、水と反応して熱と酸素を発生する。特にアルカリ金属の過酸化物（過酸化カリウムK_2O_2・過酸化ナトリウムNa_2O_2など）は、水と激しく反応する。

■共通する貯蔵・保管方法

◎加熱・衝撃・摩擦を避ける。

◎有機物などの可燃物とは隔離する。また、**強酸類との接触を避ける。**

◎容器は密封して異物の混入を防ぐ。特に、無機過酸化物は水分の侵入を防ぐ。

◎冷暗所で貯蔵・保管する。

■共通する消火方法

◎第1類の危険物の火災は、周囲にある可燃物が燃焼し、その熱で自身が熱分解して酸素を可燃物に供給している状態となる。

◎従って、消火するには酸化性物質の熱分解を抑制しなくてはならない。そのため、**大量の水で周囲を冷却**することによって、まず熱分解を抑える。同時に、可燃物の燃焼も抑制する。

◎ただし、**無機過酸化物**（特にK_2O_2とNa_2O_2）は、水と反応して**熱と酸素**を放出するため、水系の消火剤を使用してはならない。無機過酸化物の火災には、初期の段階では炭酸水素塩類などの粉末消火剤または**乾燥砂等**を用いて消火する。中期以降の火災には、燃焼中の無機過酸化物への注水は避け、周囲の可燃物等に注水して延焼を防止する。

◎**政令別表第5** 〔第5種消火設備の適用〔消火設備と適応する危険物の火災〕

（162P参照）によると、第1類の危険物のうち**アルカリ金属の過酸化物**は、火災に際し炭酸水素塩類などの粉末消火剤と乾燥砂等が適応する。また、**その他のもの**は、水（棒状・霧状）、強化液（棒状・霧状）、泡消火剤、リン酸塩類の粉末消火剤などが適応し、二酸化炭素やハロゲン化物消火剤、炭酸水素塩類の粉末消火剤は適応しない。

▶▶▶ **過去問題** ◀◀◀

[共通する性状]

【問1】第1類の危険物の性質等について、誤っているもののみの組合せは次のうちどれか。

  A．多くは水に溶けず、水よりも軽い。

  B．可燃物に接触すると、発火、爆発のおそれがある。

  C．熱分解により酸素を放出し、可燃物の燃焼を促進する。

  D．衝撃、摩擦によって、容易に発火する。

  E．20℃の空気中に放置すると、酸化熱が蓄積して、発火、爆発のおそれがある。

☐ 1．A、B   2．A、E   3．B、C

   4．A、D、E   5．C、D、E

【問2】第1類の危険物の性状について、次のうち誤っているものはどれか。

☐ 1．加熱により発火するものがある。

  2．可燃物や有機物に接触すると、発火・爆発のおそれがある。

  3．熱分解すると、酸素を放出し可燃物の燃焼を促進するおそれがある。

  4．可燃物や金属粉等の異物が混入すると、衝撃や摩擦等により発火・爆発のおそれがある。

  5．常温（20℃）の空気中に放置すると、酸化熱が蓄積し、発火・爆発のおそれがある。

【問3】第1類の危険物の一般的性状について、次のうち誤っているものはどれか。

[★]

☐ 1．酸化性の固体である。

  2．水に溶けるものがある。

  3．可燃物との混合物は、加熱等により爆発しやすい。

  4．不燃性である。

  5．水と反応して可燃性ガスを発生しやすい。

【問4】第1類の危険物の性状について、次のうち誤っているものはどれか。［★］

　□　1．分解を抑制するため保護液に保存するものがある。

　　　2．加熱、衝撃及び摩擦等によって分解し、酸素を発生する。

　　　3．一般に不燃性の物質である。

　　　4．酸化されやすい物質と混合することは非常に危険である。

　　　5．水と反応して発熱するものがある。

【問5】第1類の危険物の貯蔵、取扱いについて、次のうち適切でないものはどれか。

　□　1．直射日光を受けない冷暗所において貯蔵する。

　　　2．容器の中で固まっている場合は、鉄製のスコップで砕く。

　　　3．小分けなどに用いるものを含め、容器、器具類は清浄な物を使用する。

　　　4．可燃物や有機物との接触を避ける。

　　　5．他の物体の落下や衝突がないように注意する。

【問6】危険物の貯蔵及び取扱いについて、火災予防上、水や湿気との接触を避けなければならない物質は、次のうちどれか。［★］

　□　1．亜塩素酸ナトリウム　　　2．塩素酸ナトリウム

　　　3．過塩素酸カリウム　　　　4．過塩素酸アンモニウム

　　　5．過酸化カリウム

【問7】次の化学式で表される化合物のうち酸化性固体に該当しないものはどれか。

　□　1．K_2O_2　　　2．$KMnO_4$　　　3．K_2SO_4

　　　4．KNO_3　　　5．$KClO_3$

［共通する消火方法］

【問8】次のA～Eに掲げる危険物に関わる火災の初期消火の方法として、適切でないものの組み合わせはどれか。［★］

　　　A．亜塩素酸ナトリウム……大量の水で消火する

　　　B．臭素酸カリウム…………二酸化炭素消火剤で消火する

　　　C．硝酸アンモニウム………強化液消火剤（棒状）で消火する

　　　D．過塩素酸カリウム………粉末消火剤（リン酸塩類を使用するもの）で消火する

　　　E．過酸化カルシウム………強化液消火剤（噴霧状）で消火する

　□　1．AとC　　　2．AとD　　　3．BとD

　　　4．BとE　　　5．CとE

【問9】 塩素酸カリウムに関わる火災の初期消火の方法について、次のA～Eのうち、適切なもののみの組み合わせはどれか。[★]

A．泡消火剤で消火する。　　　　　B．二酸化炭素消火剤で消火する。

C．強化液消火剤で消火する。　　　D．水で消火する。

E．ハロゲン化物消火剤で消火する。

☑ 1．A、B、D　　　2．A、C、D　　　3．A、C、E

4．B、C、E　　　5．B、D、E

【問10】 過塩素酸塩類に関わる火災の初期消火の方法について、次のA～Eのうち、適切なものの組み合わせはどれか。[★]

A．二酸化炭素消火剤で消火する。　　　B．強化液消火剤で消火する。

C．ハロゲン化物消火剤で消火する。　　D．泡消火剤で消火する。

E．水で消火する。

☑ 1．A、B、D　　　2．A、C、D　　　3．A、C、E

4．B、C、E　　　5．B、D、E

【問11】 過酸化カリウムと可燃物とが接触して出火したときの初期消火の方法として、次のうち妥当なものはどれか。

☑ 1．リン酸塩類の消火粉末を放射する消火器を使用する。

2．霧状の水を放射する消火器を使用する。

3．泡を放射する消火器を使用する。

4．炭酸水素塩類の消火粉末を放射する消火器を使用する。

5．棒状の水を放射する消火器を使用する。

【問12】 第1類の危険物（アルカリ金属の過酸化物およびアルカリ土類金属の過酸化物ならびにこれを含有するものを除く。）にかかわる火災に共通する消火方法として、次のA～Eによる組み合わせのうち、最も適切なものはどれか。[★]

A．粉末消火剤（炭酸水素塩類等を使用するもの）により消火する。

B．霧状の水により消火する。

C．ハロゲン化物消火剤により消火する。

D．二酸化炭素消火剤により消火する。

E．棒状の水により消火する。

☑ 1．AとC　　　2．AとE　　　3．BとD　　　4．BとE　　　5．CとD

【問 13】 過酸化ナトリウムに関わる火災の初期消火の方法として、次のうち最も適切なものはどれか。

☑ 1．乾燥砂で消火する。 　　　　2．泡消火剤で消火する。

　 3．二酸化炭素消火剤で消火する。 　　4．水（霧状）で消火する。

　 5．水（棒状）で消火する。

【問 14】 次のA〜Eの危険物に関わる火災のうち、炭酸水素塩類を使用する粉末消火剤による消火方法が適切でないものはいくつあるか。[★]

　A．アルカリ金属の過酸化物　　B．ヨウ素酸塩類　　C．過マンガン酸塩類

　D．重クロム酸塩類　　　　　　E．硝酸塩類

☑ 1．1つ　　　2．2つ　　　3．3つ　　　4．4つ　　　5．5つ

■ 正解＆解説……………………………………………………………………………………

問1…正解4

　A．水に溶けるものが多く、比重は1より大きい。

　D．一部のものは、衝撃や摩擦等によって発火・爆発を起こすことがある。すべてには当てはまらない。

　E．不燃性であり、自然発火性の性質をもたない。

問2…正解5

　5．第1類の危険物は、自然発火性の性質をもたない。

問3…正解5

　5．第1類の危険物は、熱分解により酸素を放出するが、可燃性ガスは放出しない。

問4…正解1

　1．第1類の危険物には、保護液に保存するものはない。

　5．無機過酸化物は、多くが水と反応して発熱し、酸素を発生する。

問5…正解2

　2．第1類の危険物に加熱、衝撃、摩擦等を与えると、分解して酸素を放出するため、そのような行為は避ける。

問6…正解5

　無機過酸化物は禁水であるため、水や湿気との接触を避ける。特にアルカリ金属の過酸化物である過酸化カリウムK_2O_2や過酸化ナトリウムNa_2O_2は、禁水性が強く求められる。

問7…正解3

　1．K_2O_2（過酸化カリウム）……………… 第1類の危険物

　2．$KMnO_4$（過マンガン酸カリウム）…… 第1類の危険物

　3．K_2SO_4（硫酸カリウム）………………… 危険物に該当しない。カリウムの硫酸塩で無機化合物である。ミョウバンの原料、ガラス、肥料などに利用される。

4．KNO₃（硝酸カリウム）……………… 第１類の危険物

5．KClO₃（塩素酸カリウム）……………… 第１類の危険物

問8…正解4

この問題は消去法で答えを絞り込んでいく。

第１類の危険物は、無機過酸化物を除き、大量の水で消火する。従って「A」は適切である。また、無機過酸化物であるEの過酸化カルシウムCaO_2は、水を大量に含む強化液消火剤（噴霧状）で消火してはならない。従って、「E」は適切でない。「A」を除き、「E」を含むものは、「4」と「5」である。「B」と「C」を比べた場合、二酸化炭素消火剤の方が不適切である。

この他、〔消火設備と適応する危険物の火災（政令別表第5）〕（162P参照）を元に解くこともできる。第１類はアルカリ金属の過酸化物とその他のもので、適応する消火剤が異なり、A－○、B－×、C－○、D－○となる。Eはアルカリ土類金属の過酸化物であるため、水系消火剤を避けるべきである。従って、E－×となる。

問9…正解2

第１類の危険物のうち、アルカリ金属およびアルカリ土類金属の過酸化物以外のものの火災の消火には、水、強化液、泡、粉末（リン酸塩類）、乾燥砂などが適応する。二酸化炭素やハロゲン化物消火剤、炭酸水素塩類の粉末消火剤は適応しない。

問10…正解5

問11…正解4

過酸化カリウムK_2O_2などの無機過酸化物は、水と反応して熱と酸素を放出するため、水系の消火剤（水・強化液・泡）を使用してはならない。また、リン酸塩類の粉末消火剤は適応しない。炭酸水素塩類の粉末消火剤または乾燥砂を用いる。

問12…正解4

第１類の危険物のうち、アルカリ金属およびアルカリ土類金属の過酸化物以外のものは、大量の水で消火する。二酸化炭素やハロゲン化物消火剤、炭酸水素塩類の粉末消火剤は適応しない。

問13…正解1

過酸化ナトリウムNa_2O_2などの無機過酸化物は、水と反応して熱と酸素を放出するため、水系の消火剤（水・強化液・泡）を使用してはならない。炭酸水素塩類の粉末消火剤または乾燥砂を用いる。

問14…正解4（B・C・D・E）

A．アルカリ金属の過酸化物は、炭酸水素塩類の粉末消火剤が適応する。しかし、他の酸化性の危険物は、炭酸水素塩類の粉末消火剤は適応しない。

5 第1類危険物の品名ごとの事項

■塩素酸塩類

◎塩素酸HClO₃の水素を金属などで置換してできる塩。

◎一般に無色の結晶で、常温では安定であるが、加熱すると分解する。

◎有機物や硫黄、リンなどの可燃物と混合すると、摩擦などで爆発する危険がある。

◎水溶液中の酸化力は、酸性の状態で非常に強く、中性・アルカリ性では弱い。

◎塩素酸塩類や**過塩素酸塩類**などの酸化性塩類は、**硫酸などの強酸**と接触すると、化学反応を起こして強い酸化力をもつ物質を生成し、可燃物を発火させたりそれ自身が分解して爆発を起こすおそれがある。

▶塩素酸カリウム KClO₃

性　質	◎光沢のある無色の結晶または白色の粉末。　　◎比重2.3。　　◎無臭。
	◎加熱すると約400℃で塩化カリウムKClと過塩素酸カリウムKClO₄に分解し、更に加熱すると、**酸素と塩化カリウム**に分解する。
	◎水には溶けにくいが、熱水には溶ける。また、アルカリによく溶ける。
	◎**酸性溶液中では強い酸化作用**を示すが、中性・アルカリ性溶液中では酸化作用がなくなる（**水酸化カリウム水溶液などの強アルカリ**を添加しても、**爆発することはない**）。
危険性	◎強い酸化剤で、有機物、炭素、硫化物、硫黄、赤リン等と混合したものは、わずかな加熱・衝撃によって爆発する。
	◎**少量の強酸**（濃硫酸・濃硝酸・濃塩酸）の添加によっても**爆発**する。
	◎**アンモニアとの反応生成物**（塩素酸アンモニウムNH₄ClO₃）は自然爆発することがある。
	◎**強烈な衝撃や急激な加熱**によって爆発する。
貯蔵・保管	◎容器は密栓し、異物の混入を防ぐ。　　◎加熱・衝撃・摩擦を避ける。
	◎可燃物との接触を避ける。　　　　　　◎冷暗所に保管する。
	◎長期保存や日光により、わずかに**亜塩素酸カリウム**に分解する。
消火方法	◎注水により消火する（注水して分解温度以下に冷却することにより、酸素の放出を防ぐ）。

▶塩素酸ナトリウム NaClO₃

性　質	◎無色の結晶。　　◎比重2.5。　　◎吸湿性があり、潮解性を示す。
	◎加熱すると約300℃で分解し、酸素を放出する。
	◎水によく溶け、エタノールにも溶ける。
危険性	◎塩素酸カリウムとほぼ同じ。
貯蔵・保管	◎容器は密栓し、異物の混入を防ぐ。潮解性があるため、密栓・密封には特に注意。
	◎加熱・衝撃・摩擦を避ける。

消火方法	◎注水により消火する。

▶塩素酸アンモニウム NH₄ClO₃

性　質	◎**無色の針状結晶。**　　◎比重2.4。
	◎加熱すると約100℃で分解し、**爆発**することがある。
	◎**水**によく溶けるが、**エタノール**には**溶けにくい**。
危険性	◎塩素酸カリウムとほぼ同じ。ただし、**常温**（20℃）でも**不安定**で、衝撃
	により**爆発**することがある。
貯蔵・保管	◎塩素酸カリウムとほぼ同じ。
	ただし、爆発性があるため長期の保存はできない。
消火方法	◎注水により消火する。

▶塩素酸バリウム Ba(ClO₃)₂

性　質	◎無色または白色の結晶性の粉末。　　◎比重3.2。　　◎融点414℃。
	◎水に溶けるが、塩酸やエタノールには溶けにくい。
	◎加熱すると250℃付近から分解して酸素が放出される。
	◎花火などに緑色炎をつけるために用いられる。有機物と混合して燃焼させ
	ると**炎は緑色**を呈する。
危険性	◎急な加熱または衝撃により爆発することがある。
	◎**硫酸**などの強酸と接触すると、爆発するおそれがある。
貯蔵・保管	◎塩素酸カリウムとほぼ同じ。
消火方法	◎注水により消火する。

▶塩素酸カルシウム Ca(ClO₃)₂

性　質	◎無色または白色の結晶。
	◎比重2.7。　　◎融点325℃。
	◎水によく溶け、潮解性がある。
	◎水溶液からは76℃以下で二水和物、76℃以上で無水物が析出する。
	◎二水和物は急激に加熱すると、100℃で融解する。
危険性	◎可燃物と混合すると、摩擦、衝撃等により爆発することがある。
	◎酸と接触すると、有害なガスが発生することがある。
貯蔵・保管	◎塩素酸カリウムとほぼ同じ。
消火方法	◎注水により消火する。

■過塩素酸塩類

◎過塩素酸$HClO_4$の水素を金属などで置換してできる塩。

◎**塩素酸塩類に比べると安定している**が、乾燥したものは有機物や硫黄、リンなどの可燃物や有機物と混合すると、**発火・爆発**することがある。

◎過塩素酸塩類や塩素酸塩類などの酸化性塩類は、**強酸**と接触しないように注意する。

◎衝撃・摩擦・加熱により、爆発の危険性がある。

▶過塩素酸カリウム$KClO_4$

性　質	◎無色の結晶。　　　◎比重2.5。 ◎常温では安定しているが、約400℃に加熱すると、酸素と塩化カリウムKClに分解する。 ◎水及びエタノールに溶けにくい。
危険性	◎有機物などの可燃物や強酸との混合による危険性は、塩素酸カリウムよりやや低い。
貯蔵・保管	◎容器は密栓し、異物の混入を防ぐ。　　　◎加熱・衝撃・摩擦を避ける。
消火方法	◎注水により消火する。

▶過塩素酸ナトリウム$NaClO_4$

性　質	◎無色の結晶。　　　◎比重2.0。 ◎吸湿性があり、**潮解性**を示す。 ◎加熱すると約200℃で分解し酸素を放出する。 ◎水によく溶け、エタノールにも溶ける。
危険性	◎有機物などの可燃物や強酸との混合による危険性は、塩素酸カリウムよりやや低い。
貯蔵・保管	◎容器は密栓し、異物の混入を防ぐ。　　　◎加熱・衝撃・摩擦を避ける。
消火方法	◎注水により消火する。

▶過塩素酸アンモニウムNH_4ClO_4

性　質	◎無色または白色の結晶。　　　◎比重2.0。 ◎常温では安定しているが、**約150℃に加熱**すると**分解**して酸素を放出し、約400℃で発火する。 　$2NH_4ClO_4 \longrightarrow Cl_2 + N_2 + 2O_2 + 4H_2O$ ◎水によく溶け、エタノールにも溶ける。
危険性	◎燃焼により多量のガスを発生するため、危険性は塩素酸カリウムよりやや高い。 ◎有機物、可燃物、酸化されやすい物質との混触を避ける。
貯蔵・保管	◎容器は密栓し、異物の混入を防ぐ。　　　◎加熱・衝撃・摩擦を避ける。
消火方法	◎注水により消火する。

■無機過酸化物

◎過酸化物イオンO_2^{2-}を含む無機化合物。以下の2つに分かれる。

- アルカリ金属（KやNa）の過酸化物
- アルカリ土類金属（Ca・Sr・Ba）の過酸化物

◎アルカリ金属の過酸化物は、**水と激しく反応**して熱と多量の酸素を発生する。ただし、アルカリ土類金属の過酸化物は、水との反応による危険性はやや低い。

▶過酸化カリウムK_2O_2

性　質	◎オレンジ色の粉末。　　◎比重2.0。 ◎融点の490℃に加熱すると、酸化カリウムK_2Oと酸素に分解する。 ◎水と反応すると発熱し、**水酸化カリウムKOHと酸素に分解**する。 ◎吸湿性が強く、潮解性を有する。
危険性	◎水との反応で発熱するため、大量の場合は爆発することがある。 ◎有機物・可燃物と混在すると、加熱・衝撃により発火・爆発することがある。 ◎皮膚や粘膜をおかす。
貯蔵・保管	◎容器は密栓して水分の侵入を防ぐ。 ◎有機物・可燃物から隔離する。 ◎加熱・衝撃を避ける。
消火方法	◎注水は避け、乾燥砂をかけるなどして窒息消火する。

▶過酸化ナトリウムNa_2O_2

性　質	◎白色または黄白色（淡黄色）の粉末。　　◎比重2.9。 ◎約660℃に加熱すると、分解して酸素を発生する。 ◎**水と反応**すると発熱し、水酸化ナトリウムNaOHと酸素に分解する。また、**酸と反応**すると、過酸化水素H_2O_2を生じる。 ◎吸湿性が強い。 ◎**二酸化炭素と反応**して、炭酸ナトリウムNa_2CO_3と酸素を生じる。 ◎融解したものは**白金Ptを侵す**ため、ニッケル、金、銀のるつぼを使う。
危険性	◎過酸化カリウムとほぼ同じ。
貯蔵・保管	◎過酸化カリウムとほぼ同じ。
消火方法	◎注水は避け、乾燥砂をかけるなどして窒息消火する。

▶過酸化カルシウム CaO2

性　質	◎無色または白色の粉末。 ◎エタノール、エーテルには溶けない。 ◎約275℃に加熱すると、爆発的に分解して酸素を発生する。 ◎水にはわずかに溶け、分解して酸素が発生する。
危険性	◎加熱すると、爆発的に分解することがある。 ◎酸には溶け、**過酸化水素** H_2O_2 を発生する。
貯蔵・保管	◎容器は密栓する。　　◎酸との接触を避ける。　　◎加熱を避ける。
消火方法	◎注水は避け、乾燥砂をかけるなどして窒息消火する。

▶過酸化マグネシウム MgO2

性　質	◎白色の粉末。　　◎比重3.0。 ◎加熱すると、酸化マグネシウム MgO と酸素に分解する。 ◎水には不溶であるが、水と反応して酸素を発生する。また、希酸に溶けて過酸化水素を発生する。
危険性	◎水との接触を避ける。 ◎有機物・可燃物と混合すると、加熱・摩擦で爆発の危険がある。
貯蔵・保管	◎容器は密栓する。　　◎酸との接触を避ける。　　◎加熱・摩擦を避ける。
消火方法	◎注水は避け、乾燥砂をかけるなどして窒息消火する。

▶過酸化バリウム BaO2

性　質	◎白色または灰白色の粉末。 ◎加熱すると、酸化バリウム BaO と酸素に分解する。 ◎冷水にはわずかに溶ける。**熱水**と反応して**酸素**を発生する。また、**酸**に溶けて**過酸化水素** H_2O_2 を発生する。 ◎アルカリ土類金属の過酸化物（過酸化カルシウムなど）のうち、最も安定している。
危険性	◎水との接触を避ける。　　◎人体に有毒。 ◎酸化されやすいものと混合すると、爆発の危険がある。
貯蔵・保管	◎容器は密栓する。　　◎酸との接触を避ける。　　◎加熱・摩擦を避ける。
消火方法	◎注水は避け、乾燥砂をかけるなどして窒息消火する。

■ 亜塩素酸塩類

◎亜塩素酸 $HClO_2$ の水素を金属などで置換してできる塩。

▶亜塩素酸ナトリウム $NaClO_2$

性　質	◎白色（無色）の結晶または薄片。 ◎わずかに吸湿性があり、水によく溶ける。 ◎常温（20℃）でも少量の**二酸化塩素** ClO_2 を発生するため、**特有な刺激臭**がある。 ◎加熱すると、塩素酸ナトリウム $NaClO_3$ と塩化ナトリウムに分解し、更に加熱すると**酸素**を放出する。
危険性	◎直射日光や紫外線により少しずつ分解し、二酸化塩素を発生する。また、**酸**を加えても**二酸化塩素**が発生する。二酸化塩素は**爆発性**がある。 ◎単独でも、加熱、衝撃、摩擦により爆発的に分解する。 ◎鉄や銅など多くの**金属を腐食**する。
貯蔵・保管	◎直射日光を避け、換気を行う。　　◎火気・加熱・摩擦・衝撃を避ける。 ◎酸や有機物との混触を避けるため隔離する。
消火方法	◎多量の注水により消火する。

■ 臭素酸塩類

◎臭素酸 $HBrO_3$ の水素を金属で置換してできる塩。

▶臭素酸カリウム $KBrO_3$

性　質	◎無色・無臭の結晶性粉末。　　◎比重 3.3。 ◎冷水にわずかに溶け、**温水によく溶ける。** ◎アルコールやエーテルには溶けにくい。 ◎約370℃に加熱すると、**臭化カリウム** KBr と**酸素**に分解する。 ◎強力な酸化剤で、水溶液は強い酸化作用を示す。
危険性	◎衝撃によって爆発することがある。 ◎有機物や硫黄などを混合すると更に危険性が増し、加熱や摩擦により爆発することがある。 ◎**酸類との接触**によっても、臭化カリウム KBr と酸素に分解する。
貯蔵・保管	◎有機物や硫黄との接触を避ける。　　◎加熱・摩擦・衝撃を避ける。
消火方法	◎注水により消火する。

▶**臭素酸ナトリウム NaBrO₃**

性　質	◎無色の結晶。　　◎比重3.3。 ◎**水によく溶ける。** ◎不燃性で、強力な**酸化剤**である。 ◎加熱すると、**臭化ナトリウム** NaBr と**酸素**に分解する。
危険性	◎火災時に刺激性あるいは**有毒なヒューム**（臭化水素 HBr など）を放出する。 ◎可燃性物質や還元剤と激しく反応し、発火や爆発することがある。 ◎有機物や硫黄などを混合すると更に危険性が増し、加熱や摩擦により爆発 　することがある。
貯蔵・保管	◎有機物や可燃性物質との接触を避ける。　　◎加熱・摩擦・衝撃を避ける。
消火方法	◎注水により消火する。

■**硝酸塩類**

◎硝酸 HNO₃ の水素を金属などで置換してできる塩。

◎硝酸塩は吸湿性をもつものが多く、水によく溶ける。

▶**硝酸カリウム KNO₃**

性　質	◎無色の結晶。　　◎比重2.1。 ◎水によく溶ける。　　◎吸湿性はない。 ◎約400℃に加熱すると、亜硝酸カリウム KNO₂ と酸素に分解する。 ◎黒色火薬（硝酸カリウム・硫黄・木炭）の原料で、天然に硝石として産出。
危険性	◎有機物・可燃物と混合したものは、加熱・摩擦・衝撃により爆発する危険 　がある。
貯蔵・保管	◎異物の混入を防ぐ。　　◎加熱・摩擦・衝撃を避ける。 ◎有機物・可燃物と隔離する。
消火方法	◎注水により消火する。

▶**硝酸ナトリウム NaNO₃**

性　質	◎無色の結晶または白色の結晶。　　◎比重2.3。 ◎水によく溶ける。**潮解性**がある。 ◎約380℃に加熱すると、亜硝酸ナトリウム NaNO₂ と酸素に分解する。 ◎反応性は、硝酸カリウムよりやや弱い。
危険性	◎危険性は、硝酸カリウムよりやや低い。
貯蔵・保管	◎異物の混入を防ぐ。　　◎加熱・摩擦・衝撃を避ける。 ◎有機物・可燃物と隔離する。
消火方法	◎注水により消火する。

▶硝酸アンモニウムNH_4NO_3

性　質	◎白色または無色の結晶、無臭。　　◎比重1.8。　　◎融点170℃。 ◎水によく溶け、溶解する際は吸熱反応となる。エタノールにも溶ける。 ◎吸湿性があり、強い**潮解性**を示す。 ◎約210℃に加熱すると、**一酸化二窒素**N_2Oと水に分解する。更に熱すると窒素・酸素・水に爆発的に分解する。 ◎アルカリと混触すると、**アンモニアガス**NH_3を発生する。 ◎硫酸と反応して、硝酸HNO_3を遊離する。
危険性	◎単独であっても、加熱・衝撃で爆発することがある。 ◎有機物・可燃物・金属粉と混合すると、爆発することがある。 ◎自動車のエアバッグのガス発生剤に使われている。 ◎皮膚に触れると、薬傷（酸やアルカリなどによるやけど）を起こす。
貯蔵・保管	◎異物の混入を防ぐ。　　◎加熱・摩擦・衝撃を避ける。 ◎有機物・可燃物と隔離する。
消火方法	◎注水により消火する。

■ヨウ素酸塩類

◎ヨウ素酸HIO_3の水素を金属などで置換してできる塩。

◎塩素酸塩類や臭素酸塩類より酸化力が弱く、より安定している。ただし、可燃物と混合すると爆発の危険性がある。

▶ヨウ素酸カリウムKIO_3

性　質	◎無色または白色の結晶、結晶性粉末。　　◎比重3.9。 ◎冷水にはわずかに溶け、熱水にはより溶ける。ただし、エタノールには溶けない。 ◎分解を促す薬品類との接触、加熱、摩擦、衝撃等によって**酸素**を放出する。
危険性	◎可燃物や還元性物質との接触により発火・爆発のおそれがある。 ◎可燃物と混合した状態では、加熱により発火・爆発のおそれがある。
貯蔵・保管	◎可燃物の混入を防ぐ。　　◎加熱を避ける。　　◎容器は密栓する。
消火方法	◎注水により消火する。

▶ヨウ素酸ナトリウム$NaIO_3$

性　質	◎**無色の結晶**または**粉末**。　　◎比重4.3。 ◎水によく溶ける。ただし、**エタノールには溶けない**。 ◎加熱すると分解して**酸素**を発生する。 ◎水溶液は**強化酸化剤**として作用する。
危険性	◎可燃物や還元性物質との接触により発火のおそれがある。
貯蔵・保管	◎可燃物の混入を防ぐ。　　◎加熱を避ける。　　◎容器は密栓する。
消火方法	◎注水により消火する。

■過マンガン酸塩類

◎過マンガン酸$HMnO_4$の水素を金属などで置換してできる塩。酸化力が非常に強い。

◎水溶液は過マンガン酸イオンMnO_4^-のため赤紫色になる。

▶過マンガン酸カリウム$KMnO_4$

性　質	◎**黒紫色**または**赤紫色**の光沢ある結晶。　　◎比重2.7。 ◎**水によく溶け**、水溶液は赤紫色になる。また、アセトン、酢酸に溶ける。 ◎常温の空気中では安定であるが、太陽光で分解が促進される。 ◎約200℃で分解し、酸素を放出する。
危険性	◎**固体のものに濃硫酸**を加えると、爆発性の酸化マンガンMn_2O_7を生成し、**爆発**の危険性がある。 ◎アルカリと接すると、酸素を発生する。
貯蔵・保管	◎可燃物と隔離する。　　◎加熱・衝撃を避ける。　　◎容器は密栓する。
消火方法	◎注水により消火する。

▶過マンガン酸ナトリウム 三水和物 $NaMnO_4 \cdot 3H_2O$

性　質	◎赤紫色の粉末。　　◎比重2.5。 ◎水によく溶け、水溶液は赤紫色になる。潮解性を有する。 ◎約170℃で分解し、酸素を放出する。
危険性	◎可燃物と混合したものは、加熱・衝撃により爆発の危険性がある。
貯蔵・保管	◎可燃物と隔離する。　　◎加熱・衝撃を避ける。　　◎容器は密栓する。
消火方法	◎注水により消火する。

■重クロム酸塩類

◎重クロム酸$H_2Cr_2O_7$の水素を金属などで置換してできる塩。

◎クロム原子は酸化数が＋6であるため、六価クロムと呼ばれる。

▶重クロム酸カリウム$K_2Cr_2O_7$

性　質	◎橙赤色の結晶。　　◎比重2.7。 ◎水に溶けるが、エタノールには溶けない。 ◎水溶液をアルカリ性にすると、色が橙赤色から黄色に変わる。 ◎500℃で酸素を放出して分解する。
危険性	◎有機物との混合物は、加熱・衝撃で爆発する危険性がある。
貯蔵・保管	◎有機物と隔離する。　　◎加熱・衝撃・摩擦を避ける。 ◎容器は密栓する。
消火方法	◎注水により消火する。

▶重クロム酸アンモニウム $(NH_4)_2Cr_2O_7$

性　質	◎**オレンジ色（橙赤色・橙黄色）の針状結晶。**　　◎比重2.2。 ◎水に溶けやすく、**エタノール**にも溶ける。 ◎約180℃に加熱すると、融解せずに酸化クロムや**窒素、水などに分解**する。 　$(NH_4)_2Cr_2O_7 \longrightarrow Cr_2O_3 + N_2 + 4H_2O$
危険性	◎有機物との混合物は、加熱・衝撃・摩擦で爆発する危険性がある。 ◎強力な**酸化剤**であるため、ヒドラジン及びその水和物と混触すると爆発することがある。
貯蔵・保管	◎有機物と隔離する。　　◎加熱・衝撃・摩擦を避ける。
消火方法	◎注水により消火する。

■その他のもので政令で定めるもの
◎「その他のもので政令で定めるもの」として、ここでは次の3種類をとり挙げる。

▶三酸化クロム CrO_3（無水クロム酸）

性　質	◎**暗赤色～暗赤紫色の針状結晶。**　　◎比重2.7。　　**◎潮解性が強い。** ◎加水分解を伴って水に溶ける。　　◎エタノール、エーテルに溶ける。 ◎約250℃で分解し、酸化クロム及び酸素を生成する。 　$4CrO_3 \longrightarrow 2Cr_2O_3 + 3O_2$ ◎**硫酸及び塩酸**に溶ける。クロムめっき液は、三酸化クロム酸と硫酸の溶液が使われる。
危険性	◎水溶液は**クロム酸**となり、強酸性を示し、腐食性を有する。 ◎**毒性**が極めて強く、皮膚に触れると**薬傷**を起こす。 ◎エタノール等の有機物と接触すると、発火・爆発のおそれがある。 ◎強力な酸化剤で、可燃物や酸化されやすい物質と混合すると、発火・爆発のおそれがある。
貯蔵・保管	◎有機物や可燃物から隔離し、接触を避ける。　　◎直射日光を避ける。 ◎湿気や加熱を避ける。　　◎金属容器などで密閉する。
消火方法	◎注水により消火する。

▶二酸化鉛 PbO_2

性　質	◎**黒褐色の粉末。**　　◎比重9.4。 ◎**水及びエタノールに溶けない。**濃硫酸にはわずかに溶ける。 ◎加熱により分解し、酸素を放出する。 　$4PbO_2 \longrightarrow 2Pb_2O_3 + O_2$ ◎金属に近い電気伝導率をもつため、**鉛蓄電池の正極板**に使われている。
危険性	◎可燃性物質や還元性物質との接触により、発火・爆発の危険性がある。 ◎塩酸には塩素を発生しながら溶ける。
貯蔵・保管	◎可燃性物質と隔離する。　　◎加熱を避ける。
消火方法	◎注水により消火する。

▶次亜塩素酸カルシウム Ca（ClO）₂·3H₂O ／別名：高度さらし粉

性　質	◎白色の粉末（水和物）。 ◎空気中では次亜塩素酸 HClO を遊離するため、強い塩素臭がある。 ◎水と反応して塩化水素ガス HCl を発生する。 ◎水溶液は中程度の強さの塩基であり、酸化力が強い。 ◎固形化したものは**プールの消毒**によく用いられる。 ◎水に溶け、容易に分解して**酸素**を発生する。
危険性	◎アンモニアや窒素化合物他多くの物質と激しく反応し、爆発の危険がある。
貯蔵・保管	◎異物の混入を防ぐ。容器は密栓する。
消火方法	◎注水により消火する。

▶▶▶ 過去問題① ◀◀◀

［塩素酸塩類］

【問1】 塩素酸カリウムの性状について、次のうち誤っているものはどれか。

☑　1．無色の結晶である。

　　2．アルカリ性液体によく溶ける。

　　3．酸性溶液中では、酸化作用は抑制される。

　　4．加熱により分解し、最終的に塩化カリウムと酸素になる。

　　5．長期保存したものや、日光にさらされたものは亜塩素酸カリウムを含むことがある。

【問2】 次に掲げる危険物とその性状の組み合わせとして、正しいものはどれか。［★］

☑　1．塩素酸カリウム……………　加熱すると分解して酸素を発生する。

　　2．過塩素酸ナトリウム…………　水には溶けない。

　　3．過酸化カリウム……………　水と反応して水素と熱を発生する。

　　4．過マンガン酸カリウム………　無色または白色の粉末である。

　　5．硝酸ナトリウム……………　潮解性はない。

【問3】 塩素酸ナトリウムの性状について、次のうち誤っているものはどれか。

☑　1．水と反応して水素と塩酸を生じる。

　　2．用途として酸化剤、漂白剤などがある。

　　3．無色または白色の結晶で、エタノールに溶解する。

　　4．潮解性があるため、木および紙などに染み込みやすい。

　　5．加熱すると約 300℃で分解し始め、酸素を発生する。

【問4】塩素酸アンモニウムの性状について、次のうち誤っているものはどれか。[★]

☑ 1．無色の針状結晶である。
　　2．水によく溶ける。
　　3．高温では爆発するおそれがある。
　　4．エタノールによく溶ける。
　　5．不安定な物質であり、常温（20℃）においても、衝撃により爆発することがある。

【問5】過塩素酸アンモニウムの性状について、次のうち妥当なものはどれか。

☑ 1．赤紫色の結晶である。
　　2．強い衝撃または分解温度以上に加熱すると、爆発する。
　　3．エーテルに溶ける。
　　4．水、エタノール及びアセトンに溶けない。
　　5．酸化力は弱く、有機物と混合しても発火する危険はない。

【問6】塩素酸バリウムの性状について、次のうち誤っているものはどれか。

☑ 1．無色または白色の結晶である。
　　2．水に溶けない。
　　3．加熱や衝撃、摩擦により、爆発することがある。
　　4．硫酸と接触すると、爆発することがある。
　　5．可燃物と混合して燃焼させると、炎は緑色を呈する。

【問7】塩素酸カルシウムの性状について、次のうち誤っているものはどれか。

☑ 1．無色または白色の結晶である。
　　2．水に溶けない。
　　3．可燃物の存在下で、摩擦や衝撃により爆発することがある。
　　4．急激に加熱すると、約100℃で融解することがある。
　　5．酸と接触すると、有毒なガスを発生することがある。

［過塩素酸塩類］

【問8】過塩素酸ナトリウムと過塩素酸カリウムとに共通する性状として、次のうち誤っているものはどれか。

☑ 1．無色または白色の結晶である。
　　2．水によく溶ける。
　　3．可燃物が混入すると衝撃などにより爆発する危険性がある。
　　4．加熱すると分解し、酸素を発生する。
　　5．比重は1以上である。

【問9】過塩素酸アンモニウムの性状について、次のうち誤っているものはどれか。

[★]

☑ 1. 無色または白色の結晶である。　　2. 100℃で容易に融解する。

3. 水に溶ける。　　　　　　　　　　4. 水よりも重い。

5. 摩擦や衝撃により、爆発することがある。

【問10】危険物の性状または危険性について、次のうち誤っているものはどれか。

	危険物	性状または危険性

☑ 1. $KClO_4$　　　黄色の結晶で、水によく溶ける。

2. Na_2O_2　　　白色または淡黄色の粉末で水と激しく反応する。

3. $NaClO_4$　　　メタノール、アセトンに溶ける。

4. $KClO_3$　　　可燃物と混合するとわずかの刺激でも爆発する。

5. $NaClO_3$　　　強酸と接触すると激しく爆発する。

▌正解＆解説‥‥‥‥‥‥‥‥‥‥‥‥‥‥‥‥‥‥‥‥‥‥‥‥‥‥‥‥‥‥‥‥‥‥‥‥‥‥‥

問1…正解3

　　3. 酸性溶液中では、強い酸化作用を示す。ただし、中性・アルカリ性溶液中では、酸化作用がなくなる。

問2…正解1

　　1. 塩素酸カリウム$KClO_3$は、加熱すると分解して最終的に塩化カリウムKClと酸素になる。

　　2. 過塩素酸ナトリウム$NaClO_4$は水によく溶け、潮解性がある。

　　3. 過酸化カリウムK_2O_2は水と反応して酸素と熱を発生し、水酸化カリウムKOHになる。

　　4. 過マンガン酸カリウム$KMnO_4$は、濃い赤紫色の結晶である。

　　5. 硝酸ナトリウム$NaNO_3$は水によく溶け、潮解性がある。

問3…正解1

　　1. 塩素酸ナトリウム$NaClO_3$は、水によく溶けるが、水と反応することはない。

問4…正解4

　　4. エタノールには溶けにくい。

問5…正解2

　　1. 無色または白色の結晶である。

　　3. エーテルには溶けない。

　　4. 水、エタノール、アセトンに溶ける。

　　5. 酸化力は強く、有機物と混合すると発火の危険性がある。

問6…正解2

　　2. 塩素酸バリウム$Ba(ClO_3)_2$は、水に溶ける。

問7…正解2

2．塩素酸カルシウム $Ca(ClO_3)_2$ は、水によく溶ける。

問8…正解2

1．いずれも無色の結晶であるが、白色のものもある。

2．過塩素酸ナトリウム $NaClO_4$ は水によく溶けるが、過塩素酸カリウム $KClO_4$ は水に溶けにくい。

問9…正解2

2．融解点は200℃以上である。ただし、融解する前に約150℃で熱分解してしまう。

問10…正解1

1．過塩素酸カリウム $KClO_4$ は、無色の結晶で、水及びエタノールに溶けにくい。

2．過酸化ナトリウム Na_2O_2

3．過塩素酸ナトリウム $NaClO_4$

4．塩素酸カリウム $KClO_3$

5．塩素酸ナトリウム $NaClO_3$ を含む第1類の危険物は、強酸との接触を避ける。

▶▶▶ 過去問題② ◀◀◀

[無機過酸化物]

【問1】「加熱すると分解して酸素を放出し、還元性物質と混合すると発火または爆発の危険性があり、また水と作用して激しく発熱する。」これらの性質をすべて有している危険物は、次のうちどれか。[★]

☑ 1．NH_4ClO_3 2．K_2O_2 3．$C_2H_5NO_3$

4．$KMnO_4$ 5．$C_6H_2(NO_2)_3CH_3$

【問2】過酸化カルシウムの性状について、次のうち誤っているものはどれか。[★]

☑ 1．無色または白色の粉末である。

2．エタノール、エーテルには溶けない。

3．水と反応し、水素を発生する。

4．加熱すると爆発する。

5．無水物は酸に溶け、過酸化水素を生じる。

【問3】過酸化カリウムの性状について、次のうち妥当でないものはどれか。

☑ 1．加熱すると分解して酸素を発生する。

2．水と激しく反応して、酸素を発生する。

3．可燃物の混入により、爆発するおそれがある。

4．20℃では、湿気のある乾燥空気中でも安定である。

5．黄色またはオレンジ色の固体である。

【問4】過酸化カリウムの性状について、次のうち妥当なものはいくつあるか。

  A．オレンジ色の粉末である。

  B．水溶液は酸性である。

  C．アンモニウム塩と接触すると、アンモニアガスが発生する。

  D．水と反応して酸素を発生する。

  E．加熱すると分解して酸素を発生する。

☑ 1．1つ 2．2つ 3．3つ 4．4つ 5．5つ

【問5】過酸化ナトリウムの性状について、次のうち誤っているものはどれか。[★]

☑ 1．白色または淡黄色の結晶である。

  2．酸との混合により、分解が抑制される。

  3．加熱により、白金容器をおかす。

  4．空気中の二酸化炭素を吸収する。

  5．常温（20℃）で水と激しく反応し、酸素を発生する。

【問6】過酸化ナトリウムの貯蔵、取扱いに関する次のA～Dについて、正誤の組合
  せとして正しいものはどれか。

	A	B	C	D
1.	○	×	×	○
2.	○	×	○	○
3.	×	○	×	×
4.	×	○	×	○
5.	○	×	○	×

A．直射日光を避け、冷所で貯蔵する。

B．水で湿潤とした状態にして貯蔵する。

C．貯蔵容器は密閉する。

D．加熱する場合は、白金るつぼを用いる。

【問7】過酸化バリウムの性状について、次のうち誤っているものはどれか。

☑ 1．白色または灰白色の粉末である。

  2．冷水にわずかに溶ける。

  3．それ自体は燃焼しないが、酸化性物質である。

  4．高温に熱すると、酸化バリウムと酸素とに分解する。

  5．アルカリ土類金属の過酸化物のうち、最も不安定な物質である。

【問8】次のうち誤っているものはどれか。[★]

☑ 1．過酸化バリウムは、酸または熱水と反応して水素を発生する。

  2．エタノールと水とは、蒸留によりある程度まで分離できる。

  3．炭化カルシウムの市販品は、不純物として微量の硫黄、リン、窒素などを含
んでいる。

４．トリクロロシランは、水に溶けて加水分解し、塩化水素を発生する。

５．ハロゲン間化合物は多くの金属を酸化してハロゲン化物を生じ、水と反応して加水分解する。

［亜塩素酸塩類］

【問9】亜塩素酸ナトリウムの性状について、次のうち誤っているものはどれか。

☑ 1．自然に放置した状態でも分解し、少量の二酸化塩素を発生するため、特有の刺激臭がある。

2．水に溶けない。

3．酸と混合すると爆発性のガスを発生する。

4．加熱により分解し、主に酸素を発生する。

5．鉄、銅、銅合金その他ほとんどの金属を腐食させる。

【問10】亜塩素酸ナトリウムの性状について、次のうち誤っているものはどれか。

☑ 1．酸と接触すると二酸化塩素ガスを発生する。

2．単独の場合は、摩擦や衝撃には安定である。

3．白色（無色）の結晶あるいは薄片で、わずかに吸湿性がある。

4．有機物と混合すると爆発するおそれがある。

5．加熱すると分解して酸素を放出し、支燃性を示す。

［臭素酸塩類］

【問11】臭素酸カリウムの性状について、次のうち誤っているものはどれか。

☑ 1．褐色の結晶である。

2．冷水にはわずかに溶け、温水にはよく溶ける。

3．高温に熱すると分解して酸素を発生する。

4．可燃物と混合すると発火・爆発することがある。

5．水溶液は強い酸化作用を示す。

【問12】臭素酸ナトリウムの性状について、次のうち誤っているものはどれか。［★］

☑ 1．水溶液は還元剤として作用する。

2．火災時に刺激性、あるいは有毒なヒュームを放出する。

3．臭素酸ナトリウム自体には、可燃性はない。

4．可燃性物質との混合物は、加熱、衝撃、摩擦により、火災や爆発のおそれがある。

5．加熱すると酸素と臭化ナトリウムに分解する。

【問 13】臭素酸ナトリウムの性状について、次のうち誤っているものはどれか。[★]

☑ 1．無色の結晶である。

2．水には溶けないが、エタノールによく溶ける。

3．可燃性物質と激しく反応し、発火や爆発することがある。

4．融点（381℃）以上に加熱すると酸素を発生する。

5．有機物と激しく反応し、発火や爆発することがある。

■ 正解＆解説‥‥‥‥‥‥‥‥‥‥‥‥‥‥‥‥‥‥‥‥‥‥‥‥‥‥‥‥‥‥‥‥‥‥‥‥‥

問1…正解2

「加熱すると分解して酸素を放出し、還元性物質と混合すると発火または爆発の危険性」があるのは、第1類の危険物である。1．の NH_4ClO_3（塩素酸アンモニウム）、2．の K_2O_2（過酸化カリウム）、4．の $KMnO_4$（過マンガン酸カリウム）が該当する。更に、「水と作用して激しく発熱する」のは、第1類の無機過酸化物（特にアルカリ金属の過酸化物）である。

なお、3．$C_2H_5NO_3$ は第5類の硝酸エチル、5．$C_6H_2(NO_2)_3CH_3$ は第5類のトリニトロトルエンである。

問2…正解3

3．過酸化カルシウム CaO_2 は、水と反応して酸素を発生する。

問3…正解4

4．吸湿性があり、水分と反応して水酸化カリウムと酸素に分解する。

問4…正解3（A、D、E）

B．過酸化カリウム K_2O_2 は、水と反応して水酸化カリウム KOH と酸素を生じる。水酸化カリウム水溶液は、強いアルカリ性を示す。

C．アンモニウム塩とは、アンモニウムイオンを含むイオン結晶をいう。塩化アンモニウムと水酸化カリウムを反応させると、アンモニアガスが発生する。

$$NH_4Cl + KOH \longrightarrow NH_3 + KCl + H_2O$$

問5…正解2

1．「製品安全データシート」などによると、過酸化ナトリウム Na_2O_2 について「結晶」としているものもある。

2．過酸化ナトリウム Na_2O_2 は、酸と反応して過酸化水素 H_2O_2 を生じる。

問6…正解5

B．過酸化ナトリウム Na_2O_2 は水と反応するため、水で湿潤した状態にしてはならない。

D．過酸化ナトリウム Na_2O_2 は加熱により融解すると、白金Ptをおかす。このため、白金のるつぼを使用してはならない。ニッケル・金・銀のるつぼを使用する。るつぼは、高熱を利用して物質の溶融を行う際に使用する湯のみ状の耐熱容器で、実験では20mL程度のものが使われる。

問7…正解5

5．アルカリ土類金属の過酸化物には、他に過酸化カルシウムCaO_2がある。過酸化バリウムBaO_2は、最も安定している。

問8…正解1

1．過酸化バリウムBaO_2は、水にわずかに溶ける程度だが、熱水とは反応して酸素を発生する。また、酸と反応して過酸化水素H_2O_2を発生する。

2．エタノールの沸点は78℃である。これらの混合物を加熱していくと、78℃でしばらく一定となり、その後、再び温度が上昇して100℃で再び一定となる。78℃のときに得られる蒸気がエタノールで、100℃のときに得られる蒸気が水である。

3．炭化カルシウムCaC_2は第3類の危険物で、純粋なものは無色透明な結晶であるが、市販品は不純物として微量の硫黄、リン、窒素などを含んでいるため、灰色の結晶となる。

4．トリクロロシラン$SiHCl_3$は第3類の危険物で、水に溶けて加水分解し、塩化水素ガスを発生する。

5．ハロゲン間化合物は第6類の危険物で、酸化力が強く多くの金属を酸化してハロゲン化物を生じる。また、水と反応して加水分解し、腐食性の強いフッ化水素HFを生じる。

問9…正解2

2．亜塩素酸ナトリウムは吸湿性があり水に溶ける。

問10…正解2

2．単独の場合であっても、摩擦や衝撃により爆発的に分解する。

問11…正解1

1．無色の結晶性粉末である。

問12…正解1

1．強力な酸化剤で、還元剤とは激しく反応し、発火や爆発することがある。

2．放出される有毒なヒュームは、臭化水素HBrなどである。ヒュームとは、蒸気（気体）が空気中で凝固して固体の微細な粒子となったもの。

問13…正解2

2．水によく溶ける。

▶▶▶ 過去問題③ ◀◀◀

[硝酸塩類]

【問1】硝酸アンモニウムの性状について、次のうち誤っているものはどれか。[★]

☑ 1．白色または無色の結晶で、潮解性を有しない。

2．単独でも急激に高温に熱せられると分解し、爆発することがある。

3．アルカリと混合すると、アンモニアガスを発生する。

4．エタノールに溶ける。

5．皮膚に触れると、薬傷を起こす。

【問2】硝酸アンモニウムに係る火災時の対応について、次のA～Dのうち、適切でないものを組み合わせたものはどれか。

    A．有害なガスが発生するおそれがあったので、呼吸用保護具を使用した。

    B．水での消火を避け、粉末消火剤（炭酸水素塩類を使用するもの）を使用した。

    C．燃焼の熱により融解し流れ出すおそれがあったので、流出防止を図った。

    D．大量に燃焼したが、爆発のおそれはないと判断して近くから消火した。

☐ 1．AとB   2．AとC   3．AとD   4．BとC   5．BとD

【問3】次に掲げる危険物とその性状として、次のうち誤っているものはどれか。

☐ 1．塩素酸カリウムは、無臭で無色の結晶または白色の粉末であり、硫黄や赤リン等の可燃性物質との混合物は、摩擦、衝撃により激しく爆発する。

    2．過酸化ナトリウムは、一般に淡黄色の粉末で、水と激しく反応して、酸素を発生する。

    3．硝酸カリウムは、無臭の黄色の結晶で、吸湿性および潮解性があり、固化する傾向がある。

    4．過マンガン酸カリウムは、黒紫色または赤紫色の結晶で、濃硝酸を加えると爆発することがある。

    5．三酸化クロムは、暗赤色の針状結晶で、水を加えると腐食性の酸となり、加熱すると酸素を発生する。

［ヨウ素酸塩類］

【問4】ヨウ素酸カリウムについて、次のうち誤っているものはどれか。

☐ 1．無色（白色）の結晶である。

    2．冷水にはわずかしか溶けないが、温水にはよく溶ける。

    3．エタノールには溶けない。

    4．加熱により分解して水素を発生する。

    5．有機物と混合して加熱すると、爆発するおそれがある。

【問5】ヨウ素酸ナトリウムの性状について、次のA～Dの正誤の組合せとして、正しいものはどれか。

	A	B	C	D
☐ 1.	○	○	○	×
2.	○	×	×	○
3.	×	○	×	○
4.	×	○	○	○
5.	×	×	○	×

A．無色の結晶または粉末である。

B．エタノールによく溶ける。

C．加熱により分解して、水素を発生する。

D．水溶液は強化酸化剤として作用する。

376

［過マンガン酸塩類］

【問6】 過マンガン酸カリウムの性状について、次のA～Eのうち、誤っているもの
はいくつあるか。

    A．水溶液は電気伝導性がある。

    B．アセトンや酢酸には溶けない。

    C．水酸化カリウムなどのアルカリ溶液とは反応しない。

    D．黒紫色または赤紫色の光沢のある結晶である。

    E．硫酸で酸性にした過マンガン酸カリウム水溶液に、亜硫酸ナトリウム水溶液
    を十分加えると退色する。

☑ 1．1つ   2．2つ   3．3つ   4．4つ   5．5つ

［重クロム酸塩類］

【問7】 重クロム酸アンモニウムの性状について、次のうち誤っているものはどれか。

                                                                         ［★］

☑ 1．オレンジ色の結晶である。

    2．水に溶けるが、エタノールには溶けない。

    3．加熱すると、融解せずに分解する。

    4．強力な酸化剤である。

    5．有機物と混合すると、加熱、衝撃及び摩擦により爆発する。

【問8】 重クロム酸アンモニウムの性状について、次のうち誤っているものはどれか。

☑ 1．エタノールに溶けるが、水には溶けない。

    2．約180℃に加熱すると分解する。

    3．橙赤色の針状の結晶である。

    4．加熱により窒素ガスを発生する。

    5．ヒドラジンと混触すると爆発することがある。

［その他のもので政令で定めるもの（三酸化クロム／二酸化鉛／高度さらし粉）］

【問9】 三酸化クロムの性状等について、次のうち誤っているものはどれか。

☑ 1．暗赤色の針状結晶で、潮解性がある。

    2．水と化合して発熱し、発火する。

    3．強い酸化剤で、約250℃で分解して酸素を発生する。

    4．アセトンやジエチルエーテルなどと反応して、爆発的に発火しやすい。

    5．火災予防上、日光の直射や加熱を避け、可燃物との接触を避ける。

【問10】三酸化クロムの性状について、次のA～Eのうち妥当なものはいくつあるか。

　　A．白色の結晶である。

　　B．潮解性がある。

　　C．加熱すると分解し、酸素を発生する。

　　D．酸化されやすい物質と混合しても、発火することはない。

　　E．水を加えると、腐食性の強い酸となる。

　▱　1．1つ　　　2．2つ　　　3．3つ　　　4．4つ　　　5．5つ

【問11】二酸化鉛の性状について、次のうち誤っているものはどれか。[★]

　▱　1．無色の粉末である。

　　2．加熱により分解し、酸素を発生する。

　　3．水に溶けない。

　　4．酸化されやすい物質と混合すると発火することがある。

　　5．アルコールに溶けない。

【問12】次の文の（　）内に当てはまる物質として、正しいものはどれか。

　　「高度さらし粉は（　）を主成分とする酸化性物質であり、可燃物との混合により発火または爆発する危険性がある。また、水に溶け、容易に分解し、酸素を発生する。」

　▱　1．次亜塩素酸カルシウム　　　2．硝酸アンモニウム

　　3．過ヨウ素酸ナトリウム　　　4．臭素酸カリウム

　　5．重クロム酸ナトリウム

■正解＆解説……………………………………………………………………………………

問1…正解1

　　1．吸湿性があり、潮解性を有する。

　　5．薬傷は、硫酸、硝酸、塩酸、フッ化水素酸などの酸、アンモニア、水酸化ナトリウム、水酸化カリウムなどのアルカリ、その他金属塩類などによる皮膚のやけどである。

問2…正解5

　　A．約210℃に加熱すると、有害な一酸化二窒素 N_2O を発生する。

　　B．注水により消火する。

　　C．融点は170℃である。

　　D．加熱すると爆発的に分解するため、近づいて消火してはならない。

問3…正解3

　　3．硝酸カリウムは無色の結晶で、吸湿性および潮解性はない。

　　　　吸湿性：物質が他の物質（気体、液体、固体）に含まれる水分を吸収する性質。

　　　　潮解性：物質が空気中の水（気体）を吸収して水溶液となる性質。

問4…正解4

　加熱、摩擦、衝撃等によって、分解して酸素を放出する。

問5…正解2

　B．エタノールには溶けない。

　C．加熱により分解して、酸素を発生する。

問6…正解2（B・C）

　A．水溶液にすると電離するため、電気伝導性がある。

　B．アルコール、アセトン、酢酸に溶ける。

　C．アルカリ性溶液とは反応して酸素を発生する。

　E．過マンガン酸カリウム $KMnO_4$ の水溶液が赤紫色であるのは、過マンガン酸イオン MnO_4^- による。亜硫酸ナトリウム水溶液を加えると退色するのは、ほとんど無色のマンガンイオン Mn^{2+} になるためである。

問7…正解2

　?　水に溶け、エタノールにも溶ける。

　3．約180℃に加熱すると、酸化クロム Cr_2O_3、窒素、水に分解する。

　4．強力な酸化剤であるため、ヒドラジン N_2H_4 などの強還元剤と混触すると爆発することがある。

問8…正解1

　1．エタノールに溶け、水にも溶ける。

　2．約180℃に加熱すると、酸化クロム Cr_2O_3、窒素、水に分解する。

　5．ヒドラジン N_2H_4 は強還元剤で、強酸化剤と接触すると急激な反応が起こり、爆発することがある。なお、ヒドラジンの誘導体である硫酸ヒドラジン $N_2H_4 \cdot H_2SO_4$ は第5類の危険物である。ヒドラジンは、ロケットの燃料に使われる。

問9…正解2

　2．加水分解を伴って水に溶けるが、発火することはない。

問10…正解3（B、C、E）

　A．暗赤色の針状結晶である。

　D．酸化されやすい物質と混合すると、発火・爆発のおそれがある。

問11…正解1

　1．黒褐色の粉末である。

問12…正解1

　1．次亜塩素酸カルシウム $Ca(ClO)_2$ は、無水物の他に各種水和物がある。さらし粉は50%、高度さらし粉は70%以上の $Ca(ClO)_2$ を含む。$Ca(ClO)_2$ は水に溶けると、次のように電離する。$Ca(ClO)_2 \longrightarrow Ca^{2+} + 2Cl^- + O_2$。

6 第2類危険物の共通の事項

◎**可燃性固体**とは、固体であって火炎による着火の危険性を判断するための試験（小ガス炎着火試験）において一定の性状を示すもの、または引火の危険性を判断するための試験（引火点測定試験）において引火性を示すものをいう。

■共通する性状

◎可燃性の固体である。

◎一般に比重は1より大きく、水に溶けないものが多い。

◎酸化されやすく、燃えやすい。このため、酸化剤と接触・混合すると、爆発する危険性がある。

◎水（熱水）と反応して、**有毒で可燃性の硫化水素H_2Sを発生する**ものがある（硫化リン）。

◎燃焼すると**有毒なリン酸化物**（十酸化四リンP_4O_{10}など）を発生するもの（赤リン）や、**有毒な亜硫酸ガス**（二酸化硫黄SO_2）を発生するもの（硫黄、硫化リン）がある。

◎酸にもアルカリにも溶けて、水素を発生するものがある（**両性元素のアルミニウム及び亜鉛**）。

◎引火するものがある（固形アルコールやゴムのりなどの引火性固体）。

■共通する貯蔵・保管方法

◎酸化剤との接触・混合を避ける。

◎点火源となるもの（火花・炎・高温体）を避ける。

◎鉄粉・金属粉・マグネシウムは、水または酸との接触を避ける。

◎引火性固体は、みだりに蒸気を発生させない。

◎可燃性蒸気を発生するものは、**通気性のない密閉できる容器**に保存する。

■共通する消火方法

◎硫化リンは、**乾燥砂**などを使用して窒息消火する。水系の消火剤は硫化水素H_2Sが発生するため、使用を避ける。

◎赤リンは、注水により冷却消火する。

◎硫黄は、融点が低いため土砂で流動しないようにして、**注水消火**する。

◎鉄粉は、**乾燥砂**などで窒息消火する。水系の消火剤は避ける。

◎アルミニウム粉・亜鉛粉・マグネシウム（粉）は、**乾燥砂**などで窒息消火する。または金属火災用消火剤を用いる。水系の消火剤・ハロゲン化物消火剤・二酸化炭素消火剤は、危険物と反応するなどの理由から使用できない。

◎引火性固体は、泡消火剤・二酸化炭素消火剤・粉末消火剤が有効である。

［共通する性状］

【問1】 第2類の危険物の性状について、次のうち誤っているものはどれか。

☑ 1．すべて可燃性である。

2．引火するものがある。

3．熱水と反応して、リン化水素を発生するものがある。

4．燃えると有毒ガスを発生するものがある。

5．酸にもアルカリにも溶けて、水素を発生するものがある。

【問2】 第2類の危険物の性状について、次のうち妥当でないものはどれか。［★］

☑ 1．比重は1より大きく、水に溶けないものが多い。

2．ゲル状のものがある。

3．比較的低温で着火しやすいものがある。

4．燃焼によって有毒ガスを発生するものがある。

5．水と反応しアセチレンガスを発生するものがある。

【問3】 第2類の危険物の性状について、次のうち誤っているものはどれか。［★］

☑ 1．いずれも固体の無機物質である。

2．いずれも酸化剤との接触は危険である。

3．比重は、1より大きいものが多い。

4．燃焼の際、有毒ガスを発生するものがある。

5．いずれも可燃性の物質である。

【問4】 第2類の危険物の性状について、次のうち正しいものはどれか。

☑ 1．水と反応するものは、すべて水素を発生し、これが爆発することがある。

2．燃焼したときに有毒な硫化水素を発生するものがある。

3．粉じん爆発を起こすものはない。

4．固形アルコールを除き、引火性はない。

5．酸化剤と接触または混合すると発火しやすくなる。

［共通する貯蔵・取扱い方法］

【問5】 第2類の危険物の貯蔵、取扱いについて、次のうち適切でないものはどれか。

☑ 1．可燃性蒸気を発生するものは、通気性のある容器に保存する。

2．酸化剤との接触を避ける。

3．粉じん状のものは、静電気による発火の防止対策を行う。

4．湿気や水との接触を避けなければならないものがある。

5．紙等（多層、かつ、防水性のもの）へ収納できるものがある。

【問6】 第2類の危険物を貯蔵し、または取り扱う場合、その一般的性状から考えて、火災予防上特に考慮しなくてよいものは、次のうちどれか。

☑ 1．酸化剤との接触または混合を避ける。

2．炎、火花、高温体との接近または加熱を避ける。

3．赤リンおよび硫黄は、空気との接触を避ける。

4．引火性固体は、みだりに蒸気を発生させない。

5．鉄粉、金属粉およびマグネシウム並びにこれらのいずれかを含有するものは、水または酸との接触を避ける。

[共通する消火方法]

【問7】 第2類の危険物の火災に共通する消火方法として、次のうち最も適切なものはどれか。

☑ 1．水による消火が有効である。

2．ハロゲン化物消火剤による消火が有効である。

3．膨張ひる石による消火が有効である。

4．二酸化炭素消火剤による消火が有効である。

5．粉末消火剤による消火が有効である。

【問8】 アルミニウム粉が燃焼しているときに、注水するのは危険である。その理由として正しいものは次のうちどれか。

☑ 1．水と反応して、窒素を発生するため

2．水と反応して、塩素を発生するため

3．水と反応して、水素を発生するため

4．水と反応して、有毒ガスを発生するため

5．水と反応して、二酸化炭素を発生するため

【問9】 金属粉（アルミニウム、亜鉛）の消火方法として、次のうち妥当なものはどれか。

☑ 1．乾燥砂をかけ、かくはんする。　　　2．ソーダ灰で覆う。

3．泡消火剤を放射する。　　　　　　　4．二酸化炭素消火剤を放射する。

5．ハロゲン化物消火剤を放射する。

【問10】 次の1〜6の危険物のうち、水による消火を避けるべきものをすべて選びなさい。[編] [★]

☑ 1．アルミニウム粉　　　2．赤リン　　　3．硫黄

4．七硫化リン　　　　　5．マグネシウム　　　6．亜鉛粉

【問 11】 大量の硫黄火災に対する消火方法として、次のうち最も適切なものはどれか。[★]

☑ 1. 二酸化炭素消火剤を放射する。　　2. ハロゲン化物消火剤を放射する。
　 3. 粉末消火剤を放射する。　　　　　4. 乾燥砂を散布する。
　 5. 大量注水する。

【問 12】 鉄粉の火災の消火方法について、次のうち最も適切なものはどれか。

☑ 1. 泡消火剤を放射する。　　　　　　2. 膨張真珠岩（パーライト）で覆う。
　 3. 強化液消火剤を放射する。　　　　4. 注水する。
　 5. ハロゲン化物消火剤を放射する。

■ 正解＆解説‥‥‥‥‥‥‥‥‥‥‥‥‥‥‥‥‥‥‥‥‥‥‥‥‥‥‥‥‥‥‥‥‥‥‥‥‥‥

問1…正解3

　 3. 硫化リンは熱水（水）と反応して、有毒で可燃性の硫化水素 H_2S を発生する。リン化水素 PH_3 はホスフィンとも呼ばれる猛毒のガスであり、第3類の危険物であるリン化カルシウム Ca_3P_2 が水と反応して発生する。

　 5. 両性元素であるアルミニウム Al 及び亜鉛 Zn は、酸にもアルカリにも溶けて水素を発生する。

問2…正解5

　 2. 引火性固体の固形アルコールには、固形のものとゲル状のものがある。ゲル状とは、多少の弾性と固さがあり、ゼリー状に固化しているものをいう。

　 3. 引火性固体（固形アルコールなど）は、法令で引火点が40℃未満のものと規定されている。

　 4. 硫化リンや硫黄 S は、燃焼すると有毒な亜硫酸ガス（二酸化硫黄 SO_2）を発生する。

　 5. 水と反応しアセチレンガス C_2H_2 を発生するのは、第3類の危険物の炭化カルシウム CaC_2 である。

問3…正解1

　 1. 引火性固体（固形アルコールなど）は、炭素を含む有機物質である。引火性固体以外は、いずれも炭素を含まない無機物質である。

　 4. 硫化リンや硫黄 S は、燃焼すると有毒な亜硫酸ガス（二酸化硫黄 SO_2）を発生する。

問4…正解5

　 1. アルミニウム粉、亜鉛粉、マグネシウム粉などは水と反応して水素を発生するが、硫化リンは水（熱水）と反応して硫化水素 H_2S を発生する。

　 2. 燃焼により硫化水素 H_2S を発生するものはない。燃焼により、赤リン P はリン酸化物（十酸化四リン P_4O_{10} など）、硫化リン・硫黄 S は有毒な亜硫酸ガス（二酸化硫黄 SO_2）を発生する。

　 3. 赤リン P や硫黄 S の粉末、アルミニウム粉、マグネシウム粉は粉じん爆発を起こしやすい。

４．引火性固体には、固形アルコールの他にゴムのりやラッカーパテなどがある。

問5…正解1

　　１．引火性固体は可燃性蒸気を発生するため、容器に密閉して保存する。

　　３．粉じん状のものは、粉じん爆発の危険があるため、静電気の防止対策が必要となる。

　　４．各種金属粉は、湿気や水との接触を避けなければならない。

　　５．粉末状の硫黄は、紙等（多層、かつ、防水性のもの）へ収納できる。

問6…正解3

　　３．赤リン及び硫黄は、空気との接触を避けなくてもよい。空気との接触を避けなければならないのは、金属粉である。金属粉は、空気中の湿気と反応して酸化熱が蓄積すると、発火する危険が生じる。このため、密栓して貯蔵する。

問7…正解3

　　３．膨張ひる石による窒息消火は、第2類の危険物の火災に共通する消火方法である。

問8…正解3

　　３．$2Al + 6H_2O \longrightarrow 2Al(OH)_3 + 3H_2$

問9…正解2

　　１．乾燥砂による窒息消火は有効だが、かくはんしてはならない。窒息効果が得られなくなる。

　　２．アルミニウム粉及び亜鉛粉の火災には、ソーダ灰（炭酸ナトリウム）による窒息消火が有効である。ソーダ灰は不燃性である。

　　３～５．アルミニウム粉及び亜鉛粉の火災では、水系の消火剤（水・強化液・泡）及びハロゲン化物消火剤、二酸化炭素消火剤は適応しない。

問10…正解1＆4＆5＆6

　　１＆5＆6．アルミニウム粉、マグネシウム及び亜鉛粉は、水と反応するため水による消火を避ける。

　　２＆3．赤リン及び硫黄は、注水により消火する。

　　４．硫化リンは、水と反応して硫化水素H_2Sを発生するため、水による消火を避ける。

問11…正解5

問12…正解2

　　２．鉄粉の火災には、水系（水・強化液・泡）の消火剤を避ける。また、鉄粉の火災にハロゲン化物消火剤は適応しない。〔消火設備と適応する危険物の火災（政令別表第5）〕162P参照。

7 第2類危険物の品名ごとの事項

■硫化リン

▶三硫化四リン（三硫化リン）P_4S_3

性　質	◎**黄色の結晶。**　　◎比重2.0。　　◎発火点100℃。
	◎融点172℃。　　◎沸点407℃。
	◎**水に溶けない。二硫化炭素** CS_2 **及びベンゼンには溶ける。**
	◎硫化リン中、最も安定している。
	◎冷水とは反応しない。
危険性	◎**熱水で徐々に加水分解**し、**硫化水素** H_2S **とリン酸** H_3PO_4 を生じる。
	◎硫化水素は腐卵臭のする有毒ガスで、**可燃性**である。
	◎硫化リン（三硫化四リン・五硫化二リン・七硫化四リン）は、燃焼すると**亜硫酸ガス** SO_2 とリン酸化物（P_4O_{10}など）を生じる。
	◎酸化剤との混在は発火するおそれがある。
貯蔵・保管	◎火気・衝撃・摩擦を避ける。　　◎容器は密栓する。
消火方法	◎乾燥砂で窒息消火する。
	◎水系の消火剤は硫化水素が発生するため、使用を避ける。

▶五硫化二リン（五硫化リン）P_2S_5

性　質	◎**淡黄色の結晶。**　　◎比重2.1。　　◎発火点142℃。
	◎融点286～290℃。　　◎沸点514℃。
	◎**二硫化炭素に溶ける。**
危険性	◎**水で徐々に分解**し、硫化水素 H_2S とリン酸 H_3PO_4 を生じる。また、吸湿性があるため**空気中の水分で加水分解**し、硫化水素とリン酸を生じる。
	◎金属粉（鉛、アンチモン、真ちゅう）と混触すると自然発火する。
	◎酸化剤との混在は発火するおそれがある。
貯蔵・保管	◎火気・衝撃・摩擦を避ける。　　◎容器は密栓する。
消火方法	◎乾燥砂で窒息消火する。
	◎水系の消火剤は硫化水素が発生するため、使用を避ける。

▶七硫化四リン（七硫化リン）P_4S_7

性　質	◎**淡黄色の結晶。**　　◎比重2.2。　　◎融点310℃。　　◎沸点523℃。
	◎二硫化炭素にわずかに溶ける。
	◎硫化リン中、最も加水分解されやすい。
危険性	◎**水で徐々に分解**し、硫化水素 H_2S とリン酸 H_3PO_4 を生じる。
	◎酸化性物質と激しく反応する。
貯蔵・保管	◎火気・衝撃・摩擦を避ける。　　◎容器は密栓する。
消火方法	◎乾燥砂で窒息消火する。
	◎水系の消火剤は硫化水素が発生するため、使用を避ける。

■赤リンP

性　質	◎**赤褐色の粉末、無臭。**　　◎比重2.2。　　◎融点590℃。
	◎**水及び有機溶媒、二硫化炭素** CS_2 **に溶けない。**
	◎赤リンと黄リン P_4 はともに**リンの同素体**で、**黄リンを不活性気体中で約250℃に熱する**と得られる。
	◎**黄リンより安定**で、空気中で自然発火することはない。
	◎**約260℃で発火して燃焼**し、**有毒な十酸化四リン**（P_4O_{10}）**となる。**
	※十酸化四リンは組成式が P_2O_5 となるため、五酸化二リンとも呼ばれる。
危険性	◎摩擦によって発火する。　　◎粉じん爆発することがある。
	◎**塩素酸カリウム** $KClO_3$ **との混合物はマッチの頭薬としても使用され、**わずかな衝撃で**発火・爆発**する。
	◎赤リン自体は**毒性が低い**が、製造過程で毒性の強い黄リンが含まれることがある。
貯蔵・保管	◎酸化剤とは隔離する。　　◎容器は密栓する。
消火方法	◎大量の注水により一挙に冷却消火する。
	◎燃焼により発生する十酸化四リンは、強い脱水作用があり、強酸や強アルカリと同様な腐食性をもつ。取扱注意。

■硫黄S

◎硫黄は、**斜方硫黄、単斜硫黄、ゴム状硫黄**などの**同素体**が存在する。斜方硫黄及び単斜硫黄は黄色～淡黄色の結晶で、ゴム状硫黄は黒褐色の弾性がある固体である。

◎硫黄回収装置では、硫化水素を燃焼させて二酸化硫黄を生成し、更にそれを触媒反応させて生成された単体硫黄を回収する。この回収硫黄には、微量の硫化水素が含まれる場合がある。

性　質	◎比重2.0～2.1。　　◎融点113～120℃。　　◎発火点232℃。
	◎無味無臭。ただし、硫化水素は腐卵臭、二酸化硫黄は刺激臭がする。
	◎水や**酸**には**溶けない**が、**二硫化炭素** CS_2 **にはよく溶ける。**また、エタノール、ジエチルエーテルにはわずかに溶ける。
	◎空気中では232℃（発火点）で**発火**し、腐食性がある**二酸化硫黄** SO_2 （亜硫酸ガス）を生成する。
	◎空気中では青い炎をあげて燃焼する。
	◎**高温**にすると、多くの金属元素・非金属元素と反応する。
危険性	◎粉末や顆粒状にすると、粉じん爆発の危険性が生じる。
	◎**電気の不導体**で、かくはん等により摩擦させると**静電気が発生**する。
	◎酸化剤との混合物は、加熱、衝撃により爆発することがある。
貯蔵・保管	◎塊状のものは**麻袋や紙袋**などに詰めて貯蔵できる。また、粉状のものはクラフト紙（二層）または麻袋（内袋付き）に詰めて貯蔵できる。
	◎酸化剤と隔離する。
消火方法	◎水で消火する。高温の液状のものは土砂等を用いて広がらないようにする。

■鉄粉 Fe

◎法令では、「目開きが53μmの網ふるいを通過するものが50%未満の鉄の粉」は、危険物の対象から除外されている。

性　質	◎灰白色の粉末。　　◎鉄の比重7.9。　　◎融点1535℃。 ◎**酸と反応して水素を発生する。** 　$Fe + 2HCl \longrightarrow FeCl_2 + H_2$ ◎**アルカリ性**のもの（水酸化ナトリウム水溶液など）には**溶けず、反応しない。** ◎乾燥したものは、小炎で容易に引火し**白い炎**をあげて燃える。
危険性	◎**油分が混触**した鉄粉や切削屑は、**自然発火**する危険性がある。 ◎空気中に飛散すると、粉じん爆発の危険性が生じる。 ◎たい積物は、水分があると酸化熱がより多く発生し、熱が蓄積して自然発火することがある。 ◎加熱したものに注水すると、水蒸気爆発を起こすことがある。 ◎硝酸、過ギ酸と混触させると激しく反応し、発火するおそれがある。
貯蔵・保管	◎酸とは隔離する。　　◎湿気を避け、容器に密封する。
消火方法	◎乾燥砂などで窒息消火する。　　◎水系の消火剤は使用を避ける。

■金属粉

◎法令では、アルミニウム粉及び亜鉛粉で、「目開きが150μmの網ふるいを通過するものが50%未満の粉」は、危険物の対象から除外されている。

▶アルミニウム粉Al

性　質	◎銀白色の軟らかい軽金属粉。　　◎アルミニウムの比重2.7。 ◎水とは徐々に反応し、水素を発生する。　　◎融点660℃。 ◎**両性元素**で、**酸及び強塩基**のいずれの水溶液にも反応して**水素を発生する。** ◎空気中で燃やすと、白色炎を発して**酸化アルミニウム**（アルミナ：白色粉末）を生じる。 ◎空気中ではその表面にち密な酸化被膜をつくる。
危険性	◎空気中で浮遊していると、粉じん爆発の危険性が生じる。 ◎**空気中の水分**及び酸化力の強い**ハロゲン元素**と接触すると、**自然発火**する危険性が生じる。 ◎酸化剤と混合したものは、加熱・摩擦や衝撃により発火しやすい。 ◎加熱した状態にして二酸化炭素雰囲気中に浮遊させると、CO_2の酸素原子と反応して発火するおそれがある。
貯蔵・保管	◎**還元力が強く**（テルミット反応を示す）、ハロゲン元素などの酸化剤とは隔離する。 ◎湿気を避け、容器に密閉する。
消火方法	◎乾燥砂などで窒息消火する。 ◎ソーダ灰（炭酸ナトリウムNa_2CO_3）や金属火災用消火剤も使用できる。 ◎水系の消火剤、ハロゲン化物消火剤は反応するため、使用してはならない。

◎**テルミット反応**…アルミニウムは酸化されやすく、他の物質を還元させる力（**還元力**）が強い。また、燃焼熱も大きい。この性質を利用して、金属酸化物から金属単体を取り出す方法をテルミット反応という。鉄やクロム、コバルトなどの酸化物にアルミニウム粉末を混合して点火すると、激しく反応して**金属酸化物が還元**され、融解した金属の単体が得られる。酸化鉄（Ⅲ）とアルミニウムでは次の反応が起こる。これはレールの溶接などに利用されている。

$$Fe_2O_3 + 2Al \longrightarrow Al_2O_3 + 2Fe$$

▶亜鉛粉 Zn

性　質	◎**青み**を帯びた銀白色の粉末。　　◎亜鉛の比重7.1。 ◎**高温**の状態では**水蒸気と反応**し、水素を発生する。 ◎**両性元素**であり、**酸及びアルカリ**と反応して水素を発生する。 ◎室温で乾燥していると、**ハロゲン**とは反応しにくいが、水分があると容易に反応する。**硫黄**とは、高温にすると反応して硫化亜鉛ZnSを生じる。 ◎空気中ではその表面に**酸化被膜**をつくる。
危険性	◎危険性はアルミニウム粉に準じる。ただし、危険性はやや低い。
貯蔵・保管	◎還元力が強く、ハロゲン元素などの酸化剤とは隔離する。 ◎湿気を避け、容器は密栓する。
消火方法	◎乾燥砂などで窒息消火する。 ◎水系の消火剤、ハロゲン化物消火剤は反応するため、使用してはならない。

▶参考：金属のイオン化列と反応性◀

イオン化列	Li	K	Ca	Na	Mg	Al	Zn	Fe	Ni	Sn	Pb	H$_2$	Cu	Hg	Ag	Pt	Au
常温の空気中での反応	速やかに酸化される。				酸化される。表面に酸化物の被膜を生じる。								酸化されない。				
水との反応	常温で反応する。				熱水と反応。	高温の水蒸気と反応する。		反応しない。									
酸との反応	塩酸や希硫酸に反応して水素を発生する。												硝酸や熱濃硫酸に溶ける。			王水に溶ける。	

※水素H$_2$は非金属であるが、陽イオンになるため表に含めてある。

※アルミニウム、鉄、ニッケルは、濃硝酸に浸すと表面にち密な酸化物の被膜ができ、内部を保護する状態（不動態）になるため、溶けない。

■マグネシウム Mg

◎法令では、「目開きが2mmの網ふるいを通過しない塊状のもの」及び「直径が2mm以上の棒状のもの」は、危険物の対象から除外されている。

性　　質	◎銀白色の展性のある軟らかい金属。 ◎**比重1.7**で、アルミニウム（比重2.7）より軽い。 ◎強熱すると、**白光を放って激しく燃焼**し、白色粉末の酸化マグネシウムMgOになる（かつてカメラのフラッシュに使われていた）。 ◎常温の乾燥空気中では表面に**酸化被膜**が生じるため、酸化が進行しない。ただし、湿った空気中では直ちに光沢を失う。 ◎高温では、ヨウ素、臭素、硫黄、炭素などと直接化合する。 ◎赤熱状態にすると、**二酸化炭素**、二酸化硫黄及び多くの金属酸化物を還元する。 ◎二酸化炭素中でも燃焼し、**酸化マグネシウム**MgOを生成する。 ◎高温にすると窒素とも反応し、窒化マグネシウムMg_3N_2を生成する。
危険性	◎空気中で浮遊していると、粉じん爆発の危険性が生じる。 ◎水とは**徐々に反応**し、**熱水**や塩水、希酸とは直ちに反応して**水素**を発生する。　　$Mg + 2H_2O \longrightarrow Mg(OH)_2 + H_2$ ◎**メタノールと約200℃で反応**し、ジメトキシマグネシウム$Mg(OCH_3)_2$を生成する。 ◎空気中で**吸湿**すると、発熱して**自然発火**することがある。 ◎酸化剤との混合物は、打撃や加熱で発火することがある。 ◎二酸化窒素や二酸化鉛、フッ素との混触により燃焼することがある。
貯蔵・保管	◎**還元力が強く**、ハロゲン元素などの酸化剤とは隔離する。 ◎湿気を避け、容器は密栓する。
消火方法	◎乾燥砂などで窒息消火する。 ◎ソーダ灰（炭酸ナトリウムNa_2CO_3）や金属火災用消火剤も使用できる。 ◎水系の消火剤、ハロゲン化物消火剤、二酸化炭素消火剤は、反応するため使用してはならない。

■引火性固体

◎「固形アルコールその他1気圧において引火点が**40℃未満のもの**」をいう。

◎低引火点の引火性液体を含有しているものが多い。

◎常温（20℃）で**可燃性蒸気を発生する。**

▶固形アルコール

性　質	◎透明～乳白色の**ゼリー（ゲル）状**のもので、アルコール臭がある。また、固形で白色や水色に着色されたものもある。 ◎**メタノール**または**エタノール**を凝固剤で固めてある。携帯用の固形燃料などに使われている。
危険性	◎常温で引火しやすい。
貯蔵・保管	◎常温でも蒸発するため、容器に密栓する。
消火方法	◎泡消火剤、二酸化炭素消火剤、粉末消火剤が有効である。

▶ゴムのり

性　質	◎**生ゴム**にベンジンやベンゼンなどの**溶剤**を加えて、**のり状**にしたもの。増粘剤や加硫剤などが添加されている。 ◎自転車のチューブやウエット・スーツなどのゴム製品の接着に使用する。ゴム材料の接着剤である。
危険性	◎揮発性があり、蒸気は引火する。
貯蔵・保管	◎常温でも蒸発するため、容器に密栓する。
消火方法	◎泡消火剤、二酸化炭素消火剤、粉末消火剤が有効である。

▶ラッカーパテ

性　質	◎パテは、下地のくぼみ、穴等の凹部を埋めて平らにするための下地用塗料である。 ◎ラッカーパテは、**樹脂**、**ニトロセルロース**（硝化綿）、**溶剤**（トルエンなど）などからなるパテで、ペースト状である。溶剤が揮発することで固まる。
危険性	◎蒸気は有機溶剤であり、滞留していると爆発する危険性がある。
貯蔵・保管	◎常温でも蒸発するため、容器は密栓する。
消火方法	◎泡消火剤、二酸化炭素消火剤、粉末消火剤が有効である。

［硫化リン］

【問1】 硫化リンの貯蔵、取扱いについて、次のA～Eのうち誤っているものはいくつあるか。

A．換気のよい冷所で貯蔵する。

B．加熱、衝撃、火気との接触を避けて取り扱う。

C．容器のふたは通気性のあるものを使用する。

D．酸化性物質との混合を避ける。

E．水で湿潤の状態にして貯蔵する。

☑ 1．1つ　　　2．2つ　　　3．3つ　　　4．4つ　　　5．5つ

【問2】 三硫化リンと五硫化リンの性状について、次のA～Eのうち誤っているものはいくつあるか。［★］

A．いずれも黄色または淡黄色の結晶である。

B．いずれも水に容易に溶ける。

C．いずれも二硫化炭素に溶解する。

D．いずれも加水分解すると可燃性ガスを発生する。

E．五硫化リンは、三硫化リンに比較して、融点が低い。

☑ 1．1つ　　　2．2つ　　　3．3つ　　　4．4つ　　　5．5つ

【問3】 五硫化リンが水と反応して発生する有毒な気体は、次のうちどれか。［★］

☑ 1．リン化水素

2．リン化水素と二酸化硫黄

3．二酸化硫黄

4．五酸化リン

5．硫化水素

【問4】 五硫化リンの貯蔵、取扱いの注意事項として、次のうち誤っているものはどれか。

☑ 1．冷所に貯蔵する。

2．加熱や炎との接触を避ける。

3．水との接触を避ける。

4．酸化性物質から隔離する。

5．安定剤として鉛粉を混合する。

【問5】 三硫化リン、五硫化リン、七硫化リンの性状について、次のうち誤っているものはどれか。

☑ 1．比重は三硫化リンが最も小さい。

2．沸点は七硫化リンが最も高い。

3．融点は三硫化リンが最も低い。

4．いずれも加水分解すると有毒な可燃性の硫化水素を発生する。

5．いずれも白色の結晶である。

【問6】 三硫化リン（P_4S_3）、五硫化リン（P_2S_5）、七硫化リン（P_4S_7）に共通する性状について、次のA〜Eのうち正しいものはいくつあるか。[★]

A．淡黄色または黄色の結晶である。

B．約100℃で融解する。

C．比重は1よりも小さく、水に浮く。

D．加水分解すると有毒な可燃性ガスを発生する。

E．燃焼すると有毒なガスを発生する。

☑ 1．1つ 2．2つ 3．3つ 4．4つ 5．5つ

［赤リン］

【問7】 赤リンの性状について、次のうち正しいものはどれか。

☑ 1．約160℃で発火する。

2．比重は1より小さい。

3．水に溶けないが、二硫化炭素にはよく溶ける。

4．塩素酸カリウムと混合したものは、摩擦により容易に発火する。

5．特有の臭気がある。

【問8】 赤リンの性状として、次のうち誤っているものはどれか。

☑ 1．赤褐色の粉末である。

2．二硫化炭素に溶ける。

3．黄リンとは同素体である。

4．約260℃で発火する。

5．燃焼すると有毒な十酸化四リン（五酸化二リン）を生ずる。

【問9】 赤リンの性状等について、次のA〜Eのうち妥当でないものはいくつあるか。

A．赤色系の粉末である。 B．無臭である。

C．空気中で自然発火する。 D．水に不溶で、水に沈む。

E．空気中でりん光を発する。

☑ 1．1つ 2．2つ 3．3つ 4．4つ 5．5つ

問1…正解2（C・E）

 C．容器のふたは通気性のないものを使用して密栓する。

 E．熱水や水により分解すると、硫化水素H_2Sとリン酸H_3PO_4を生じる。そのため、乾燥状態を保つよう貯蔵する。

問2…正解2（B・E）

 B．三硫化リンは熱水に対して徐々に分解し、五硫化リンは水に対して徐々に分解するため、「容易に溶ける」は誤り。

 E．融点は、三硫化リン…172℃、五硫化リン…286〜290℃。

問3…正解5

 5．硫化リンが水と反応すると、硫化水素H_2Sとリン酸H_3PO_4を生じる。

問4…正解5

 5．鉛粉と混合すると、自然発火する危険性が生じる。

問5…正解6

 1．比重は、三硫化リン…2.0、五硫化リン…2.1、七硫化リン…2.2。

 2．沸点は、三硫化リン…407℃、五硫化リン…514℃、七硫化リン…523℃。

 3．融点は、三硫化リン…172℃、五硫化リン…286〜290℃、七硫化リン…310℃。

 5．いずれも黄色または淡黄色の結晶である。

問6…正解3（A・D・E）

 B．融点は、三硫化リン…172℃、五硫化リン…286〜290℃、七硫化リン…310℃。

 C．第2類の危険物（可燃性固体）は、一般に比重は1より大きい。

 D．加水分解により発生する有毒な可燃性ガスは、硫化水素H_2Sである。

 E．燃焼により発生する有毒なガスは、亜硫酸ガスSO_2である。

問7…正解4

 1．赤リンは約260℃で発火する。

 2．赤リンの比重は2.2で1より大きい。

 3．水及び二硫化炭素に溶けない。

 5．無臭である。

問8…正解2

 2．赤リンは二硫化炭素には溶けない。

 4．同素体は同じ元素でできた単体で、互いに性質の異なる物質をいい、赤リンと黄リンは、リンの同素体である。

問9…正解2（C、E）

 C．純粋な赤リンは、空気中に放置しても自然発火しない。

 E．りん光とは、黄リンが燃焼の際に発する青白い光をいう。純度の高い赤リン（黄リンが微量も含まれていないもの）は、空気中で燃焼してもりん光は発しない。

[硫黄]

【問1】 硫黄の性状について、次のうち正しいものはどれか。[★]

☐ 1．水より軽い。　　　　　　　　　　2．水に溶けやすい。
　　3．酸に溶け、硫酸を生成する。　　　4．二硫化炭素に溶けやすい。
　　5．空気中において、100℃で発火する。

【問2】 硫黄の性状について、次のうち誤っているものを2つ選びなさい。[編][★]

☐ 1．空気中で燃やすと、青色の炎をあげて燃える。
　　2．多くの金属元素及び非金属元素と高温で反応する。
　　3．酸化剤との混合物は、加熱、衝撃により爆発することがある。
　　4．エタノール、ジエチルエーテルによく溶ける。
　　5．電気の不導体である。
　　6．空気中で燃やすと、二酸化硫黄が発生する。
　　7．腐卵臭を有している。

【問3】 次に掲げる危険物とその性状との組み合わせとして、誤っているものはどれか。

☐ 1．五硫化リン…………水と反応して、可燃性の硫化水素を発生する。
　　2．固形アルコール……40℃未満で可燃性の蒸気を発生するため、引火しやすい。
　　3．マグネシウム粉……熱水と激しく反応し、水素を発生する。
　　4．赤リン………………燃焼すると、有毒なリン酸化物を生じる。
　　5．硫黄…………………水と反応して、亜硫酸ガスを発生する。

【問4】 硫黄の性状について、次のうち誤っているものはどれか。

☐ 1．水には溶けない。
　　2．微粉が空気中に浮遊していると、粉じん爆発の危険がある。
　　3．塊状では、一般に黄色を呈する。
　　4．圧縮して固形化したものは電気の導体である。
　　5．融点は100℃より高い。

【問5】 硫黄の危険性とその火災予防について、次のうち誤っているものはどれか。

☐ 1．室内に微粉硫黄が充満すると粉じん爆発を起こす危険がある。
　　2．粉末硫黄は乾燥状態で静電気を帯びるため、発火源とならないように、使用する輸送機器は接地する必要がある。
　　3．酸化剤と混合すると、加熱、衝撃、摩擦などによって発火することがある。

4．石油精製工程からの硫化水素を原料とする回収硫黄は、微量の硫化水素を含むことがあるので、特に輸送や貯蔵において注意が必要である。

5．塊状の硫黄は麻袋や紙袋などに詰めて貯蔵するが、粉状のものは袋詰めにできない。

［鉄粉］

【問6】 鉄粉の一般的性状について、次のうち誤っているものはどれか。[★]

☑ 1．鉄粉のたい積物は、空気を含むので熱伝導率が小さい。

2．鉄粉のたい積物は、単位重量当たりの表面積が大きいので、酸化されやすい。

3．乾燥した鉄粉は、小炎で容易に引火し白い炎をあげて燃える。

4．浮遊状態の鉄粉は、火源があると粉じん爆発を起こすことがある。

5．水分を含む鉄粉のたい積物は、酸化熱を内部に蓄積し発火することがある。

【問7】 鉄粉の性状について、次のうち誤っているものはどれか。

☑ 1．粉じん状態では小さな火源でも爆発することがある。

2．塩化ナトリウムと混合したものは、加熱・衝撃で爆発することがある。

3．湿気により酸化し、発熱することがある。

4．加熱したものに注水すると、爆発することがある。

5．油が混触したものを長時間放置すると、自然発火することがある。

【問8】 鉄粉の性状等について、次のうち妥当でないものはどれか。

☑ 1．目開きが $53\mu m$ の網ふるいを通過するものが60wt％以上のものは、消防法に定める危険物に該当する。

2．貯蔵は、湿気を避け、容器は密封する。

3．微粉の状態では、小さな火源で爆発するおそれがある。

4．硝酸、過ギ酸が混触すると、発火するおそれがある。

5．融点は、アルミニウム粉より低い。

［金属粉（アルミニウム粉）］

【問9】 金属粉をこぼした場合の処置として、次のうち最も適切なものはどれか。

☑ 1．衣服についたものは、はたき落とす。

2．湿った布ででふき取る。

3．水で洗い流す。

4．静かに掃き集め、密閉容器に収納する。

5．掃除機で吸引する。

【問10】アルミニウム粉の性状について、次のうち誤っているものはどれか。[★]

☐　1．銀白色の軽金属粉である。

　　2．比重は1よりも小さい。

　　3．水に接触すると可燃性ガスを発生し、爆発する危険性がある。

　　4．空気中に浮遊すると、粉じん爆発を起こす危険性がある。

　　5．金属の酸化物と混合し点火すると、クロムやマンガンのような還元されにくい金属の酸化物であっても還元することができる。

【問11】アルミニウム粉の性状について、次のうち誤っているものはどれか。[★]

☐　1．酸及び強塩基の水溶液と反応して酸素を発生する。

　　2．塩素中で発火するおそれがある。

　　3．加熱したアルミニウム粉を二酸化炭素雰囲気中に浮遊させると発火、爆発のおそれがある。

　　4．Fe_2O_3 と混合して点火すると、Fe_2O_3 が還元され、融解した鉄の単体が得られる。

　　5．湿気を帯びると空気中で発火するおそれがある。

■ 正解＆解説……………………………………………………………………………………

問1…正解4

　　1．硫黄Sの比重は、2.0〜2.1で、水より重い。

　　2＆4．硫黄は水に溶けないが、二硫化炭素CS_2にはよく溶ける。

　　3．硫黄が酸に溶けることはない。硫黄を燃焼させると二酸化硫黄SO_2を生成し、更に酸化させると三酸化硫黄SO_3となる。これを水に溶かすと、硫酸H_2SO_4が得られる。

　　5．硫黄は、232℃で発火する。

問2…正解4＆7

　　4．エタノール、ジエチルエーテルにはわずかに溶ける。

　　7．硫黄自体は無臭である。腐卵臭がするのは、硫化水素H_2Sである。

問3…正解5

　　5．硫黄は水と反応しない。また、水に溶けない。

問4…正解4

　　3．流通している塊状（かいじょう）の硫黄は、一般に黄色である。

　　4．硫黄は電気の不導体であり、圧縮して固形化しても変わらない。このため、硫黄は摩擦等により静電気を生じやすい。なお、近年注目を集めているナトリウム硫黄電池では、正極に液体硫黄が使われているが、この場合、[ナトリウムイオン・硫黄・電子]⇔[多硫化ナトリウム]の化学反応が起きている。硫黄に電気が流れているわけではない。

問5…正解5

　　5．塊状の硫黄は麻袋や紙袋などに詰めて貯蔵できる。また、粉状のものはクラフト
　　　紙（二層）や麻袋（内袋付き）に詰めて貯蔵できる。

問6…正解2

　　2．この問題は、「鉄粉」対「鉄粉のたい積物」として考える。鉄粉をたい積物にす
　　　ると、表面積が小さくなるため、酸化されにくくなる。

問7…正解2

　　2．塩化ナトリウムや塩化カリウムなどは金属火災用消火剤として使用されるため、
　　　鉄粉と混合しても、加熱や衝撃で爆発することはない。

　　4．加熱した鉄粉に注水すると、水と反応して水素を発生し、爆発することがある。

　　5．油の染みた切削くずや鉄粉は、自然発火するおそれがある。

問8…正解5

　　1．目開きが53μmの網ふるいを通過するものが50％以上の場合、消防法に定める
　　　危険物に該当する。

　　5．融点は、鉄粉…1,535℃、アルミニウム粉…660℃。

問9…正解4

　　1．はたき落とす動作によって金属粉が室内で舞い、またその動作によって静電気が
　　　起こると、粉じん爆発の危険性が増す。

　　2＆3．アルミニウム粉などは水と反応して水素H_2を発生するため、水と接触しな
　　　いようにする。

　　5．掃除機で吸い取ると、パイプやホース内を金属粉が空気とともに高速で移動す
　　　る。そのため静電気が発生しやすくなり、粉じん爆発の危険性が増す。

問10…正解2

　　2．アルミニウムは軽金属であるが、比重は2.7である。

問11…正解1

　　1．両性元素であり、酸及び強塩基の水溶液と反応して水素を発生する。

　　　$2Al + 2NaOH + 6H_2O \longrightarrow 2Na[Al(OH)_4] + 3H_2$

　　4．金属酸化物から金属単体を取り出す反応をテルミット反応という。

　　　$Fe_2O_3 + 2Al \longrightarrow Al_2O_3 + 2Fe$

▶▶▶ 過去問題③ ◀◀◀

［金属粉（亜鉛粉）］

【問1】亜鉛粉の性状について、次のうち誤っているものはどれか。

☑　1．青味を帯びた銀白色の金属であるが、空気中では表面に酸化膜ができる。

　　2．酸性溶液中では、表面が不動態となり反応しにくい。

　　3．空気中に浮遊すると、粉じん爆発を起こすことがある。

　　4．空気中の湿気により、自然発火することがある。

　　5．高温では、ハロゲンや硫黄と反応することがある。

【問2】 亜鉛粉の性状について、次のうち誤っているものはどれか。[★]

☐ 1．高温では水蒸気を分解して水素を発生する。

2．水分があれば、ハロゲンと容易に反応する。

3．硫酸の水溶液と反応して水素を発生する。

4．水酸化ナトリウムの水溶液と反応して酸素を発生する。

5．2個の価電子をもち、2価の陽イオンになりやすい。

【問3】 亜鉛粉の性状について、次のうち誤っているものはどれか。

☐ 1．水を含むと酸化熱を蓄積し、自然発火することがある。

2．濃硝酸と混合したものは、加熱、衝撃等によって発火する。

3．軽金属に属し、高温に熱すると赤色光を放って燃える。

4．粒度が小さいほど、燃えやすくなる。

5．水を含んだ塩素に接触すると、自然発火することがある。

［マグネシウム（粉）］

【問4】 マグネシウムの性状について、次のA～Eのうち誤っているものはいくつあるか。[★]

A．銀白色の重い金属である。

B．白光を放ち激しく燃焼し、酸化マグネシウムとなる。

C．酸化剤との混合物は、打撃などで発火することはない。

D．熱水と作用して、水素を発生する。

E．20℃では、酸化被膜を生成し安定である。

☐ 1．1つ　　　2．2つ　　　3．3つ　　　4．4つ　　　5．5つ

【問5】 マグネシウムの性状について、次のA～Dのうち、正しいものの組合せはどれか。

A．窒素とは高温で直接反応し、窒化マグネシウムを生成する。

B．比重はアルミニウムより小さく、1より小さい。

C．20℃では、アルカリ水溶液に溶け、水素を発生する。

D．粉末は、熱水中で水素を発生し、水酸化マグネシウムを生成する。

☐ 1．AとB　　2．AとC　　3．AとD　　4．BとC　　5．CとD

【問6】 マグネシウムの粉末を貯蔵し、または取り扱う場合の火災予防の注意事項として、該当しないものは次のうちどれか。[★]

☐ 1．水と接触させないこと。

2．乾燥塩化ナトリウムと接触させないこと。

3．ハロゲンと接触させないこと。

4．容器を密栓して乾燥した冷暗所に貯蔵すること。

5．二酸化窒素と接触させないこと。

【問7】赤リン、硫黄、硫化リン、アルミニウム粉及びマグネシウム粉を空気中で燃
　　　焼した場合、そのいずれも生成しないものは次のうちどれか。

☑　1．五酸化二リン　　　　2．二酸化炭素　　　3．酸化アルミニウム
　　　4．酸化マグネシウム　　　5．二酸化硫黄

[引火性固体]

【問8】引火性固体の性状について、次のうち誤っているものはどれか。[★]

☑　1．固形アルコール、ラッカーパテ、ゴムのりなどが該当する。
　　　2．いったん着火すると、その燃焼熱で気化して燃焼が継続する。
　　　3．引火点が 40℃未満の固体である。
　　　4．常温（20℃）の空気中で徐々に酸化し発熱する。
　　　5．低引火点の引火性液体を含有しているものが多い。

【問9】引火性固体の性状について、次のうち誤っているものはどれか。

☑　1．常温（20℃）で可燃性の蒸気を発生するものがある。
　　　2．低引火点の引火性液体を含有しているものが多い。
　　　3．ゼリー状のものがある。
　　　4．引火点が、40℃未満の固体である。
　　　5．衝撃により発火するものがある。

【問10】固形アルコールについて、次のA～Dのうち正しいものを組み合せたもの
　　　はどれか。
　　　A．合成樹脂とメタノールまたはエタノールの化合物である。
　　　B．固形アルコールは水と反応して、可燃性蒸気を発生する。
　　　C．20℃で可燃性蒸気を発生するため、引火しやすい。
　　　D．二酸化炭素・泡消火剤による消火は有効である。

☑　1．AとB　　2．AとC　　3．BとC　　4．BとD　　5．CとD

■正解＆解説‥‥

問1…正解2

　　　2．アルミニウム、鉄、ニッケルは、濃硝酸に浸すと表面にち密な酸化物の被膜がで
　　　　き、内部を保護する状態（不動態）になるため、溶けない。ただし、亜鉛は酸性溶
　　　　液に反応して、水素を発生する。

問2…正解4

　　　3＆4．亜鉛は両性元素のため、水酸化ナトリウム溶液とも反応して水素を発生する。
　　　　$Zn + 2NaOH + 2H_2O \longrightarrow Na_2[Zn(OH)_4] + H_2$

399

5．亜鉛は原子番号が30で、電子配置がK殻2個、L殻8個、M殻18個、N殻2個となる。価電子が2個となるため2価の陽イオンとなりやすい。

問3…正解3

2．硝酸は酸化剤として働く。

3．軽金属とは比重が4〜5以下の金属をいう。アルミニウム2.7、マグネシウム1.7、チタン4.5などの他、アルカリ金属やアルカリ土類金属が該当する。亜鉛は比重7.1であるため軽金属には属さない。

5．水分を含んだ塩素（ハロゲン）と接触すると、反応して自然発火することがある。

問4…正解2（A・C）

A．マグネシウムは銀白色の軽い金属である。アルミニウムより軽い。

C．酸化剤との混合物は、打撃などで発火することがある。

問5…正解3

B．マグネシウムの比重は1.7で、アルミニウムの2.7より小さいが、1より大きい。

C．マグネシウムは、アルミニウムや亜鉛のような両性元素ではないため、酸とは反応するものの、アルカリ水溶液とは反応しない。

問6…正解2

2．マグネシウム粉末による火災では、塩化ナトリウムや塩化カリウムなどの金属火災用の消火剤を使用する。

問7…正解2

1．五酸化二リン（十酸化四リン）…赤リン、硫化リン

2．二酸化炭素………………………炭化水素（HC）などの燃焼により生成される。

3．酸化アルミニウム………………アルミニウム粉

4．酸化マグネシウム………………マグネシウム粉

5．二酸化硫黄………………………硫黄

問8…正解4

3．固形アルコールは常温（20℃）で引火する。また、ゴムのり及びラッカーパテは法令で引火点40℃未満と規定されている。

4．引火性固体は、空気中で徐々に酸化することはない。発熱もしない。

5．固形アルコールは、メタノールまたはエタノールを使用している。また、ゴムのり及びラッカーパテは、ともに溶剤に引火点が低い引火性の液体を使用している。

問9…正解5

3．固形アルコールは、ゼリー状である。

5．衝撃により発火するものはない。

問10…正解5

A．固形アルコールは、メタノールまたはエタノールを凝固剤で固めたものである。

B．水との反応性はない。

8 第3類危険物の共通の事項

◎**自然発火性物質**とは、空気中での発火の危険性を判断するための試験（自然発火性試験）において、一定の性状を示すものをいう。

◎**禁水性物質**とは、水と接触して発火し、もしくは可燃性ガスを発生する危険性を判断するための試験（水との反応性試験）において、一定の性状を示すものをいう。

〔水との反応により発生するガス〕

物品 ＋ 水 H_2O			発生するガス
▪ カリウム K	▪ ナトリウム Na	▪ リチウム Li	水素 H_2
▪ カルシウム Ca	▪ バリウム Ba		
▪ 水素化ナトリウム NaH	▪ 水素化リチウム LiH		
▪ トリクロロシラン $SiHCl_3$			塩化水素 HCl
▪ ジエチル亜鉛 $(C_2H_5)_2Zn$	▪ アルキルアルミニウム		エタン C_2H_6 等
▪ リン化カルシウム Ca_3P_2			リン化水素 PH_3
▪ 炭化カルシウム CaC_2			アセチレン C_2H_2
▪ 炭化アルミニウム Al_4C_3			メタン CH_4

■共通する性状

◎**固体**または**液体**である。

◎空気または水と接触すると、直ちに危険性が生じる。

◎黄リンのように自然発火性のみを有している物品、あるいはリチウム Li のように禁水性のみを有している物品もあるが、ほとんどのものは自然発火性及び禁水性の両方の危険性をもっている。

◎物質そのものは、**可燃性**のものと**不燃性**のものがある。

■共通する貯蔵・保管方法

◎自然発火性を有する物品は、空気との接触を避ける。

◎自然発火性を有する物品は、空気の他、**炎・火花・高温体**との接触を避ける。

◎禁水性を有する物品は、水や湿気との接触を避ける。

◎室内の冷暗所に貯蔵する。

◎容器は**密封**する。

◎保護液の中に貯蔵する**カリウム・ナトリウム**（灯油など）、黄リン（水）は、保護液が減少して危険物が**露出**しないようにする。

〔物品別の貯蔵方法〕

貯蔵の方法	物品名
水分との接触を避け、乾燥した場所に貯蔵	▪ リチウム　　▪ カルシウム　　▪ バリウム ▪ リン化カルシウム　　▪ 炭化カルシウム ▪ 炭化アルミニウム　　▪ トリクロロシラン
小分けして、**灯油、軽油、流動パラフィン**などの中に貯蔵	▪ カリウム　　▪ ナトリウム
窒素などの**不活性ガス**の中に貯蔵	▪ アルキルアルミニウム　　▪ ジエチル亜鉛 ▪ ノルマルブチルリチウム
窒素中に貯蔵	▪ 水素化ナトリウム　　▪ 水素化リチウム
水の中に貯蔵	▪ 黄リン

■共通する消火方法

◎乾燥砂、膨張ひる石及び膨張真珠岩は、全ての第3類の危険物の消火に使用することができる。

◎禁水性を有する物品の火災には、水系の消火剤（水・強化液・泡）を使用することができない。

◎禁水性を有する物品の火災には、乾燥砂などの他、炭酸水素塩類を用いた粉末消火剤を用いる（〔消火設備と適応する危険物の火災（政令別表第5）〕162P参照）。

◎一般的な傾向として、還元性の強い物質（K・Na・Mg・Alなど）は、ハロゲン元素と激しく反応する。このため、ハロゲン化物消火剤は適応しない場合が多い。また、安定しているといわれる二酸化炭素とも反応するものがある。この場合は、二酸化炭素消火剤が適応しない。

▶▶▶ 過去問題 ◀◀◀

[共通する性状]

【問1】第3類の危険物の性状について、次のA～Eのうち、誤っているものはいくつあるか。[★]

　　A．それ自体は不燃性である。

　　B．水溶液は強い酸性を示す。

　　C．水と接触して可燃性ガスを発生するものが多い。

　　D．比重は1より大きく、水には溶けない。

　　E．水と反応して酸化物を生成し、強力な酸化剤になる。

　▱　1．1つ　　　2．2つ　　　3．3つ　　　4．4つ　　　5．5つ

【問2】第3類の危険物について、次のうち正しいものはどれか。

☑ 1．すべて固体の物質である。

2．すべて水と接触して発熱する。

3．有機化合物は含まれていない。

4．水と反応すると可燃性気体を出すものがある。

5．すべて強酸化性物質である。

【問3】次のA〜Fの第3類の危険物のうち、禁水性物質に該当しないものはいくつあるか。[編]

A．アルキルアルミニウム　　　B．ナトリウム　　　　C．黄リン

D．ジエチル亜鉛　　　　　　　E．炭化カルシウム　　F．トリクロロシラン

☑ 1．1つ　　　2．2つ　　　3．3つ　　　4．4つ　　　5．5つ

[共通する貯蔵・保管方法]

【問4】第3類の危険物の火災予防の方法として、次のA〜Eのうち正しいものはいくつあるか。[★]

A．常に窒素などの不活性ガスの中で貯蔵し、または取り扱う必要がある。

B．自然発火性の物品は、炎、火花及び高温体との接近を避ける。

C．蓄熱しないように、通風のよい屋外に貯蔵する。

D．容器は、すべて密封し貯蔵する。

E．保護液に保存されている物品は、保護液の減少に注意し、危険物が保護液から露出しないようにする。

☑ 1．1つ　　　2．2つ　　　3．3つ　　　4．4つ　　　5．5つ

【問5】第3類の危険物の貯蔵方法について、次のA〜Dのうち、正しいものを組み合わせたものはどれか。

A．リン化カルシウムを、密閉し乾燥した場所に貯蔵する。

B．黄リンを、乾燥した空気中に貯蔵する。

C．ナトリウムを、アルコール中に貯蔵する。

D．水素化ナトリウムを、窒素を封入した容器に貯蔵する。

☑ 1．AとB　　　2．AとC　　　3．AとD　　　4．BとC　　　5．CとD

【問6】火災予防のため保護液中に貯蔵される危険物は、次のA〜Eのうちいくつあるか。[★]

A．アルキルアルミニウム　　　B．カリウム　　　　C．過酸化ナトリウム

D．黄リン　　　　　　　　　　E．ナトリウム

☑ 1．1つ　　　2．2つ　　　3．3つ　　　4．4つ　　　5．5つ

【問7】 第3類の危険物の貯蔵及び取扱いの方法について、次のうち誤っているものはどれか。

☑ 1．すべて水や炭化水素の中に貯蔵する。
2．酸化剤との接触または混合を避ける。
3．炎、火花、高温体との接触または加熱を避ける。
4．通風、換気のよい冷所に貯蔵する。
5．容器は密閉する。

［共通する消火方法］

【問8】 次の2つの危険物の火災に共通して適応する消火剤として、最も適切な組合せはどれか。

☑ 1．ジエチル亜鉛、炭化カルシウム………… 粉末（炭酸水素塩類）
2．カリウム、ナトリウム……………………… 霧状の水
3．水素化ナトリウム、水素化リチウム…… 泡
4．黄リン、トリクロロシラン……………… 棒状の水
5．カルシウム、バリウム…………………… 二酸化炭素

【問9】 次のA～Fの危険物のうち、水による消火が適切でないもののみをすべて掲げているものはどれか。

A．カルシウム　　　　　B．炭化カルシウム
C．リン化カルシウム　　D．黄リン
E．リチウム　　　　　　F．水素化リチウム

☑ 1．A、B、C　　　　　　2．A、D、E
3．C、D、E、F　　　　　4．A、B、C、E、F
5．B、C、D、E、F

［生成ガス］

【問10】 危険物と水を作用させたときに発生する気体との組み合わせとして、次のA～Dのうち正しいものはどれか。

A．カリウム………………水素
B．リン化カルシウム………アセチレン
C．ナトリウム………………水素
D．炭化カルシウム…………メタン

☑ 1．AとB　　　2．AとC　　　3．BとC
4．BとD　　　5．CとD

【問11】危険物と水とが反応して生成されるガスについて、次のうち誤っている組合せはどれか。

☑ 1．炭化アルミニウム……アセチレン
　　2．リン化カルシウム……リン化水素
　　3．ナトリウム…………水素
　　4．ジエチル亜鉛………エタン
　　5．バリウム……………水素

■ 正解＆解説…………………………………………………………………………………………

問1…正解4（A・B・D・E）

A．可燃性のものと不燃性のものがある。カリウムKやナトリウムNaなどは可燃性であるが、炭化カルシウムCaC₂は不燃性である。CaC₂は水と反応してアセチレンガスC₂H₂を発生する。

B．禁水性を有するものが多いため、設問の「水溶液」自体が不適切。

C．禁水性物質は、多くが水と接触すると、可燃性ガス（水素やエタンなど）を発生する。

D．比重が1より小さいもの（リチウムLiやナトリウムNa、カリウムKなど）もある。

E．水と反応すると、禁水性物質の多くは可燃性ガスを発生する。

問2…正解4

1．液体（アルキルアルミニウムの一部やジエチル亜鉛など）のものもある。

2．禁水性のものは多くが水と接触すると発熱する。しかし、黄リンのように水と反応しない危険物もある。

3．アルキルアルミニウム（(C₂H₅)₃Alなど）やジエチル亜鉛(C₂H₅)₂Zn、炭化カルシウムCaC₂は有機化合物である。

4．禁水性物質は、多くが水と接触すると、可燃性ガス（水素やエタンなど）を発生する。

5．カリウムやナトリウムなどのアルカリ金属は、強い還元性を示す。

問3…正解1（C）

C．黄リンP₄は禁水性物質に該当しない。他のアルキルアルミニウム（(C₂H₅)₃Alなど）、ナトリウムNa、ジエチル亜鉛（(C₂H₅)₂Zn）、炭化カルシウムCaC₂、トリクロロシランSiHCl₃は、いずれも禁水性物質である。

問4…正解3（B・D・E）

A．第3類の危険物について、全てが保護液中や窒素などの不活性ガス中で貯蔵しなければならないというわけではない。アルキルアルミニウム（(C₂H₅)₃Alなど）やジエチル亜鉛(C₂H₅)₂Zn、水素化ナトリウムNaH、水素化リチウムLiHは、空気との反応性が強いため、窒素などの不活性ガス中で貯蔵する。黄リンは水中で保存する。

C．空気と接触すると、直ちに危険性が生じるため、屋外に貯蔵してはならない。

問5…正解3

A．リン化カルシウム Ca_3P_2 は、水、弱酸または湿った空気と激しく反応して、猛毒のホスフィン PH_3（リン化水素）を生成する。

B．黄リン P_4 は、空気と反応して自然発火する。水中で貯蔵する。

C．ナトリウム Na は、灯油や流動パラフィンの中で貯蔵する。

D．水素化ナトリウム NaH は、湿った空気と激しく反応する。窒素を封入した容器に密閉する。

問6…正解3（B・D・E）

カリウム及びナトリウムは灯油などの保護液中に貯蔵する。黄リンは水中（保護液）に貯蔵する。アルキルアルミニウムは、空気との反応性が強いため、窒素などの不活性ガス中で貯蔵する。過酸化ナトリウム Na_2O_2（第1類）は、容器に密栓して貯蔵する。

問7…正解1

1．第3類の危険物について、全てが保護液中で貯蔵しなければならないというわけではない。アルキルアルミニウム（（C_2H_5）$_3Al$ など）やジエチル亜鉛（C_2H_5）$_2Zn$、水素化ナトリウム NaH、水素化リチウム LiH は、空気との反応性が強いため、窒素などの不活性ガス中で貯蔵する。

問8…正解1

1．禁水性の第3類の危険物には、粉末消火剤（炭酸水素塩類）や乾燥砂を用いて消火する。〔消火設備と適応する危険物の火災（政令別表第5）〕162P 参照。

2＆3．第3類の危険物は、黄リンを除き水系（水・強化液・泡）の消火剤は使用できない。

4．黄リンは禁水性がないため、「棒状の水」で消火できる。しかし、トリクロロシラン $SiHCl_3$ は禁水性があるため、水系（水・強化液・泡）の消火剤は使用できない。

5．二酸化炭素などの不活性ガス消火剤やハロゲン化物消火剤も適応しない。

問9…正解4

D．黄リンは禁水性ではないため、水による消火が適応する。

問10…正解2

B．リン化カルシウム Ca_3P_2 ……リン化水素（ホスフィン）PH_3

D．炭化カルシウム CaC_2 ……アセチレン C_2H_2

問11…正解1

1．炭化アルミニウム Al_4C_3 は、水と反応してメタン CH_4 を生成する。

9 第3類危険物の品名ごとの事項

■カリウムK

性質	◎銀白色の軟らかい金属。　◎**比重0.86**。
	◎融点64℃。　◎炎色反応：**赤紫**。
	◎アルカリ金属の単体の反応性は、**K＞Na＞Li**である。
	◎アルカリ金属（Li, Na, K, Rb, Cs）は**1価の陽イオン**になりやすい。
	◎**水**と激しく反応して**水素と熱**を発生する。また、**吸湿性**がある。
	2K＋2HO＝2KOH＋H＋389kJ
	◎アルコールに溶けて水素を発生する。また、反応は水ほど激しくない。
	2CHOH＋2K＝2CHOK＋H
	◎高温で**二酸化炭素**と反応し、**炭素を遊離**する。
	◎ハロゲン元素とも激しく反応する。
	◎高温では水素とも反応し、水素化カリウムKHを生成する。
	◎有機物に対して**強い還元作用**を有する。
危険性	◎水と反応すると、発生する水素が反応熱のために発火して、カリウムとともに燃焼する（この反応が速くなると爆発する）。
	◎水素よりイオン化傾向が大きい金属（**リチウム、カリウム、カルシウム、ナトリウム**など）は、**酸と反応**して**水素**を発生する。
	◎腐食性があり、触れると皮膚をおかす。
	◎空気中の水分と反応して、自然発火することがある。
貯蔵・保管	◎乾燥した場所で貯蔵する。
	◎灯油や**流動パラフィン**（408P参照）などの保護液中に貯蔵する。
	◎空気中での反応性が強いため、あらかじめ小分けにした状態で貯蔵する。
消火方法	◎乾燥炭酸ナトリウムNaCO、乾燥石灰（水酸化カルシウム等）、乾燥砂、膨張ひる石（バーミキュライト）などで消火する。
	◎水系の消火剤（水・強化液・泡）は使用できない。また、還元性が強く反応するため、二酸化炭素消火剤及びハロゲン化物消火剤も使用できない。
	注：水と反応して生成される水酸化カリウムが、二酸化炭素と反応し吸収する。ナトリウムも同様である。

■ナトリウム Na

性　質	◎銀白色の軟らかい金属。　　◎比重0.97。 ◎融点（約98℃）以上に熱すると、**黄色い炎**を出して燃える。（炎色反応：黄色） ◎反応性は**カリウムよりも弱い。** ◎**酸と反応**して**水素**を発生する。 ◎水と激しく反応して、**水素と熱**を発生する。また、水酸化ナトリウム 　NaOHには**潮解性**がある。 　　$2Na + 2H_2O = 2NaOH + H_2 + 369kJ$ ◎水と反応して、陽イオン（Na^+）とOH^-を生じる。 ◎ハロゲン元素とも激しく反応する。 ◎**還元作用**を有する。
危険性	◎水と反応すると、発生する水素が反応熱のために発火して、ナトリウムと 　ともに燃焼する（この反応が速くなると爆発する）。 ◎腐食性があり、触れると皮膚をおかす。 ◎空気中の水分と反応して、自然発火することがある。
貯蔵・保管	◎乾燥した場所で貯蔵する。 ◎灯油・流動パラフィン・軽油などの保護液中に貯蔵する。 　※流動パラフィン…炭化水素化合物の一種で、常温で無色の液体。ホワイ 　　トオイルともいう。 ◎空気中での反応性が強いため、あらかじめ小分けにした状態で貯蔵する。
消火方法	◎膨張ひる石（バーミキュライト）、乾燥炭酸ナトリウムNa_2CO_3、乾燥炭 　酸カルシウム$CaCO_3$、乾燥塩化ナトリウム$NaCl$、乾燥砂などで消火する。 ◎水系の消火剤（水・強化液・泡）は使用できない。また、還元性が強く反 　応するため、**二酸化炭素**消火剤及びハロゲン化物消火剤も使用できない。

■アルキルアルミニウム

◎アルキル基（$-CH_3$や$-C_2H_5$など）がアルミニウムに1個以上結合した化合物。
◎アルキルアルミニウムの中には**ハロゲン元素**が結合しているものがある。

性　質	◎多くは常温で無色透明な液体であるが、固体のものもある。 ◎空気中の酸素に触れると**自然発火**する。また、水に触れると激しく反応し、 　**可燃性ガス**（エタンやエチレンなど）を放出する。 ◎**ベンゼン**C_6H_6や**ヘキサン**C_6H_{14}等の溶媒で希釈したものは、**反応性が 　低減**する。 ◎ポリエチレンや**合成ゴム**製造の重合触媒や、**高級アルコール**合成原料に使 　われている。 ◎約200℃で、アルミニウムと可燃性ガス（エタン、エチレン、水素）また 　は有毒ガス（塩酸（塩化水素）ガス）に分解する。
危険性	◎空気及び水との反応性が強く、接触すると発火する。 ◎一般に、空気または水との**反応性**は、**炭素数**及び**ハロゲン数**が増加するに 　従って**低下**する。

	◎**アルコール類**、ハロゲン化物、アセトン、二酸化炭素と激しく反応する。 ◎**腐食性**が強く、皮膚に触れると激しい火傷を起こす。
貯蔵・保管	◎常に窒素などの**不活性ガス中**に貯蔵し、取り扱う。また、一時的に空になった容器でも、窒素などの**不活性ガスを封入**する。 ◎空気及び水とは接触させない。 ◎長期間容器が加熱されていると、破裂・爆発することがある。 ◎自然分解により容器内の内圧が上昇し、容器が破損するおそれがあるため、**ガラス容器による長期保存は危険**である。容器は耐圧性のあるもので、安全弁（容器の破損を防ぐ）のあるものを使用する。
消火方法	◎発火した場合、**消火は極めて困難**となる。初期の場合は、乾燥砂などで窒息消火する。また、反応性が高いため、二酸化炭素消火剤は適応しない。 ◎水系の消火剤（水・強化液・泡）は使用できない。 ◎ハロゲン化物消火剤は、反応して有毒ガスを発生するため、使用できない。

［**主なアルキルアルミニウムの種類**］

名　称	示性式	分子量	形状
トリエチルアルミニウム	$(C_2H_5)_3Al$	114	無色 液体
ジエチルアルミニウムクロライド	$(C_2H_5)_2AlCl$	120.5	無色 液体
エチルアルミニウムジクロライド	$C_2H_5AlCl_2$	127	**無色 固体**
エチルアルミニウムセスキクロライド※	$(C_2H_5)_3Al_2Cl_3$	247.5	無色 液体

※セスキ（sesqui）は「2分の3」を表す接頭語で、アルミに対する塩素の割合をいう。

■アルキルリチウム

◎アルキル基（$-CH_3$や$-C_2H_5$など）とリチウムが結合した化合物。

◎ブチルリチウムは、ノルマル〜、セカンダリ〜、ターシャリ〜などの異性体がある。

▶ノルマルブチルリチウム（C_4H_9）Li

性　質	◎**黄褐色の液体。**　　◎比重0.84。 ◎空気中の水分・酸素・二酸化炭素と激しく反応する。 ◎水との反応ではブタンを発生する。 　$(C_4H_9)Li + H_2O \longrightarrow C_4H_{10} + LiOH$ ◎空気中では**白煙**をあげ、やがて燃焼する。 ◎**ベンゼン**やパラフィン炭化水素（**ヘキサン、ヘプタン**など）に溶け、溶液中では**反応性が低減**する。
危険性	◎水の他、**アルコールやアミン**とも激しく反応する。 ◎腐食性が強く、**眼や皮膚**を刺激して**ただれさせる。**
貯蔵・保管	◎窒素などの不活性ガス中に貯蔵する。または、真空中に貯蔵する。 ◎空気及び水とは接触させない。
消火方法	◎発火した場合、消火は極めて困難。初期の場合は、乾燥砂などで消火する。 ◎水系の消火剤（水・強化液・泡）は使用できない。 ◎ハロゲン化物消火剤は、反応して有毒ガスを発生するため、使用できない。

■黄リン P₄

性　質	◎白色〜淡黄色のロウ状で、ニラに似た**不快臭**がする。
	◎比重1.8〜2.3。　　◎融点44℃。　　◎発火点34〜44℃。
	◎水に溶けないが、ベンゼン C_6H_6 や**二硫化炭素** CS_2 などの有機溶媒によく**溶ける。**
	◎極めて反応性が強く、微粉状のものは34℃で、固形状のものは60℃（水蒸気飽和空気中では30℃）で自然発火して、暗所ではリン光を発する。
	◎燃焼すると**十酸化四リン**（五酸化二リン）を生成する。十酸化四リンは、昇華性のある無色の固体で、**生成時に白煙を生じる。**
	$P_4 + 5O_2 \longrightarrow P_4O_{10}$
	◎**濃硝酸**と反応して**リン酸**を生じる。
	$P + 3HNO_3 \longrightarrow H_3PO_4 + 2NO_2 + NO$
	◎**強アルカリ**性溶液と反応して、**リン化水素（ホスフィン）**を発生する。
	$P_4 + 4OH^- + 2H_2O \longrightarrow 2HPO_3^{2-} + 2PH_3$
危険性	◎極めて危険な**猛毒**物質。あらゆる接触を避ける。
	◎赤リン（第2類の危険物）より**反応性は極めて大きく**、危険である。
	◎粉じんは点火により爆発する。
貯蔵・保管	◎空気と接触しないように、**水中（保護液）で貯蔵**する。
	◎**酸化剤・ハロゲン**・硫黄・強塩基と隔離する。
消火方法	◎噴霧注水または湿った砂で消火する。
	◎**ハロゲン化物消火剤**は、反応して有毒ガスを発生するため、使用できない。

■アルカリ金属（カリウム及びナトリウム除く）及びアルカリ土類金属

◎アルカリ金属はカリウム K 及びナトリウム Na を除く。

◎アルカリ土類金属（カルシウム Ca・バリウム Ba）は反応性がアルカリ金属（リチウム Li・ナトリウム Na・カリウム K 等）より低い。

▶リチウム Li

性　質	◎銀白色の**軟らかい金属。**　　◎融点：180.5℃。
	◎全ての金属元素の中で**最も軽く、比重0.5。**
	◎密度の大きさは、Li＜K＜Na＜Rb＜Cs の順となる。
	◎炎色反応：**赤（深赤）。**
	◎水と反応して**水素**を発生する。**ハロゲン元素とも反応**する。
	◎酸と反応して水素を発生する。
危険性	◎乾燥空気中では酸化されないが、高温にすると酸素・窒素などと反応する。
	◎湿気があると空気中で自然発火することがある。
貯蔵・保管	◎容器は密栓する。　　◎水とは接触させない。
消火方法	◎乾燥砂などで窒息消火する。
	◎水系の消火剤（水・強化液・泡）は使用できない。
	◎ハロゲン化物消火剤は、反応するため使用できない。

▶カルシウム Ca

性　質	◎**銀白色の金属。**　　◎比重1.6。　　◎炎色反応：**橙赤**。
	◎**水**と反応して**水素**を発生し、水酸化カルシウム（**消石灰**）を生じる。
	$Ca + 2H_2O \longrightarrow Ca(OH)_2 + H_2$
	◎水との反応で、**陽イオン**（Ca^{2+}）となり、OH^-を生じる。
	◎空気中で加熱すると炎をあげて燃焼し、酸化カルシウム（**生石灰**）を生じる。
	$2Ca + O_2 \longrightarrow 2CaO$
	◎**還元性**が強く、多くの有機物や金属酸化物を還元する。脱酸剤・脱硫剤に使われる。
	◎水素中で加熱すると、**水素化カルシウム** CaH_2 を生じる。
	◎**酸と反応**して**水素**を発生する。
危険性	◎水と接触すると常温では徐々に反応し、高温では激しく反応して水素を発生する。
貯蔵・保管	◎容器は密栓する。　　◎水とは接触させない。
消火方法	◎乾燥砂などで窒息消火する。
	◎水系の消火剤（水・強化液・泡）は使用できない。

▶バリウム Ba

性　質	◎銀白色の軟らかい金属。
	◎比重3.6。
	◎金属光沢を有しているが、空気中では徐々に酸化されて**白色の酸化被膜**に覆われ金属光沢を失う。
	◎炎色反応：**黄緑**。
	◎化学的性質はCaに似ているが、作用はより激しい。
	◎**水**と反応して**水素**を発生し、水酸化バリウムを生じる。
	$Ba + 2H_2O \longrightarrow Ba(OH)_2 + H_2$
	◎アルコール、エーテルなどによく溶ける。**ベンゼン** C_6H_6 **には溶けない**。
	◎**ハロゲン**とは常温でも反応する。また、水素中で加熱すると、**水素化バリウム** BaH_2 を生じる。
危険性	◎水と激しく反応して**水素**を発生する。
貯蔵・保管	◎容器は密栓する。　　◎水とは接触させない。
消火方法	◎乾燥砂などで窒息消火する。
	◎水系の消火剤（水・強化液・泡）は使用できない。

■有機金属化合物

◎炭素原子と金属原子間の共有結合をもつ有機化合物。

▶ジエチル亜鉛 $(C_2H_5)_2Zn$

性　質	◎**無色の液体**。 ◎**比重 1.2**。 ◎空気中で容易に酸化され、**直ちに自然発火**する。また、発生する白煙（金属酸化物）は有害である。 ◎自然発火性とともに、**引火性**を有する。 ◎水のほか、アルコールや酸と激しく反応し、**エタン C_2H_6** 等の**炭化水素ガス**を発生する。 ◎ジエチルエーテル $C_2H_5OC_2H_5$、ベンゼン C_6H_6 等の**有機溶媒**に溶ける。
危険性	◎自然発火性が強い。
貯蔵・保管	◎窒素などの**不活性ガス中**に貯蔵する。 ◎空気及び水とは接触させない。
消火方法	◎**粉末消火剤**・乾燥砂を用いて消火する。 ◎水系の消火剤（水・強化液・泡）は、使用してはならない。激しく反応して可燃性のエタン等を発生する。 ◎ハロゲン化物消火剤は、使用してはならない。消火の効果が少ないほか、反応して有毒ガスを発生する。

■金属の水素化物

◎金属と水素の化合物。元の金属に似た性質をもつ。

▶水素化ナトリウム NaH

性　質	◎**灰色**（市販品）**の結晶**。 ◎比重 1.4。 ◎高温にすると、ナトリウムと水素に分解する。 ◎ベンゼン C_6H_6 や二硫化炭素 CS_2 に溶けない。 ◎**水と激しく反応して発熱**し、**水素**を発生する。 　$NaH + H_2O \longrightarrow NaOH + H_2$ ◎アルコール、希酸と反応して水素を発生するため、爆発のおそれがある。 ◎還元性が強く、金属酸化物や有機化合物を還元する。
危険性	◎室温で乾いた空気中では安定であるが、湿った空気中では自然発火する。
貯蔵・保管	◎酸化剤及び水分と接触させない。 ◎**窒素を封入**した容器に密閉する。または、**流動パラフィン**や**鉱油**などの保護液中に分散させて密閉する。
消火方法	◎乾燥砂、消石灰（水酸化カルシウム）、ソーダ灰（炭酸ナトリウム）、金属火災用粉末消火剤（塩化ナトリウム）を用いて消火する。 ◎水系の消火剤（水・強化液・泡）は、使用してはならない。激しく反応して水素を発生する。

▶水素化リチウム LiH

性　質	◎灰色（市販品）の結晶、または透明のガラス状固体。
	◎**比重0.8。**
	◎高温にすると、リチウムと水素に分解する。
	◎エーテルに溶ける。ベンゼン C_6H_6、トルエン C_7H_8 には溶けない。
	◎室温で乾いた空気中では安定である。
	◎一般に、有機溶媒にはほとんど溶けない。
	◎**水と激しく反応して発熱**し、**水素**を発生する。
	$LiH + H_2O \longrightarrow LiOH + H_2$
	◎**強還元剤**として使われる。
危険性	◎加水分解により大量の水素を放出する。　　◎皮膚や眼を激しく刺激する。
	◎高温体や炎と接触すると分解し、刺激性の有毒なアルカリ性ヒュームを生成する。
貯蔵・保管	◎酸化剤及び水分と接触させない。　　◎窒素を封入した容器に密閉する。
消火方法	◎乾燥砂などを用いて消火する。
	◎水系の消火剤（水・強化液・泡）は、使用してはならない。激しく反応して水素を発生する。また、**ハロゲン化物消火剤とも反応する**ため、使用してはならない。

■金属のリン化物

▶リン化カルシウム Ca_3P_2

性　質	◎**暗赤色**の結晶性粉末、または**灰色**の**塊状**固体。
	◎比重2.5。　　◎融点1600℃。
	◎**水、弱酸**または湿った空気と**激しく反応**し、**ホスフィン PH_3（リン化水素）**を生成する。また、加熱によっても容易に分解する。
	$Ca_3P_2 + 6H_2O \longrightarrow 3Ca(OH)_2 + 2PH_3$
	◎リン化水素は**毒性が強い**可燃性ガスである。また、空気中で自然発火する特性もある。
	◎リン化カルシウム自体は不燃性であるが、生成されるリン化水素が自然発火性をもたらし、同時に禁水性の原因ともなる。
	◎リン化水素は腐った魚の臭いが強く、無色である。また、吸入すると肺水腫を起こし、昏睡状態に陥る。
	◎リン化水素は、燃焼すると腐食性で有毒な十酸化四リン（P_4O_{10}）を生成する。
	◎リン化カルシウムは、常温（20℃）の**乾燥空気中では安定**している。
危険性	◎水分及び酸と反応してリン化水素を生成する。
	◎**強酸化剤**と激しく反応し、火災や爆発の危険をもたらす。
貯蔵・保管	◎水分及び酸の他、強酸化剤と接触させない。
消火方法	◎乾燥砂などを用いて窒息消火する。
	◎水系の消火剤（水・強化液・泡）は、使用してはならない。

■カルシウムまたはアルミニウムの炭化物

▶炭化カルシウムCaC_2（カーバイト）

性　質	◎**純品**は無色〜白色の結晶。市販品は不純物のため**灰色**または灰黒色の塊状固体である。 ◎比重2.2。　　◎融点1800〜2300℃。 ◎**流通品**は、不純物と湿気が反応して発生する微量のリン化水素PH_3（腐魚臭）、硫化水素H_2S（腐卵臭）、アンモニアNH_3による**不快臭**がする。 ◎**水**と反応して、**アセチレン**と水酸化カルシウム（消石灰）を生じる。 　$CaC_2 + 2H_2O \longrightarrow C_2H_2 + Ca(OH)_2$ ◎常温（20℃）の乾燥空気中では安定している。ただし、**高温では強い還元性**があり、多くの酸化物などを還元する。
危険性	◎炭化カルシウム自体は**不燃性**であるが、水との反応で発生するアセチレンは引火性・爆発性を有する。
貯蔵・保管	◎水分と接触させない。 ◎必要に応じ、窒素を封入した容器に密閉する。
消火方法	◎乾燥砂、粉末消火剤などを用いて消火する。 ◎水系の消火剤（水・強化液・泡）は、使用してはならない。

▶炭化アルミニウムAl_4C_3

性　質	◎純品は無色の結晶であるが、市販品は**黄色**を呈している。 ◎比重2.4。 ◎**水**と反応して発熱し、**メタン**CH_4を生成する。 　$Al_4C_3 + 12H_2O \longrightarrow 3CH_4 + 4Al(OH)_3$ ◎メタンガス発生剤、触媒、吸湿剤（乾燥剤）、**還元剤**として使用される。
危険性	◎水との反応で発生するメタンは引火性・爆発性を有する。
貯蔵・保管	◎水分と接触させない。 ◎必要に応じ、窒素を封入した容器に密閉する。
消火方法	◎乾燥砂、粉末消火剤などを用いて消火する。 ◎水系の消火剤（水・強化液・泡）は、使用してはならない。

■その他のもので政令で定めるもの

▶トリクロロシラン SiHCl₃

性　質	◎**無色で刺激臭のある液体。**	[構造]
	◎沸点32℃。	Cl
	◎**引火点−28〜−6℃**（資料により異なる）。	Cl−Si−Cl
	◎比重1.34	H
	◎蒸気比重4.7	
	◎燃焼範囲1.2〜90.5vol%。	
	◎水により**加水分解**し、**塩化水素**HClガスを生成する。また、分解の過程で発熱し、発火することがある。	
	◎**強酸化剤、強酸**及び塩基と**激しく反応**し、塩化水素HClを生成する。◎空気中の湿気により発煙する。	
	◎ベンゼン、ジエチルエーテル、二硫化炭素など多くの有機溶媒に溶ける。	
	◎高温で熱分解を起こしケイ素に変わる性質から、半導体工業において高純度ケイ素の主原料として利用される。	
危険性	◎蒸気と空気の混合気体は爆発性がある。 ◎酸化剤と混合すると爆発的に反応する。 ◎腐食性が強い。　　◎水の存在下で多くの金属を侵す。	
貯蔵・保管	◎水分と接触させない。　　◎容器に密閉する。	
消火方法	◎乾燥砂などを用いて窒息消火する。 ◎水系の消火剤（水・強化液・泡）は、使用してはならない。	

▶▶▶ 過去問題① ◀◀◀

[カリウム＆ナトリウム]

【問1】 カリウムの性状について、次のうち誤っているものはどれか。

☐　1．炎の中に入れると、炎に特有の色がつく。

　　2．比重は1より小さい。

　　3．原子は1価の陰イオンになりやすい。

　　4．やわらかく、融点は100℃より低い。

　　5．常温（20℃）で水と接触すると発火する。

【問2】 カリウムの性状について、次のうち誤っているものはどれか。

☐　1．水と反応して、水素を発生する。

　　2．高温で二酸化炭素と反応し、炭素を遊離する。

　　3．比重は1より小さい。

　　4．皮膚に接触すると、皮膚をおかす。

　　5．多数の有機化合物に対して、強い酸化作用を呈する。

415

【問3】 ナトリウムの性状について、次のうち誤っているものを2つ選びなさい。［編］

- ☐ 1．融点以上に加熱すると、黄色の炎を上げて燃焼する。
  - 2．軟らかい金属で、ナイフで切ることができる。
  - 3．水や湿気と反応して水素を発生する。
  - 4．灯油などの保護液中で保存する。
  - 5．消火には二酸化炭素が効果的である。
  - 6．ハロゲンとは反応しない。

【問4】 ナトリウムとカリウムに共通する性状について、次のA〜Eのうち、妥当なものはいくつあるか。

- A．空気に触れないように、水中に保存する。
- B．炎にさらすと、炎色反応を示す。
- C．銀白色の非金属である。
- D．強い酸化剤である。
- E．比重は1より小さい。
- ☐ 1．1つ　　　2．2つ　　　3．3つ　　　4．4つ　　　5．5つ

【問5】 ナトリウム火災の消火方法の組み合わせとして、次のA〜Eのうち、不適切なものすべてを掲げているものはどれか。［★］

- A．膨張ひる石（バーミキュライト）で覆う。
- B．ハロゲン化物消火剤を噴射する。
- C．二酸化炭素消火剤を噴射する。
- D．乾燥したリン酸ナトリウム粉末で覆う。
- E．乾燥した炭酸ナトリウム粉末で覆う。
- ☐ 1．A、B、D　　　2．A、C、E　　　3．A、D、E
  - 4．B、C、D　　　5．B、C、E

［アルキルアルミニウム］

【問6】 アルキルアルミニウムと接触あるいは混合した場合に発熱反応が起きないものは、次のうちどれか。

- ☐ 1．水　　　2．酸素　　　3．アルコール　　　4．ベンゼン　　　5．アセトン

【問7】 アルキルアルミニウムの性状について、次のうち誤っているものはどれか。

- ☐ 1．一般にアルキル基とアルミニウムとの化合物をいうが、ハロゲンを含むものもある。
  - 2．純品で流通することが多いが、ヘキサン溶液として流通する場合もある。
  - 3．一般に無色の液体で、空気に触れると、急激に酸化され発火するものがある。
  - 4．アルキル基の炭素数が多いものほど、発火の危険性が大きい。

5．泡消火剤などの水を基剤とする消火剤とは、爆発的に反応する。

【問8】次の文の下線部分A〜Fのうち、誤っているもののみを掲げているものはどれか。

「アルキルアルミニウムは、一般にアルキル基とアルミニウムを有する化合物をいうが、(A) これにはすべてハロゲンが含まれている。

この化合物のうち低分子量のものは、常温（20℃）で液体のものが多く、また空気に触れると発火するものがある。

しかし、(B) 水とは反応しない。空気に触れることによる発火危険性は、一般に、(C) 炭素数が増加するに従って低下する。(D) 皮膚に触れると激しい火傷を起こす。

消火には (E) 注水消火が適するが、(F) ハロン1301、二酸化炭素等による消火は適しない。」

☑ 1．A、D、F 　　2．A、C、F 　　　3．A、B、E
　　4．B、C、E 　　5．B、D、E

【問9】アルキルアルミニウムの貯蔵、取扱いについて、次のうち誤っているものはどれか。

☑ 1．空気と接触すると発火するので、水中に貯蔵する。
　　2．身体に接触すると火傷等になるので、保護具を着用して取り扱う。
　　3．常に窒素などの不活性の気体中で貯蔵し、または取り扱う必要がある。
　　4．一時的に空になった容器でも、容器内に付着、残留しているおそれがあるので、窒素などの不活性の気体を封入しておく。
　　5．自然分解により容器内の圧力が上がり、容器が破損するおそれがあるので、ガラス容器による長期保存は危険である。

［ノルマルブチルリチウム（アルキルリチウム）］
【問10】ノルマルブチルリチウムの性状について、次のうち誤っているものはどれか。

☑ 1．20℃では赤褐色の結晶である。
　　2．水、アルコールと激しく反応する。
　　3．眼や皮膚を刺激し、ただれさせる。
　　4．ベンゼン、ヘキサンに溶ける。
　　5．空気と接触すると白煙を生じる。

【問11】 ノルマルブチルリチウムの貯蔵または取扱いの際に、希釈するために用いられるものは次のうちどれか。

☑ 1. ジエチルエーテル　　　2. アルコール　　　3. アニリン
　 4. ヘキサン　　　　　　　5. 酢酸

【問12】 アルキルリチウムと接触あるいは混合した場合に発熱反応が起きないもの、発火するおそれがないものは、次のうちいくつあるか。［編］［★］

　 A. ヘプタン　　　B. ヘキサン　　　C. ベンゼン　　　D. 酸化プロピレン
　 E. 酢酸　　　　　F. メタノール　　　G. エタノール　　　H. メチルアミン
　 J. アセトン　　　K. 酸素　　　　　L. 二酸化炭素　　　M. 水蒸気

☑ 1. 1つ　　　2. 2つ　　　3. 3つ　　　4. 4つ　　　5. 5つ

■ 正解＆解説‥‥‥‥‥‥‥‥‥‥‥‥‥‥‥‥‥‥‥‥‥‥‥‥‥‥‥‥‥‥‥‥‥‥‥‥

問1…正解3
　　1. カリウムKは、赤紫の炎となる。
　　2. 比重は0.86で、1より小さい。
　　3. アルカリ金属であるカリウムの原子は、1価の陽イオン（K^+）になりやすい。
　　4. カリウムの融点は64℃である。

問2…正解5
　　3. 比重は0.86で、1より小さい。
　　5. 多数の有機化合物に対して、強い還元作用を呈する。

問3…正解5＆6
　　5. 還元性が強く反応するため、二酸化炭素消火剤及びハロゲン化物消火剤も使用できない。
　　6. ハロゲンと激しく反応する。ハロゲンは酸化力が強い。

問4…正解2（B、E）
　　A. 小分けして、灯油や流動パラフィンなどの中に貯蔵する。
　　B. ナトリウム Na は黄色、カリウムは紫色を示す。
　　C. どちらも銀白色の金属である。
　　D. どちらも還元剤である。
　　E. 比重はナトリウムが0.97、カリウムが0.86である。

問5…正解4
　　ナトリウム Na の火災は、膨張ひる石、乾燥炭酸ナトリウム Na_2CO_3、乾燥炭酸カルシウム $CaCO_3$、乾燥塩化ナトリウム $NaCl$、乾燥砂などで消火する。
　　リン酸ナトリウムには、リン酸二水素ナトリウム NaH_2PO_4 とリン酸三ナトリウム Na_3PO_4 がある。リン酸二水素ナトリウムは食品などに、リン酸三ナトリウムは食品添加物などに使われる。

問6…正解4

　　１＆２．自然発火性と禁水性があるため、酸素及び水と激しく反応する。

　　３＆５．アルコールやアセトンCH_3COCH_3とは激しく反応する。

　　４．ベンゼンC_6H_6やヘキサンC_6H_{14}と混合すると、反応性が低下する。

問7…正解4

　　４．アルキル基の炭素数が多いものほど、反応性が低下する。

問8…正解3

　　Ａ．塩素などのハロゲンを含んでいるものもあるが、全てがハロゲンを含んでいるわけではない。

　　Ｂ．水と激しく反応して、エタンC_2H_6やエチレンC_2H_4を発生する。

　　Ｃ．空気または水との発火危険性（反応性）は、一般に炭素数及びハロゲン数が増加するに従って低下する。

　　Ｅ．注水は厳禁。

問9…正解1

　　１．空気や水と激しく反応するため、不活性ガス中に貯蔵する。

問10…正解1

　　１．ノルマルブチルリチウム（C_4H_9）Liは、黄褐色の液体である。

問11…正解4

　　ノルマルブチルリチウム（アルキルリチウム）は、空気中の水分・酸素・二酸化炭素と激しく反応する。また、アルコールやアミンとも激しく反応する。

　　ベンゼンC_6H_6やヘキサンC_6H_{14}とはよく溶けるため、反応性を低減させるために溶媒として用いられる。

問12…正解3（Ａ・Ｂ・Ｃ）

　　Ａ～Ｃ．ベンゼンC_6H_6やパラフィン炭化水素（ペンタンC_5H_{12}、ヘキサンC_6H_{14}、ヘプタンC_7H_{16}など）には溶けるため、希釈して反応性を低減させる目的で用いられる。

　　Ｄ～Ｍ．酸化プロピレンC_3H_6O、酢酸CH_3COOH、アルコール、メチルアミン、アセトンCH_3COCH_3、酸素、二酸化炭素、水蒸気とは激しく反応する。

▶▶▶ 過去問題② ◀◀◀

［黄リン］

【問１】黄リンの性状について、次のＡ～Ｅのうち、正しいものの組み合わせはどれか。[★]

　　Ａ．燃焼すると有毒の十酸化四リン（五酸化二リン）を生成する。

　　Ｂ．赤リンよりも反応性が小さい。　　　Ｃ．人体に無害である。

　　Ｄ．二硫化炭素に不溶である。　　　　Ｅ．空気中に放置すると発火する。

☐　１．ＡとＢ　　　２．ＡとＥ　　　３．ＢとＣ　　　４．ＣとＤ　　　５．ＤとＥ

【問2】 黄リンの性状について、次のうち誤っているものはどれか。［編］［★］

☑ 1．水に溶けないが、二硫化炭素に溶ける。

2．燃焼すると無水リン酸ができるため、白煙を生じる。

3．発火点は、100℃より高い。

4．濃硝酸と反応して、リン酸を生じる。

5．極めて反応性に富み、ハロゲンとも反応する。

6．毒性が極めて強い。

【問3】 黄リンの貯蔵、取扱いに関する次のA～Dについて、正誤の組合せとして、妥当なものはどれか。

	A	B	C	D
☑ 1.	○	○	○	×
2.	○	×	○	○
3.	×	○	×	×
4.	×	×	×	○
5.	×	○	○	×

A．毒性は極めて強く、皮膚等に触れないよう取扱いには十分注意する。

B．酸化剤との接触を避ける。

C．直射日光を避け、冷暗所に貯蔵する。

D．空気に触れないようにベンゼン溶液中に密封して貯蔵する。

注：表中の○は正、×は誤を表すものとする。

【問4】 次の文の（　）内のA～Dに当てはまる語句の組み合わせとして、正しいものはどれか。

　「黄リンは反応性に富み、空気中で（A）して（B）を生じる。このため、（C）の中に保存される。また、極めて有毒であり、空気を断って約250℃に熱すると赤リンになる。赤リンはよく燃え、燃焼すると（D）なリンの酸化物が発生する。」

	(A)	(B)	(C)	(D)
☑ 1.	自然発火	P_4O_{10}	水	有毒
2.	分解	H_3PO_4	アルコール	有毒
3.	自然発火	H_3PO_4	アルコール	無毒
4.	分解	P_4O_{10}	水	無毒
5.	自然発火	H_3PO_4	水	無毒

【問5】 黄リンの火災に対する消火方法として、適切でないものは次のうちいくつあるか。［編］

A．霧状の水を放射する。　　　　　　B．霧状の強化液を放射する。

C．泡消火剤を放射する。　　　　　　D．二酸化炭素消火剤を放射する。

E．乾燥砂で覆う。　　　　　　　　　F．湿った砂で覆う。

G．ハロゲン化物消火剤を放射する。

☑ 1. 1つ　　　2. 2つ　　　3. 3つ　　　4. 4つ　　　5. 5つ

【問6】黄リンと赤リンに関する性状の比較において、次のうち誤っているものはどれか。

☑ 1. 黄リンは赤リンより融点が低い。
　　2. 黄リンは赤リンより発火しやすい。
　　3. 黄リンは赤リンより毒性が強い。
　　4. 黄リンは禁水性の固体であるが、赤リンは可燃性の固体である。
　　5. 黄リンは二硫化炭素によく溶けるが、赤リンは溶けない。

[アルカリ金属及びアルカリ土類金属]

【問7】リチウムの性状について、次のうち誤っているものはどれか。

☑ 1. 銀白色の軟らかい金属である。
　　2. 深紅色または深赤色の炎を出して燃える。
　　3. カリウムやナトリウムより比重が小さい。
　　4. 常温（20℃）で水と反応し、水素を発生する。
　　5. 空気に触れると直ちに発火する。

【問8】カルシウムの性状について、次のうち誤っているものはどれか。

☑ 1. 銀白色の固体である。
　　2. 水と反応して、水素を発生する。
　　3. 燃焼すると、橙赤色の炎を上げて燃える。
　　4. 電気の不良導体である。
　　5. 還元性がある。

【問9】ナトリウムとカルシウムに共通する性質について、次のうち誤っているものはどれか。

☑ 1. 酸と反応して水素を生じる。
　　2. 水と反応して、陽イオンとなる。
　　3. 水酸化物は潮解性が有り、水に良く溶ける。
　　4. それぞれ金属元素特有な炎色反応を示す。
　　5. 炭酸塩は、水酸化物に二酸化炭素を加えることにより、炭酸塩の単体が得られる。

【問10】 カルシウムの性状として、次のA〜Eのうち、妥当なものはいくつあるか。
    A．比重は1より小さい。
    B．水と反応して水素を発生する。
    C．水素と高温（約200℃）で反応させると、水素化カルシウムになる。
    D．空気中で加熱すると燃焼して、酸化カルシウムになる。
    E．可燃性で、かつナトリウムより反応性は大きい。
☑ 1．1つ   2．2つ   3．3つ   4．4つ   5．5つ

【問11】 バリウムの性状について、次のうち誤っているものはどれか。[★]
☑ 1．水とは、常温（20℃）で激しく反応し酸素を発生する。
    2．炎色反応は、黄緑色を呈する。
    3．ハロゲンと反応し、ハロゲン化物を生成する。
    4．空気中では、常温（20℃）で表面が酸化される。
    5．水素とは、高温で反応し水素化バリウムとなる。

【問12】 バリウムの性状として、次のうち正しいものはどれか。
☑ 1．比重は1より小さい。
    2．ベンゼンによく溶ける。
    3．高温になると発火し、赤色を帯びた火炎をあげて燃焼する。
    4．白色の粘性のある液体である。
    5．水と激しく反応して水素を発生する。

■正解＆解説‥‥‥‥‥‥‥‥‥‥‥‥‥‥‥‥‥‥‥‥‥‥‥‥‥‥‥‥‥‥‥‥‥‥‥‥‥‥

問1…正解2
    B．黄リンP_4の反応性は、赤リンPより極めて大きい。
    C．人体に極めて有害である。
    D．二硫化炭素によく溶ける。

問2…正解3
    3．発火点は34〜44℃である。

問3…正解1
    D．黄リンP_4は空気に触れないように、水中に密封して貯蔵する。

問4…正解1
    黄リンは、空気中で自然発火して十酸化四リンP_4O_{10}を生じる。このため、空気を遮断する目的で、水中に保存される。空気を遮断して約250℃に熱すると、赤リンが生じる。黄リンと赤リンは同素体である。赤リンを燃焼させると、有毒なリン酸化物（十酸化四リンP_4O_{10}）を生じる。「7．第2類危険物の品名ごとの事項 ■赤リン」386P参照。

問5…正解2（D・G）

　　D．第3類の危険物の火災には、二酸化炭素消火剤及びハロゲン化物消火剤は適応しない。

　　G．ハロゲン化物消火剤は、黄リンと反応し有毒ガスを発生するため使用できない。

問6…正解4

　　1．融点は、黄リン…44℃、赤リン…590℃。

　　2．黄リンは赤リンより反応性が極めて大きく、空気中にある場合、容易に自然発火する。

　　3．黄リンは極めて危険な猛毒物質であるが、赤リンの毒性は低い。

　　4．黄リンは禁水性物質ではなく、自然発火性物質である。また水中で貯蔵する。赤リンは第2類の可燃性固体。

問7…正解5

　　3．比重は、リチウムLi…0.5、カリウムK…0.86、ナトリウムNa…0.97。

　　5．空気に触れて直ちに発火するわけではない。また、乾燥空気中では酸化されない。

問8…正解4

　　4．カルシウムは金属であり、電気の良導体である。

問9…正解3

　　3．水酸化ナトリウムNaOHは潮解性が有り、水に良く溶ける。しかし、水酸化カルシウムCa(OH)$_2$は、水に少し溶けて潮解性がない。

　　4．炎色反応　ナトリウム…黄色、カルシウム…橙赤色。

　　5．$2NaOH + CO_2 \longrightarrow Na_2CO_3 + H_2O$
　　　　$Ca(OH)_2 + CO_2 \longrightarrow CaCO_3 + H_2O$

問10…正解3（B、C、D）

　　A．カルシウムの比重は1.6である。

　　E．カルシウムは可燃性であるが、反応性はアルカリ金属のナトリウムより小さい。

問11…正解1

　　1．水と激しく反応して、水素と水酸化バリウムBa(OH)$_2$を生成する。

　　2．2族元素の炎色反応は、カルシウムCa…橙赤、ストロンチウムSr…紅、バリウムBa…黄緑。

　　4．白色の酸化被膜に覆われる。

問12…正解5

　　1．比重は3.6で1より大きい。

　　2．ベンゼンには溶けない。アルコールやエーテルなどによく溶ける。

　　3．バリウムの炎色反応は黄緑である。

　　4．銀白色の柔らかい金属である。

[有機金属化合物（ジエチル亜鉛）]

【問1】 ジエチル亜鉛の性状について、次のうち誤っているものはどれか。[★]

☐　1．無色の液体である。　　　　　　　2．比重は1より大きい。

　　3．メタノールに可溶である。　　　　4．空気中で直ちに自然発火する。

　　5．水と激しく反応し、エタンガスを発生する。

【問2】 ジエチル亜鉛の性状について、次のうち誤っているものはどれか。

☐　1．無色の液体である。　　　　　　　2．容易に酸化する。

　　3．空気中で自然発火する。　　　　　4．ジエチルエーテルやベンゼンに溶ける。

　　5．非水溶性で、水に浮く。

[金属の水素化物]

【問3】 水素化ナトリウムの性状について、次のうち誤っているものはどれか。[★]

☐　1．20℃では粘性のある液体である。

　　2．水と反応して水素を発生する。

　　3．高温でナトリウムと水素に分解する。

　　4．鉱油中では安定である。

　　5．ベンゼン、二硫化炭素には溶けない。

【問4】 水素化ナトリウムの保護液として、次のうち最も適切なものはどれか。

☐　1．水　　　　　　　2．アルコール　　　　　3．グリセリン

　　4．酢酸　　　　　　5．流動パラフィン

【問5】 水素化リチウムの性状について、次のうち誤っているものはどれか。

☐　1．酸化性を有する。　　　　　　　　2．皮膚や眼を激しく刺激する。

　　3．水よりも軽い。　　　　　　　　　4．有機溶媒に溶けない。

　　5．水によって分解される。

【問6】 水素化リチウムの性状として、次のうち誤っているものはどれか。

☐　1．高温面や炎に触れると分解し、有毒なヒュームを生成する。

　　2．強酸化剤として用いられる。

　　3．水または水蒸気に接すると、大量の水素と熱を発生して激しく反応する。

　　4．20℃の乾燥した空気中では安定である。

　　5．泡、ハロゲン化物などの消火剤と激しく反応する。

［金属のリン化物（リン化カルシウム）］

【問7】 リン化カルシウムの性状について、次のうち誤っているものはどれか。[★]

☑ 1．暗赤色の結晶性粉末または灰色の塊状物である。

2．比重は1より大きい。

3．水と激しく反応し、可燃性のアセチレンガスを発生する。

4．強酸化剤と激しく反応する。

5．常温（20℃）の乾燥空気中では安定である。

【問8】 リン化カルシウムの性状について、次のうち妥当でないものはどれか。

☑ 1．強酸化剤と激しく反応する。

2．20℃の乾燥空気中で、安定である。

3．水分と接すると、有毒な自然発火性のガスを生じる。

4．結晶性粉末または塊状の固体である。

5．融点は、約160℃である。

［カルシウムまたはアルミニウムの炭化物］

【問9】 炭化カルシウムの性状について、次の文の（　）内のA～Cに当てはまるものの組み合わせとして、正しいものはどれか。

「炭化カルシウムは、カルシウムカーバイトとも呼ばれ、市販品は（A）の塊状固体である。水と反応して（B）を発生し、水酸化カルシウムを生成する。高温では強い（C）がある。」

	（A）	（B）	（C）
☑ 1．	灰色または灰黒色	アセチレン	酸化性
2．	黄色	アセチレン	酸化性
3．	灰色または灰黒色	アセチレン	還元性
4．	黄色	水素	酸化性
5．	灰色または灰黒色	水素	還元性

【問10】 炭化カルシウムの性状について、次のうち誤っているものはどれか。[★]

☑ 1．純品は常温（20℃）で無色または白色の正方晶系の結晶であるが、一般的な流通品は不純物のため、灰色を呈していることが多い。

2．一般的な流通品は、不純物と空気中の湿気とが反応して発生するごく微量のリン化水素、硫化水素、アンモニアなどによる特有なにおいがする。

3．水とは直ちに反応して、エチレンを発生し、水酸化カルシウムとなって崩壊する。

4．高温では強い還元性があり、多くの酸化物を還元する。

5．それ自体には爆発性も引火性もない。

【問11】 炭化カルシウムの性状について、次のうち妥当なものはどれか。

☐　1．橙赤色の結晶である。

　　2．比重は1より大きい。

　　3．融点は1,000℃より低い。

　　4．窒素と約600℃以上で反応し、石灰窒素を生成する。

　　5．高温では強い酸化剤である。

【問12】 水と反応して可燃性気体を生じ、その気体の燃焼生成物が水酸化カルシウム水溶液を白濁させる物質として、次のうち正しいものはどれか。

☐　1．Na　　　　2．CrO_3　　　　3．KIO_3　　　　4．CaC_2　　　　5．Mg

【問13】 炭化アルミニウムの性状について、次の文の（　）内のA〜Cに当てはまる語句の組み合わせとして、正しいものはどれか。

「純粋なものは常温（20℃）で無色の結晶だが、通常は（A）を呈していることが多い。触媒や乾燥剤、（B）などとして使用される。また水と作用して（C）を生成し、発熱する。」

	（A）	（B）	（C）
☐　1．	黄色	還元剤	メタン
2．	灰色	酸化剤	エタン
3．	黄色	還元剤	エタン
4．	灰色	還元剤	エタン
5．	黄色	酸化剤	メタン

[その他のもので政令で定めるもの（トリクロロシラン）]

【問14】 トリクロロシランの性状について、次の文の下線部分（A）〜（D）のうち、誤っているものすべてを掲げているものはどれか。[★]

「トリクロロシランは、常温（20℃）において、(A) 無色の (B) 液体で、引火点は常温（20℃）より低いが、燃焼範囲が (C) 狭いため、引火の危険は低い。しかし、(D) 水と反応して、塩化水素を生成するので危険である。」

☐　1．（A）　　2．（B）　　3．（C）　　4．（D）　　5．（A）と（B）

【問15】 トリクロロシランの性状について、次のうち誤っているものはどれか。

☐　1．無色で刺激臭のある液体である。　　　　2．沸点は約32℃である。

　　3．引火点は0℃より低い。　　　　　　　4．水に溶ける。

　　5．ベンゼンや二硫化炭素などの有機溶媒に溶けない。

【問16】 トリクロロシランの性状について、次のうち誤っているものはどれか。

☑ 1．刺激臭のある無色の液体である。

2．沸点は約32℃である。

3．水と激しく反応して塩化水素を生成する。

4．強酸と激しく反応する。

5．蒸気比重は1より小さい。

■ **正解＆解説**……………………………………………………………………………………

問1…正解3

2．比重は1.2である。

3＆5．メタノールや水と激しく反応し、エタンC_2H_6等の炭化水素ガスを発生する。

4．ジエチル亜鉛（C_2H_5）$_2$Znは、特に自然発火性が強い。

問2…正解5

5．比重1.2のため、水に沈む。

問3…正解1

1．水素化ナトリウムNaHは灰色の結晶である。

問4…正解5

5．水素化ナトリウムの保護液として、流動パラフィンや鉱油が使われている。保護
液を使わない場合は、窒素を封入した容器に密閉する。

問5…正解1

1．還元性を有する。

問6…正解2

1．高温面や炎と接触すると分解し、刺激性の有毒なアルカリ性のヒュームを生成す
る。

2．水素化リチウムは強還元剤として用いられる。

5．水系（水・強化液・泡）の消火剤は使用できない。また、水素化リチウムは強還
元剤であり、ハロゲン化物消火剤とも反応する。

問7…正解3

2．比重は2.5で1より大きい。

3．水と激しく反応して、ホスフィンPH_3（リン化水素）を生成する。水と反応して
可燃性のアセチレンC_2H_2ガスを発生するのは、炭化カルシウムCaC_2（カーバイト）
である。

問8…正解5

5．リン化カルシウムの融点は1,600℃である。

問9…正解3

炭化カルシウムCaC_2の市販品は灰色または灰黒色の塊状固体で、水と反応して可
燃性のアセチレンC_2H_2ガスを発生し、水酸化カルシウムを生成する。また、高温で
は強い還元性がある。

問10…正解3

3. 水と反応して発生するのはアセチレンC_2H_2である。エチレンC_2H_4ではない。
   $$CaC_2 + 2H_2O \longrightarrow C_2H_2 + Ca(OH)_2$$

問11…正解2

1. 純品は無色〜白色の結晶だが、市販品は不純物を含むため灰色または灰黒色である。

2. 比重は2.2で1より大きい。

3. 融点は1,800〜2,300℃で1,000℃より高い。

4. 窒素と約1,200℃以上で反応させると石灰窒素ができる。石灰窒素は土壌の消毒や肥料、農薬として使用される。

5. 高温では強い還元剤である。

問12…正解4

1. ナトリウムNaは水と反応して水素H_2を生じる。水素は燃焼すると水になる。

2. 三酸化クロムCrO_3は水に溶けると、クロム酸となる。

3. ヨウ素酸カリウムKIO_3は冷水にわずかに溶ける。

4. 炭化カルシウムCaC_2は水と反応してアセチレンC_2H_2を生じる。アセチレンは燃焼すると二酸化炭素により、水酸化カルシウム水溶液を白濁させる。
   $$Ca(OH)_2 + CO_2 \longrightarrow CaCO_3 + H_2O$$

5. マグネシウムMgは水と徐々に反応して水素H_2を生じる。水素は燃焼すると水になる。

問13…正解1

炭化アルミニウムAl_4C_3は、無色〜黄色の結晶または粉末である。触媒や乾燥剤、還元剤として使われる。水と反応してメタンCH_4を生成し、発熱する。

問14…正解3

C. トリクロロシラン$SiHCl_3$の燃焼範囲は、1.2〜90.5vol％と広いため、引火の危険性が高い。

D. 水により加水分解し、塩化水素HClを生成する。

問15…正解5

3. 引火点は−28℃〜−6℃である。

4. 水により加水分解し、塩化水素HClを生成する。

5. ベンゼン、二硫化炭素など多くの有機溶媒に溶ける。

問16…正解5

3. 水により加水分解し、塩化水素HClを生成する。また分解の過程で発熱し、発火することがある。

4. 酸化剤、強酸及び塩基とは激しく反応し、塩化水素HClを生成する。

5. 蒸気比重は4.7で1より大きい。

10 第4類危険物の共通の事項

◎**引火性液体**とは、液体であって、引火の危険性を判断するための試験（引火点測定試験）において引火性を示すものをいう。

■共通する性状

◎全て引火性の液体である。引火点が低いものほど、蒸気が発生しやすく引火の危険性が高い。

◎**蒸気比重は1より大きい**。このため、液体の危険物が発生する蒸気は、低所に滞留したり、低所を伝って広がる。そのため、屋内では蒸気の排出設備の吸気口の位置は床面近くとし、排気口は屋外の高所に設けなければならない。蒸気は引火の危険性が高い。

　　例：ジエチルエーテル2.6、二硫化炭素2.6、アセトアルデヒド1.5、ガソリン
　　　　3～4、アセトン2、メタノール1.1、灯油4.5、軽油4.5、酢酸2.1

◎液比重は1より小さいものが多い。水に溶けないものは、水に浮くため燃焼面が広がることがある。

◎水に溶けないものが多い。ただし、アルコール類は水溶性である。

◎一般に**電気の不良導体**である。このため、**静電気が蓄積**しやすく、放電時の火花で引火する危険性が高い。

■共通する貯蔵・保管方法

◎容器は密栓して、冷暗所に貯蔵する。

◎炎・火花・高温体との接近を避ける。

◎蒸気が滞留しているおそれのある場所では、火花を発生する機械器具を使用してはならない。

◎静電気が蓄積するおそれのある対象物には、接地するなど静電気を除去する措置を講じる。

◎**酸化性物質**（第1類や第6類の危険物等）と激しく反応するため混触等を避ける。

■共通する消火方法

◎液比重が1より小さい危険物の火災では、注水すると危険物が水に浮いて火災範囲を広げることがある。このため、注水による消火は適当でない。

◎第4類の危険物の火災に適用する消火剤は、**強化液消火剤（霧状）・泡消火剤・二酸化炭素消火剤・ハロゲン化物消火剤・粉末消火剤**である。

◎ただし、アルコール類やアセトアルデヒド、アセトン、酸化プロピレンなど水溶性の液体は、普通の泡消火剤を使用すると泡が溶けて消滅してしまうため、**水溶性液体用泡消火剤**を使用する。

［共通する性状］

【問1】 第4類の危険物の性状について、次のうち誤っているものはどれか。[★]

- ☑ 1．引火して炎をあげて燃える。
  2．沸点が水より高いものがある。
  3．燃焼下限界と燃焼上限界をもつ。
  4．燃焼点が引火点より低いものがある。
  5．引火しても燃焼が継続しないものがある。

【問2】 第4類の危険物の一般的な性状について、次のうち妥当でないものはどれか。

- ☑ 1．流動性が高く、火災になった場合に拡大するおそれがある。
  2．いずれも引火点を有する。
  3．非水溶性のものは、電気の不良導体で静電気が蓄積されやすい。
  4．可燃性蒸気は、低所に滞留する。
  5．比重は、1より大きいものが多い。

【問3】 第4類の危険物の一般的性状について、次の文の（　）内のA〜Cに当てはまる語句の組み合わせとして、正しいものはどれか。

　　「第4類の危険物は、引火点を有する（A）である。比重は1より（B）ものが多く、また、蒸気比重は1より（C）ものが多い。」

	（A）	（B）	（C）
☑ 1．	液体または固体	大きい	小さい
2．	液体	大きい	大きい
3．	液体または固体	小さい	大きい
4．	液体	小さい	小さい
5．	液体	小さい	大きい

［共通する貯蔵・保管方法］

【問4】 第4類の危険物の取扱いの注意事項として、次のうち適切でないものはどれか。

- ☑ 1．危険物を取り扱う場合には、火気の取扱いや換気に注意する。
  2．水溶性の危険物が大量に漏洩した場合は、直ちに水で希釈し、引火の危険性がなくなったことを確認してから排水する。
  3．危険物をミスト状にして取り扱う場合は、引火の危険性が大きくなるので、火気の取扱いや換気に注意する。

4．蒸気配管などの高温体が付近にある場合は、高温体の温度や危険物の性状を確認して取り扱う。

5．非水溶性の危険物を取り扱う場合は、静電気が発生することがあるので、設備、配管等にボンディング、接地等の対策を講ずる。

【問5】第4類の危険物を貯蔵する屋外貯蔵タンク、屋内貯蔵タンク等には、通気管が設置されているが、設置されている理由として、次のうち正しいものはどれか。[★]

☑ 1．外気との流通をよくして、タンク内の温度上昇を防ぐため

2．タンク内の可燃性蒸気を排出して、燃焼範囲よりも低い濃度にするため

3．外気中の水蒸気を吸収して、タンク内の湿度を高くし、静電気の発生を抑えるため

4．タンク内の火災の際、通気管から不燃性ガスを注入し、消火するため

5．危険物をタンクに注入しているとき、また、日照等によるタンク内の圧力の変化でタンクが損傷するのを防ぐため

［共通する消火方法］

【問6】泡消火剤には、水溶性液体用泡消火剤とその他の一般の泡消火剤があるが、次の危険物の火災に際して、一般の泡消火剤の使用が適切でないものはいくつあるか。

| ・アセトン | ・ガソリン | ・灯油 | ・ピリジン |
| ・トルエン | ・キシレン | ・氷酢酸 | ・エタノール |

☑ 1．3つ   2．4つ   3．5つ   4．6つ   5．7つ

【問7】メタノールの火災の消火方法として、不適切なものはどれか。

☑ 1．二酸化炭素消火剤を放射する。   2．ハロゲン化物消火剤を放射する。

3．粉末消火剤を放射する。   4．霧状の強化液消火剤を放射する。

5．水溶性液体用以外の泡消火剤を放射する。

【問8】泡消火剤の中には、水溶性液体用泡消火剤とその他一般の泡消火剤がある。次の危険物が火災になった場合、水溶性液体用泡消火剤でなければ効果的に消火できないものの組み合わせはどれか。[★]

☑ 1．アセトアルデヒド   ベンゼン

2．アセトン   ガソリン

3．酸化プロピレン   2-プロパノール

4．トルエン   メタノール

5．酢酸エチル   灯油

【問9】 ベンゼンやトルエンの火災に使用する消火器として、次のうち適切でないものはどれか。

☑ 1．棒状の強化液を放射する消火器　　2．霧状の強化液を放射する消火器

3．消火粉末を放射する消火器　　4．二酸化炭素を放射する消火器

5．泡を放射する消火器

【問10】 第4類の危険物の消火について、次のうち誤っているものはどれか。

☑ 1．二硫化炭素は、燃焼すると有害なガスを発生する。

2．ガソリンの消火に水を使用した場合、火災液面を広げることがある。

3．メタノールの消火に泡消火剤を使用する場合、水溶性液体用泡消火剤（耐アルコール泡消火剤）とする。

4．灯油の消火に水を使用する場合には、霧状とする。

5．潤滑油が燃焼している場合、水をかけると水が沸騰して潤滑油が飛び散るおそれがある。

▌**正解＆解説**┈┈┈

問1…正解4

2．沸点が100℃超のものとして、灯油・軽油・重油などがある。

3．燃焼下限界（下限値）は、空気中における蒸気が燃焼（爆発）する最小蒸気濃度を表す。また、燃焼上限界（上限値）は、空気中における蒸気が燃焼（爆発）する最大蒸気濃度を表す。この間の濃度を燃焼範囲といい、広いものほど危険性が高くなる。

4．燃焼点は、常に引火点よりわずかに高い。引火点では、点火用の小炎を取り除くと燃焼が継続しない。燃焼を継続させるためには、危険物を引火点より少し高い燃焼点以上に加熱する必要がある。

5．危険物が引火点以上〜燃焼点未満の温度では、引火しても燃焼が継続しない。

問2…正解5

5．液比重は1より小さいものが多い。

問3…正解5

問4…正解2

2．水溶性の危険物が大量に漏洩した場合、直ちに土のう等で囲み、排水溝に流れないようにする。蒸気が多量に発生している場合は、噴霧注水して蒸気の発生を抑える。次いで、回収装置などを用いて危険物を回収する。

5．ボンディングは、bond（接着）＋ ing で、金属などの導体間を接続することをいう。この措置により、個々に接地を施す必要がなくなる。なお、接地することをグランディングともいう。

問5…正解5

　5．通気管は、タンク内の圧力変化により、内部ガスを外部に放出したり、外気を内
　　部に導く働きをする。

問6…正解2（アセトン・ピリジン・氷酢酸・エタノール）

　　水溶性の液体は、普通の泡消火剤では泡が溶けてしまうため、水溶性液体用泡消火
　剤を使用する。

　水溶性…アセトン CH_3COCH_3（第1石油類）、ピリジン C_5H_5N（第1石油類）、
　　　　　エタノール C_2H_5OH（アルコール類）、氷酢酸 CH_3COOH（第2石油類）。

　非水溶性…ガソリン（第1石油類）、灯油（第2石油類）、トルエン $C_6H_5CH_3$
　　　　　（第1石油類）、キシレン $C_6H_4(CH_3)_2$（第2石油類）。

問7…正解5

　5．メタノールは水溶性のため、一般の泡消火剤では泡が溶けて消えてしまう。その
　　ため泡消火剤は水溶性液体用のものを使用する。

問8…正解3

　水溶性…アセトアルデヒド CH_3CHO（特殊引火物）、アセトン CH_3COCH_3
　　　　　（第1石油類）、酸化プロピレン C_3H_6O（特殊引火物）、2－プロパノール
　　　　　$CH_3CH(OH)CH_3$（アルコール類）、メタノール CH_3OH（アルコール類）

　非水溶性…ベンゼン C_6H_6（第1石油類）、ガソリン（第1石油類）、トルエン
　　　　　$C_6H_5CH_3$（第1石油類）、酢酸エチル $CH_3COOC_2H_5$（第1石油類）、
　　　　　灯油（第2石油類）

問9…正解1

　1．ベンゼンやトルエンは比重が1より小さいため、棒状の強化液を放射すると、強
　　化液に浮いて火災範囲が広がってしまう。

問10…正解4

　1．二硫化炭素 CS_2 は燃焼すると有毒な二酸化硫黄 SO_2 を発生する。

　4．ガソリンや灯油などの第4類危険物は、液比重が1より小さいものが多いため、
　　消火の際に水を使用すると危険物が水に浮き、燃焼面積が広がるおそれがある。

11 第4類危険物の品名ごとの事項

■特殊引火物

◎特殊引火物とは、ジエチルエーテル、二硫化炭素、その他1気圧において、発火点が100℃以下のもの、または引火点が－20℃以下で沸点が40℃以下のものをいう。

▶ジエチルエーテル $C_2H_5OC_2H_5$

性　質	◎無色の液体。　　◎比重0.7。　　◎沸点35℃。 ◎引火点－45℃。　　◎発火点160℃。　　◎燃焼範囲1.9 ～ 36vol%。 ◎**水にわずかに溶け**、エタノールによく溶ける。
危険性	◎**空気中で長期間貯蔵**（空気と長く接触）したり、日光にさらされると、**爆発性の過酸化物**を生じる。 ◎引火点が特に低く、燃焼範囲が広い。　　◎蒸気は麻酔性がある。
貯蔵・保管	◎加熱・摩擦・衝撃を避ける。 ◎直射日光を避け、冷暗所に貯蔵する。　　◎容器は密栓する。
消火方法	◎粉末消火剤、二酸化炭素、泡消火剤、乾燥砂などを用いる。

※単に「エーテル」という場合、一般にジエチルエーテルを指す。

▶二硫化炭素 CS_2

性　質	◎無色の液体。　　◎**比重1.3**。　　◎沸点46℃。 ◎引火点－30℃以下。　　◎発火点90℃。　　◎燃焼範囲1.3 ～ 50vol%。 ◎**水に溶けない**が、エタノール、ジエチルエーテルに溶ける。
危険性	◎**揮発**しやすく、その蒸気は**有毒**である。 ◎燃焼すると、**有毒な亜硫酸ガス（二酸化硫黄）** SO_2 を発生する。
貯蔵・保管	◎直射日光を避け、冷暗所に貯蔵する。　　◎容器は密栓する。 ◎水よりも重く、水に溶けないため、容器に**水を張って**蒸気の発生を防ぐ。
消火方法	◎粉末消火剤、二酸化炭素、泡消火剤、水噴霧などを用いる。

▶アセトアルデヒド CH_3CHO

性　質	◎無色透明の**刺激臭**のある液体。　　◎比重0.8。　　◎沸点21℃。 ◎引火点－39℃。　　◎発火点175℃。　　◎燃焼範囲4.0 ～ 60vol%。 ◎**水によく溶け、エタノールやジエチルエーテルにも溶ける。** ◎**還元性**が強く、酸化されると**酢酸**になる。 　　$CH_3CHO + (1/2)O_2 \longrightarrow CH_3COOH$ ◎熱や光で分解し、**メタン** CH_4 と**一酸化炭素** CO を生成する。
危険性	◎揮発しやすく、その蒸気は粘膜を刺激して有毒である。 ◎空気と接触すると**爆発性の過酸化物**（過酢酸）を生成することがある。
貯蔵・保管	◎直射日光を避け、冷暗所に貯蔵する。 ◎容器には窒素などの**不活性ガスを封入**する。
消火方法	◎水溶性液体用泡消火剤、粉末消火剤、二酸化炭素、乾燥砂などを用いる。

▶酸化プロピレン $CH_2-CH-CH_3$ 　分子式C_3H_6O
　　　　　　　　　　＼O／

性　質	◎無色透明のエーテル臭のある液体。
	◎比重0.8。　　◎沸点34～35℃。
	◎引火点－37℃。　　◎発火点465℃。　　◎燃焼範囲2.1～39vol%。
	◎**水及びエタノール**によく溶ける。
危険性	◎**重合する性質**があり、その際に熱を発し、火災・爆発の原因となる。
	（特にアルカリ存在下では重合する性質が強い）
	◎蒸気は吸入すると有毒である。
貯蔵・保管	◎直射日光を避け、冷暗所に貯蔵する。
	◎炎、火花、高温物体との接近を避ける。
	◎容器には窒素などの**不活性ガスを封入**する。
消火方法	◎泡消火剤、粉末消火剤、二酸化炭素、乾燥砂などを用いる。

▶ギ酸メチル $HCOOCH_3$

性　質	◎無色透明で**エーテル臭**のある液体。　　　　　　　　　　[構造]
	◎比重0.98。　　　◎蒸気比重2.1。
	◎沸点31.5℃。　　◎引火点－19℃。
	◎発火点465℃。　　◎燃焼範囲5.9～20vol%。
	◎水によく溶ける。また、アルコールやエーテルにも
	溶ける。
	◎加水分解して、ギ酸$HCOOH$とメタノールCH_3OHを生成する。
危険性	◎酸化剤と強力に反応する。
	◎気化しやすく、蒸気は地面または床に沿って移動する。
貯蔵・保管	◎酸化剤から離しておく。
	◎容器は密栓し、冷暗所に貯蔵する。
消火方法	◎水溶性液体用泡消火剤、粉末消火剤、水噴霧などで消火する。

■第1石油類

◎**第1石油類**とは、アセトン、ガソリンその他、1気圧において引火点が21℃未満のものをいう。

[非水溶性液体]

▶自動車ガソリン

◎自動車ガソリンは、蒸留により原油を分離・精製し、製造するほか、得られた留分を化学変化させたり、炭化水素の構造を変えるなどしてオクタン価を高めたものを混合している。

性　質	◎特有の臭気がある液体で、**オレンジ色**に着色されている（軽油や灯油と識別するため）。 ◎比重0.65〜0.75。　　◎沸点40〜220℃。 ◎蒸気比重3〜4。　　**◎引火点−40℃以下。** **◎発火点約300℃。**　　◎燃焼範囲1.4〜7.6vol%。 ◎水に溶けないが、油脂類を溶かす。 ◎電気の**不良導体**で、静電気を蓄積しやすい。 ◎自動車ガソリンには**エタノール**を混合したものがあり、混合割合が3vol%以下のものと10vol%以下のものがある。 ◎ゴム製やプラスチック製のものを膨潤させることがある。
危険性	◎蒸気比重は**約3〜4**で、低所に蒸気が滞留しやすい。 ◎静電気が発生しやすいため、金属製容器に入れる。
貯蔵・保管	◎引火しやすいため、通風・換気をよくし、火気を近づけない。 ◎容器は密栓し、冷暗所に貯蔵する。
消火方法	◎霧状強化液、粉末消火剤、二酸化炭素、泡消火剤などを用いる。

▶工業ガソリン

◎自動車ガソリンは、主に自動車のガソリンエンジンに使われる燃料である。一方、工業ガソリンは、各種産業用に使用されるガソリンである。

◎工業ガソリンは、洗浄、溶解、抽出などに適しており、日本産業規格により5種類に分類されている。これらのうち、消防法の第1石油類に該当するのは、①ベンジン（染み抜きや精密機械の洗浄）、②ゴム揮発油（タイヤなどのゴムのり用）、③大豆揮発油（動植物油の抽出用）、の3種類である。

◎工業ガソリンは無色透明の精製鉱油で、着色されることはない。

◎自動車ガソリンや工業ガソリンをはじめ、軽油、灯油、重油のいずれも原油から分留されたもので、**種々の炭化水素の混合物**である。

▶ベンゼン C6H6

性 質	◎**特有の芳香（甘い香り）をもつ無色の液体。** ◎比重0.9。　　◎沸点80℃。　　◎蒸気比重2.8。 ◎引火点−11℃。　　◎発火点約500℃。　　◎燃焼範囲1.2〜7.8vol%。 ◎水に溶けないが、**アルコール、ヘキサン、ジエチルエーテル**等の有機溶媒に溶ける。
危険性	◎**揮発性**があり、**蒸気も含めて有毒**である。有機溶媒としては、代替品で毒性の比較的低いトルエンやキシレンが使われる。 ◎電気の不良導体で、静電気が発生しやすい。
貯蔵・保管	◎引火しやすいため、通風・換気をよくし、火気を近づけない。 ◎容器は密栓し、冷暗所に貯蔵する。
消火方法	◎粉末消火剤、泡消火剤、二酸化炭素、乾燥砂などを用いる。

▶トルエン C6H5CH3

性 質	◎特有の臭気（ベンゼン臭）をもつ無色の液体。 ◎比重0.9。　　◎沸点111℃。　　◎蒸気比重3.1。 ◎引火点4℃。　　◎発火点480℃。　　◎燃焼範囲1.1〜7.1vol%。 ◎水に溶けないが、アルコール、ヘキサン、ジエチルエーテル等の有機溶媒に溶ける。
危険性	◎毒性はベンゼンより低い。 ◎電気の不良導体で、静電気が発生しやすい。 ◎**濃硝酸**や濃硝酸と濃硫酸の混酸と反応すると、爆発性の**トリニトロトルエン**を生成する。$C_6H_5CH_3 + 3HNO_3 \longrightarrow C_6H_2(NO_2)_3CH_3 + 3H_2O$
貯蔵・保管	◎引火しやすいため、通風・換気をよくし、火気を近づけない。 ◎容器は密栓し、冷暗所に貯蔵する。
消火方法	◎粉末消火剤、泡消火剤、二酸化炭素、乾燥砂などを用いる。

▶n（ノルマル）−ヘキサン CH3（CH2）4CH3（ヘキサン C6H14）

性 質	◎**特有の臭気（石油臭）をもつ無色の液体。** ◎比重0.7。　　◎沸点69℃。　　◎蒸気比重3.0。 ◎**引火点−23〜−22℃。**　　◎燃焼範囲1.2〜7.5vol%。 ◎**水に溶けない**が、アルコール、ジエチルエーテル等の有機溶媒に溶ける。
危険性	◎脂肪族炭化水素であるが、有毒である。 ◎電気の不良導体で、静電気が発生しやすい。
貯蔵・保管	◎引火しやすいため、通風・換気をよくし、火気を近づけない。 ◎容器は密栓し、冷暗所に貯蔵する。
消火方法	◎粉末消火剤、泡消火剤、二酸化炭素、乾燥砂などを用いる。

▶酢酸エチル CH3COOC2H5

性　　質	◎**果実のような芳香**をもつ無色の液体。 ◎比重0.9。　　◎沸点77℃。　　◎蒸気比重3.0。　　◎引火点－4℃。 ◎融点－83.6～－82.4℃。　　◎燃焼範囲2.0～11.5vol%。 ◎**水に少し溶ける。** ◎アルコール、ジエチルエーテル等の多くの有機溶媒に溶ける。
危険性	◎静電気が発生しやすい。
貯蔵・保管	◎引火しやすいため、通風・換気をよくし、火気を近づけない。 ◎容器は密栓し、冷暗所に貯蔵する。
消火方法	◎粉末消火剤、水溶性液体用泡消火剤、二酸化炭素、水噴霧などを用いる。

▶メチルエチルケトン CH3COC2H5

性　　質	◎特徴的な臭気のある無色の液体。　　◎比重0.8。　　◎沸点80℃。 ◎引火点－9℃。　　◎燃焼範囲1.7～11vol%。 ◎水に少し溶ける。 ◎アルコール、ジエチルエーテル等の多くの有機溶媒に溶ける。
貯蔵・保管	◎容器は密栓し、冷暗所に貯蔵する。
消火方法	◎粉末消火剤、水溶性液体用泡消火剤、二酸化炭素、水噴霧などを用いる。

［水溶性液体］
▶アセトン CH3COCH3

性　　質	◎特徴的な臭気のある無色の液体。　　◎比重0.8。　　◎沸点56℃。 ◎引火点－20℃。　　◎発火点465℃。　　◎燃焼範囲2.5～13vol%。 ◎水によく溶け、アルコール、ジエチルエーテルにもよく溶ける。
貯蔵・保管	◎容器は密栓し、冷暗所に貯蔵する。
消火方法	◎粉末消火剤、二酸化炭素、水溶性液体用泡消火剤、水噴霧などを用いる。

▶ピリジン C5H5N

性　　質	◎特異な悪臭をもつ無色の液体　　◎比重0.98。 ◎引火点20℃。　　◎燃焼範囲1.8～12vol%。 ◎水によく溶け、アルコール、ジエチルエーテル 　にもよく溶ける。	［構造］ K023
貯蔵・保管	◎容器は密栓し、冷暗所に貯蔵する。	
消火方法	◎粉末消火剤、二酸化炭素、水溶性液体用泡消火剤、水噴霧などを用いる。	

▶ジエチルアミン（C_2H_5）$_2NH$

性　質	◎特異臭（アンモニア臭）をもつ無色の液体。 ◎比重0.7。　　◎沸点57℃。 ◎引火点−23℃。　　◎燃焼範囲1.8 〜 10vol%。 ◎水によく溶け、アルコール、アセトンにもよく溶ける。
貯蔵・保管	◎容器は密栓し、冷暗所に貯蔵する。
消火方法	◎粉末消火剤、二酸化炭素、水溶性液体用泡消火剤、水噴霧などを用いる。

■アルコール類

◎アルコール類とは、1分子を構成する炭素の原子の数が1個から3個までの飽和1価アルコール（変性アルコールを含む。）をいう。

◎1価アルコールとは、分子中のヒドロキシ基（−OH）の数が1個であるものをいう。メタノールCH_3OHやエタノールC_2H_5OHは、ヒドロキシ基が1個であるため、1価アルコールとなる。また、エチレングリコール$C_2H_4(OH)_2$及びグリセリン$C_3H_5(OH)_3$は、ヒドロキシ基が2個及び3個であるため、2価アルコール及び3価アルコールとなる。

◎変性アルコールは、飲料用に転用されることを防止するために変性剤を入れたエタノールである。変性剤には、分離が困難で飲料用には適さない臭い・味をもつ材料が用いられる。具体的には、メタノール、アセトアルデヒドCH_3CHO、ベンゼンC_6H_6、ピリジンC_5H_5Nなど。

◎炭素数4個の1−ブタノール$CH_3(CH_2)_3OH$や炭素数5個の1−ペンタノール$CH_3(CH_2)_4OH$は、「アルコール類」ではなく「第2石油類」に該当する。

◎アルコールはナトリウムと反応して水素を発生し、ナトリウムアルコキシドを生成する。この反応は、有機化合物中のヒドロキシ基の検出に利用される。ナトリウムアルコキシドは、アルコール類のヒドロキシ基の水素原子をナトリウム原子で置換した化合物の総称である。

> ▪メタノール ＋ ナトリウム ⟶ ナトリウムメトキシド ＋ **水素**
> 　（$2CH_3OH + 2Na \longrightarrow 2CH_3ONa + H_2$）
> ▪エタノール ＋ ナトリウム ⟶ ナトリウムエトキシド ＋ **水素**
> 　（$2C_2H_5OH + 2Na \longrightarrow 2C_2H_5ONa + H_2$）

▶メタノールCH_3OH

性　質	◎特有の芳香がある無色の液体。揮発性がある。 ◎比重0.8。　　◎沸点64℃。　　◎蒸気比重1.1。 ◎**引火点11℃。**　　◎**燃焼範囲6.7〜37vol%。** ◎凝固点−98℃。 ◎水によく溶け、エタノール、ジエチルエーテル等の有機溶媒にもよく溶ける。 ◎「メタノール」を酸化⇒「**ホルムアルデヒド**$HCHO$」になる。 　更に酸化⇒「**ギ酸**$HCOOH$」になる。
危険性	◎**毒性**がある。中毒症状として失明がある。 ◎炎は**薄い青色**で、見えにくい。
貯蔵・保管	◎容器は密栓し、冷暗所に貯蔵する。
消火方法	◎粉末消火剤、二酸化炭素、水溶性液体用泡消火剤、水噴霧などを用いる。

▶エタノールC_2H_5OH

性　質	◎特有の芳香がある無色の液体で、酒類の主成分。揮発性がある。 ◎比重0.8。　　◎沸点78℃。　　◎蒸気比重1.6。 ◎**引火点13℃。**　　◎**燃焼範囲3.3〜19vol%。** ◎**凝固点−114℃。**　　◎発火点363℃。 ◎水によく溶け、ジエチルエーテル等の有機溶媒にもよく溶ける。 ◎「エタノール」を酸化⇒「**アセトアルデヒド**CH_3CHO」になる。 　更に酸化⇒「**酢酸**CH_3COOH」になる。
危険性	◎毒性はないが、**麻酔性**がある。 ◎炎は**薄い青色**で、見えにくい。
貯蔵・保管	◎容器は密栓し、冷暗所に貯蔵する。
消火方法	◎粉末消火剤、二酸化炭素、水溶性液体用泡消火剤、水噴霧などを用いる。

▶1-プロパノール$CH_3CH_2CH_2OH$（ノルマルプロピルアルコール）

性　質	◎特異臭のある無色の液体。揮発性がある。 ◎比重0.8。　　◎沸点97.2℃。　　◎蒸気比重2.1。 ◎引火点15℃。　　◎燃焼範囲2.1〜14vol%。 ◎水によく溶け、エタノール、ジエチルエーテル等の有機溶媒にもよく溶ける。
危険性	◎毒性は低い。　　◎炎は薄い青色で、見えにくい。
貯蔵・保管	◎容器は密栓し、冷暗所に貯蔵する。
消火方法	◎粉末消火剤、二酸化炭素、水溶性液体用泡消火剤、水噴霧などを用いる。

▶ 2-プロパノール $CH_3CH(OH)CH_3$（イソプロピルアルコール）

性　質	◎特有な芳香のある無色の液体。揮発性がある。 ◎比重0.8。　　◎沸点82℃。　　◎蒸気比重2.1。 ◎**引火点12℃。**　　◎燃焼範囲2.0〜12vol%。 ◎水によく溶け、エタノール、ジエチルエーテル等の有機溶媒にも溶ける。 ◎酸化するとアセトン CH_3COCH_3 になる。
危険性	◎炎は**薄い青色**で、見えにくい。
貯蔵・保管	◎容器は密栓し、冷暗所に貯蔵する。
消火方法	◎粉末消火剤、二酸化炭素、水溶性液体用泡消火剤、水噴霧などを用いる。

■第2石油類

◎**第2石油類**とは、灯油、軽油その他、1気圧において引火点が21℃以上70℃未満のものをいう。

［非水溶性液体］

▶灯油

性　質	◎特異臭（石油臭）のある液体で、色は無色〜淡い黄色である。 ◎比重約0.8。　　◎沸点145〜270℃。　　◎蒸気比重4.5。 ◎**引火点40℃以上。**　　◎燃焼範囲1.1〜6vol%。　　◎発火点220℃。 ◎水には溶けない。　　◎**種々の炭化水素の混合物**である。
危険性	◎流動の際に静電気を発生しやすい。
貯蔵・保管	◎容器は密栓し、冷暗所に貯蔵する。
消火方法	◎霧状強化液、粉末消火剤、二酸化炭素、泡消火剤などを用いる。

▶軽油

性　質	◎**特異臭（石油臭）**のある液体で、色は淡い黄色〜淡い褐色である。 ◎比重約0.85。　　◎沸点170〜370℃。　　◎蒸気比重4.5。 ◎**引火点45℃以上。**　　◎燃焼範囲1.0〜6vol%。　　◎発火点220℃。 ◎水には溶けない。　　◎**種々の炭化水素の混合物**である。
危険性	◎流動の際に静電気を発生しやすい。
貯蔵・保管	◎容器は密栓し、冷暗所に貯蔵する。
消火方法	◎霧状強化液、粉末消火剤、二酸化炭素、泡消火剤などを用いる。

▶クロロベンゼン C_6H_5Cl

性　質	◎無色の液体で、特有の臭いがある。　　◎比重1.1。　　◎蒸気比重3.9。 ◎引火点28℃。　　◎沸点132℃。　　◎燃焼範囲1.3〜10vol%。 ◎水には溶けないが、エタノール、ジエチルエーテルには溶ける。
危険性	◎流動の際に静電気を発生しやすい。
貯蔵・保管	◎容器は密栓し、冷暗所に貯蔵する。
消火方法	◎粉末消火剤、二酸化炭素、泡消火剤、水噴霧などを用いる。

▶キシレン $C_6H_4(CH_3)_2$

性　質	◎キシレンには3種の異性体がある。以下はオルトキシレンの内容。
	◎特有の臭気がある無色の液体。　　◎比重0.9。　　◎蒸気比重3.7。
	◎引火点32℃。　　◎沸点 約144℃。　　◎燃焼範囲0.9～7vol%。
	◎水には溶けないが、エタノール、ジエチルエーテルには溶ける。
	◎**塗料などの溶剤**として使用される。
危険性	◎流動の際に静電気を発生しやすい。
貯蔵・保管	◎容器は密栓し、冷暗所に貯蔵する。
消火方法	◎粉末消火剤、二酸化炭素、泡消火剤、水噴霧などを用いる。

▶1-ブタノール $CH_3(CH_2)_3OH$ （ノルマルブチルアルコール）

性　質	◎特徴的な臭気のある無色の液体。
	◎比重0.8。　　◎沸点117℃。　　◎蒸気比重2.6。
	◎引火点35～37.8℃。　　◎燃焼範囲1.4～11.2vol%。
	◎発火点約343～401℃。
	◎4種の異性体があり、1-ブチルアルコールはその1つである。
	◎水に少し溶ける（わずかに溶ける程度）。エタノール、ジエチルエーテルなどほとんどの有機溶媒に溶ける。
	◎「1-ブタノール」を酸化⇒「**ブチルアルデヒドおよび酪酸**」になる。また、「ブチルアルデヒド」を還元（水素化）⇒「1-ブタノール」が得られる。
危険性	◎流動の際に静電気が発生しやすい。
	◎触れると皮膚や眼などの粘膜を刺激し、薬傷を起こす。加熱や燃焼により、刺激性で腐食性のある有毒なガスを発生する。
貯蔵・保管	◎容器は密栓し、冷暗所に貯蔵する。
消火方法	◎粉末消火剤、二酸化炭素、泡消火剤、水噴霧などを用いる。

※炭素数が4個であるため、法令上は「アルコール類」に該当しない。

▶スチレン $C_6H_5CH=CH_2$

性　質	◎芳香のある無色の油状液体（芳香族炭化水素）。
	◎比重0.9。　　◎沸点145℃。　　◎蒸気比重3.6。
	◎引火点31～32℃。　　◎燃焼範囲1.1～6.1vol%。
	◎水にはほとんど溶けない。有機溶媒には溶ける。
	◎**加熱、光**により容易に**重合**し、粘度が増して無色の固体状による。市販品は重合防止剤が添加されている。
危険性	◎酸化剤との接触により、発熱、発火する。
	◎**蒸気は重く**、爆発生混合ガスをつくりやすい。
貯蔵・保管	◎容器は密栓し、冷暗所に貯蔵する。
消火方法	◎泡消火剤、粉末消火剤、二酸化炭素、水噴霧などを用いる。

[水溶性液体]

◎酢酸とアクリル酸は、分子中にともにカルボキシ基（－COOH）をもつため、親水性がある。

▶酢酸 CH_3COOH

性　　質	◎**刺激臭**を有する無色の液体。 ◎比重1.05。　　◎蒸気比重2.1。　　◎沸点118℃。　　◎融点17℃。 ◎**引火点39℃**。　　◎燃焼範囲4.0～19.9vol%。 ◎水、エタノール、ジエチルエーテルによく溶ける。 ◎**青い炎**をあげて燃える。　　◎水溶液は弱酸性を示す。 ◎純粋な酢酸は**融点が17℃**であるため、**冬期は凝固**しやすい。また、純度の高いものは低温にすると氷状となることから、**氷酢酸**と呼ばれる。 ◎アセトアルデヒド CH_3CHO の酸化により得られる。
危険性	◎水溶液は**腐食性が強く**、金属やコンクリートを侵す。 ◎眼、皮膚、気道に対して腐食性を示す。
貯蔵・保管	◎容器は密栓し、冷暗所に貯蔵する。
消火方法	◎粉末消火剤、二酸化炭素、水溶性液体用泡消火剤、水噴霧などを用いる。

▶アクリル酸 $CH_2=CHCOOH$

性　　質	◎不快な刺激臭をもつ無色の液体。 ◎比重1.05。　　◎沸点141℃。　　◎蒸気比重2.5。 ◎**引火点51℃**。　　◎**融点13～13.5℃**。　　◎燃焼範囲3.9～20vol%。 ◎水、エタノール、ジエチルエーテルに**よく溶ける**。 ◎加熱、光、酸素などの影響下で容易に**重合**する。重合により発熱する。
危険性	◎眼、皮膚、気道に対して腐食性を示す。
貯蔵・保管	◎**重合禁止剤**（ヒドロキノン $C_6H_4(OH)_2$）を加えて貯蔵する。 ◎容器は密栓し、冷暗所に貯蔵する。また、**凝固させない**よう注意する。
消火方法	◎粉末消火剤、二酸化炭素、水溶性液体用泡消火剤、水噴霧などを用いる。

■第3石油類

◎**第3石油類**とは、重油、クレオソート油その他、1気圧において引火点が**70℃以上200℃未満**のものをいう。

[非水溶性液体]

▶重油

性　　質	◎褐色～暗褐色の粘性のある液体。 ◎比重0.9～1.0（**水よりわずかに軽い**）。　　◎沸点300℃以上。 ◎引火点60～150℃。　　◎水に溶けない。
危険性	◎燃焼温度が高く、いったん火災が発生すると消火は困難である。
貯蔵・保管	◎容器は密栓し、冷暗所に貯蔵する。
消火方法	◎霧状強化液、粉末消火剤、二酸化炭素、泡消火剤などを用いる。

▶クレオソート油

性　質	◎黒色〜濃黄褐色の**粘ちゅう性の油状液体**。刺激臭がある。 ◎コールタールを蒸留して得られる。 ◎比重1.1。　　◎沸点200℃以上。　　　**◎引火点75℃**。 ◎**水に溶けないが**、エタノール、ジエチルエーテル、グリセリンに溶ける。 ◎**ナフタレン、アントラセン**などを含む。 ※ナフタレン$C_{10}H_8$はベンゼン環が2個縮合した芳香族炭化水素で、アントラセン$C_{14}H_{10}$はベンゼン環が3個縮合した芳香族炭化水素である。 ◎カーボンブラックの原料や**木材防腐剤**に使われる。
危険性	◎燃焼温度が高い。 ◎**毒性が強く**、経口摂取すると死に至ることがある。発がん性が高い。
貯蔵・保管	◎容器は密栓し、冷暗所に貯蔵する。
消火方法	◎泡消火剤、粉末消火剤、二酸化炭素、乾燥砂などを用いる。

※クレオソート油とは別に、木クレオソートがある。木クレオソートは、ブナやマツなどの原木を乾留して得られる木タールを精製したもので、淡黄色の油状液体である。**引火点74℃**で、クレオソート油と同じ第3石油類　非水溶性液体に分類される。

▶アニリン $C_6H_5NH_2$

性　質	◎不快な臭いをもつ**無色の液体**。精製後は無色であるが、**光や空気**により徐々に酸化され、褐色〜赤褐色に変化する。 ◎比重1.0。　　◎沸点185℃以上。　　◎蒸気比重3.2。 ◎引火点70℃。　　◎燃焼範囲1.2〜11vol%。　　**弱い塩基性**を示す。 ◎**水に溶けにくいが**、エタノール、ジエチルエーテル、ベンゼンによく溶ける。 ◎**さらし粉**（次亜塩素酸カルシウム）水溶液を加えると酸化され、**赤紫色**を呈する。この反応はアニリンの検出に用いられる。
貯蔵・保管	◎容器は密栓し、冷暗所に貯蔵する。
消火方法	◎粉末消火剤、水噴霧、泡消火剤、二酸化炭素などを用いる。

▶ニトロベンゼン $C_6H_5NO_2$

性　質	◎桃を腐らせたような芳香をもつ淡黄色〜暗黄色の油状液体。 ◎比重1.2。　　◎沸点211℃以上。　　◎蒸気比重4.2。 ◎引火点88℃。　　◎燃焼範囲1.8〜40vol%。 ◎水に溶けにくいが、エタノール、ジエチルエーテルによく溶ける。 ◎ニトロ化合物であるが、爆発性はない。
危険性	◎蒸気も含め毒性がある。 ◎ニトロベンゼンは**硝酸**HNO_3**と反応**して、**爆発性のあるジニトロベンゼン**$C_6H_4(NO_2)_2$を生成するおそれがある。
貯蔵・保管	◎容器は密栓し、冷暗所に貯蔵する。
消火方法	◎粉末消火剤、泡消火剤、水噴霧、二酸化炭素、乾燥砂などを用いる。

［水溶性液体］

▶エチレングリコール$C_2H_4(OH)_2$

性　質	◎甘味のある粘ちゅうな無色・無臭の液体で吸湿性がある。 ◎比重1.1。　　　◎蒸気比重2.1。　　　◎燃焼範囲3.2〜15vol%。 ◎引火点111℃。　　　◎沸点197℃。　　　◎発火点413℃。 ◎水、エタノールに溶ける。 ◎ベンゼンに不溶、二硫化炭素、エーテルに微溶。 ◎ナトリウムNaと反応して水素を生じる（「アルコール類」439P参照）。 ◎融点が−12.6℃と比較的低いため、エンジンの**不凍液**に使われる。
貯蔵・保管	◎容器は密栓する。
消火方法	◎粉末消火剤、水溶性液体用泡消火剤、二酸化炭素、乾燥砂などを用いる。

▶グリセリン$C_3H_5(OH)_3$

性　質	◎**甘味**のある粘ちゅうな無色の液体。　　　◎比重1.3。 ◎沸点201℃以上。　　　◎蒸気比重3.2。　　　◎引火点160〜199℃。 ◎水、**エタノール**によく溶ける。二硫化炭素、ガソリン、軽油、ベンゼンには溶けない。 ◎3価アルコールの一種で、ナトリウムNaと反応して**水素**を生じる（「アルコール類」439P参照）。 ◎**吸湿性**及び保水性があるため、化粧品などに使われる。
貯蔵・保管	◎容器は密栓する。
消火方法	◎粉末消火剤、水溶性液体用泡消火剤、二酸化炭素、乾燥砂などを用いる。

■第4石油類

◎**第4石油類**とは、**ギヤー油、シリンダー油**その他、1気圧において引火点が**200℃以上250℃未満**のものをいう。

◎ギヤー油及びシリンダー油は**潤滑油**であり、化学合成油の他に石油系のものが広く使われている。

◎潤滑油の他に、第4石油類に該当するものとして、可塑剤（かそ）が挙げられる。

◎**可塑剤**は、ある材料に塑性（変形しやすい性質）を与えたり、加工しやすくするために添加する物質である。例えば、ポリ塩化ビニル樹脂は、可塑剤を添加することでいろいろな特性を持った製品に調合される。

◎潤滑油は、一般に粘性があり、わずかに臭気がある。また、水より軽いものが多い。いったん火災が発生すると燃焼温度が高いため、**消火が困難**となる。霧状強化液、泡消火剤、粉末消火剤、二酸化炭素などで消火する。**棒状の注水**は、油が周辺に飛び散るため、**行ってはならない**。

■動植物油類

◎動植物油類とは、動物の脂肉等または植物の種子もしくは果肉から抽出したものであって、１気圧において引火点が250℃未満のものをいう。

◎動植物油類は非水溶性で、液比重が１より小さい（水より軽い）ものが多い。

◎動植物油類は、空気に触れると酸化し、その際に酸化熱を発生する。**自然発火**は、この酸化熱が蓄積されていき、発火点に達することで起こる。特に、**アマ二油**などの**乾性油**は乾きやすい特性があり、これは酸化により固形化することにより起こる。従って、乾性油は自然発火を起こしやすい。

▶▶▶ **過去問題①** ◀◀◀

［特殊引火物］

【問1】 特殊引火物の性状について、次のうち誤っているものはどれか。

☐ 1．アセトアルデヒドは、水によく溶け、非常に揮発しやすい。

2．ジエチルエーテルは、特有の臭気があり、燃焼範囲が広い。

3．二硫化炭素は、無臭の液体で水に溶けやすく、かつ比重は１より小さい。

4．酸化プロピレンは、重合反応を起こし、大量に発熱する。

5．二硫化炭素の発火点は100℃以下である。

【問2】 ジエチルエーテルの性状について、次のうち誤っているものはどれか。［★］

☐ 1．無色透明で、比重が１より小さい液体である。

2．燃焼範囲が広い。

3．水やエタノールによく溶ける。

4．光が当たると、空気中で酸化され、過酸化物を生成する。

5．常温（20℃）で引火の危険性がある。

【問3】 ジエチルエーテルの性状について、次のうち誤っているものはどれか。

☐ 1．無色透明の液体である。

2．比重は１より小さい。

3．20℃では引火の危険性はない。

4．アルコールによく溶ける。

5．発火点は100℃より高い。

【問4】 空気中で長期間貯蔵すると、爆発性の過酸化物を生成するおそれが最も高い危険物は、次のうちどれか。

☐ 1．ジエチルエーテル　　　2．トルエン　　　3．二硫化炭素

4．ヘキサン　　　5．ベンゼン

【問5】 二硫化炭素の性状について、次のうち誤っているものはどれか。

　☑　1．エタノール、ジエチルエーテルに溶ける。

　　　2．発生する蒸気は有毒である。

　　　3．揮発しやすい無色透明な液体である。

　　　4．水よりも軽く、水に溶けない。

　　　5．燃焼すると、有毒なガスが発生する。

【問6】 次の危険物のうち、発火点が最も低いものはどれか。

　☑　1．アセトン　　　2．酸化プロピレン　　　3．自動車ガソリン

　　　4．二硫化炭素　　　5．ベンゼン

【問7】 次の危険物の性状として、誤っているものは次のうちどれか。

　☑　1．二硫化炭素の比重は1より小さく、水によく溶ける。

　　　2．二硫化炭素は燃焼すると、有害な二酸化硫黄を発生する。

　　　3．ジエチルエーテルは空気中で徐々に酸化され、爆発性の過酸化物を生成する
　　　　おそれがある。

　　　4．アセトアルデヒドは加圧下で空気と接触させると、爆発性の過酸化物を生成
　　　　するおそれがある。

　　　5．アセトアルデヒドはアルコールの酸化により生成される。

【問8】 アセトアルデヒドの性状について、次のうち誤っているものはどれか。

　☑　1．無色透明の液体である。

　　　2．引火点は常温（20℃）より低い。

　　　3．水、エタノール、ジエチルエーテルに任意の割合で溶ける。

　　　4．光により分解し、メタンや一酸化炭素を発生する。

　　　5．酸化性が強く、可燃性物質と反応して火災や爆発の危険がある。

【問9】 アセトアルデヒドの性状について、次のうち誤っているものはどれか。

　☑　1．光や熱により分解し、二酸化炭素とエタンを発生する。

　　　2．塩素酸ナトリウムまたは過塩素酸ナトリウム等の接触は、発火・爆発のおそ
　　　　れがある。

　　　3．水やエタノールに任意の割合で溶ける。

　　　4．20℃で、引火のおそれがある。

　　　5．酸化すると酢酸を生成する。

【問10】 酸化プロピレンの貯蔵および取扱いについて、次のうち誤っているものはどれか。

☐ 1．屋外貯蔵タンクに注入する場合、あらかじめ当該タンク内の空気は不活性ガスで置換しておく。

2．作業者は、眼鏡、ゴム手袋、ガスマスクなどの保護具を使用する。

3．直射日光を避け、冷所に貯蔵する。

4．炎、火花、高温物体との接近を避ける。

5．酸化プロピレンが流れる配管は、塩化ビニル製のものを使用する。

【問11】 次のA～Dに掲げる危険物の性状等のすべてに該当する危険物はどれか。

[★]

A．貯蔵する場合には、窒素等の不活性ガスを封入する。

B．引火点は、0℃以下である。

C．重合する性質があり、その際熱を発し、火災、爆発の原因となることがある。

D．水、エタノールによく溶ける。

☐ 1．二硫化炭素　　　　2．ジエチルエーテル　　　　3．酸化プロピレン

4．トルエン　　　　5．アセトン

【問12】 ギ酸メチルの性状について、次のうち誤っているものはどれか。[★]

☐ 1．透明な無色の液体である。　　　　2．エーテル臭を有する。

3．静電気の火花で引火することがある。　　4．蒸気は1（空気）より重い。

5．沸点は水より高い。

[第1石油類（自動車ガソリン）]

【問13】 自動車ガソリンの性状について、次のうち妥当でないものはどれか。

☐ 1．20℃で液面に火源を近づけると引火する。

2．水に溶けるため、消火には水溶性液体用泡消火剤が有効である。

3．350℃の高温体と接触すると、発火の原因となる。

4．ゴム製品、プラスチック製品などを膨潤させることがある。

5．蒸気比重は3～4で、オレンジ系色に着色されている。

【問14】 自動車ガソリンの性状について、誤っているものを組み合せたものはどれか。

A．電気の不良導体である。　　　　B．融点は－40℃である。

C．オレンジ系色に着色されている。　　D．蒸気比重は1より小さい。

E．使用済みの容器にガソリンが残留していると、引火・爆発のおそれがある。

☐ 1．AとC　　　2．AとE　　　3．BとD

4．BとE　　　5．CとD

【問 15】 ガソリンが入った容器の貯蔵、取扱いについて、次のうち適切でないもの
はどれか。

☑ 1．容器は、金属製等でガソリンの貯蔵に適したものを使用する。

2．金属製の容器は地面に直接置くなどして、静電気の蓄積を防ぐ。

3．容器は、火気や高温部から離し、直射日光を避け、通風、換気の良い場所に
置く。

4．容器を開口する前は、圧力調整弁の操作等を行い、漏れやあふれがないよう
にする。

5．容器に入れ、保管するときは、空間を有しないように満たしておく。

■ 正解＆解説‥‥‥‥‥‥‥‥‥‥‥‥‥‥‥‥‥‥‥‥‥‥‥‥‥‥‥‥‥‥‥‥‥‥

問1…正解3

3．二硫化炭素は、純粋なものは無臭だが、通常は特有の不快臭がある。また、水に
溶けにくく、比重は 1.3 で水よりも重い。

問2…正解3

3．ジエチルエーテル $C_2H_5OC_2H_5$ はエタノールによく溶けるが、水にはわずかしか
溶けない。

問3…正解3

2．比重は0.7である。

3．引火点は－45℃のため、20℃では引火の危険性がある。

5．発火点は160℃である。

問4…正解1

問5…正解4

4．第4類の危険物は液比重が1より小さいものが多いが、二硫化炭素 CS_2 は液比重
が1.3で水より重い。

5．燃焼すると有毒な亜硫酸ガス SO_2 を発生する。

問6…正解4

二硫化炭素の発火点は、第4類危険物では最も低い 90℃である。

問7…正解1

1．二硫化炭素の比重は1.3で水より重い。また、水に溶けない。

2．亜硫酸ガスの正式名が二酸化硫黄である。

問8…正解5

2．引火点は－39℃である。

5．エタノール C_2H_5OH を酸化⇒アセトアルデヒド CH_3CHO になり、アセトアルデ
ヒドを酸化⇒酢酸 CH_3COOH になる。アセトアルデヒドは酸化されやすく、他の物
質を還元する性質（還元性）が強く、また酸化剤と反応して、火災や爆発の危険が
ある。

問9…正解1

1．熱または光に対して不安定で、直射日光で分解する。分解すると一酸化炭素CO
とメタンCH_4を生成する。

$$CH_3CHO \longrightarrow CH_4 + CO$$

2．塩素酸ナトリウム$NaClO_3$や過塩素酸ナトリウム$NaClO_4$は第1類危険物（酸化
性固体）である。酸化性物質とは激しく反応し、火災や爆発の危険がある。

4．引火点は－39℃のため、20℃では引火の危険性がある。

5．エタノールC_2H_5OHを酸化⇒アセトアルデヒドCH_3CHOになり、アセトアルデ
ヒドを酸化⇒酢酸CH_3COOHになる。

問10…正解5

5．塩化ビニルは芳香族炭化水素類、ケトン類、環状エーテル類（三員環の酸化プロ
ピレンなど）に対し、膨潤または溶解するため、使用してはならない。なお、三員
環とは、主に有機化学の分野で、構成する原子3個が環状に結合した化合物を指す。
ベンゼンは六員環となる。

問11…正解3

水溶性を示すものは、酸化プロピレンC_3H_6OとアセトンCH_3COCH_3（第1石油類）
である。これらのうち、不活性ガスを封入して貯蔵し、重合する性質があるのは、酸
化プロピレンである。

問12…正解5

4．蒸気比重は2.1である。

5．沸点は31.5℃と低く、気化しやすい。

問13…正解2

1．引火点は－40℃以下であるため、20℃で火源があれば引火する。

2．非水溶性であるため、水溶性液体用泡消火剤以外の消火剤が使用できる。

3．発火点は約300℃であるため、350℃の高温体と接触すると発火の原因となる。

問14…正解3

B．ガソリンは約－40℃でも液体である。一般に自然環境下では凍らず凝固しない。

D．蒸気比重は3～4で1より大きい。

問15…正解5

5．容器に入れ、保管するときは、ある程度の空間をもたせる。空間がないと容器を
開口したとき、圧力でガソリンが噴出してしまう。

[第1石油類（ガソリン以外）]

【問1】 ベンゼンの一般的性状について、次のうち誤っているものはどれか。

☐ 1. アルコール、ヘキサン、ジエチルエーテル等に溶ける。

　　2. 蒸気は空気より重い。

　　3. 水に溶けない。

　　4. 特有の芳香をもつ無色の液体である。

　　5. 揮発性があるが、その蒸気に毒性はない。

【問2】 ある液体を調べたところ、次のような結果が得られた。この液体は、次のうちどれか。

　　「臭気のある無色の液体で、水にほとんど溶けなかったがジエチルエーテルにはよく溶けた。引火性があり、引火点は4℃であった。」

☐ 1. ガソリン　　　　　2. アセトアルデヒド　　　　3. トルエン

　　4. エタノール　　　5. アニリン

【問3】 トルエンの性状について、次のうち正しいものはどれか。

☐ 1. 蒸気は、空気より軽い。　　　　2. 褐色の芳香のある液体である。

　　3. エタノールや水に溶けない。　　4. 引火点は、ベンゼンより高い。

　　5. 蒸気の燃焼範囲は、おおむね1～60vol％と極めて広い。

【問4】 トルエンの性状について、次のうち誤っているものはどれか。

☐ 1. 無色透明の液体である。

　　2. 水に溶けにくい。

　　3. 引火点は 20℃以上である。

　　4. 特有の芳香がある。

　　5. 濃硝酸と反応し、トリニトロトルエンを生成することがある。

【問5】 ヘキサンについて、次のA～Eに掲げる性状のうち、正しいものすべてを掲げているものはどれか。[★]

　　A. 無色透明な揮発性の液体である。

　　B. 水にほとんど溶けない。

　　C. エタノール、ジエチルエーテルによく溶ける。

　　D. 水より重い。

　　E. 引火点は常温（20℃）より高い。

☐ 1. A、B、C　　2. B、C、D　　3. C、D、E

　　4. A、D、E　　5. A、B、E

【問6】 酢酸と酢酸エチルの性状について、次のうち正しいものはどれか。[★]

☐　1．いずれも無色透明な液体である。　　　2．いずれも無臭である。

　　3．いずれも水によく溶ける。　　　4．いずれも引火点が常温(20℃)より高い。

　　5．いずれも融点が0℃より高い。

[アルコール類]

【問7】 法別表第1に掲げるアルコール類に該当するものは、次のうちどれか。

　　　　(※「第1章　法令」で出題された問題である。)

☐　1．1-ブタノール　　　2．エチレングリコール　　　3．ビニルアルコール

　　4．2-プロパノール　　　5．1-ペンタノール

【問8】 メタノールの性状について、次のうち誤っているものはどれか。[★]

☐　1．無色の有毒な液体である。

　　2．蒸気比重は1より大きい。

　　3．引火点は0℃以下である。

　　4．ナトリウムと反応して水素を発生する。

　　5．燃焼範囲はおおむね7vol%〜37vol%である。

【問9】 自動車ガソリンとメタノールの比較について、次のうち誤っているものはどれか。[★]

☐　1．自動車ガソリンは、メタノールよりも静電気を帯電しやすいので、容器やタンクへの注入は、メタノールよりも流速を遅くするなどの処置が必要である。

　　2．自動車ガソリンは非水溶性であるが、メタノールは水溶性なので、メタノールの火災の消火には、水溶性液体用の泡消火剤が有効である。

　　3．発生する蒸気の比重は、自動車ガソリンの方が大きいので、メタノールよりも低所にたまりやすい。

　　4．メタノールは、自動車ガソリンよりも燃焼範囲が狭いので、窒息による消火の効果は自動車ガソリンよりも大きい。

　　5．メタノールが燃焼したときの炎は青白く、自動車ガソリンの炎に比べて明るい場所では見えにくいので、消火などの作業の際には注意しなければならない。

【問10】 メタノールとエタノールに共通する性状について、次のうち正しいものはどれか。

☐　1．沸点は水より低い。　　　2．水に溶けにくい。

　　3．毒性はない。　　　4．引火点は0℃以下である。

　　5．淡い褐色の液体である。

【問11】エタノールについて、次のA〜Fに掲げる性状のうち、正しいもののみを掲げているものはどれか。[編][★]

　　A. 自然界に多量に存在し、工業用のものはほとんどが採掘されたものである。

　　B. 凝固点は5.5℃である。

　　C. 工業用ものには、飲料用に転用するのを防ぐために、毒性の強いメタノールが混入されているものがある。

　　D. 燃焼範囲は3.3〜19.0vol％である。

　　E. ナトリウムと反応して縮合し、ジエチルエーテルを生じる。

　　F. 酸化によりアセトアルデヒドを経て酢酸となる。

☑ 　1. A、C、D　　　　　2. A、D、F　　　　　3. B、C、E

　　4. B、D、F　　　　　5. C、D、F

【問12】エタノール、メタノール及び2−プロパノールに共通する性状として、次のうち誤っているものはどれか。

☑ 　1. 揮発性の、特有の芳香臭のある、無色の液体である。

　　2. 水によく溶ける。

　　3. 青白い炎をあげて燃える。

　　4. 沸点は100℃より低い。

　　5. 燃焼範囲はガソリンより狭い。

■ 正解＆解説‥‥‥‥‥‥‥‥‥‥‥‥‥‥‥‥‥‥‥‥‥‥‥‥‥‥‥‥‥‥‥‥‥‥‥‥‥

問1…正解5

　　5. ベンゼンC_6H_6には強い毒性があり、その蒸気を吸入してはならない。

問2…正解3

　　3. 水にほとんど溶けないのは、ガソリン、トルエン$C_6H_5CH_3$、アニリン$C_6H_5NH_2$である。また、ガソリンとトルエンは第1石油類であるため、引火点は21℃未満となる。また、アニリンは第3石油類であるため、引火点は70℃以上となる。トルエンは特有の臭気（ベンゼン臭）がある。

問3…正解4

　　1. 蒸気比重は3.1で、蒸気は空気より重い。

　　2. ベンゼン臭（甘い香り）があるものの、無色の液体である。

　　3. 水には溶けないが、エタノールには溶ける。

　　4. トルエンの引火点は4℃で、ベンゼンの引火点−11℃より高い。

　　5. 燃焼範囲は1.1〜7.1vol％である。

問4…正解3

　　3. トルエンの引火点は4℃である。

　　5. $C_6H_5CH_3 + 3HNO_3 \longrightarrow C_6H_2(NO_2)_3CH_3 + 3H_2O$

問5…正解1

D．ノルマルヘキサン$CH_3(CH_2)_4CH_3$の比重は0.7で、水より軽い。第4類の危険
物は比重が1より小さいものが多い。ただし、二硫化炭素CS_2、酢酸CH_3COOH、
ニトロベンゼン$C_6H_5NO_2$、エチレングリコール$C_2H_4(OH)_2$、グリセリンC_3H_5
$(OH)_3$は、比重が1より大きい。

E．ノルマルヘキサンの引火点は－23～－22℃で、常温（20℃）より低い。

問6…正解1

酢酸エチルは第1石油類の非水溶性液体、酢酸は第2石油類の水溶性液体である。

2．酢酸エチル$CH_3COOC_2H_5$は芳香があり、酢酸CH_3COOHは刺激臭がある。

3．酢酸は水によく溶けるが、酢酸エチルは水に少し溶ける。

4．引火点は、酢酸エチルが－4℃で常温（20℃）より低く、酢酸は39℃で常温よ
り高い。

5．酢酸の融点は17℃で、常温（20℃）では液体となっている。一方、酢酸エチル
の融点は約－83℃である。

問7…正解4

法令では、炭素数が1個～3個の飽和1価アルコールを「アルコール類」としている。

1．1-ブタノール$CH_3(CH_2)_3OH$は、炭素数が4個である。第2石油類に該当。

2．エチレングリコール$C_2H_4(OH)_2$は、2価アルコールである。第3石油類に該当。

3．ビニルアルコール$CH_2＝CHOH$は、二重結合をもち不飽和である。不飽和アル
コールのため「アルコール類」に該当せず、「危険物」にも該当しない。

4．2-プロパノール$CH_3CH(OH)CH_3$は、炭素数が3個の飽和1価アルコールであ
る。「アルコール類」に該当する。

5．1-ペンタノール$C_5H_{11}OH$は、炭素数が5個である。n-ペンチルアルコール 、
n-アミルアルコールとも呼ばれ、溶媒として用いられる。第2石油類に該当。

問8…正解3

3．メタノールCH_3OHの引火点は11℃で、0℃では引火しない。

問9…正解4

1．自動車ガソリン、メタノールどちらも絶縁性物質であるが、一般的な傾向として
同じ絶縁性物質でも、非水溶性のもの（自動車ガソリンや灯油など）は、水溶性の
もの（メタノールやエチレングリコールなど）より静電気を帯電しやすい。液体で
は、一般に流速を速くするほど静電気が発生しやすくなる。

3．自動車ガソリンの蒸気比重が3～4であるのに対し、メタノールCH_3OHの蒸気
比重は1.1である。

4．燃焼範囲は、自動車ガソリンが1.4～7.6vol％であるのに対し、メタノールは
6.7～37vol％である。メタノールの方が燃焼範囲は広い。

問10…正解1

1．沸点は、メタノール…64℃、エタノール…78℃。

2．いずれも、水によく溶ける。

3．メタノールは毒性がある。

4．引火点は、メタノール…11℃、エタノール…13℃。

5．いずれも、特有の芳香がある無色の液体である。

問11…正解5

A．工業用のものは、発酵したものと合成したものの2種類がある。

B．エタノール C_2H_5OH の凝固点は、−114℃である。

E．ナトリウムと反応して、ナトリウムエトキシド C_2H_5ONa と水素を発生する。

問12…正解5

4．沸点はエタノール78℃、メタノール64℃、2−プロパノール82℃である。

5．燃焼範囲はガソリンより広い。ガソリン1.4～7.6vol%、エタノール3.3～
19vol%、メタノール6.7～37vol%、2−プロパノール2.0～12vol%である。

▶▶▶ 過去問題③ ◀◀◀

[第2石油類]

【問1】 第2石油類の性状について、次のうち誤っているものはどれか。

☑ 1．霧状の場合は、引火点以下の温度でも着火することがある。

2．蒸気比重は空気より大きい。

3．水溶性のものはない。

4．発火点は100℃を超える。

5．15℃の温度で凝固するものがある。

【問2】 灯油の性状について、次のA～Eのうち、正しいものはいくつあるか。

A．沸点は水より低く、揮発しやすい。　　B．無臭の液体である。

C．水に溶けない。　　　　　　　　　　　D．比重は1より小さい。

E．引火点は40℃以上である。

☑ 1．1つ　　　2．2つ　　　3．3つ　　　4．4つ　　　5．5つ

【問3】 軽油の性状について、次のうち誤っているものはどれか。

☑ 1．沸点は、水より高い。

2．水より軽く、水に不溶である。

3．酸化剤と混合すると、発熱・爆発のおそれがある。

4．ディーゼル機関の燃料に用いられる。

5．引火点は、40℃以下である。

【問4】 クロロベンゼンの性状について、次のうち誤っているものはどれか。

☑ 1．蒸気比重は1より大きい。　　　2．有機溶剤や水によく溶ける。

3．無色透明の液体である。　　　　4．特異な臭いがある。

5．比重は1より大きい。

【問5】 キシレンの性状について、次のうち誤っているものはどれか。

☑ 1. 塗料などの溶剤として使用されている。
　　2. ジエチルエーテルによく溶ける。
　　3. 透明な液体である。
　　4. 沸点は水より高い。
　　5. 引火点は 35℃より高い。

【問6】 ベンゼン、トルエンおよび o −キシレンの性質として、次のうち誤っている
　　　 ものはどれか。

☑ 1. 燃焼範囲は、いずれもガソリンとほぼ同程度である。
　　2. 引火点は、ベンゼンが最も低い。
　　3. 蒸気比重は、ベンゼンが最も小さい。
　　4. 液体の比重は、いずれも 0.87 前後でほぼ同じである。
　　5. 沸点は、o −キシレンが最も低い。

【問7】 1 −ブタノールの性状について、次のうち誤っているものはどれか。

☑ 1. 酸化すると、ブチルアルデヒドおよび酪酸になる。
　　2. 皮膚や目を刺激し、薬傷をおこす。
　　3. 燃焼範囲は約 1.4 〜 11.2vol％である。
　　4. 水に可溶である。
　　5. 引火点と発火点は軽油とほぼ同じである。

【問8】 スチレン（スチロール）の性状について、次のうち誤っているものはどれか。

[★]

☑ 1. 無色無臭の可燃性液体である。
　　2. 水にはほとんど溶けない。
　　3. 加熱や光により重合し、発熱する。
　　4. 有機溶媒に溶ける。
　　5. 比重は 1 より小さく、蒸気比重は 1 より大きい。

【問9】 酢酸の性状について、次のうち誤っているものはどれか。

☑ 1. 無色透明の液体である。
　　2. 水やアルコールと任意の割合で溶ける。
　　3. 多くの金属を腐食し、皮膚に接触すると火傷をおこすことがある。
　　4. 燃焼下限界はガソリンのそれよりも高い。
　　5. 20℃で引火のおそれがある。

【問 10】 酢酸の性状について、次のうち誤っているものはどれか。

☑ 1．燃焼下限界は、ガソリンのそれよりも低い。
　 2．多くの金属を腐食し、可燃性ガスを発生することがある。
　 3．着火すると、青い炎を上げて燃焼する。
　 4．引火点は、常温（20℃）より高い。
　 5．水やエタノールと任意の割合で溶ける。

【問 11】 アクリル酸の性状について、次のうち誤っているものはどれか。[★]

☑ 1．無色の液体である。
　 2．引火点は常温（20℃）より高い。
　 3．重合禁止剤が添加されていないと反応し、発火する危険がある。
　 4．酸化性物質との混触により発火することがある。
　 5．エタノール、ジエチルエーテルに溶けない。

[第3石油類]

【問 12】 クレオソート油の性状について、次のうち誤っているものはどれか。

☑ 1．引火点は 70℃以上である。
　 2．水より重い液体である。
　 3．木材を腐食させる菌類に対し、防腐効力が大きい。
　 4．人体に対し毒性はない。
　 5．20℃では黒または濃黄褐色の粘ちゅう性の油状液体である。

【問 13】 アニリンの性状について、次のうち誤っているものはどれか。[★]

☑ 1．無色無臭の液体である。
　 2．水に溶けにくい。
　 3．蒸気比重は 1 より大きい。
　 4．空気中でも酸化されて赤色になる。
　 5．エタノールやベンゼンにはよく溶ける。

【問 14】 アニリンの性状について、次のうち誤っているものはどれか。

☑ 1．無色の液体である。
　 2．光や空気により変色する。
　 3．ベンゼンやエーテルに溶ける。
　 4．水溶液は弱酸性である。
　 5．さらし粉水溶液により変色し、赤紫色になる。

【問 15】 次のA～Dのうち、誤っているものすべてを掲げているものはどれか。［★］

A. 硫黄やマグネシウム粉は、酸化性物質と接触すると危険である。

B. ニトロベンゼンやアセトアルデヒドは、水や湿気と接触すると爆発の危険がある。

C. 塩素酸カリウムやニトロセルロースは、衝撃や摩擦等を受けると危険である。

D. 過酸化ベンゾイルや硝酸エチルは、分子内に酸素を含み熱に対して不安定な物質である。

☑ 1. A　　　　 2. B　　　　 3. C　　　　 4. AとC　　　　 5. BとD

【問 16】 次のA～Dの性状のすべてが該当する危険物はどれか。

A. 水に微溶である。

B. 20℃では黄色油状液体である。

C. 硝酸と反応して、爆発性の物質を生成するおそれがある。

D. 引火点はおおむね90℃である。

☑ 1. ニトロベンゼン　　　 2. エチレングリコール　　　 3. アニリン
　 4. グリセリン　　　　　 5. クレオソート油

【問 17】 エチレングリコールの性状について、次のうち誤っているものはどれか。

☑ 1. 無色透明な粘性のある液体である。

　 2. 水、エタノールによく溶けるが、ジエチルエーテル、二硫化炭素にはほとんど溶けない。

　 3. 比重は1以上である。

　 4. 引火点は100℃以下である。

　 5. 融点が0℃以下なので、不凍液として用いられる。

【問 18】 グリセリンの性状について、次のうち誤っているものはどれか。［★］

☑ 1. 甘味のある無色無臭の液体である。

　 2. ナトリウムと反応して酸素を発生する。

　 3. ガソリン、軽油にはほとんど溶けない。

　 4. 蒸気の比重は空気より重い。

　 5. 吸湿性を有している。

［第4石油類］

【問 19】 第4石油類の性状、用途について、次のうち誤っているものはどれか。

☑ 1. 切削油を用いた切削作業では、単位時間あたりの注入量が少ないと摩擦熱により発火のおそれがある。

　 2. 引火点が高いので、加熱しない限り引火の危険性はない。

458

3．熱処理油を用いた焼入れ作業では、灼熱した金属を素早く油中に埋没しないと発火のおそれがある。

4．着火した場合には、油温を下げる効果が期待できるので、棒状の注水が有効である。

5．潤滑油や可塑剤として使用されるものが多い。

[動植物油類]

【問 20】 動植物油類の性状等について、次のうち正しいものを2つ選びなさい。[編]

☑ 1．乾性油が布に染み込んでいる場合には、発生する酸化熱が蓄積され、自然発火することがある。

2．植物から採れる油脂の分子量や不飽和度は一定である。

3．油脂の融点は、油脂を構成する脂肪酸の炭素原子の数が少ないほど高くなる。

4．比重は1より大きい。

5．コウ素価の大きい油脂には、炭素の二重結合（C－C）が多く含まれ、空気中では酸化されにくく、固化しにくい。

6．不飽和脂肪酸で構成された油脂に水素を付加して作られた脂肪は、硬化油と呼ばれ、マーガリンなどの食用に用いられる。

7．オリーブ油やツバキ油は、塗料や印刷インクなどに用いられる。

■ 正解＆解説……………………………………………………………………………………

問1…正解3

1．引火点は、液体の状態で各温度ごとにおける引火の有無により測定する。霧状にすると、引火点以下でも着火することがある。

3．酢酸 CH_3COOH やアクリル酸 $CH_2＝CHCOOH$ など、水溶性のものもある。

5．酢酸 CH_3COOH は融点が17℃であるため、15℃では凝固する。

問2…正解3（C・D・E）

A．灯油の沸点は145 ～ 270℃で、水より高い。

B．石油臭がある。

問3…正解5

1．沸点は 170 ～ 370℃である。

2．比重は 0.85 で水より軽く、水に不溶である。

5．引火点は 45℃以上である。

問4…正解2

1＆5．蒸気比重は3.9で、比重は1.1である。

2．クロロベンゼン C_6H_5Cl は、水には溶けないが、ジエチルエーテルなどの有機溶媒には溶ける。

問5…正解5

4．沸点は138 ～ 144℃で、水より高い。

5．引火点は約32℃である。

問6…正解5

1．燃焼範囲は、ガソリン…1.4 ～ 7.6vol%、ベンゼン…1.2 ～ 7.8vol%、
トルエン…1.1 ～ 7.1vol%、オルトキシレン…0.9 ～ 7vol%。

2．引火点は、ベンゼン…－11℃、トルエン…4℃、オルトキシレン…32℃。

3．蒸気比重は、ベンゼン…2.8、トルエン…3.1、オルトキシレン…3.7。

4．比重は、ベンゼン…0.9、トルエン…0.9、オルトキシレン…0.9。

5．沸点は、ベンゼン…80℃、トルエン…111℃、オルトキシレン…144℃。

問7…正解5

4．水に可溶だが、微溶である。

5．引火点は1-ブタノール35 ～ 37.8℃、軽油45℃以上。
発火点は1-ブタノール 約343 ～ 401℃、軽油 約220℃。

問8…正解1

1．無色の可燃性液体であるが、芳香がある。

3．加熱や光により重合し発熱するため、市販品には重合防止剤が添加されている。

5．比重は0.9で、蒸気比重は3.6である。

問9…正解5

5．引火点は39℃であり、常温（20℃）では引火しない。

問10…正解1

1．酢酸の燃焼範囲：4.0 ～ 19.9vol%、ガソリンの燃焼範囲 1.4 ～ 7.6vol%。

4．引火点…39℃。

問11…正解5

2．引火点は51℃である。

3．重合禁止剤（ヒドロキノン $C_6H_4(OH)_2$）が添加されていないと、重合熱により
自然発火する危険性がある。

4．「16．混合危険」508P参照。

5．エタノール、ジエチルエーテルによく溶ける。

問12…正解4

1＆2．引火点は75℃、比重は1.1である。

4．人体に対し毒性が強い。

問13…正解1

1．アニリン $C_6H_5NH_2$ は無色であるが、不快臭のある液体である。

3．蒸気比重は3.2である。

問14…正解4

2．光や空気により徐々に酸化され、褐色～赤褐色に変化する。

4．アニリン自体は弱塩基性で水に難溶である。

問15…正解2

A．硫黄やマグネシウム粉は第2類の危険物（可燃性固体）で、酸化性物質と接触させ
てはならない。発火や爆発の危険が生じる。

B．ニトロベンゼン$C_6H_5NO_2$は、ニトロ化合物でありながら爆発性はなく、第４類の第３石油類に分類される。また、アセトアルデヒドCH_3CHOは特殊引火物で、水によく溶ける。燃焼範囲が広く、引火による爆発性が高い。ただし、水との接触による爆発性はない（禁水性はない）。

C．塩素酸カリウム$KClO_3$は第１類の危険物で、ニトロセルロースは第５類の危険物（自己反応性物質）である。これらは、衝撃や摩擦を受けると爆発の危険がある。

D．過酸化ベンゾイル$(C_6H_5CO)_2O_2$と硝酸エチル$C_2H_5NO_3$はともに第５類の危険物で、分子内に酸素を含む。また、熱に対して不安定である。

問16…正解1

エチレングリコール$C_2H_4(OH)_2$とグリセリン$C_3H_5(OH)_3$は水に溶けるため、除外できる。アニリン$C_6H_5NH_2$は、無色の液体である。

引火点は、ニトロベンゼン$C_6H_5NO_2$…88℃、クレオソート油75℃。

ニトロベンゼンは硝酸と反応して、ジニトロベンゼン$C_6H_4(NO_2)_2$を生成するおそれがある。ジニトロベンゼンは爆発性があり、３種の異性体が存在する。

問17…正解4

4．引火点は111℃である。

問18…正解2

2．グリセリン$C_3H_5(OH)_3$は３価のアルコールである。一般にアルコールはナトリウムと反応して水素を発生する。

4．蒸気比重は3.2で、空気より重い。

問19…正解4

1．切削面への注油量が少ないと、摩擦熱が蓄積して切削油が発火するおそれがある。

3．焼入れは、金属材料を高温に加熱した後、これを急冷して硬さを増す作業をいう。灼熱した金属をゆっくり油に入れると、周辺の油が沸騰して多量の蒸気が発生し、これに引火するおそれがある。

4．棒状の注水は、油が周辺に飛び散るため、行ってはならない。泡消火剤などによる窒息消火が有効である。

問20…正解1＆6

2．植物から採れる油脂の分子量や不飽和度は、植物の種類に応じて異なる。

3．油脂の融点は、油脂を構成する脂肪酸の炭素原子の数が多いほど高くなる。

4．比重は１より小さいものが多い。

5．ヨウ素価の大きい油脂には、炭素の二重結合（C＝C）が多く含まれ、空気中では酸化されやすく、固化しやすい。炭素の二重結合は、酸素原子が容易に入り込むことで、酸化熱が発生する。「第２章　32．脂肪族化合物　■油脂」321P参照。

7．オリーブ油やツバキ油は、空気中で固化しにくい不乾性油に分類される。塗料や印刷インクなどに用いられるのは、アマニ油などの乾性油である。「第２章　9．自然発火と粉じん爆発　■乾性油」207P参照。

12 第5類危険物の共通の事項

◎自己反応性物質とは、固体または液体であって、爆発の危険性を判断するための試験（熱分解試験）において一定の性状を示すもの、または加熱分解の激しさを判断するための試験（圧力容器試験）において一定の性状を示すものをいう。

■共通する性状

◎自己反応性をもつ物質で、内部（自己）燃焼を起こしやすい。

◎いずれも可燃性の固体または液体である。また、引火性のものがある。

◎有機の窒素化合物が多い。また、いずれも窒素または酸素を含有している。

◎比重は1より大きい。

◎多くは、燃焼速度が極めて大きい。

◎加熱・衝撃・摩擦により不安定となり、発火・爆発するものが多い。

◎時間とともに自然分解が進み、自然発火するものがある。

◎可燃物、金属粉、ゴミ等の不純物が混入すると、発火・爆発のおそれがある。

◎燃焼すると有毒ガスを発生するものが多い。

■共通する貯蔵・保管方法

◎加熱・衝撃・摩擦を避ける。

◎容器は密栓して、冷暗所に貯蔵する。

■共通する消火方法

◎多くは分子内に酸素を保有しているため自己燃焼性があり、窒息消火はほとんど効果がない。また、燃焼速度が極めて大きいため、消火は困難である。

◎有効な消火剤は、水、強化液、泡、乾燥砂などである。二酸化炭素、ハロゲン化物、粉末消火剤は適応しない。

■貯蔵時の注意事項

過酸化ベンゾイル	市販品は水で湿らせて純度を下げている。
メチルエチルケトンパーオキサイド（エチルメチルケトンパーオキサイド）	通気性のあるフタを使用する。
硝酸メチル、硝酸エチル	常温で引火する。
ニトロセルロース	水分やアルコールを含ませ、湿綿状態にする。
ピクリン酸	危険性を弱めるため含水状態にする。
ジアゾジニトロフェノール	水または水とアルコールとの混合液に入れる。
アジ化ナトリウム	金属製容器は使用しない。

［共通する性状］

【問1】 第5類の危険物の性状について、次のうち誤っているものはどれか。

☑ 1．固体のものには、水に溶けるものがある。

2．直射日光により、自然発火するおそれのあるものがある。

3．燃焼すると人体に有害なガスを発生するものが多い。

4．水との接触により、発火するおそれのあるものがある。

5．鉄製容器（内部を樹脂で被覆していないもの）を使用できないものがある。

【問2】 第5類の危険物に共通する性状について、次のうち正しいものはどれか。

☑ 1．引火性がある。

2．金属と反応して分解し、自然発火する。

3．燃焼または加熱分解が速い。

4．分子内に酸素と窒素を含有している。

5．水に溶けない。

【問3】 第5類の危険物に共通する性状について、次のうち正しいものはどれか。

[★]

☑ 1．窒素または酸素を含有している。

2．自然発火の危険性がある。

3．水に溶ける。

4．水と接触すると発熱する。

5．固体である。

【問4】 次に掲げる危険物の組み合わせのうち、いずれも常温（20℃）で液体のものはどれか。[★]

☑ 1．ニトロセルロース、過酸化ベンゾイル

2．硝酸エチル、ニトログリセリン

3．ピクリン酸、硝酸メチル

4．ニトログリセリン、セルロイド

5．トリニトロトルエン、コロジオン

【問5】 第5類の危険物の貯蔵、取扱い上の注意事項として、次のうち適切でないものはどれか。［★］

- ☐ 1．危険性を弱めるため、希釈剤を加えるものがある。
  - 2．内部の過圧力を自動的に排出させるため、容器にガス抜き口を設けるものがある。
  - 3．分解が促進されるおそれがあるので、日光、紫外線を避ける。
  - 4．金属や有機物等わずかの異物で急速に分解を引き起こすおそれがあるため、異物の混入には特に注意を要する。
  - 5．使用量に対して十分余裕をもたせた量を確保し、なるべくまとめて保管する。

［共通する消火方法］

【問6】 下表の右欄に掲げるすべての危険物の火災に共通して使用する消火剤として、次のA〜Eのうち、適切なものを組み合わせたものはどれか。

消火剤	危険物
A．ハロゲン化物消火剤	・有機過酸化物　　　　　・硝酸エステル類
B．粉末消火剤	・ニトロソ化合物　　　　・アゾ化合物
C．泡消火剤	・ヒドロキシルアミン塩類　・硝酸グアニジン
D．二酸化炭素消火剤	
E．乾燥砂	

- ☐ 1．AとB　　2．AとE　　3．BとC　　4．BとD　　5．CとE

【問7】 次に掲げる危険物の火災に共通する消火方法として、A〜Eのうち、適切なもののみをすべて掲げているものはどれか。

・過酢酸　　・ヒドロキシルアミン　　・ジニトロソペンタメチレンテトラミン

- A．霧状または棒状の水を放射する。
- B．粉末消火剤（炭酸水素塩類を使用するもの）を放射する。
- C．二酸化炭素消火剤を放射する。
- D．水溶性液体用泡消火剤を放射する。
- E．ハロゲン化物消火剤を放射する。
- ☐ 1．A　　2．E　　3．AとD　　4．BとE　　5．CとE

【問8】 次に掲げる危険物の火災の消火について、危険物の性状に照らして、水を用いることができない物質はどれか。

☑ 1．硫酸ヒドラジン   2．ジアゾジニトロフェノール
   3．トリニトロトルエン   4．アジ化ナトリウム
   5．過酸化ベンゾイル

[貯蔵時の注意事項]

【問9】 危険物を貯蔵し、取り扱う際の注意事項として、次のA～Eのうち適切なものはいくつあるか。[★]

A．ニトロセルロースは、完全に乾燥させて貯蔵する。
B．エチルメチルケトンパーオキサイドは、密栓した容器に貯蔵する。
C．アジ化ナトリウムは、ポリ塩化ビニル製の容器に貯蔵する。
D．硝酸エチルは、常温（20℃）で引火するおそれがあるので火気を近づけない。
E．ジアゾジニトロフェノールは、水中または水とアルコールの混合液中に貯蔵する。

☑ 1．1つ   2．2つ   3．3つ
   4．4つ   5．5つ

【問10】 危険物を貯蔵し、取り扱う際の注意事項として、次のA～Eのうち適切なものの組み合わせはどれか。[★]

A．ジアゾジニトロフェノールは、完全に乾燥させて貯蔵する。
B．ジニトロソペンタメチレンテトラミンは、酸を加えて貯蔵する。
C．ピクリン酸の容器は、金属製のものを使用する。
D．硝酸エチルは、常温（20℃）で引火するおそれがあるので火気を近づけない。
E．エチルメチルケトンパーオキサイドの容器は、内圧が上昇したときに圧力を放出できるものとし、密栓は避ける。

☑ 1．AとB   2．AとC   3．BとD   4．CとE   5．DとE

■ 正解＆解説‥‥‥‥‥‥‥‥‥‥‥‥‥‥‥‥‥‥‥‥‥‥‥‥‥‥‥‥‥‥‥‥‥‥‥‥

問1…正解4

1．ピクリン酸やヒドロキシルアミンなど、固体で水溶性のものがある。
2．ニトロセルロースは直射日光により分解・発熱し、その熱により自然発火することがある。
3．燃焼すると有毒ガスが発生するもの（燃焼時の熱による分解も含める）に、アジ化ナトリウム、硝酸グアニジン、硫酸ヒドロキシルアミン、ヒドロキシルアミン、硫酸ヒドラジン、アゾビスイソブチロニトリル、ジニトロソペンタメチレンテトラミン、メチルエチルケトンパーオキサイドなどがある。

４．第５類の危険物に、禁水性のものはない。

５．ピクリン酸やアジ化ナトリウムなどは、金属との接触を避ける。

問2…正解3

1．引火性を有するものもあるが、すべてではない。

2．ピクリン酸$C_6H_2(NO_2)_3OH$やアジ化ナトリウムNaN_3のように、金属と反応して分解するものもあるが、すべてではない。

3．アジ化ナトリウムNaN_3は加熱分解が速い。爆発的に分解する。

4．大部分の物質は分子内に酸素を含有しているが、有機過酸化物のように窒素を含有していないものもある。また、アジ化ナトリウムNaN_3のように酸素を含有していないものもある。

5．過酢酸CH_3COOOHやピクリン酸$C_6H_2(NO_2)_3OH$、アジ化ナトリウムNaN_3などは水に溶ける。

問3…正解1

2．ニトロセルロースは、空気中に長時間放置すると分解が進み、自然発火することがある。しかし、全ての第５類の危険物がこの特性をもつわけではない。

3．水に溶けるものと、水に溶けないものがある。

4．水との接触で発熱するものはない。

5．固体のものと液体のものがある。

問4…正解2

1．ニトロセルロース（硝酸エステル）…綿状または紙状。
　過酸化ベンゾイル$(C_6H_5CO)_2O_2$（有機過酸化物）…結晶。

2．硝酸エチル$C_2H_5NO_3$（硝酸エステル）…芳香のある液体。
　ニトログリセリン$C_3H_5(ONO_2)_3$（硝酸エステル）…油状の液体。

3．ピクリン酸$C_6H_2(NO_2)_3OH$（ニトロ化合物）…黄色の結晶。
　硝酸メチルCH_3NO_3（硝酸エステル）…芳香のある液体。

4．セルロイド…合成樹脂。

5．トリニトロトルエン$C_6H_2(NO_2)_3CH_3$（ニトロ化合物）…淡黄色の結晶。
　コロジオン…粘性のある液体（ニトロセルロースからつくる）。傷口に塗ると耐水性の皮膜をつくるため、水絆創膏として知られている。

問5…正解5

1．エチルメチルケトンパーオキサイドはフタル酸ジメチルで希釈してある。

2．エチルメチルケトンパーオキサイドは、密栓すると内圧が上昇して分解を促進するため、通気性のあるフタ付きの容器で貯蔵する。

3．エチルメチルケトンパーオキサイドやアゾビスイソブチロニトリルは日光で分解が促進されるため、日光を避ける。

4．有機過酸化物は酸化作用をもつため、可燃物と接触すると燃焼・爆発することがある。また、ニトロ化合物のピクリン酸$C_6H_2(NO_2)_3OH$は、金属と反応して爆発性の金属塩を生成する。アジ化ナトリウムNaN_3は、重金属と反応して爆発性のアジ化物を生成する。

5．原則として、使用量以上の危険物を貯蔵してはならない。また、危険性を減らすため、できるだけ分散させて保管する。

問6…正解5

全て第5類の危険物であり、火災には、二酸化炭素やハロゲン化物などのガス系消火剤及び粉末消火剤は適応しない。粉末消火剤は、燃焼の抑制効果と窒息効果により消火するが、第5類の火災は燃焼速度が大きいため、ほとんど効果がない。〔消火設備と適応する危険物の火災（政令別表第5）〕（162P参照）によると、第5類の火災には、水・強化液・泡消火剤、乾燥砂、膨張ひる石または膨張真珠岩が適応する。

問7…正解3

アジ化ナトリウム NaN_3 以外の第5類の危険物の消火には、大量の水または泡消火剤、乾燥砂、膨脹ひる石、膨脹真珠岩は適応するが、粉末消火剤、二酸化炭素消火剤、ハロゲン化物消火剤は適応しない。

問8…正解4

4．アジ化ナトリウム NaN_3 は、熱分解でナトリウム Na と窒素 N に分解する。ナトリウムは水と反応して水素を発生するため、消火に水を用いてはならない。

問9…正解2（D・E）

A．ニトロセルロースは、自然分解を抑えるため、水やアルコールによる湿綿状態で貯蔵する。

B．エチルメチルケトンパーオキサイドは、密栓すると内圧が上昇して分解を促進するため、通気性のあるフタ付きの容器で貯蔵する。

C．アジ化ナトリウム NaN_3 は、ポリエチレン、ポリプロピレン、ガラス製などの容器で貯蔵する。ポリ塩化ビニル製の容器は適切ではない。

D．硝酸エチル $C_2H_5NO_3$ の引火点は、10℃である。

E．ジアゾジニトロフェノール $C_6H_2ON_2(NO_2)_2$ は、爆発を防ぐため、水またはアルコールとの混合液中に貯蔵する。

問10…正解5

A．ジアゾジニトロフェノール $C_6H_2ON_2(NO_2)_2$ は、爆発を防ぐため、水またはアルコールとの混合液中に貯蔵する。

B．ジニトロソペンタメチレンテトラミン $C_5H_{10}N_6O_2$ は、酸と接触すると発火する。

C．ピクリン酸 $C_6H_2(NO_2)_3OH$ は金属と反応して爆発性の金属塩を生成するため、容器は金属製のものを使用してはならない。

D．硝酸エチル $C_2H_5NO_3$ の引火点は、10℃である。

E．エチルメチルケトンパーオキサイドは、密栓すると内圧が上昇して分解を促進するため、通気性のあるフタ付きの容器で貯蔵する。

13 第5類危険物の品名ごとの事項

■有機過酸化物

◎有機過酸化物は、一般的に過酸化水素H_2O_2の誘導体とみなされる。すなわち、H$-O-O-$Hの水素原子を有機原子団で置換した化合物である。その化学的特徴は$-O-O-$の弱い結合に起因しており、**低い温度で分解**する。また、一部のものは衝撃や摩擦によっても容易に分解する。

◎有機過酸化物は強力な**酸化剤**であり、通常は極めて**不安定**である。点火すると、極めてよく燃焼する。

◎安全性を考慮し、**不活性な溶剤や可塑剤などで希釈**したものや、水などで湿らせて純度を下げたもの、濃度そのものを低くしているものがある。

▶過酸化ベンゾイル（$C_6H_5CO)_2O_2$

性　質	◎白色または無色で、無臭。 ◎結晶状・粉状・粒状。 ◎比重1.3。 ◎融点103〜105℃（分解温度）。 ◎水、エタノールにほとんど**溶けない**。 　ただし、ジエチルエーテルやベンゼンなどの**有機溶媒に溶ける**。 ◎**強力な酸化作用**を有する。このため、可燃性物質や還元性物質と爆発的に反応する。**酸・アルコール・アミン**と激しく反応。
危険性	◎乾燥状態で着火すると、爆発的に燃焼する。 ◎融点以上に加熱すると、爆発的に分解し有毒な煙を発する。 ◎衝撃・摩擦に鋭敏で、爆発的に分解しやすい。 ◎熱や衝撃などの他、**光**によっても分解が促進される。 ◎皮膚に触れると軽度の**皮膚炎**を起こす。
貯蔵・保管	◎市販品は爆発防止のため、水で湿らせて**純度を下げている**。 ◎加熱・衝撃・摩擦を避ける。 ◎容器は密栓し、冷暗所に貯蔵する。
消火方法	◎大量の水（散水等）または泡消火剤を用いる。

[構造]

K020

▶**メチルエチルケトンパーオキサイド（エチルメチルケトンパーオキサイド）**

※peroxide（パーオキサイドまたはペルオキシド）とは、「過酸化物」の意である。

◎メチルエチルケトン$CH_3COC_2H_5$（第4類の第1石油類）と過酸化水素との反応によって生成される－O－O－構造をもつ化合物の総称である。

◎市販品は安全性のため、**安定剤**のフタル酸ジメチル$C_6H_4(COOCH_3)_2$（ジメチルフタレート）を加えて、55～60％程度に**濃度を下げている**。

性　　質	◎特異臭のする無色の**油状液体**。　　　◎**引火点58℃以上**。 ◎**比重1.1～1.17**。　　　◎**強酸化剤**。 ◎水に溶けないが、ジエチルエーテル、**アルコールや有機溶剤に溶ける**。 ◎40℃以上になると分解が促進される。また、30℃以下でも布や酸化鉄（錆）などに接していると、分解するおそれがある。 ◎**アルカリ性物質**と接すると、**分解が促進**される。
危険性	◎**日光（紫外線）**や強い衝撃によって分解する。 ◎熱・光・混触危険物質（ナフテン酸コバルト、アセトン、アミン、アルカリ性物質、銅、真ちゅう、鉄、ゴム等）との接触厳禁。 ◎加熱すると激しく燃焼、または爆発するおそれがある。また、燃焼により、有毒で腐食性のあるガスを生成する。 ◎80～100℃で激しく発泡分解し、110℃を超えると白煙を発生し、分解により発生したガスに異物が触れると爆発するおそれがある。 ◎布の他、金属（鉄・銅など）と接触すると、分解して爆発の危険がある。
貯蔵・保管	◎**内圧**が高くなると分解が促進されるため、容器の**フタは通気性**のあるものを使用する。 ◎**鉄製**や銅製の容器は反応するため使用できない。
消火方法	◎大量の水（散水等）または泡消火剤を用いる。

▶**過酢酸（40％濃度）**

$$CH_3-\overset{\overset{\textstyle O}{\|}}{C}-O-O-H$$

◎過酢酸は非常に不安定な物質であるため、その濃度の上限は40％とされている。

性　　質	◎強い**刺激臭（酢酸臭）**のする無色の液体。 ◎比重1.2。　　　◎蒸気比重2.6。　　**◎引火点41℃**。 ◎水、アルコール、エーテル、硫酸によく溶ける。 ◎強力な酸化剤であり、可燃性物質や還元性物質と激しく反応する。また、**助燃作用**もある。
危険性	◎**110℃に加熱**すると爆発する。 ◎皮膚や粘膜を**腐食**し、多くの金属をおかす。 ◎酸化剤や有機物との接触により、爆発することがある。
貯蔵・保管	◎火気厳禁。　　　◎換気良好な冷暗所に**可燃物と隔離**して貯蔵する。
消火方法	◎大量の水（散水等）または泡消火剤を用いる。

■硝酸エステル類

◎単にエステルという場合、「カルボン酸エステル」を指すことが多い。

◎**カルボン酸エステル**は、$R^1-COO-R^2$という構造をもつ。酢酸CH_3COOHとエタノールC_2H_5OHが反応すると、**酢酸のHとメタノールのOH**がとれて水となり、酢酸エチル$CH_3COOC_2H_5$を生成する。この反応を**縮合**という。

◎しかし、エステルはカルボン酸エステルの他にも数多くあり、この場合、「酸素を含む酸とヒドロキシ基をもつアルコールが縮合して得られる化合物」がエステルの定義となる。従って、$-COO-$構造とはならない。

◎硝酸とアルコールが縮合すると、**硝酸エステル**（順に硝酸メチル・硝酸エチル・ニトログリセリン）と水が生成する。

- $HNO_3 + CH_3OH \longrightarrow CH_3NO_3 + H_2O$
- $HNO_3 + C_2H_5OH \longrightarrow C_2H_5NO_3 + H_2O$
- $3HNO_3 + C_3H_5(OH)_3 \longrightarrow C_3H_5(ONO_2)_3 + 3H_2O$

◎硝酸エステルは一般式$R-ONO_2$で表され、芳香があり甘味をもつ液体である。揮発性を有し、化学的に不安定で熱や衝撃によって爆発しやすい。また、自然に一酸化窒素を発生して分解する性質がある。

▶硝酸メチル CH_3NO_3

性　質	◎**芳香**のある**無色の液体**。 ◎比重1.2。　◎蒸気比重2.7。　◎**引火点15℃**。 ◎水にほとんど溶けないが、アルコール、ジエチルエーテルには溶ける。
危険性	◎**引火性**に加え、揮発性があり加熱・衝撃で爆発しやすい。
貯蔵・保管	◎容器は密栓し、換気のよい冷暗所に貯蔵する。
消火方法	◎酸素を含有しているため、消火は困難である。

▶硝酸エチル $C_2H_5NO_3$

性　質	◎**芳香**のある**無色の液体**。 ◎比重1.1。　◎蒸気比重3.1。　◎**引火点10℃**。　◎沸点87℃。 ◎水にわずかに溶け、アルコール、ジエチルエーテルには溶ける。
危険性	◎**引火性**に加え、揮発性があり加熱・衝撃で爆発しやすい。
貯蔵・保管	◎容器は密栓し、換気のよい冷暗所に貯蔵する。
消火方法	◎酸素を含有しているため、消火は困難である。

▶ニトログリセリン $C_3H_5(ONO_2)_3$

性　質	◎無色～淡黄色の油状液体。甘味がある。 ◎比重1.6。　◎蒸気比重7.8。 ◎水にほとんど溶けないが、有機溶媒に溶ける。

	◎**ダイナマイトの原料**であるほか、狭心症治療薬としても用いられる（ダイナマイトは、ニトログリセリンを基剤とし、これに珪藻土・弱硝化綿などを吸収させた爆薬である）。また、**ジフェニルアミンは安定剤**として用いられる。 ◎グリセリンを硝酸と反応させてエステル化（**硝酸エステル化**）するとニトログリセリンになる。 ◎**水酸化ナトリウム**（苛性ソーダ）**のアルコール溶液で分解**し、非爆発性物質となる。これは血圧降下剤や狭心症の薬としても使用される。	[構造] CH_2-ONO_2 | $CH\ -ONO_2$ | CH_2-ONO_2 _{K021}
危険性	◎加熱・衝撃・摩擦を加えると爆発する。 ◎8℃で凍結する。凍結すると、感度が高くなり危険性が増す。	
貯蔵・保管	◎火薬庫で貯蔵する。　　　◎加熱・衝撃・摩擦を避ける。	
消火方法	◎燃焼することもあるが、一般に爆発性であるため消火は困難である。	

▶ニトロセルロース（硝化綿）

性　質	◎**セルロースの硝酸エステル**である。硝化綿・硝酸繊維素ともいう。 （セルロースは、（$C_6H_{10}O_5$）nで表される多糖類（炭化水素）で、綿はそのほとんどがセルロースである） ◎**綿状または紙状**で白色である。　　◎比重約1.7。 ◎**水とアルコールに溶けない。** ◎合成する際の硝化度に応じて、**窒素量**13%前後のものを**強綿薬**、12.75 ～ 10%のものを**弱綿薬**、10%以下のものを脆（ぜい）綿薬という。有機溶媒に対する溶解度は、窒素量により異なる（有機溶媒に対して、強綿薬は不溶、弱綿薬は可溶である）。 ◎強綿薬は無煙火薬、弱綿薬はダイナマイト・無煙火薬・ラッカー、脆綿薬はセルロイドにそれぞれ使われる。**セルロイド**は硝化綿と樟のうからつくられる合成樹脂である。 ◎弱綿薬をアルコールとジエチルエーテルの溶液に溶かしたものを「**コロジオン**」という。耐水性の皮膜をつくるため、水絆創膏として使用される。（※強綿薬の場合、アルコールとジエチルエーテルの溶液には溶けない。）
危険性	◎摩擦や衝撃に敏感で、爆発性がある。**窒素量の多いものほど爆発しやすい。** ◎**自然分解**する傾向がある。精製の悪いものは、分解により熱を発し**自然発火**することがある。分解は直射日光及び加熱により促進される。 ◎燃焼すると、有害な**窒素酸化物**、**一酸化炭素**、**二酸化炭素**を生成する。
貯蔵・保管	◎**水分やアルコール**を含ませ、**湿綿状態**で貯蔵する。乾燥させると、発火・爆発の危険性が増大する。分解を抑えるため安定剤が添加されている。 ◎加熱・衝撃・摩擦を避ける。
消火方法	◎大量の水噴霧・泡消火剤・乾燥砂などを用いる。

※「コロジオン」はニトロセルロースを含有する溶液だが、ジエチルエーテルを約70％含むため、第4類の特殊引火物に指定されている。

■ニトロ化合物

◎ニトロ化合物は、ニトロ基が炭素原子に直接結合している有機化合物の総称である。
　R－NO_2という構造をもつ。また、ニトロ基（－NO_2）を化合物に導入すること
　をニトロ化と呼ぶ。

◎ニトロ基を1個もつものは比較的安定しているが、3個もつピクリン酸及びトリニ
　トロトルエンは爆発性を有する。

▶ピクリン酸 $C_6H_2(NO_2)_3OH$（トリニトロフェノール）

性　質	◎黄色の結晶。　　◎苦みがある。 ◎比重1.8。 ◎水、エタノール、ジエチルエーテルに溶ける。 ◎水溶液は強い酸性で、**金属**と作用して**爆発性** 　**の金属塩**をつくる。	[構造] OH O_2N　　NO_2 K021 NO_2
危険性	◎衝撃・摩擦を加えたり、急激に加熱すると爆発するおそれがある。 ◎有毒で、皮膚・目・呼吸器系を刺激する（劇物）。	
貯蔵・保管	◎**含水状態**にして冷暗所で貯蔵する。乾燥状態で貯蔵してはならない。 ◎衝撃（打撃）・摩擦を避ける。　　◎金属製容器を避ける。	
消火方法	◎大量の水（散水等）で消火する。	

▶トリニトロトルエン $C_6H_2(NO_2)_3CH_3$（TNT）

性　質	◎**無色**または**淡黄色の結晶。** 　ただし、日光に当たると茶褐色に変色する。 ◎比重1.7。　　　　　◎融点80～81℃。 ◎**水には溶けない。** ◎**アセトン**や**ベンゼン**、ジエチルエーテルに**溶ける。** ◎TNTの別名で知られる高性能爆薬。以前は、主に 　ピクリン酸が使われていた。 ◎**金属とは反応しない。**	[構造] CH_3 O_2N　　NO_2 NO_2
危険性	◎打撃・衝撃を加えると爆発し、その爆発力は大きい。 ◎急激に加熱すると発火・爆発の危険が生じる。 ◎有機溶剤に溶解すると、固体の状態よりも衝撃に敏感になる。	
貯蔵・保管	◎水で湿らせた状態で貯蔵する。	
消火方法	◎大量の水（散水等）で消火する。	

■ニトロソ化合物

◎ニトロソ化合物は、ニトロソ基（－N＝O）を有する有機化合物の総称である。

◎化学的に不安定で、発がん性が強い。

▶ジニトロソペンタメチレンテトラミン $C_5H_{10}N_6O_2$

性　質	◎淡黄色の結晶または粉末。 ◎エタノール、ベンゼンにわずかに溶ける。
危険性	◎**酸との接触**によって発火する。 ◎加熱・衝撃・摩擦により発火・爆発することがある。
貯蔵・保管	◎加熱・衝撃・摩擦を避ける。 ◎換気のよい冷暗所で貯蔵する。
消火方法	◎水噴霧、泡消火剤、乾燥砂などを用いる。

■アゾ化合物

◎アゾ化合物は、アゾ基（－N＝N－）を有する有機化合物の総称である。

▶アゾビスイソブチロニトリル〔C（CH₃)₂CN〕₂N₂（略称：AIBN）

性　質	◎特異臭を有する白色の針状結晶。 ◎融点106℃。 ◎水にはほとんど溶けないが、エタノール、ベンゼンには溶ける。 ◎融点以上に加熱すると、急激に分解する。 ◎**熱・光**により容易に**分解**する。 ◎分子中に**酸素を含んでいない**が、分解が**自己加速的**であり、多量の**窒素ガス**などを発生する。発生するガス中には、有毒な**シアン化水素** $HC \equiv N$ が含まれる。 ◎アルコール、酸化剤、**アセトン**、アルデヒド、ヘプタンなどの炭化水素と激しく反応し、火災や爆発の危険をもたらす。
危険性	◎空気中に粒子が細かく拡散すると、粉じん爆発のおそれがある。 ◎衝撃・摩擦を加えると、爆発的に分解するおそれがある。
貯蔵・保管	◎分解すると、窒素ガスや有毒なシアン化水素（青酸ガス）などが発生するため、容器は密封する。 ◎日光を避け、換気のよい冷暗所で貯蔵する。可燃物からは避ける。
消火方法	◎大量の水（散水等）で消火する。

［構造］

$$NC-\underset{\underset{CH_3}{|}}{\overset{\overset{CH_3}{|}}{C}}-N=N-\underset{\underset{CH_3}{|}}{\overset{\overset{CH_3}{|}}{C}}-CN$$

K021

■ジアゾ化合物

◎ジアゾ化合物は、ジアゾ基（＝N_2）をもつ有機化合物の総称である。

▶ジアゾジニトロフェノール$C_6H_2ON_2(NO_2)_2$　（分子式$C_6H_2N_4O_5$）

性　質	◎**黄色～紅黄色の不定形粉末。** ◎水にはほとんど溶けないが、アセトン、酢酸には溶ける。 ◎日光により**褐色に変色**する。 ◎起爆力が強いことから、主に雷管用起爆薬として使われる。 [構造]
危険性	◎衝撃・摩擦により、容易に爆発する。　　◎加熱すると、爆発的に分解する。
貯蔵・保管	◎水またはアルコールとの**混合液中に貯蔵**する。
消火方法	◎大量の水（散水等）を用いる。

■ヒドラジンの誘導体

◎ヒドラジンの誘導体は、**ヒドラジンH_2N-NH_2を元に合成された化合物**をいう。

▶硫酸ヒドラジン$NH_2NH_2・H_2SO_4$

性　質	◎**無色～白色**の結晶。無臭。 ◎冷水にはほとんど溶けないが、熱水には溶ける。エタノールなどのアルコールには溶けない。エーテル、アセトンには溶けにくい。 ◎水溶液は**強い酸性**を示す（5％水溶液でpH1.5程度）。 ◎**還元性**を有し、酸化されやすい。
危険性	◎加熱すると分解し、極めて**有毒**な硫黄酸化物（SOx）及び窒素酸化物（NOx）のガスを発生する。 ◎**酸化剤**と激しく反応する。また、アルカリと接触すると、猛毒のヒドラジンを遊離する。
貯蔵・保管	◎酸化性の強い物質を避ける。　　◎容器は密栓し、冷暗所に保管する。
消火方法	◎大量の水（散水等）、粉末消火剤などを用いる。

■ヒドロキシルアミン NH_2OH

性　質	◎白色の結晶。 ◎水、アルコールによく溶ける。潮解性がある。　　◎水溶液は**弱塩基性**。 ◎強い還元性があり、酸化剤と接触すると、発火・爆発のおそれがある。 ◎熱分解すると、窒素N_2、アンモニアNH_3、水などを生成する。
危険性	◎高濃度水溶液に鉄イオンが存在すると、発火・爆発のおそれがある。 ◎加熱すると、爆発するおそれがある。
貯蔵・保管	◎容器は密栓し、冷暗所に保管する。
消火方法	◎大量の水が有効。

■ヒドロキシルアミン塩類

◎ヒドロキシルアミン NH_2OH と酸との反応で生じる塩である。

▶硫酸ヒドロキシルアミン $(NH_2OH)_2 \cdot H_2SO_4$

性　質	◎白色の結晶。 ◎水によく溶けるが、エタノール、ベンゼン、ジエチルエーテルに溶けない。 ◎水溶液は中程度の強さの酸であり、アルミニウムや亜鉛などの金属を腐食する。 ◎強い還元剤で、酸化剤と接触または混合すると激しく反応する。爆発の危険が生じる。 ◎アルカリと接触すると、ヒドロキシルアミンが遊離して爆発的に分解する。
危険性	◎粉じんや蒸気を吸入しないこと。 ◎粉じん及び煙霧は、空気と爆発性混合気を形成するおそれがある。 ◎加熱・燃焼すると有毒なガス（SO_x と NO_x）が発生する。
貯蔵・保管	◎クラフト紙袋に入った状態で流通することがある。 ◎湿気・水・高温体との接触を避ける。 ◎プラスチック製やガラス製の容器に密栓し、冷暗所に保管する。
消火方法	◎大量の水が有効。他に、水噴霧、泡消火剤、乾燥砂などを用いる。

■その他のもので政令で定めるもの

▶アジ化ナトリウム NaN_3（金属のアジ化物）

◎アジ化ナトリウム NaN_3 も属する「金属のアジ化物」は、アジ化水素 HN_3 の水素が金属に置換された化合物をいう。

◎特に重金属のアジ化物は衝撃に敏感で、結晶どうしの摩擦によっても爆発する。このため、起爆薬として使われることが多い。アジ化鉛 $Pb(N_3)_2$、アジ化銀 AgN_3、アジ化銅 $Cu(N_3)_2$ などがある。

性　質	◎無色〜白色の板状結晶。 ◎水によく溶けるが、エタノールには溶けにくい。 ◎水溶液は弱アルカリ性を示す。 ◎空気中で徐々に加熱すると、融解して約300℃で窒素とナトリウムに分解する。ただし、急に加熱すると激しく分解して爆発の危険性がある。
危険性	◎酸と反応して、有毒で爆発性のアジ化水素 HN_3（アジ化水素酸）を発生する。 ◎水の存在下では、重金属（鉛・真ちゅう、銅、水銀、銀など）と反応して、特に衝撃に敏感な重金属のアジ化物を生成する。わずかな衝撃で爆発する。 ※アジ化物は、原子団－ N_3 をもつ化合物の総称である。 ◎重金属との混触により、発熱・発火することがある。 ◎毒性が強い。かつて自動車のエアバッグに使われていたが、現在は使用禁止となっている。 ◎燃焼により、腐食性・毒性のある水酸化ナトリウムの煙霧を発生する。

貯蔵・保管	◎重金属（特に鉛）と一緒に貯蔵しない。
	◎容器は密栓し、冷暗所に保管する。
	◎金属製容器は使用しない。また、ポリ塩化ビニル製の容器も適切ではない。ポリエチレン、ポリプロピレン、ガラス製などの容器で貯蔵する。
消火方法	◎熱分解により金属ナトリウムを生成する。このため、金属ナトリウムに準じた方法で消火する。乾燥砂などで窒息消火する。注水は厳禁。また、ハロゲン化物消火剤は適応しない。

▶硝酸グアニジン $CH_5N_3・HNO_3$

性　質	◎白色の結晶。
	◎水、エタノールに溶ける。　　　◎自動車のエアバッグに使われている。
危険性	◎急激な加熱や衝撃により爆発する。また、可燃性物質や還元製物質と混色すると発火するおそれがある。
	◎燃焼や加熱分解により、有毒で腐食性のフューム（硝酸および窒素酸化物など）を生成する。また、飲み込むと有害である。
貯蔵・保管	◎容器は密栓し、冷暗所に保管する。
消火方法	◎水噴霧、泡消火剤、乾燥砂などを用いる。

▶▶▶ 過去問題① ◀◀◀

［有機過酸化物］

【問1】 次の文の　（　）内のA～Dに当てはまる語句の組合せとして、正しいものはどれか。

　「有機過酸化物の貯蔵、取扱いには、必ずその危険性を考慮しなければならない。それは、有機過酸化物が一般の化合物に比べて（A）温度で（B）し、さらに一部のものは（C）により容易に分解し、爆発する可能性を有しているからである。有機過酸化物の危険性は、（D）の弱い結合に起因する。」

	（A）	（B）	（C）	（D）
☑ 1.	高い	発火	衝撃、摩擦	－C－O－
2.	低い	分解	衝撃、摩擦	－O－O－
3.	高い	発火	水	－C－O－
4.	低い	引火	衝撃、摩擦	－C－O－
5.	高い	分解	水	－O－O－

【問2】 有機過酸化物の一般的な貯蔵および取扱方法について、次のA～Eのうち誤っているものの組合せはどれか。

A．できるだけ不活性な溶剤、可塑剤等で希釈して貯蔵または取り扱う。

B．有機物が混入しないようにする。

C．水と反応するものがあるので、水との接触を避ける。

476

D．金属片が混入しないようにする。

E．すべて密栓された貯蔵容器で保存する。

☑ 1．AとB　　2．AとC　　3．BとD　　4．CとE　　5．DとE

【問3】過酸化ベンゾイルの性状等として、次のうち誤っているものはどれか。

☑ 1．無色無臭の固体である。

2．水に溶ける。

3．衝撃、摩擦に対して鋭敏であり、爆発的に分解しやすい。

4．光によって、分解が促進される。

5．有機化合物と接触すると、爆発を起こしやすい。

【問4】過酸化ベンゾイルの性状について、次のうち誤っているものはどれか。

☑ 1．エーテル、ベンゼンに溶解する。

2．乾燥状態で着火すると、爆発的に燃焼する。

3．融点以上に加熱すると、爆発的に分解する。

4．硝酸、アミンと激しく反応して、発火・爆発のおそれがある。

5．水と徐々に反応し、酸素を発生する。

【問5】可塑剤で50wt％に希釈された過酸化ベンゾイルに関わる火災の初期消火の方法について、次のA～Eのうち、適切なものの組み合わせはどれか。[★]

A．粉末消火剤（リン酸塩類を使用するもの）で消火する。

B．二酸化炭素消火剤で消火する。　　C．水（噴霧状）で消火する。

D．泡消火剤で消火する。　　　　　　E．ハロゲン化物消火剤で消火する。

☑ 1．AとB　　2．AとE　　3．BとC　　4．CとD　　5．DとE

【問6】過酸化ベンゾイルとエチルメチルケトンパーオキサイドについて、次のうち正しいものはどれか。

☑ 1．過酸化ベンゾイルは、硫酸、硝酸のような強酸と接触すると激しく分解するが、アミン類とは反応しない。

2．エチルメチルケトンパーオキサイドは、ぼろ布、鉄さび等と接触すると著しく分解が促進されるが、アルカリ性物質とは反応しない。

3．過酸化ベンゾイルは、白い粉末で特異臭を有し、衝撃、摩擦などによって爆発するが、ピクリン酸、トリニトロトルエンなどに比較すると、感度は鈍い。

4．エチルメチルケトンパーオキサイドは、純品は極めて危険であるので、市販品はフタル酸ジメチル等で希釈してある。

5．エチルメチルケトンパーオキサイドは自然分解する性質があるが、100℃程度の温度では影響されない。

【問7】エチルメチルケトンパーオキサイド（市販品）の貯蔵および取り扱いについて、次のA～Eのうち適切でないものはいくつあるか。

A．高純度のものは、摩擦や衝撃に対して敏感であるので、フタル酸ジメチルなどで希釈したものが市販されている。

B．酸化鉄、ぼろ布と接触すると分解するので、20℃においてもこれらのものと接触させない。

C．直射日光を避け、冷暗所に貯蔵する。

D．水と接触すると分解するので、水と接触させない。

E．容器に密栓して貯蔵する。

☑ 1．1つ　　　2．2つ　　　3．3つ　　　4．4つ　　　5．5つ

【問8】ジメチルフタレートで約60％に希釈したエチルメチルケトンパーオキサイドの性状等に関する記述について、次のA～Eのうち、妥当でないものはいくつあるか。

A．水によく溶けるが、有機溶媒には溶けない。

B．無色無臭の液体である。

C．直射日光にあたり温度が上昇すると分解する。

D．20℃で、酸化鉄またはぼろ布と接触しても反応しない。

E．引火性を有しない。

☑ 1．1つ　　　2．2つ　　　3．3つ　　　4．4つ　　　5．5つ

【問9】過酢酸の性状に関する次のA～Dについて、正誤の組合せとして、正しいものはどれか。

	A	B	C	D
☑ 1.	×	○	○	×
2.	○	×	○	×
3.	○	×	×	×
4.	×	○	×	○
5.	○	○	×	○

A．加熱すると爆発する。

B．有毒で粘膜に対する刺激性が強い。

C．アルコール、エーテルには溶けない。

D．空気と混合して、引火性・爆発性の混合気を生成する。

注：表中の○は正、×は誤を表すものとする。

【問10】過酢酸の性状等について、次のA～Eのうち正しいものはいくつあるか。

A．強い刺激臭がある。　　　B．有機物との接触により、爆発することがある。

C．水に溶けない。　　　　　D．引火点を有する。

E．110℃以上に加熱すると、爆発することがある。

☑ 1．1つ　　　2．2つ　　　3．3つ　　　4．4つ　　　5．5つ

■ 正解＆解説 ‥‥

問1…正解2

「有機過酸化物の貯蔵、取扱いには、必ずその危険性を考慮しなければならない。それは、有機過酸化物が一般の化合物に比べて［低い］温度で［分解］し、さらに一部のものは［衝撃、摩擦］により容易に分解し、爆発する可能性を有しているからである。有機過酸化物の危険性は、［－Ｏ－Ｏ－］の弱い結合に起因する。」

問2…正解4（C・E）

A．有機過酸化物のうち、エチルメチルケトンパーオキサイドは、安全性のためフタル酸ジメチル $C_6H_4(COOCH_3)_2$（ジメチルフタレート）を加えて、濃度を下げている。有機過酸化物は、一般に希釈して貯蔵・取り扱う。

B．有機過酸化物は強い酸化剤のため、可燃性の有機物が混入しないようにする。

C．有機過酸化物のうち、過酸化ベンゾイル（$C_6H_5CO)_2O_2$、エチルメチルケトンパーオキサイド及び過酢酸 CH_3COOOH は、いずれも水とは反応しない。

D．エチルメチルケトンパーオキサイドは、鉄や銅などの金属と接触すると、分解して爆発の危険性が生じる。

E．エチルメチルケトンパーオキサイドは、密栓すると内圧が上昇して分解を促進するため、通気性のあるフタ付きの容器で貯蔵する。

問3…正解2

2．水にほとんど溶けない。

問4…正解5

5．水とは反応しない。

問5…正解4

〔消火設備と適応する危険物の火災（政令別表第5）〕（162P参照）によると、第5類の火災には、水・強化液・泡消火剤などが有効である。

問6…正解4

1．過酸化ベンゾイルは、酸・アルコール・アミンと激しく反応する。アミンはアンモニアの水素原子を炭化水素基で置き換えた化合物（R-NH2）で、アニリンなど。

2．アルカリ性物質と接すると、分解が促進される。

3．過酸化ベンゾイルは無臭の粉末であり、衝撃や摩擦に対する爆発の感度は、ピクリン酸 $C_6H_2(NO_2)_3OH$、トリニトロトルエンより鋭い。

5．40℃以上になると分解が促進される。

問7…正解2（D、E）

D．エチルメチルケトンパーオキサイドは、水と接触しても分解しない。

E．有機過酸化物のうちエチルメチルケトンパーオキサイドは、密閉すると内圧が上昇して分解が進むため、通気孔のあるフタを使用して容器に保管する。

問8…正解4（A、B、D、E）

A．水に溶けず、有機溶媒に溶ける。

B．特異臭のする無色の油状液体である。

D．酸化鉄や布と接すると分解するおそれがある。

E．引火点は58℃以上である。

問9…正解5
　　A．110℃以上に加熱すると爆発することがある。
　　C．過酢酸は、酢酸と同様にアルコール、エーテルによく溶ける。

問10…正解4（A、B、D、E）
　　C．水にはよく溶ける。
　　D．引火点は41℃である。

▶▶▶ 過去問題② ◀◀◀

[硝酸エステル類]

【問1】 硝酸エステル類について、次のうち誤っているものはどれか。

☑ 1．ニトログリセリンは、常温（20℃）で無色ないし淡黄色の油状液体である。
　　2．ニトログリセリンを樟脳のアルコール溶液に溶かしたものがコロジオンである。
　　3．硝酸エチルは、引火しやすい無色の液体である。
　　4．ニトログリセリンは、グリセリンと硝酸のエステルであり、水にはほとんど溶けない。
　　5．ニトロセルロースは、日光の照射や気温が高いときなどに分解が促進されて、自然発火しやすい。

【問2】 硝酸エステル類に属する物質は、次のうちどれか。[★]

☑ 1．ジニトロベンゼン　　　2．トリニトロトルエン
　　3．ニトロフェノール　　　4．ジニトロクロロベンゼン
　　5．ニトログリセリン

【問3】 硝酸エチルの性状について、次のうち妥当でないものはどれか。

☑ 1．比重は1より大きい。　　　2．沸点は100℃以下である。
　　3．水、エタノールに溶けない。　　4．芳香がある。
　　5．加熱すると爆発することがある。

【問4】 次のA～Dの条件にすべて当てはまるものはどれか。

　　A．粘性がある液体　　　　B．ニトロ基が分子内に三つ
　　C．硝酸エステル類　　　　D．凍結させると爆発の恐れがあり危険

☑ 1．トリニトロトルエン　　　2．ピクリン酸
　　3．ニトログリセリン　　　4．ニトロセルロース
　　5．過酸化ベンゾイル

【問5】 次のA～Cに掲げる危険物の性状のすべてに該当するものはどれか。[★]

    A．無色の油状物質である。

    B．ダイナマイトの原料である。

    C．加熱や打撃により、爆発することがある。

☑ 1．過酸化ベンゾイル   2．トリニトロトルエン

    3．ニトロセルロース   4．ピクリン酸

    5．ニトログリセリン

【問6】 ニトログリセリンの性状について、次のうち正しいものはどれか。

☑ 1．液体の場合は衝撃に対して鈍感で、取扱いしやすい。

    2．アセトン、メタノールおよび水のいずれにも、よく溶ける。

    3．20℃では凍結した固体である。

    4．水酸化ナトリウムのアルコール溶液で分解され、非爆発性物質となる。

    5．水よりも軽い。

【問7】 次の文の（　）内に当てはまる物質はどれか。

    「ニトロセルロースは、自然発火を防止するため、通常（　）で湿らせて貯蔵する。」

☑ 1．アルコール   2．灯油   3．希塩酸

    4．酢酸エチル   5．アセトン

【問8】 ニトロセルロース（綿薬）の性状等について、次のうち誤っているものを2つ選びなさい。[編][★]

☑ 1．弱綿薬をある種の溶剤に溶かしたものが、コロジオンである。

    2．含有窒素量の多いものほど危険性は大きくなる。

    3．強綿薬はエタノールに溶けやすい。

    4．燃焼速度が極めて大きい。

    5．乾燥状態で貯蔵すると危険である。

    6．貯蔵容器のふたは通気性のあるものを使用する。

    7．アルコールや水で湿潤の状態として貯蔵する。

[ニトロ化合物]

【問9】第5類のニトロ化合物に該当する危険物の組み合わせは、次のうちどれか。

[★]

☑ 1．ニトロベンゼン、過酸化ベンゾイル
2．ニトログリセリン、ニトロセルロース
3．トリニトロトルエン、ピクリン酸
4．ジニトロソペンタメチレンテトラミン、硝酸メチル
5．硝酸エチル、ジニトロトルエン

【問10】$C_6H_2(NO_2)_3OH$ の性状について、次のうち誤っているものはどれか。

☑ 1．苦みを有し、皮膚や呼吸器を刺激する。
2．金属と反応して、爆発性の塩を生成する。
3．エタノール、ジエチルエーテルに溶ける。
4．急激に加熱すると、爆発するおそれがある。
5．無色の粘性液体である。

【問11】ピクリン酸の貯蔵、取扱いについて、次のうち誤っているものはどれか。

☑ 1．安定化させるため水で湿性にする。
2．取り扱う機器や設備は防爆型のものを用いる。
3．加熱により爆発するので留意する。
4．金属製の容器に保存する。
5．衝撃、摩擦、振動を避ける。

【問12】ピクリン酸の性状について、次のA～Cのうち、正しいもののみをすべて掲げているものはどれか。
A．黄色の結晶で、アルコールによく溶ける。
B．金属と反応し、爆発しやすい金属塩を生成する。
C．水分を含むと、発火・爆発の危険性が増大する。

☑ 1．A　　2．C　　3．A、B　　4．B、C　　5．A、B、C

【問13】危険物とその貯蔵方法との組み合わせとして、次のうち誤っているものはどれか。

☑ 1．黄リン………………… 水中に貯蔵する。
2．ニトロセルロース……… エタノールまたは水で湿綿として貯蔵する。
3．ナトリウム……………… 石油中に貯蔵する。
4．ピクリン酸……………… エタノールで湿らせて貯蔵する。
5．二硫化炭素……………… 容器、タンク等で貯蔵する際は水を張っておく。

【問 14】 トリニトロトルエンとピクリン酸とに共通する事項として、次のうち誤っ
　　　　ているものはどれか。
　☑　1. ニトロ化合物で、爆薬原料として用いられる。
　　　　2. 急熱すると発火または爆発する。
　　　　3. 打撃、衝撃を加えると爆発し、その爆発力は大きい。
　　　　4. 金属と作用して非常に危険な金属塩を生じる。
　　　　5. 結晶である。

【問 15】 トリニトロトルエンの性状について、次のA～Cのうち、正しいもののみ
　　　　をすべて掲げているものはどれか。
　　　　A. 水やジエチルエーテルによく溶ける。
　　　　B. 淡黄色の結晶で、日光に当たると茶褐色に変色する。
　　　　C. 溶解すると、固体よりも衝撃により爆発を起こしやすくなる。
　☑　1. A　　　2. C　　　3. A、B　　　4. B、C　　　5. A、B、C

【問 16】 トリニトロトルエンの性状について、次のうち誤っているものはどれか。
　☑　1. 無色または淡黄色の結晶である。
　　　　2. 水に溶ける。
　　　　3. 日光により、茶褐色に変わる。
　　　　4. 融点は約 80℃である。
　　　　5. 加熱、衝撃などにより、爆発の危険性がある。

■ 正解＆解説……………………………………………………………………………………
問1…正解2
　　　2. コロジオンは、ニトロセルロース（弱綿薬）をアルコールとジエチルエーテルの
　　　溶液に溶かしたもので、水絆創膏や透析膜に使われる。また、ニトロセルロースと
　　　樟脳からつくられる合成樹脂がセルロイドである。
問2…正解5
　　　1～4. ジニトロベンゼン $C_6H_4(NO_2)_2$、トリニトロトルエン $C_6H_2(NO_2)_3CH_3$、
　　　ニトロフェノール $C_6H_4(NO_2)OH$、ジニトロクロロベンゼン $C_6H_3(NO_2)_2Cl$ は、
　　　いずれも第5類のニトロ化合物に該当する。
　　　5. ニトログリセリン $C_3H_5(ONO_2)_3$ は、第5類の硝酸エステル類に該当する。
問3…正解3
　　　1. 比重は1.1で、1より大きい。
　　　2. 沸点は87℃である。
　　　3. 水にわずかに溶け、エタノールに溶ける。

問4…正解3

　　硝酸エステル類は、ニトログリセリンとニトロセルロース。このうち、ニトロセルロースは綿状または紙状である。粘性がある液体で、ニトロ基（－NO₂）が分子内に三つあるのは、ニトログリセリンである。

問5…正解5

　　ダイナマイトの原料であることから、ニトロセルロース（硝化綿）またはニトログリセリンが該当する。ニトロセルロースは綿状または紙状である。

問6…正解4

　　1．ニトログリセリンは油状液体で、加熱・衝撃・摩擦を加えると爆発する。

　　2．アセトンやメタノールなど有機溶媒には溶けるが、水にはほとんど溶けない。

　　3．ニトログリセリンは8℃で凍結するが、20℃では液状である。

　　5．比重は1.6で水よりも重い。

問7…正解1

問8…正解3＆6

　　1．弱綿薬をジエチルエーテルとアルコールに溶かしたものをコロジオンという。コロジオンは粘性のある液体で、傷口に塗ると耐水性の皮膜をつくるため、水絆創膏として知られている。

　　2．含有窒素量の多いものを強綿薬といい、危険性が大きい。

　　3．強綿薬は、水やアルコールに溶けない。

　　6．貯蔵容器のふたは密閉性のあるものを使用する。

問9…正解3

　　1．ニトロベンゼンC₆H₅NO₂は、ニトロ化合物であるが、第4類の危険物の第3石油類に分類される（ニトロ化合物でありながら危険性は低い）。また、過酸化ベンゾイル（C₆H₅CO）₂O₂は有機過酸化物。

　　2．ニトログリセリンC₃H₅（ONO₂）₃とニトロセルロースは硝酸エステル類。

　　3．トリニトロトルエンC₆H₂（NO₂）₃CH₃とピクリン酸C₆H₂（NO₂）₃OHは第5類のニトロ化合物。

　　4．ジニトロソペンタメチレンテトラミンC₅H₁₀N₆O₂はニトロソ化合物。硝酸メチルCH₃NO₃と硝酸エチルC₂H₅NO₃は硝酸エステル類。

　　5．ジニトロトルエンC₆H₃（NO₂）₂CH₃は第5類のニトロ化合物。

問10…正解5

　　5．ピクリン酸C₆H₂（NO₂）₃OHは、黄色の結晶である。

問11…正解4

　　2．防爆型は、電気設備等において熱や火花放電によってガスや粉じんが爆発することを防ぐ構造のものをいう。

　　4．ピクリン酸は金属と反応するため、ポリエチレン製などの容器に保存する。

問12…正解3

　　C．ピクリン酸は水溶性で、貯蔵する場合は含水状態にする。

問13…正解4

黄リン P_4 とナトリウム Na は第3類、二硫化炭素 CS_2 は第4類に属する。

4．ピクリン酸は、含水状態にして貯蔵する。

問14…正解4

4．ピクリン酸は、金属と作用して非常に危険な金属塩を生じる。しかし、トリニトロトルエンは、金属と反応しない。このため、今日では扱いやすいトリニトロトルエン（TNT）が主な爆薬原料に使われている。

問15…正解4

A．水には溶けないが、ジエチルエーテルには溶ける。

C．ジエチルエーテルやベンゼンなどに溶解させると、固体の状態よりも衝撃により爆発しやすくなる。

問16…正解2

2．水に溶けない。

▶▶▶ 過去問題③ ◀◀◀

[アゾ化合物（アゾビスイソブチロニトリル）]

【問1】アゾ化合物の一般的性状等について、次のうち誤っているものはどれか。

☐ 1．アゾ基（－N＝N－）を有する化合物である。

2．アゾ化合物はすべて無色の液体である。

3．融点以上に加熱すると急激に分解する。

4．貯蔵、取扱場所は火気厳禁とし、直射日光を避け、他の可燃物と分離する。

5．他の可燃物が共存する状況では燃焼は継続する。

【問2】アゾビスイソブチロニトリルの性状について、次のうち誤っているものはどれか。

☐ 1．アセトン中で取り扱うときは、条件により発火・爆発のおそれがある。

2．分解は自己加速的であり、多量のガスを発生するおそれがある。

3．空気中で微粒子が拡散した場合は、粉じん爆発のおそれがある。

4．加熱すると、容易に酸素を放出し爆発的に燃焼するおそれがある。

5．衝撃、摩擦を加えると、爆発的に分解するおそれがある。

【問3】次に掲げる危険物のうち、加熱すると有毒なシアン化水素（青酸ガス）を発生する可能性のあるものはどれか。[★]

☐ 1．硫酸ヒドラジン　　　2．ヒドロキシルアミン

3．アジ化ナトリウム　　4．アゾビスイソブチロニトリル

5．過酸化ベンゾイル

［ジアゾ化合物（ジアゾジニトロフェノール）］

【問4】 ジアゾジニトロフェノールの性状について、次のうち誤っているものはどれか。[★]

- ☑ 1．黄色の粉末である。
- 2．光により、変色する。
- 3．水に容易に溶ける。
- 4．加熱すると、爆発的に分解する。
- 5．摩擦や衝撃により、容易に爆発する。

［ヒドラジンの誘導体（硫酸ヒドラジン）］

【問5】 硫酸ヒドラジンの性状について、次のうち誤っているものはどれか。[★]

- ☑ 1．無色または白色の結晶である。
- 2．水に溶かすと水溶液はアルカリ性を示す。
- 3．還元性を有し酸化されやすい。
- 4．無臭である。
- 5．燃焼時に有毒なガスを発生する。

【問6】 硫酸ヒドラジンの一般的性質で、次のうち誤っているものはどれか。

- ☑ 1．酸化剤と激しく反応する。
- 2．温水に可溶である。
- 3．加熱すると分解し、毒性の強いガスを生成する。
- 4．黄色の結晶または褐色の粉末である。
- 5．吸引した場合は、有害である。

［ヒドロキシルアミン］

【問7】 ヒドロキシルアミンの性状について、次のうち誤っているものはどれか。

- ☑ 1．高濃度の水溶液に、鉄イオンが存在すると発火・爆発のおそれがある。
- 2．過酸化バリウムと接触すると発火・爆発のおそれがある。
- 3．熱分解により、窒素、アンモニア、水などを生成する。
- 4．エタノールによく溶ける。
- 5．水溶液は酸性である。

[ヒドロキシルアミン塩類（硫酸ヒドロキシルアミン)]

【問8】硫酸ヒドロキシルアミンの性状等について、次のA～Eのうち、正しいもの
の組み合わせはどれか。

    A．アルカリとの接触で激しく分解するが、酸化剤に対しては安定である。

    B．湿気を含んだものは、金属（鉄、銅、アルミニウム）製の容器が適している。

    C．加熱や燃焼により有毒ガスを発生するおそれがある。

    D．エーテルやアルコールによく溶ける。

    E．粉じんが舞い上がって空気と混合すると、粉じん爆発のおそれがある。

☑　1．AとC　　　2．AとD　　　3．BとD　　　4．BとE　　　5．CとE

【問9】硫酸ヒドロキシルアミンの貯蔵、取扱いについて、次のうち誤っているもの
はどれか。

☑　1．粉じんの吸入を避ける。

    2．乾燥した場所に貯蔵する。

    3．クラフト紙袋に入った状態で流通することがある。

    4．高温になる場所に貯蔵しない。

    5．水溶液は、ガラス製容器に貯蔵してはならない。

[その他のもので政令で定めるもの]

【問10】アジ化ナトリウムの性状について、次のうち誤っているものはどれか。[★]

☑　1．無色（白色）の結晶である。

    2．酸と反応して、有毒で爆発性のアジ化水素を発生する。

    3．水によく溶ける。

    4．空気中で急激に加熱すると激しく分解し、爆発することがある。

    5．アルカリ金属とは激しく反応するが、銅、銀に対しては安定である。

【問11】アジ化ナトリウムの火災および消火について、次のうち誤っているものは
どれか。

☑　1．重金属との混合により、発熱、発火することがある。

    2．火災時には、刺激性の白煙を多量に発生する。

    3．火災時には、熱分解によりナトリウムが生成することがある。

    4．消火には、ハロゲン化物を放射する消火器を使用する。

    5．消火には、水を使用してはならない。

【問12】 アジ化ナトリウムの取扱い及び消火方法について、次のA～Eのうち誤っているもののみを組み合わせたものはどれか。[編]

A．容器はポリ塩化ビニル製のものを使用する。

B．アルカリ金属とは激しく反応するが、銅、銀に対しては安定である。

C．酸と反応して、アジ化水素を発生する。

D．ハロゲン化物消火剤が火災に有効である。

E．通気孔のない容器に貯蔵し、密栓する。

☐ 1．A、B、C　　　2．A、B、D　　　3．A、C、E

4．B、C、D　　　5．B、D、E

【問13】 硝酸グアニジンの性状について、次のうち誤っているものはどれか。

☐ 1．無色または白色の固体である。

2．毒性がある。

3．水、エタノールに不溶である。

4．加熱、衝撃により爆発する危険性がある。

5．可燃性物質と混触すると発火するおそれがある。

■ 正解＆解説……………………………………………………………………………

問1…正解2

2．一般にアゾ化合物は黄色、橙色、赤色などが多いが、アゾビスイソブチロニトリル〔C(CH3)2CN〕2N2のように白色の固体もある。また形状の多くは固体である。

問2…正解4

4．加熱により分解して、窒素ガスなどを発生するが、酸素は発生しない。分解は自己加速的であり、爆発的に進行する。

問3…正解4

1．硫酸ヒドラジンN2H4・H2SO4は、加熱すると分解して硫黄酸化物（SOx）や窒素酸化物（NOx）を発生する。

2．ヒドロキシルアミンNH2OHは熱分解すると、窒素N2やアンモニアNH3、水などを生成する。

4．アゾビスイソブチロニトリル〔C(CH3)2CN〕2N2は、熱の他、光によっても容易に分解して多量のガスを発生する。多くが窒素ガスであるが、有毒なシアン化水素HC≡Nも含まれている。

問4…正解3

3．ジアゾジニトロフェノールC6H2ON2(NO2)2は水にほとんど溶けない。

問5…正解2

2．水に溶かすと水溶液は強い酸性を示す。

問6…正解4

　　3．加熱すると分解して、極めて有毒な硫黄酸化物（SOx）及び窒素酸化物（NOx）のガスを発生する。

　　4．硫酸ヒドラジン $N_2H_4 \cdot H_2SO_4$ は、無色または白色の結晶である。

問7…正解5

　　2．強い還元性があるため、酸化剤と接触すると発火・爆発のおそれがある。

　　4．水、エタノールによく溶ける。

　　5．水溶液は、弱塩基性を示す。

問8…正解5

　　A．硫酸ヒドロキシルアミン $(NH_2OH)_2 \cdot H_2SO_4$ は強い還元剤であるため、酸化剤と激しく反応する。

　　B．水溶液は酸性を示すため、金属製容器に貯蔵してはならない。酸に侵されないプラスチック製やガラス製の容器に貯蔵する。

　　C．SOxやNOxなどの有毒ガスを発生する。

　　D．水によく溶けるが、エーテルやアルコールには溶けない。

問9…正解5

　　5．硫酸ヒドロキシルアミンの水溶液は中程度の強さの酸であるため、金属を腐食する。このため、ポリエチレンやガラスなどの耐腐食性容器が適している。

問10…正解5

　　5．銅・銀に対して反応し、これらのアジ化物を生成する。銅や銀のアジ化物は衝撃に敏感に反応して爆発する。

問11…正解4

　　2．多量に発生する刺激性の白煙は、主に水酸化ナトリウムの煙霧である。

　　4．アジ化ナトリウム NaN_3 に限らず、第5類の危険物の消火にハロゲン化物消火器は適応しない。

問12…正解2

　　A．ポリ塩化ビニル製の容器は適切ではない。

　　B．銅・銀に対して反応し、これらのアジ化物を生成する。銅や銀のアジ化物は衝撃に敏感に反応して爆発する。

　　D．アジ化ナトリウム NaN_3 に限らず、第5類の危険物の消火にハロゲン化物消火器は適応しない。乾燥砂などを使用する。

問13…正解3

　　3．水、エタノールなどのアルコールに溶ける。

14 第6類危険物の共通の事項

◎**酸化性液体**とは、液体であって酸化力の潜在的な危険性を判断するための試験（燃焼試験）において一定の性状を示すものをいう。

◎酸化力の潜在的な危険性を判断するための試験（燃焼試験）は、燃焼時間の比較をするために行う次に掲げる燃焼時間を測定する試験とする。

① **硝酸の90%水溶液**と木粉（木を粉末状に加工したもの）との混合物の燃焼時間

② 試験物品と木粉との混合物の燃焼時間

この試験において、②の燃焼時間が①の燃焼時間と等しいか、またはこれより短い場合に、一定の性状を示すもの（酸化性液体）とする。

■共通する性状

◎いずれも**不燃性**の液体である。自らは燃えない。

◎ハロゲン間化合物は水と激しく反応して発熱し、分解する。

◎酸化力が強いため、**還元性物質・可燃性物質**と混ぜると発火することがある。

◎**腐食性**があるため、皮膚や粘膜を侵す。

■共通する貯蔵・保管方法

◎**過酸化水素**は、通気のため穴のあいた栓を使用する。密栓してはならない。

◎酸化力があるため、可燃物及び有機物との接触を避ける。

◎ハロゲン間化合物を除いたものは、火災時に備え、**常に大量の水**を使用できる設備を整える。また、充填容器は**耐酸れんが**などの上に置く。

◎ハロゲン間化合物は水との接触を避ける。

■共通する消火方法

◎ハロゲン間化合物を除いたものは、一般に**水・泡消火剤**が有効である。

◎ハロゲン間化合物は水と激しく反応するため、水系の消火剤（水・強化液・泡）は使用できない。乾燥砂やリン酸塩類の粉末消火剤を使用する。

◎二酸化炭素、ハロゲン化物消火剤、炭酸水素塩類の粉末消火剤は、第6類の火災には不適当である。

[共通する性状]

【問1】 第6類の危険物に共通する性状について、次のうち誤っているものはどれか。

☑ 1. 水と激しく反応するものがある。
　　2. 不燃性の液体である。
　　3. 分子内に酸素を含有し、酸化力が強い。
　　4. 多くは腐食性があり、皮膚をおかすことがある。
　　5. 熱や日光によって分解するものがある。

【問2】 第6類の危険物の一般的な性状等について、次のA～Eのうち妥当なものは
　　いくつあるか。
　　A. 水と反応しない。
　　B. 有機物が混ざるとこれを酸化し、発火・爆発させることがある。
　　C. 不燃物である。
　　D. 無機化合物である。
　　E. 多くは腐食性があり、皮膚をおかし、蒸気は人体にとって有害である。

☑ 1. 1つ　　　2. 2つ　　　3. 3つ　　　4. 4つ　　　5. 5つ

【問3】 第6類の危険物の性状について、次のうち誤っているものはどれか。[★]

☑ 1. 一般に皮膚をおかす作用が強い。
　　2. 薄めた水溶液の方が、金属に対する腐食性が強くなるものがある。
　　3. 有機物と接触すると発火させる危険がある。
　　4. 水と反応して激しく発熱するものがある。
　　5. 大量にこぼれた場合は、水酸化ナトリウムの濃厚な水溶液で中和する。

[共通する貯蔵・保管方法]

【問4】 第6類の危険物（ハロゲン間化合物を除く。）の貯蔵を次のとおり行った。適
　　切でないものは次のうちどれか。

☑ 1. 容器を排水設備を施した木製の台上に置いた。
　　2. 貯蔵場所に、常に大量の水を使用できる設備を備えた。
　　3. 可燃物や分解を促進する物品との接触や加熱を避けた。
　　4. 火災に備えて、消火バケツ、貯水槽を設けた。
　　5. 容器にガラス製のものを用いた。

【問5】 第6類の危険物（ハロゲン間化合物を除く。）の貯蔵について、適切でないものは次のうちどれか。

- ☐ 1．充填容器は耐酸れんがまたは耐酸処理をしたコンクリート床に置く。
  - 2．貯蔵場所には、常に大量の水を使用できる設備を整える。
  - 3．可燃物や分解を促進する物品との接触や加熱を避ける。
  - 4．みだりに、蒸気やミストを発生させない。
  - 5．タンクのふたやコックの滑りが悪いときは注油する。

【問6】 危険物の貯蔵方法として、次のうち誤っているものはどれか。[★]

- ☐ 1．ナトリウムは水と接触すると発熱し、水素を発生して燃焼するので、石油等の保護液中に貯蔵する。
  - 2．炭化カルシウムは、水分、湿気等に触れないように容器に密封して保管する。
  - 3．ニトロセルロースは自然発火の危険性があるので、水またはアルコールで湿らせて冷所に貯蔵する。
  - 4．二硫化炭素は沸点及び発火点が低く、かつ、水に溶けず、水より重いので、容器に水を張って貯蔵する。
  - 5．過酸化水素は日光の直射を避け、容器は密栓して貯蔵する。

［共通する消火方法］

【問7】 第6類の危険物の火災予防、消火の方法として、次のうち誤っているものはどれか。[★]

- ☐ 1．火源があれば燃焼するので、取扱いには十分注意する。
  - 2．日光の直射、熱源を避けて貯蔵する。
  - 3．容器は耐酸性のものを使用する。
  - 4．可燃物、有機物との接触を避ける。
  - 5．水系消火剤の使用は、適応しないものがある。

【問8】 危険物の性状に照らして、第6類のすべての危険物の火災に対し有効な消火方法は、次のうちどれか。[★]

- ☐ 1．噴霧注水する。　　　　　　　　　2．棒状の水を放射する。
  - 3．泡消火剤を放射する。　　　　　　4．乾燥砂で覆う。
  - 5．二酸化炭素消火剤を放射する。

【問9】 第6類の危険物（ハロゲン間化合物を除く。）に関わる火災の消火方法等について、次のうち誤っているものはどれか。

☑ 1．移動可能な危険物は速やかに安全な場所に移動する。
　　2．炭酸水素塩類を使用する粉末消火剤は消火に適している。
　　3．人体に有害なので、消火の際は保護具を活用する。
　　4．噴霧による注水は消火に適している。
　　5．水溶性液体用泡消火剤は消火に適している。

【問10】 ハロゲン間化合物にかかわる火災の消火方法について、次のうち最も適切なものはどれか。

☑ 1．強化液消火剤を放射する。　　　　2．乾燥砂で覆う。
　　3．二酸化炭素消火剤を放射する。　　4．注水する。
　　5．泡消火剤を放射する。

■ 正解＆解説‥‥‥‥‥‥‥‥‥‥‥‥‥‥‥‥‥‥‥‥‥‥‥‥‥‥‥‥‥‥‥‥‥‥

問1…正解3

　　1．ハロゲン間化合物（フッ素を含む）は、水と反応して激しく発熱し、猛毒・腐食性のフッ化水素を生じる。
　　2．第6類の危険物は、第1類とともに不燃性である。
　　3．ハロゲン間化合物は、分子内に酸素を含有していないが、酸化力は強い。
　　5．硝酸 HNO_3 は、熱や日光によって分解する。また、過塩素酸 $HClO_4$ や過酸化水素 H_2O_2 は、熱によって分解する。

問2…正解4（B、C、D、E）

　　A．ハロゲン間化合物は、水と激しく反応してフッ化水素 HF を生じる。

問3…正解5

　　2．希硝酸は、多くの金属を腐食する。ただし、濃硝酸はアルミニウム、鉄、ニッケルを侵さない。これは、これら金属の表面にち密な酸化物の被膜ができ、内部を保護する状態（不動態）となるためである。
　　3．第6類及び第1類は、有機物などの可燃性物質と接触すると、これを酸化させ、発火させるおそれがある。
　　4．ハロゲン間化合物（フッ素を含む）は、水と反応して激しく発熱し、猛毒・腐食性のフッ化水素を生じる。
　　5．例えば、硝酸が大量にこぼれた場合は、塩基性の炭酸ナトリウム Na_2CO_3（ソーダ灰）や水酸化カルシウム $Ca(OH)_2$（消石灰）で中和する。濃厚な水酸化ナトリウム水溶液はアルカリ性が強く、多量の中和熱が発生するため、好ましくない。

問4…正解1

1．第6類は酸化性液体であり、可燃物及び有機物との接触を避ける。このため、容器は木製の台上に置いてはならない。酸に侵されにくい土台（耐酸れんが等）の上に容器を保管する。

問5…正解5

1．過塩素酸や硝酸は強酸であり、酸に侵されにくい土台の上に容器を保管する。

5．注油すると、内部の酸化性液体と油が接触・混合して、発火の危険性が高くなる。

問6…正解5

1．ナトリウムNaは第3類で、灯油・軽油や流動パラフィン中に貯蔵する。

2．炭化カルシウムCaC_2は第3類で、水と反応して可燃性・爆発性のアセチレンC_2H_2を発生する。

3．ニトロセルロースは第5類の硝酸エステル類で、湿綿状態で貯蔵する。

4．二硫化炭素CS_2は第4類の特殊引火物で、蒸気の発生を防ぐため、容器に水を張って貯蔵する。

5．過酸化水素H_2O_2は第6類で、少しずつ分解が進行して酸素を発生するため、容器の栓には通気孔を設けておく必要がある。

問7…正解1

1．第6類の危険物は、第1類とともに不燃性である。

2．日光の直射を受けたり、熱源に近づくと、温度が上昇して分解しやすくなる。

3．第6類の危険物は、酸性または水溶液が酸性であるため、容器は耐酸性のものを使用する。

4．酸化力が強いため、可燃物や有機物との接触を避ける。

5．ハロゲン間化合物は水と反応してフッ化水素を生じる。このため、水系の消火剤を使用してはならない。

問8…正解4

消去法で考える。そのものが酸素供給源となるため、第6類の酸化性液体の火災に二酸化炭素消火剤はほとんど効果がない。ハロゲン間化合物の火災には、水系の消火剤（水・強化液・泡）が使用できない。

問9…正解2

第6類（ハロゲン間化合物を除く）の火災には、水・泡消火剤が有効である。炭酸水素塩類の粉末消火剤や二酸化炭素、ハロゲン化物消火剤は適応しない。

問10…正解2

1＆4＆5．ハロゲン間化合物は水と激しく反応するため、水系（水・強化液・泡）消火剤は使用できない。

3．二酸化炭素消火剤やハロゲン化物消火剤は第6類の危険物の火災に不適である。

15 第6類危険物の品名ごとの事項

■過塩素酸 $HClO_4$

性 質	◎刺激臭のある**無色の発煙性の液体**。
	◎比重1.8。　　◎凝固点－102℃（無水物）。
	◎**水**とは**高熱**を出しながら強く反応して溶解する。
	◎市販品は60～70%の水溶液としてある。
	◎希水溶液は安定で、光により分解しない。
	◎吸湿性があり、空気中では**強く発煙**する。
	◎強力な酸化剤である。
	◎硝酸などと同じ**強酸**である。多くの金属と反応して、**水素**を発生する。
	◎濃度20%くらいの水溶液は、ほとんどの金属と反応し、水素を発生する。
	◎無水物は、鉄、銅、亜鉛、銀と激しく反応して酸化物を生じる。
危険性	◎無水物は密閉していても自然分解して爆発する。
	◎有機物や可燃物と接触すると、爆発的に反応する場合もあり、火災や爆発の原因となる。**アルコール**等と接触・混合すると急激な酸化反応を起こし、発火・爆発のおそれがある。
	◎加熱すると爆発的に分解し、**腐食性のある塩素性**（塩化水素HClや塩素Cl_2）**のガスやヒューム**を発生する。また、加熱により爆発するおそれがある。
	◎腐食性があり、高濃度のものが皮膚に接触すると激しい**火傷**を起こす。
貯蔵・保管	◎容器は密栓し、冷暗所に保管する。
消火方法	◎大量の水を用いる（水により発熱はしても、発火・爆発はしない）。

[構造]

$$O=Cl-OH$$ （上下に O、二重結合）

K022

■過酸化水素 H_2O_2

性 質	◎純粋なものは粘性のある無色の液体。
	ただし、多量の場合は青色を呈す。
	◎高濃度のものは**油状**。　　◎比重1.5。
	◎**特殊な刺激臭**を有する。
	◎水に溶けやすく、水溶液は弱酸性である。
	また、エタノールや**ジエチルエーテル**にも溶ける。
	◎強い**酸化剤**である。ただし、過マンガン酸カリウム$KMnO_4$のような**強い酸化剤**に対しては、相手の物質に電子を与える**還元剤**としてはたらく。
	［酸化剤としての場合］$H_2O_2 + 2H^+ + 2e^- \longrightarrow 2H_2O$（水になる）
	［還元剤としての場合］$H_2O_2 \longrightarrow O_2 + 2H^+ + 2e^-$（酸素が発生する）
	※H_2O（酸化数－2）← H_2O_2（酸化数－1）→ O_2（酸化数0）
	◎**常温でも水と酸素に分解して熱を発する**。
	◎熱や光を受けると、**速やかに分解**して、**酸素**を発生し、**水**になる。
	◎分解を防ぐため、安定剤として**リン酸**H_3PO_4・**尿酸**$C_5H_4N_4O_3$・アセトアニリド$C_6H_5NHCOCH_3$などが添加される。

[構造]

$$H-O-O-H$$

危険性	◎加熱、衝撃、摩擦などにより、発火・爆発のおそれがある。 ◎銅・鉄・マンガン・ニッケルなどの金属を含む物質や過酸化マグネシウム、または有機物・可燃物が存在していると、激しく分解して発熱し、爆発するおそれがある。 ◎二酸化マンガンは過酸化水素の分解に際し、触媒としてはたらく。 ◎塩基性の**アンモニア**と接触すると、**爆発**の危険性がある。 ◎高濃度のものは皮膚を腐食する。
貯蔵・保管	◎容器には**通気孔**のある容器または栓を用いる。冷暗所に保管する。
消火方法	◎大量の水を用いる。

■硝酸 HNO_3

※政令で定める試験において、硝酸の**標準物質**は「**濃度90%の水溶液**」と定められている。従って、濃度90%以上のものは消防法に定める危険物に該当するが、一般に流通している**濃度60〜70%の水溶液は、消防法に定める危険物には該当しない。**

性　質	◎刺激臭のある無色の液体。　　◎比重1.3〜1.5。　　◎沸点86℃。 ◎水と任意の割合で溶け、その水溶液は強酸性を示す。 ◎濃度の高いものは吸湿性が強く、空気中の湿気と反応して**発煙**する。 ◎濃硝酸から水溶液を作る場合、水に硝酸を滴下する（水に溶ける際に多量の熱を発生するため）。硝酸に水を加えると突沸が起こる危険性がある。 ◎アルミニウムAl、鉄Fe、ニッケルNiはイオン化傾向が水素より大きいため、**希硝酸と反応して水素**を発生する。しかし、**濃硝酸**に対しては表面にち密な酸化物の被膜ができ、内部を保護する状態（**不動態**）になるため溶けない。 ◎イオン化傾向が**水素**より小さい金属（**銅・銀・水銀**）を酸化して溶解する。このとき水素は発生せず、**濃硝酸では二酸化窒素**NO_2、**希硝酸では一酸化窒素**NOが発生する。 ◎濃硝酸1体積と濃塩酸3体積の混合水溶液を**王水**といい、酸化力が非常に強い。白金Ptや金Auを溶かすことができる。 ◎濃硝酸に硫黄S及び**リン**Pを作用させると、それぞれ**硫酸**H_2SO_4及び**リン酸**H_3PO_4が得られる。 ◎**光及び熱**に弱く、分解して**有毒な二酸化窒素**NO_2と酸素を生じる。また、透明な液体は黄色や褐色を帯びる。　$4HNO_3 \longrightarrow 4NO_2 + O_2 + 2H_2O$ ただし、**希薄溶液**は日光によっても**ほとんど分解しない。**
危険性	◎酸化力が極めて強いため、次の危険性がある。 　▪**硫化水素**H_2S、**アセチレン**C_2H_2、**二硫化炭素**CS_2、**アニリン、アミン類**$R-NH_2$、**ヒドラジン**N_2H_4類などと接触すると、発火・爆発の危険性がある。 　▪**のこくず、木片、紙、ぼろなどの有機物**と接触すると、**自然発火**の危険性がある。 　▪**アンモニア**NH_3と接触すると、爆発の危険性がある。

	・**アセトン** CH_3COCH_3、**酢酸** CH_3COOH（無水酢酸）、**還元性物質**等とは激しく反応し、発火・爆発の危険性がある。◎**アルコール**やフェノールと反応する。
	◎蒸気は**不燃性**であるが、極めて**有毒**で腐食性が強い。
	◎皮膚に付着すると、重度の薬傷を起こす。
貯蔵・保管	◎**褐色のガラス瓶**や陶器製の瓶、**ステンレス鋼製**、**アルミニウム製**の容器等を使用する。ただし、希硝酸の場合、鉄、アルミニウム、ニッケル、クロム等を激しく侵すため、使用できない。※**濃硝酸は不動態をつくるため侵されない。**
	◎容器に密栓して冷暗所（日光を避ける）に保管する。
消火方法	◎水（散水・噴霧水）、水溶性液体用泡消火剤、粉末消火剤などを用いる。
漏えい事故対策	◎漏えいした液が少量の場合、土砂などに吸着させて取り除くか、またはある程度水で除々に希釈したあと、消石灰（水酸化カルシウム $Ca(OH)_2$）、ソーダ灰（炭酸ナトリウム Na_2CO_3）などで中和し、多量の水を用いて洗い流す。
	◎漏えいした液が多量の場合、土砂などでその流れを止め、これに吸着させるか、または安全な場所に導いて、遠くから除々に注水してある程度希釈したあと、消石灰、ソーダ灰などで中和し、多量の水を用いて洗い流す。

■発煙硝酸 HNO_3

性　質	◎濃硝酸に二酸化窒素 NO_2 を加圧して更に溶かしたもの。
	◎刺激臭のある、赤色～赤褐色の液体。
	◎比重1.5で、純硝酸86%以上を含む。
	◎空気中では褐色の二酸化窒素 NO_2 を発生する。
	◎酸化力が濃硝酸より更に強く、酸化剤やニトロ化剤に使われる。
	※危険性、貯蔵・保管、消火方法、漏えい事故対策は、「硝酸」参照。

■その他のもので政令で定めるもの（ハロゲン間化合物）

◎ハロゲン間化合物は、2種のハロゲンからなる化合物である。一般に、**ハロゲン単体に似た性質をもつ**。不安定ではあるが、そのもの自体は**爆発性ではない**。

◎ハロゲン間化合物は、加水分解しやすく、**酸化力**（他の物質から電子を奪う力）が強いという性質がある。

◎また、2種のハロゲンの**電気陰性度の差が大きく**なると、**不安定**になる傾向がある。

　※電気陰性度は、原子が共有電子対を引きつける強さをいう。フッ素**4.0**、塩素**3.2**、臭素**3.0**、ヨウ素**2.7**となっている。

◎多数のフッ素原子を含むハロゲン間化合物ほど、**反応性に富み**、ほとんど**全ての金属及び多くの非金属と反応してフッ化物（ハロゲン化物）**をつくる。

◎ハロゲン単体は有色だが、フッ化物は通常、無色である。

　※ハロゲン化物とは、ハロゲンとそれより電気陰性度の低い元素との化合物である。フッ化物、塩化物、臭化物、ヨウ化物、アスタチン化物がある。

◎ハロゲン間化合物の三フッ化臭素、五フッ化臭素、五フッ化ヨウ素は、いずれも揮発性がある。中でも、五フッ化臭素は沸点が41℃で揮発しやすい。

◎耐久性のある合成物質でできた容器、フッ素樹脂で加工された容器、ポリエチレン等で内張された容器などを使用する。ガラス製や金属製の容器は腐食するため使用できない。

▶三フッ化臭素 BrF_3

性　質	◎刺激臭がある**無色の液体**。ただし低温では固化することがある。 ◎比重**2.8**。　　　◎沸点127℃。　　　◎融点9℃。 ◎空気中で**発煙**する。　　**毒性**と**腐食性**がある。　　◎硫酸に溶ける。
危険性	◎**強力な酸化剤**で、有機物や可燃物と激しく反応して発熱する。この結果、発火することがある。 ◎水と爆発的に反応して**酸素**を発生し、猛毒で腐食性のある**フッ化水素HF**などを生じる。フッ化水素の水溶液（フッ化水素酸）は**ガラスを溶かす**。 ◎**可燃物や有機物**と接触すると発熱し、**発火・爆発のおそれ**がある。
貯蔵・保管	◎水分及び可燃物や有機物と接触させない。　　◎容器は密栓する。
消火方法	◎粉末消火剤、乾燥砂などを用いる。　　◎水系の消火剤は使用できない。

▶五フッ化臭素 BrF_5

性　質	◎**刺激臭**のある**無色～淡黄色の液体**。　　◎比重2.5。 ◎空気中で発煙性がある。　　◎沸点は41℃で気化しやすい。
危険性	◎反応性が大きく、水と接触させると爆発的にフッ化水素HFと $BrOF_3$ を生成する。
貯蔵・保管	◎水分及び可燃物と接触させない。　　◎容器は密栓する。
消火方法	◎粉末消火剤、乾燥砂などを用いる。　　◎水系の消火剤は使用できない。

▶五フッ化ヨウ素 IF_5

性　質	◎**強い刺激臭**のある**無色～黄色の液体**。　　◎比重3.2。　　◎沸点101℃。 ◎空気中で発煙性がある。　　◎ガラスを侵す。 ◎反応性に富み、多くの金属・非金属と反応してフッ化物を生じる。
危険性	◎水と激しく反応してフッ化水素HFとヨウ素酸 HIO_3 を生じる。 ◎熱せられると、ヨウ素と毒性の強い七フッ化ヨウ素 IF_7 を生じる。 ◎**酸または酸性蒸気**に触れると分解し、フッ化水素、その他の化合物を生じる。 ◎有機物、硫黄、金属微粉などが接触すると、**酸化して発火**するおそれがある。 ◎**硫黄、赤リン**、ケイ素、ビスマス、タングステン、ヒ素などと**光を放って**反応する。 ◎腐食性があり、皮膚に触れると**薬傷**を起こす。
貯蔵・保管	◎水分及び可燃物と接触させない。　　◎容器は密栓する。
消火方法	◎粉末消火剤、乾燥砂などを用いる。　　◎水系の消火剤は使用できない。

[過塩素酸]

【問1】 過塩素酸の性状について、次のうち妥当なものはどれか。

☐ 1. 赤褐色の液体である。
  2. 比重は1より小さい。
  3. 0℃では液体であるが、－50℃では固体である。
  4. 銅とはほとんど反応しない。
  5. 水溶液は強酸で、多くの金属と反応して水素を発生する。

【問2】 過塩素酸の性状について、次のA～Eのうち誤っているものはいくつあるか。

[★]

  A. 無色の液体である。
  B. 水と接触すると、激しく発熱する。
  C. おがくず、木片等の可燃物と接触すると、これを発火させることがある。
  D. ナトリウムやカリウムとは反応しない。
  E. 加熱すると分解して、水素ガスを発生する。

☐ 1. 1つ   2. 2つ   3. 3つ   4. 4つ   5. 5つ

【問3】 過塩素酸の性状について、次のうち誤っているものはどれか。

☐ 1. 濃度が20％ぐらいのものは、ほとんどの金属と反応し、水素を発生する。
  2. 無水物は空気中で発煙する。
  3. 希水溶液は光により分解する。
  4. 強い酸化力を持つ。
  5. 有機物とは爆発的に反応する。

【問4】 過塩素酸にかかわる火災の初期消火の方法について、次のA～Eのうち、適切なものの組合せはどれか。
  A. 二酸化炭素消火剤で消火する。   B. 強化液消火剤で消火する。
  C. ハロゲン化物消火剤で消火する。   D. 泡消火剤で消火する。
  E. 水で消火する。

☐ 1. A、B、D   2. A、C、D   3. A、C、E
  4. B、C、E   5. B、D、E

【問5】 常温（20℃）、1気圧（$1.013 \times 10^5 Pa$）において液体であり、かつ、不燃性の危険物は、次のうちどれか。

☐ 1. 過塩素酸アンモニウム   2. エチレングリコール   3. 過塩素酸
  4. ピリジン   5. 硝酸エチル

［過酸化水素］

【問6】 過酸化水素の性状について、次のA〜Eのうち、正しいものの組合せはどれか。

    A. 分解抑制剤としてアンモニアが用いられる。

    B. 加熱すると激しく分解して酸素を発生する。

    C. 水には溶けないが、エタノール、エーテルには溶ける。

    D. 高濃度のものは、皮膚に触れると薬傷を起こす。

    E. 無色で特有の芳香がある。

☑ 1. AとB   2. AとC   3. BとD   4. CとE   5. DとE

【問7】 過酸化水素の貯蔵及び取扱いについて、次のうち誤っているものはどれか。

☑ 1. 容器は通気口のあるものとし、冷暗所に貯蔵する。

    2. アセトアニリドを加えることで、分解を抑制する。

    3. 加熱すると、水素を発生する。

    4. 爆発の危険があるため、アニリンとの接触を避ける。

    5. 漏洩した場合、大量の水で洗い流す。

【問8】 過酸化水素の分解を促進し、酸素を発生させるものは、次のA〜Eのうちいくつあるか。

    A. リン酸   B. 直射日光   C. 二酸化マンガン粉末

    D. 銅の微粒子   E. 過酸化マグネシウム

☑ 1. 1つ   2. 2つ   3. 3つ   4. 4つ   5. 5つ

【問9】 過酸化水素を貯蔵する際の安定剤として使用できるものは、次のうちどれか。

☑ 1. 酢酸   2. 尿酸   3. ピリジン

    4. 二酸化マンガン粉末   5. 金属粉末

【問10】 過酸化水素の貯蔵および取扱い方法について、次のA〜Eのうち適切なものはいくつあるか。

    A. 通風のよい乾燥した冷暗所に貯蔵する。

    B. 可燃性物質と接触しないように取り扱う。

    C. 還元性物質と接触しないように取り扱う。

    D. アンモニアと接触しないように取り扱う。

    E. 濃度にかかわらず、容器に密栓して貯蔵する。

☑ 1. 1つ   2. 2つ   3. 3つ   4. 4つ   5. 5つ

【問11】次のA～Iの危険物について、水を加えると激しく反応するものまたは加水分解して発熱するものはいくつあるか。

A．過酸化ナトリウム　　　B．リン化カルシウム　　　C．カリウム
D．黄リン　　　　　　　　E．水素化ナトリウム　　　F．過酸化水素
G．硝酸グアニジン　　　　H．トリクロロシラン　　　I．二硫化炭素

☑　1．2つ　　　　2．3つ　　　　3．4つ　　　　4．5つ　　　　5．6つ

■ 正解＆解説……………………………………………………………………………

問1…正解5
　1．無色の液体である。
　2．比重は1.8で、1より大きい。
　3．無水の場合、凝固点－102℃である。
　4．無水の場合、鉄、銅、亜鉛、銀と激しく反応する。

問2…正解2（D・F）
　D．過塩素酸は、ナトリウムNaやカリウムKをはじめ、多くの金属と反応して水素を発生する。
　E．加熱すると分解して、塩化水素HClや塩素Cl_2を発生する。

問3…正解3
　3．希水溶液は安定で、光により分解しない。

問4…正解5
　ハロゲン間化合物を除く第6類の危険物の火災には、一般に水系（水・強化液・泡）消火剤を使用する。

問5…正解3
　1．過塩素酸アンモニウムNH_4ClO_4 …… 第1類　無色または白色の結晶・不燃性。
　2．エチレングリコール$C_2H_4(OH)_2$…… 第4類　引火性液体。
　4．ピリジンC_5H_5N ………………………… 第4類　引火性液体。
　5．硝酸エチル$C_2H_5NO_3$ ………………… 第5類　芳香のある無色の液体・可燃性。

問6…正解3
　A．アンモニアと接触すると、爆発の危険性がある。分解抑制剤（安定剤）として使用されるのは、リン酸H_3PO_4、尿酸$C_5H_4N_4O_3$等である。
　C．水に溶けやすく、エタノールやエーテルにも溶ける。
　E．特殊な刺激臭を有する無色の液体で、多量の場合は青色を呈する。

問7…正解3
　3．加熱や光により分解して、酸素を発生し、水になる。
　4．アニリンは第4類の危険物のため、酸化性物質との接触は避ける。

問8…正解4（B、C、D、E）
　過酸化水素の分解を促進するものに、熱や直射日光、二酸化マンガン粉末、銅の微粒子、過酸化マグネシウムMgO_2などがある。

問9…正解2

　尿酸・リン酸・アセトアニリドなどが安定剤として使われている。

問10…正解4（A、B、C、D）

　　C．還元性物質は相手から酸素を奪いやすく、自身は酸化されやすい。過酸化水素の
　　　ような酸化剤を還元性物質（還元剤）と接触させると、発火の危険性が増す。

　　D．塩基性のアンモニアと接触すると、爆発するおそれがある。

　　E．過酸化水素は常温でも分解して酸素を発生するため、容器のふたには、必ず通気
　　　孔を設ける。密栓すると危険である。

問11…正解4（A・B・C・E・H）

　　A．過酸化ナトリウム…第1類の無機過酸化物に該当。水と反応して発熱する。…○
　　B．リン化カルシウム…第3類に該当。水と激しく反応する。………………………○
　　C．カリウム……………第3類に該当。水と激しく反応する。………………………○
　　D．黄リン………………第3類に該当。水とは反応しない。…………………………×
　　E．水素化ナトリウム…第3類に該当。水と激しく反応する。………………………○
　　F．過酸化水素…………第6類に該当。水に溶けるが発熱はしない。………………×
　　G．硝酸グアニジン……第5類に該当。水に溶けるが発熱はしない。………………×
　　H．トリクロロシラン…第3類に該当。水で加水分解して発熱する。………………○
　　I．二硫化炭素…………第4類の特殊引火物に該当。水とは反応しない。…………×

▶▶▶ 過去問題② ◀◀◀

［硝酸］

【問1】硝酸の性状について、次のうち誤っているものはどれか。

☐　1．人体に触れると薬傷を生じる。

　　2．加熱または日光によって分解し、その際に生じる二酸化窒素によって黄色ま
　　　たは褐色を呈する。

　　3．木材等の可燃物に接すると発火させる。

　　4．硫化水素、アニリン等に触れると発火させる。

　　5．金、白金以外のすべての金属と反応して、水素を発生する。

【問2】硝酸の性状について、次のうち誤っているものはどれか。

☐　1．鉄やアルミニウムは希硝酸に溶けるが、濃硝酸には不動態をつくって不溶と
　　　なる。

　　2．光や熱によって分解しやすい。

　　3．木炭、アルコールと激しく反応する。

　　4．濃硝酸は、湿気を含む空気中で発煙する。

　　5．揮発性で、引火しやすい。

【問3】 硝酸と接触すると発火または爆発の危険性のあるものとして、次のうち誤っているものはどれか。 [編] [★]

☑ 1. 濃アンモニア水 　　2. アセチレン 　　3. 硫酸 　　　　4. 紙
　　5. 二硫化炭素 　　　　6. 木片 　　　　　7. アミン類

【問4】 硝酸の性状について、次のA〜Eうち妥当でないものはいくつあるか。

　　A. 皮膚に触れると、薬傷を起こす。
　　B. 光や熱には分解しないので、透明のびんに保存する。
　　C. 銅や銀などの金属は、不動態をつくるので濃硝酸には溶けない。
　　D. 硝酸は、分解すると有毒な一酸化窒素、二酸化窒素を発生する。
　　E. 有機物と反応しない。

☑ 1. 1つ 　　2. 2つ 　　3. 3つ 　　4. 4つ 　　5. 5つ

【問5】 硝酸の性状について、次のうち誤っているものはどれか。 [★]

☑ 1. 無色透明の液体である。
　　2. 水と任意の割合で混合する。
　　3. 熱や光により分解し、変色する。
　　4. イオン化傾向の小さい銅や銀は溶かさない。
　　5. 濃硝酸中では、鉄やアルミニウムの表面に不動態被膜が生じやすい。

【問6】 硝酸の性状について、次のA〜Eのうち妥当なものはいくつあるか。

　　A. 褐色の液体である。
　　B. 水と任意の割合で溶ける。
　　C. 鉄、ニッケル、クロム、アルミニウムは希硝酸におかされる。
　　D. 加熱により分解して酸素と二酸化窒素を生じる。
　　E. 硫黄、リン等の非金属と反応する。

☑ 1. 1つ 　　2. 2つ 　　3. 3つ 　　4. 4つ 　　5. 5つ

【問7】 硝酸の貯蔵および取扱いについて、次のうち誤っているものはいくつあるか。

[編]

　　A. 安定剤として、尿酸を加えて貯蔵する。
　　B. 還元性物質との接触を避ける。
　　C. 人体に触れると薬傷を生じることがあるので、接触しないようにする。
　　D. 分解して発生する二酸化窒素を吸い込まないようにする。
　　E. ステンレス鋼製の容器に貯蔵する。
　　F. イオン化傾向の小さい銅や銀は溶かさない。
　　G. 濃度が高いと金や白金を溶かすことができる。
　　H. 濃度が高いと空気中で発煙する。

☑ 1. 1つ 　　2. 2つ 　　3. 3つ 　　4. 4つ 　　5. 5つ

問1…正解5

5．濃硝酸の場合、アルミニウムや鉄などの金属は表面に緻密な酸化皮膜を形成して不動態となるため、反応しない。

問2…正解5

2．硝酸は光や熱によって、二酸化窒素、酸素、水に分解しやすい。

3．木炭やアルコールなどの還元性物質と激しく反応する。

5．硝酸そのものは不燃性で、引火することはない。

問3…正解3

3．硫酸や塩酸は、硝酸と同じ強酸であり、硝酸と接触しても発火・爆発の危険性はない。硝酸は酸化力が強い強酸である。

問4…正解4（B、C、D、E）

B．光や熱に分解する。びんを容器にする場合は褐色のものを使用する。

C．銅や銀などの金属は、酸化されて溶解する。不動態をつくり濃硝酸に溶けないのは、アルミニウム、鉄、ニッケルである。

D．分解すると有毒な二酸化窒素 NO_2 と酸素 O_2 を発生する。

E．酸化力が強いため、有機物、可燃物と接触すると発火するおそれがある。

問5…正解4

3．熱や光により分解し、二酸化窒素 NO_2 と酸素を生じるとともに、変色する。

4．硝酸は酸化力が強く、水素よりイオン化傾向の小さい銅 Cu や銀 Ag を溶解する。

5．濃硝酸により不動態皮膜を生じるのは、アルミニウム、鉄、ニッケルがよく知られている。なお、両性元素・イオン化列・不動態皮膜は、一緒に覚えておくと良い。

両性元素	○	○			○	○	
イオン化列	Al	Zn	Fe	Ni	Sn	Pb	(H)
不動態皮膜	○		○	○			

問6…正解4（B、C、D、E）

A．無色の液体である。

E．硝酸は硫黄と反応して硫酸 H_2SO_4 を生じる。また、リンと反応してリン酸 H_3PO_4 を生じる。

問7…正解3（A、F、G）

A．安定剤として、尿酸を使用するのは過酸化水素である。

D．二酸化窒素は、血液の酸素運搬能力を低下させ、呼吸器系に対する障害等を起こす。

E．この問題では「濃度90％以上の硝酸」として考える。濃硝酸の場合、不動態が形成されるためステンレス鋼製やアルミニウム製の容器を使用することができる。

F＆G．硝酸は酸化力が強いため、水素よりイオン化傾向の小さい銅 Cu や銀 Ag を溶解する。しかし、金 Au、白金 Pt は腐食しない。金や白金を溶かすことができるのは、濃硝酸と濃塩酸の混合液（王水）である。

［ハロゲン間化合物］

【問1】ハロゲン間化合物の性状について、次のうち誤っているものはどれか。

☑　1．水と反応する。　　　　　　　　2．多くの金属元素と反応する。
　　3．多くの非金属元素と反応する。　　4．揮発性がある。
　　5．空気中では安定である。

【問2】ハロゲン間化合物の性状について、次のうち正しいものはどれか。

☑　1．多数のフッ素原子を含むものほど、反応性に乏しい。
　　2．水と反応しない。
　　3．多くの金属と反応する。
　　4．爆発性がある。
　　5．ハロゲン単体とは性質が全く異なる。

【問3】ハロゲン間化合物の一般的性状等について、次のうち正しいものはどれか。

[★]

☑　1．2種のハロゲンの電気陰性度の差が大きくなるほど安定になる傾向がある。
　　2．爆発性がある。
　　3．20℃では固体である。
　　4．多くの金属や非金属を酸化してハロゲン化物を生じる。
　　5．消火には水系の消火剤が適している。

【問4】三フッ化臭素の性状について、正しいもののみをすべて掲げているものはどれか。
　　A．有機物と接触すると、爆発的に激しい反応を起こすことがある。
　　B．水と激しく反応し、フッ化水素を生じる。
　　C．20℃で固体である。
　　D．比重は1より小さい。

☑　1．AとB　　　2．AとD　　　3．BとC　　　4．BとD　　　5．CとD

【問5】三フッ化臭素の性状について、次のA～Dのうち、誤っているものの組み合わせはどれか。
　　A．金属容器を避け、ガラス容器で貯蔵する。
　　B．直射日光を避け、冷暗所に貯蔵する。
　　C．危険性を低減するため、ヘキサン等の炭化水素で希釈して貯蔵する。
　　D．木材、紙等との接触を避ける。

☑　1．AとB　　　2．AとC　　　3．BとC　　　4．BとD　　　5．CとD

【問6】三フッ化臭素の性状について、次のうち誤っているものはどれか。

- ☐ 1．腐食性のある強力な酸化剤である。
  2．水と接触すると激しく反応して、酸素を生じる。
  3．水との接触により、猛毒で腐食性のフッ化水素を生ずる。
  4．比重は1よりも小さい、無色の発煙性の液体である。
  5．可燃物と接触すると発熱し、発火・爆発のおそれがある。

【問7】三フッ化臭素の性状について、次のA～Cのうち、正しいもののみをすべて掲げているものはどれか。

  A．無色の液体で、空気中で発煙する。
  B．多くの金属に対して、強い腐食作用がある。
  C．水と発熱しながら激しく反応し、フッ化水素を生じる。

- ☐ 1．A　　2．C　　3．A、B　　4．B、C　　5．A、B、C

【問8】五フッ化臭素の性状について、次のうち誤っているものはどれか。

- ☐ 1．20℃では無色の液体である。
  2．気化しやすい。
  3．空気中で発煙する。
  4．ほとんどの金属と反応して、フッ化物をつくる。
  5．水とは反応しない。

【問9】五フッ化ヨウ素の性状について、次のA～Eのうち、正しいものを組み合わせたものはどれか。

  A．強い刺激臭がある発煙性の褐色液体である。
  B．空気中で激しく発煙し、酸または酸性蒸気に触れると、フッ化水素その他の化合物を生じる。
  C．ガラスはおかさない。
  D．水と激しく反応し、猛毒のフッ化水素とヨウ素酸を生じる。
  E．金属と容易に反応しフッ化物をつくるが、非金属とは反応しない。

- ☐ 1．AとC　　2．AとE　　3．BとD　　4．BとE　　5．CとD

【問10】五フッ化ヨウ素の性状について、次のうち誤っているものはどれか。

- ☐ 1．反応性に富み、容易に金属と反応する。
  2．強酸で腐食性が強いため、ガラス容器が適している。
  3．20℃で液体である。
  4．硫黄や赤リンなどと反応し、光を放つ。
  5．水と激しく反応して、フッ化水素を生じる。

【問11】 第6類の危険物の貯蔵、取扱いについて、次のA～Dのうち、正しいものの組合せはどれか。

A．過酸化水素は、ふたに通気のための穴がある容器に貯蔵する。

B．硝酸が漏れた場合には、おがくずで吸収して廃棄する。

C．過塩素酸は、エタノールとの接触を避ける。

D．ハロゲン間化合物は、ガラス容器で貯蔵する。

☑ 1．A、B　　　2．A、C　　　3．A、D

　 4．B、C　　　5．C、D

■ 正解＆解説⋯⋯⋯⋯⋯⋯⋯⋯⋯⋯⋯⋯⋯⋯⋯⋯⋯⋯⋯⋯⋯⋯⋯⋯⋯⋯⋯⋯⋯

問1⋯正解5

　5．空気中では発煙する。

問2⋯正解3

　1．多数のフッ素原子を含むものほど、反応性に富んでいる。

　2．水と激しく反応する。

　4．ハロゲン間化合物そのものに爆発性はない。可燃物や有機物などと接触することで発火・爆発のおそれが生じる。

　5．ハロゲン単体に似た性質をもつ。

問3⋯正解4

　1．電気陰性度の差が大きくなるほど、不安定になる傾向がある。

　2．水と爆発的に反応するものもあるが、そのもの自体に爆発性はない。

　3．危険物に該当するハロゲン間化合物は、一般に液体である。

　5．水系の消火剤は、反応してフッ化水素HFが発生するため、不適当である。

問4⋯正解1

　C．融点が9℃のため、20℃では液体である。

　D．比重は2.8で1より大きい。

問5⋯正解2

　A．三フッ化臭素BrF_3を含むハロゲン間化合物はガラスを腐食するため、ガラス製容器の使用は避ける。耐久性のある合成物質でできた容器やポリエチレンで内張された容器などを使用する。

　C．ヘキサンC_6H_{14}などの有機物とは反応するため、希釈してはならない。

問6⋯正解4

　4．比重は2.8で1より大きい。

問7⋯正解5

問8⋯正解5

　5．水と爆発的に反応して、フッ化水素HFなどを生じる。

A．発煙性の無色～黄色の液体である。
C．ガラスを侵す。
E．多くの金属・非金属と反応して、フッ化物を生じる。

2．五フッ化ヨウ素IF_5そのものがガラスをおかすため、ガラス製容器は適さない。

B．硝酸HNO_3は有機物や可燃物と接触すると自然発火の危険性がある。
D．ハロゲン間化合物の貯蔵に、ガラスや陶器製の容器の使用は避ける。

16 混合危険

◎2種以上の化学物質が混合・接触することにより、発火や爆発を引き起こす危険性が生じることがある。これを**混合危険**という。

◎混合危険は、次の3種類に分類される。
①酸化性物質と還元性物質との混合
②強酸と酸化性塩類との混合
③爆発性物質を形成する混合

■ ［酸化性物質］＋［還元性物質］の混合

◎酸化性物質は**第1類**（酸化性固体）と**第6類**（酸化性液体）が該当する。

◎還元性物質は**第2類**（可燃性固体）と**第4類**（引火性液体）が該当する。

◎これらを混合・接触させると、発火・爆発の危険性が生じる。

主な酸化性物質	主な還元性物質
▪ 塩素酸カリウム $KClO_3$（第1類） ▪ 三酸化クロム CrO_3（第1類） ▪ 過マンガン酸カリウム $KMnO_4$（第1類）	▪ 赤リン P（第2類） ▪ 硫黄 S（第2類） ▪ エタノール C_2H_5OH（第4類）

■ ［強酸］＋［酸化性塩類］の混合

◎強酸と酸化性塩類が混合・接触すると、不安定な遊離基を生成し、発火・爆発の危険性が生じる。

◎強酸は、塩酸、硝酸、硫酸などが該当する。

◎酸化性塩類は、塩素酸塩類、過塩素酸塩類、過マンガン酸塩類などが該当する。

強酸	酸化性塩類	危険性の高い生成物
▪ 硫酸	▪ 塩素酸カリウム $KClO_3$（第1類）	▪ 二酸化塩素 ClO_2
▪ 硫酸	▪ 過マンガン酸カリウム $KMnO_4$（第1類）	▪ 七酸化ニマンガン Mn_2O_7

■ ［爆発性物質］を生成する混合

◎特定の物質を混合・接触すると、化学変化を起こして敏感な爆発性物質を生成する
場合がある。

爆発性物質を生成する組み合わせ
▪ ［アンモニア］＋［塩素酸カリウム］
▪ ［アンモニア］＋［水銀］
▪ ［アンモニア］＋［ハロゲン］
▪ ［アジ化ナトリウム］＋［金属（亜鉛・鉛・銅・銀等）］
▪ ［アセチレン］＋［金属（コバルト・銅・水銀・銀等）］

◎例えば、アンモニアと塩素酸カリウムを混合すると、敏感な塩素酸アンモニウム
NH_4ClO_3 を生成する。

▶▶▶ 過去問題 ◀◀◀

【問1】次の物質の組み合わせのうち、混合または接触しても、発火または爆発のお
それのないものを2つ選びなさい。［編］

☑ 1．硝酸……………… 硫黄　　　　　2．硝酸エチル ………… 水
　　3．過酸化水素……… メタノール　　4．アンモニア ………… 水銀
　　5．アセチレン……… 銅　　　　　　6．炭化カルシウム …… 水
　　7．硝酸カリウム…… 水

【問2】混合しても、発火または爆発の危険がない組み合わせは、次のうちどれか。

☑ 1．硝酸とメタノール　　　　　2．硫黄と二硫化炭素
　　3．カリウムと水　　　　　　　4．塩素酸カリウムと赤リン
　　5．三酸化クロムとグリセリン

【問3】次の物質の組み合わせのうち、混合又は互いに接触すると、発火又は爆発の
危険性を生じるものはどれか。

☑ 1．黄リンと水　　　　　　　　2．ナトリウムと灯油
　　3．硝酸とメタノール　　　　　4．過酸化水素とリン酸
　　5．二硫化炭素と硫黄

【問4】次の物質の組み合わせのうち、接触または混合しても、分解、発火、爆発などの危険性のないものはどれか。[★]

- [ ] 1. 三硫化リン……………………………………… 過マンガン酸カリウム
- 2. エチルメチルケトンパーオキサイド…… フタル酸ジメチル
- 3. 塩素酸カリウム………………………………… 鉄粉
- 4. アニリン………………………………………… 過酸化水素
- 5. 硝酸ナトリウム………………………………… 硫黄

【問5】次の物質の組み合わせのうち、混合または混触しても、発火または爆発のおそれのないものはどれか。[★]

- [ ] 1. 硝酸カリウム…………… 赤リン
- 2. 炭化カルシウム………… 水
- 3. 過酸化ベンゾイル……… 濃硫酸
- 4. 過酸化水素……………… リン酸
- 5. アセトン………………… 無水クロム酸

【問6】次の物質の組み合わせのうち、混合あるいは互いに接触すると、発火または爆発の危険性を生じるものはどれか。[★]

- [ ] 1. 塩素酸カリウム………… 臭素酸ナトリウム
- 2. 三酸化クロム…………… エタノール
- 3. 硝酸アンモニウム……… 過マンガン酸カリウム
- 4. メタノール……………… 酢酸
- 5. 赤リン…………………… 硫黄

【問7】次に掲げる危険物の組み合わせのうち、互いに接触、混合しても反応が起きないものはどれか。[★]

- [ ] 1. 過酸化水素……………… 過マンガン酸カリウム
- 2. マグネシウム…………… 1-クロロプロパン（塩化プロピル）
- 3. ヘキサン………………… アルキルアルミニウム
- 4. 鉄粉……………………… 硝酸
- 5. 水素化カリウム………… エタノール

【問8】 次の物質の組み合わせのうち、接触または混合しても、分解、発火、爆発などが起きないものはどれか。

☑ 1．カリウム………… メタノール
2．硫黄……………… 二硫化炭素
3．酢酸エチル……… アルキルリチウム
4．硝酸……………… アルミニウム粉
5．グリセリン……… 水素化ナトリウム

【問9】 次の化学実験時の操作において、発火・爆発のおそれが最も小さいものはどれか。

☑ 1．使用済みの金属ナトリウムを処理するために、エタノール中に投入した。
2．ガラス機器をアセトンで洗浄して乾燥機に入れた。
3．洗浄液を調製するため、過マンガン酸カリウムと濃硫酸を混合した。
4．硝酸銀で汚れたビーカーをアンモニア水で洗浄したが、汚れが落ちないため、水酸化ナトリウム水溶液を入れて放置した。
5．二酸化炭素を発生させるため、炭酸水素ナトリウムに塩酸を加えた。

【問10】 危険物の取り扱い中に起こり得る現象について、次のうち妥当でないものはどれか。

☑ 1．酸化プロピレンに酸化鉄を加えると、重合し発熱する。
2．塩素酸カリウムに硫黄を混合すると、発火・爆発のおそれがある。
3．マグネシウムの粉末に水を加えると、水素が発生する。
4．炭化カルシウムに水を加えると、アセチレンガスが発生する。
5．ニトログリセリンにジフェニルアミンを加えると、直ちに発火・爆発するおそれがある。

問1…正解2＆7

1．硝酸HNO_3は第6類酸化性液体で、硫黄Sは第2類可燃性固体である。混合により発火・爆発の危険性がある。

2．硝酸エチル$C_2H_5NO_3$は第5類自己反応性物質で、水にわずかに溶ける。

3．過酸化水素H_2O_2は第6類酸化性液体で、メタノールCH_3OHは第4類引火性液体である。混合により発火・爆発の危険性がある。

4＆5．「［爆発性物質］を生成する混合」に該当する。

- アンモニアと金属（水銀、銀、金等）
- アセチレンと金属（コバルト、銅、水銀、銀等）」

6．炭化カルシウムCaC_2は第3類禁水性物質で、水と反応してアセチレンC_2H_2を発生する。

7．硝酸カリウムKNO_3は第1類酸化性固体で、水によく溶ける。

問2…正解2

1．硝酸HNO_3とメタノールは反応して、第5類（自己反応性物質）の硝酸メチルCH_3NO_3を生じる。

$$CH_3OH + HNO_3 \longrightarrow CH_3NO_3 + H_2O$$

2．硫黄と二硫化炭素CS_2を混合すると、硫黄が溶ける。発火または爆発の危険性は生じない。なお、二硫化炭素に溶ける物質をまとめると、次のとおり。

- 二硫化炭素に溶ける物質……斜方硫黄、単斜硫黄、黄リン
- 二硫化炭素に溶けない物質…ゴム状硫黄、赤リン

3．カリウムと水を混合すると、水素と熱を発生する。

$$2K + 2H_2O \longrightarrow 2KOH + H_2$$

4．塩素酸カリウム$KClO_3$は第1類酸化性固体である。赤リンPは第2類可燃性固体である。混合による発火・爆発の危険性がある。

5．三酸化クロムCrO_3は第1類酸化性固体である。グリセリン$C_3H_5(OH)_3$は第4類引火性液体である。混合による発火・爆発の危険性がある。

問3…正解3

1．黄リンP_4は水中に貯蔵する。

2．ナトリウムNaは灯油中に貯蔵する。

3．硝酸HNO_3とメタノールは反応して、第5類（自己反応性物質）の硝酸メチルを生じる。

4．過酸化水素H_2O_2は分解を防ぐため、安定剤としてリン酸や尿酸を添加する。

5．硫黄Sは二硫化炭素CS_2によく溶ける。

問4…正解2

1．三硫化リンP_4S_3は第2類可燃性固体で、過マンガン酸カリウム$KMnO_4$は第1類酸化性固体である。混触・混合による危険性がある。

2．エチルメチルケトンパーオキサイドは第5類自己反応性物質で、フタル酸ジメチルは、その安定剤である。従って、混触・混合による危険性はない。

３．塩素酸カリウム$KClO_3$は第１類酸化性固体で、鉄粉は第２類可燃性固体である。混触・混合による危険性がある。

４．アニリン$C_6H_5NH_2$は第４類引火性液体で、過酸化水素H_2O_2は第６類酸化性液体である。混触・混合による危険性がある。

５．硝酸ナトリウム$NaNO_3$は第１類酸化性固体で、硫黄Sは第２類可燃性固体である。混触・混合による危険性がある。

問５…正解４

１．硝酸カリウムKNO_3は第１類酸化性固体で、赤リンPは第２類可燃性固体である。混合・混触による危険性がある。

２．炭化カルシウムCaC_2は第３類禁水性物質で、水と反応してアセチレンC_2H_2を発生する。

３．過酸化ベンゾイル$(C_6H_5CO)_2O_2$は第５類自己反応性物質で、酸と激しく反応する。

４．過酸化水素H_2O_2は第６類酸化性液体で、反応を抑えるための安定剤としてリン酸H_3PO_4、アセトアニリド$C_6H_5NHCOCH_3$、尿酸$C_5H_4N_4O_3$などが添加されている。

５．アセトンCH_3COCH_3は第４類引火性液体で、無水クロム酸（三酸化クロム）CrO_3は第１類酸化性固体である。混合・混触による危険性がある。

問６…正解２

１．塩素酸カリウム$KClO_3$と臭素酸ナトリウム$NaBrO_3$はいずれも第１類酸化性固体である。

２．三酸化クロムCrO_3は第１類酸化性固体で、エタノールC_2H_5OHは第４類引火性液体である。発火または爆発の危険性が生じる。

３．硝酸アンモニウムNH_4NO_3と過マンガン酸カリウム$KMnO_4$は、いずれも第１類酸化性固体である。

４．メタノールCH_3OHと酢酸CH_3COOHは、いずれも第４類引火性液体である。

５．赤リンPと硫黄Sは、いずれも第２類可燃性固体である。

問７…正解３

１．過酸化水素H_2O_2は、過マンガン酸カリウム$KMnO_4$のような強い酸化剤に対しては、相手に水素（電子）を与える還元剤としてはたらく。H_2O_2は酸素O_2となり、Oは酸化数－１から０に増える。

２．１－クロロプロパン（塩化プロピル）C_3H_7Clは、第４類の第１石油類・非水溶性液体に該当し、引火点－18℃である。アルカリ金属、アルカリ土類金属の他、種々の金属粉末（特に軽金属）と接触すると、激しい反応を起こす。マグネシウム（粉）は第２類である。

３．アルキルアルミニウムは第３類で、ベンゼンC_6H_6やヘキサンC_6H_{14}などの溶媒で希釈したものは、反応性が低下する。

４．鉄粉は第２類で、硝酸は第６類である。鉄Feは希硝酸と反応して水素を発生する。

5．水素化カリウムKHは、第3類の金属の水素化物に該当する。金属の水素化物は、元の金属に似た性質をもつ。カリウムや水素化カリウムは、アルコールと反応するとカリウムのアルコキシドと水素H_2を生成する。アルコキシドは、アルコール類におけるヒドロキシ基の水素を金属で置換することにより得られる化合物の総称である。この反応は、ナトリウムや水素化ナトリウムについても同様にして起こる。

問8…正解2

1．カリウム（第3類）とメタノール（第4類）を混ぜると、カリウムのアルコキシドと水素H_2を生成する。アルコキシドは、アルコール類におけるヒドロキシ基の水素を金属で置換することにより得られる化合物の総称である。この反応は、ナトリウムや水素化ナトリウム、水素化カリウムについても同様にして起こる。

2．硫黄（第2類）は二硫化炭素（第4類）によく溶ける。

3．酢酸エチル（第4類）とアルキルリチウム（第3類）は、反応して発火・爆発のおそれがある。

4．硝酸（第6類）とアルミニウム粉（第2類）は、反応して発火・爆発のおそれがある。

5．グリセリン（第4類）と水素化ナトリウム（第3類）は、反応して発火・爆発のおそれがある。

問9…正解5

1．$2Na + 2C_2H_5OH \longrightarrow 2C_2H_5ONa$（ナトリウムエトキシド）$+ H_2$
⇒ 水素が発生するため、爆発のおそれがある。

2．アセトンCH_3COCH_3は、第4類の引火性液体で発火のおそれがある。

3．過マンガン酸カリウム$KMnO_4$の固体を濃硫酸と混合すると、爆発性の酸化マンガンMn_2O_7を生成する。

4．硝酸銀とアンモニアが反応すると、爆発性の雷銀（らいぎん）Ag_3Nを生じることがある。

5．$NaHCO_3 + HCl \longrightarrow NaCl + H_2O + CO_2$ ⇒ 二酸化炭素を生じる。

問10…正解5

5．ジフェニルアミン$(C_6H_5)_2NH$は火薬や爆薬の安定剤等に用いられ、ニトログリセリンに対しても安定剤として作用する。「13．第5類危険物の品名ごとの事項 ■硝酸エステル類 ▶ニトログリセリン」470P参照。

17 事故事例と対策

【問1】 次の事故の発生要因として、最も考えにくいものは次のうちどれか。

「防水工事に使用して余った硬化剤をポリエチレン製の容器に入れ、屋外に置いていたところ、硬化剤に含まれているエチルメチルケトンパーオキサイドが分解して出火した。」

☐ 1. 鉄製の錆びたひしゃくを一緒に入れたため、分解が促進された。

2. ぼろ布を一緒に入れたため、分解が促進された。

3. 直射日光が当たって温度が上昇したため、分解が促進された。

4. 余った硬化促進剤（ナフテン酸コバルト）を一緒に入れたため、分解が促進された。

5. ガラス製の計量カップを一緒に入れたため、分解が促進された。

【問2】 次の危険物の事故事例のうち、事故の原因が重合の暴走反応と考えられるものはどれか。[★]

☐ 1. トルエンタンクの屋根部の検尺口から、サンプル採取器を使いサンプリングしていたところ、爆発した。

2. 酸化プロピレンを製造する工場において、補修のため、アルカリを含んだ精留塔の塔底液を粗酸化プロピレン中間タンクに移送したところ、爆発した。

3. カプロラクタムの製造過程で副生する硫酸アンモニウム水溶液から、真空蒸発装置で硫酸アンモニウムを回収していたところ、蒸発缶の塔底液に硝酸アンモニウムが濃縮されて爆発した。

4. 塗料製造工場において、タンクの清掃を行うため、酢酸エチルをタンクに少量入れ、底面をブラシでこすって洗浄していたところ、爆発した。

5. ヒドロキシルアミンを製造する工場において、再蒸留塔で高濃度に濃縮されたヒドロキシルアミンを循環させていたところ、爆発した。

【問3】 次の危険物の事故事例のうち、事故の原因が重合の暴走反応と考えられるものはどれか。[★]

☑ 1．ニトロベンゼンのスルホン化反応槽に、発煙硫酸とニトロベンゼンを投入して反応を開始させ、反応温度を30℃に保つため冷却用コイルに水を流していたところ、水が漏えいし反応器が破裂した。

2．アセチレンガスを製造する工場で、原料の炭化カルシウムが入ったドラム缶を電気ドリルで開けたところ、爆発した。

3．ニトロセルロースの製造作業で、硝化終了後、除酸作業を終え、硝化器からニトロセルロースを取り出していたところ、発火した。

4．低温で凝固していたドラム缶内のアクリル酸をバンドヒーターを用いて部分的に溶融させ、溶融液をくみ出す作業を繰り返していたところ、爆発した。

5．高純度の粉末状の過酸化ベンゾイルをメタノールで洗浄し、蒸発乾燥させた後、プラスチック製シャベルでビニール袋に小分けしていたところ、爆発した。

【問4】 次の各事例から考えられる、アルミニウム粉の火災予防および消火の方法として、正しいものの組合せはどれか。

「原料貯蔵倉庫で、アルミニウム粉の自然発火と推測される火災が発生し、倉庫内の他の薬品類とともに爆発的に燃えあがった。」

「アルミニウム粉砕工場で、何らかの爆発後に火災が発生し、工場3棟が全焼した。」

A．空気中の水分を吸収して自然発火するおそれがあることから、貯蔵容器を密封する。

B．金属粉により粉じん爆発のおそれがあることから、粉じんの飛散防止対策を行う。

C．酸化剤とは同時に貯蔵できるが、他の危険物とは同時に貯蔵できない。

D．いったん着火すると激しく燃焼することから、大量放水できる消火設備を設置する。

☑ 1．A、B　　　2．A、B、C　　　3．A、D
　　4．B、C　　　5．B、C、D

516

■ 正解＆解説……………………………………………………………………………………

問1…正解5

    1．エチルメチルケトンパーオキサイドは第5類の有機過酸化物である。鉄や銅など
    の金属と接触すると、分解が促進される。

    2．有機過酸化物は酸化剤でもあるため、ぼろ布と接触すると分解が促進される。

    5．ガラスとは反応しないため、分解が促進されることはない。

問2…正解2

    重合は、多数の分子が結合して、高分子化合物をつくる反応をいう。付加反応による
重合を特に付加重合という。ポリエチレンは、エチレンC_2H_4の付加重合により生成
される。

    1．トルエン$C_6H_5CH_3$は第4類の第1石油類である。重合しにくい。

    2．酸化プロピレンCH_2CHCH_3Oは重合する性質があり、アルカリ存在下ではより
    重合しやすくなる。

    3．硝酸アンモニウムNH_4NO_3は第1類の硝酸塩類である。水溶液はアンモニウムイ
    オンNH_4^+と硝酸イオンNO_3^-から成る。酸化剤であり、重合はしない。

     ※カプロラクタム$C_6H_{11}NO$：環状アミドの1つ。シクロヘキサンから合成により
     得られる。ナイロンの原料。

    4．酢酸エチル$CH_3COOC_2H_5$は第4類の第1石油類である。$-COO-$のエステル
    結合部分で二重結合をもつが、重合しにくい。

    5．ヒドロキシルアミンNH_2OHは第5類の自己反応性物質である。重合しにくい。

問3…正解4

    1．ニトロベンゼン$C_6H_5NO_2$は第4類の第3石油類である。重合しにくい。

    2．アセチレンC_2H_2は、炭化カルシウムCaC_2に水を加えると得ることができる。
    重合による爆発事故ではない。

    3．ニトロセルロースは、セルロースを硝酸と硫酸の混酸で硝化する方法で製造され
    る。ニトロセルロースは重合しにくい。

    4．アクリル酸$CH_2=CHCOOH$は第4類の第2石油類である。二重結合をもち、非
    常に重合しやすい性質がある。重合反応に伴い発熱すると、重合反応が更に進み、
    やがて暴走に至る。

    5．過酸化ベンゾイル$(C_6H_5CO)_2O_2$は第5類の有機過酸化物である。重合しにくい。

問4…正解1

    C．酸化剤との接触・混合は、発火・爆発のおそれがあるため避ける。

    D．注水による消火は、水素を発生し爆発の危険がある。

参 考 デ ー タ

▶法　令
◎消防法　最終改正：平成30年6月27日法律第67号
◎危険物の規制に関する政令　最終改正：令和元年12月13日政令第183号
◎危険物の規制に関する規則　最終改正：令和3年7月21日総務省令第71号
◎危険物の規制に関する技術上の基準の細目を定める告示

最終改正：令和2年9月9日総務省告示第265号

▶高等学校用教科書
◎大日本図書　化学Ⅰ／Ⅱ　平成25年2月発行
◎東京書籍　化学　平成27年2月発行
◎実教出版　新版化学　令和2年1月発行

▶辞典＆資料
◎岩波書店　広辞苑　第6版　2008年発行
◎岩波書店　理化学辞典　第5版　1999年発行
◎東京化学同人　化学辞典　第1版　1994年発行
◎森北出版　化学辞典　第2版　2009年発行
◎丸善　危険物データブック　第2版　平成5年発行
◎朝倉書店　危険物ハザードデータブック　初版　2007年発行
◎日本化学会　化学便覧　基礎編Ⅰ／Ⅱ　改訂5版　平成16年発行

▶Webサイト
◎国立環境研究所　化学物質データベース　Webkis-Plus
◎国立医薬品食品衛生研究所（NIHS）　国際化学物質安全性カード（ICSC）
◎厚生労働省　職場のあんぜんサイト　製品安全データシート
◎昭和化学（株）　安全データシート　ほか化学品メーカー各社
◎厚生労働省　毒物及び劇物の運搬事故時における応急措置に関する基準について
（通知）　注：広島県HPより

索　引

522

書籍の訂正について

本書の記載内容について正誤が発生した場合は、弊社ホームページに正誤情報を掲載しています。

株式会社公論出版 ホームページ
書籍サポート/訂正
URL：https://kouronpub.com/book_correction.html

本書籍に関するお問い合わせ

メール ✉

専用お問合せフォーム

FAX 📠 **03-3837-5740**

必要事項
・お客様の氏名とフリガナ
・FAX番号（FAXの場合のみ）
・書籍名　・該当ページ数　・問合せ内容

※お問い合わせは、**本書の内容に限ります**。下記のようなご質問にはお答えできません。

> 例 ・実際に出た試験問題について　　　・書籍の内容を大きく超える質問
> 　　・個人指導に相当するような質問　　・旧年版の書籍に関する質問　等

また、回答までにお時間をいただく場合がございます。ご了承ください。
なお、**電話でのお問い合わせは受け付けておりません。**

甲種危険物取扱者試験　令和6年版
令和5年から過去8年間に出題された749問収録

■発行所	株式会社 公論出版	
	〒110-0005	
	東京都台東区上野3-1-8	
	TEL.03-3837-5731	
	FAX.03-3837-5740	
■発行日	2024年（令和6年）5月20日　初版 二刷	
■定価	2,970円　■送料　400円（共に税込）	

ISBN978-4-86275-267-3